국가안전보장론

Theory of National Security

군사학연구회 저

북코리아

레이몽 아롱(Raymond Aron)은 국가 간의 관계를 다루는 국제정치학을 두고 "전쟁과 평화의 학문"이라고 정의했다. 이는 곧 국제관계가 국가의 생존과 이익을 놓고 다투는 '전쟁'이라는 문제와 깊이 결부되어 있으며, 따라서 국제정치학의 본질은 바로 전쟁, 분쟁, 기타 위협 등으로부터 어떻게 국가의 안전(safety) 혹은 안전보장(security)을 확보하는가에 있다고 하겠다. 즉, 국제정치학에서의 가장 중요한 연구 대상은 바로 국가의 안전을 보장하는 문제라 할 수 있다.

그렇다면 국가안보란 무엇인가? 리프만(Water Lippmann), 월퍼스(Arnold Wolfers), 부잔(Barry Buzan), 휠러와 부스(Wheeler and Booth), 그리고 발드윈(David Baldwin) 등에 의하면 국가안보는 다음과 같이 정의하더라도 무리가 없어 보인다. 즉, 국가안보란 "국내외의 각종 각양의 군사 및 비군사 위협으로부터 국가의 가치를 보전하고 국가목표를 달성하기 위해 정치, 외교, 사회, 문화, 경제, 군사, 과학기술에 있어서의 제반 정책체계를 종합적으로 운용함으로써 기존의 위협을 효과적으로 배제하고, 일어날 수 있는 위협의 발생을 미연에 방지하며, 나아가 발생한 불의의 사태에 적절히 대처하는 것"이라 할 수 있다.

이렇게 본다면 국가안보라는 주제는 국제정치학, 국제관계학, 정치학, 안보학 등 국가의 안전과 안보를 다루는 모든 학문의 기본이라 할 수 있다. 그리고 이는 사회과학의 한 분야로 새롭게 학문적 영역을 구축해가고 있는 군사학에서도 마찬가지이다. 군사학은 "국가안보목표를 달성하기 위해 군사력의 건설과 유지, 그리고 군사력 운용에 관한 지식을 연구하는 학술체계"로서 궁극적으로 국가이익과 국가안보목표 달성에 기여하는 학문이기 때문이다. 그래서 각 대학의 모든 군사학과에서는 국가안보론을 공통교과로 편성하고 있다.

사실 국가안전보장 혹은 국가안보라는 학문은 그 역사가 매우 짧다. 안보(security)라는 용어가 고유명사로서 처음 등장한 것은 제1차 세계대전이 끝나고 국제연맹(League of Nations) 규약에서 언급되면서였다. 이후 국가안보에 대한 연구가 활발하게 진행되었지만 냉전기 동안 안보는 곧 적대국의 군사적 위협으로부터 생존을 확보하기 위한 '군사안보'와 같은 개념으로 이해되었다. 비록 1970년대 미소 간의 데탕트, 미중관계 정상화, 오일쇼크 등으로 인해 안보개념이 경제분야로 확대되고 1970년대 말에는 일본의 주도로 '총합안전보장'이라는 개념이 등장했지만, 냉전기 국가안보는 여전히 군사안보 차원에서의 억제, 전략, 방위 등의 개념으로 남아 있었다.

그러다가 냉전이 종식되면서 국가안보는 더 이상 군사안보에 최고의 우선순위를 부여할 수 없게 되었다. 인구문제, 난민문제, 테러리즘, 환경파괴, 국제금융질서 붕괴, 제3세계 국가들의 내전 등 새로운 안보이슈가 등장하면서 비군사적이고 초국가적인 위협으로부터 국가안보를 확보해야 하는 문제가 대두되었다. 이른바 '포괄안보(comprehensive security)'의 시대가 도래한 것이다. 그리고 21세기에는 인간안보, 핵확산, 국제테러리즘, 사이버공격, 자연재해 등의 문제가 더욱 심각해지면서 국가안보의 문제를 더욱 복잡하게 만들고 있다.

이러한 상황에서 군사학연구회 필진들은 국가안전보장론을 집필하게 되었다. 이미 국가안보론이라는 제목으로 많은 서적이 나와 있음에도 불구하고 왜 또 국가안보론인가? 이러한 질문에 대해 필진들은 다음과 같은 동기를 가지고 이 책을 집필하게 되었다.

첫째, 기존의 많은 국가안보 관련 서적에서는 국가의 가치, 이익, 목표에 대한 개념이 명확지 않아 이 부분에 대한 이해를 분명히 할 필요가 있었다. 대부분의 교재에서 국가의 이익과 국가의 목표를 같은 것으로 간주하거나 이에 대한 언급을 생략하고 있으나, 이러한 개념은 국가안보를 이해하는 데 기본이 되는 만큼 이에 대한 설명을 구체화하고자 했다.

둘째, 세계화의 문제를 자세히 다루고자 했다. 21세기 국가안보는 세계화로부터 엄청난 영향을 받고 있다. 예를 들어, 테러리즘이 국제화되고 글로벌 네트워크화되는 것도 바로 세계화의 부정적 효과 때문이다. 이 책에서는 이러한 시대적 조류를 반영하여 세계화가 국가안보에 주는 영향에 대해 다루었다.

셋째, 비전통 안보영역별로 분석을 구체화했다. 시중에 나와 있는 대부분의 저서에서는 비전통적 안보영역을 개괄적으로 언급하고 있으나, 이 책에서는 별도의 장을 할애하여 정치, 경제, 사회 안보 등에 대한 영역별 안보를 세부적으로 다루었다.

넷째, 새로운 안보영역을 추가했다. 인간안보, 환경안보, 에너지 안보, 테러리즘 등은 기존의 교재에서 거의 찾아보기 어려운 것으로, 이 책에서 처음으로 다루었음을 밝힌다. 비록 이러한 안보의제들은 한반도 안보상황과 동떨어진 것으로 보일 수 있으나 국제적으로 주목을 받고 있는 만큼 이제 우리도 관심을 가져야 한다고 보았다.

마지막으로 한국의 국가안보전략을 다루었다. 기존의 교재에서는 한국의 안보에 대한 언급을 대부분 생략하고 있으나, 이 교재에서는 현재 한국의 국가안보전략뿐 아니라 미래 한국의 안보전략 방향에 대한 논의를 포함했다.

이 책은 군사학연구회가 기획한 다섯 번째 작품이다. 2013년부터 연구에 매진하여 그동안 군사학개론, 군사사상론, 비교군사전략론, 전쟁론 등을 출간한 바 있다. 군사학연구회는 2013년 국방대학교 교수들 및 군과 협약을 체결한 민간대학교 군사학과 교수들이 중심이 되어 군사학의 학문적 토대를 구축하고 이 분야의 연구와 교육을 활성화하기 위해 결성한 컨소시엄이다. 본 연구회는 이번 작품을 준비하면서 이미 시중에 출간되어 나와 있는 책들과 차별화된 교재를 만들기 위해 노력했음을 밝히고, 앞으로 이에 관심있는 분들에게 조금이나마 도움이 되었으면 하는 바람이다. 그동안 군사학연구가 지속될 수 있도록 후원해 준 국방대학교와 대전대학교에 감사드린다.

2016년 8월
집필진을 대표하여
박창희

차례

제Ⅱ부 | 국가안보의 체계 / 107

제Ⅲ부 | 국가안보의 영역 / 179

제Ⅳ부 | 국가안보의 모색 / 281

제Ⅴ부 | 한국의 안보 / 341

제 I 부

국가안보의 본질과 개념

제1장

국가와 안보의 개념

국가안보란 국가라는 단위를 중심으로 안위를 제공하는 것을 의미한다. 여기에서 국가는 안보의 주체이면서 동시에 안보의 대상이 되는 것이다. 이러한 국가안보의 개념을 정확히 이해하는 것이 이후 우리가 다룰 다양한 주제들을 이해하는 데 필수적인 바탕이 될 것이다. 이 장에서는 우리가 일상적으로 접하고 활동하는 국가의 본질은 무엇이며, 시대에 따라 안보의 개념은 어떻게 변화했는가를 다루고자 한다.

우리가 일상적으로 접하고 활동하는 국가의 본질은 무엇인가? 국가는 기본적으로 인간이 삶을 영위하는 공동체 중에서 최상위에 존재하는 제도다. 이러한 국가의 개념과 기원을 살펴보는 것은 국가의 본질을 이해하고 안보의 의미를 이해하는 데 기초적인 도움이 될 것이다. 특히, 근대국가의 발생이 인류의 안보에 미치는 의미가 무엇인가는 매우 중요한 질문이 될 것이다. 아울러, 전통적인 개념에서의 안보가 군사적 의미에서 국가안보를 의미했다면, 오늘날 안보는 정치, 경제, 사회문화 및 과학기술 같은 모든 요소를 아우르는 개념으로 확장되고 있다. 특히, 전통적으로 안전의 영역으로 치부되었던 많은 요소 중에서 국민의 안위나 국가의 기능에 위협적인 요소로 작용하고 있는 이슈들이 현대적인 개념에서는 안보의 영역으로 다루어지고 있다. 이러한 포괄안보의 관점에서 비체계적이고 무작위적인 자연재해나 교통사고 같은 요소들을 제외한 체계적이고 구조적이며 반복적으로 인간의 안위에 영향을 미치는 모든 요인이 안보의 영역으로 다루어지고 있다.

정한범(Jeong, Hanbeom)

현재 국방대학교 교수로 재직 중이며 국방대 국가안전보장문제연구소 동북아연구센터장을 맡고 있다. 고려대학교를 졸업하고 고려대학교 국제정치학 석사를 거쳐 미국 Univ. of Kentucky에서 정치학 박사 학위를 취득하였다. Univ. of Kentucky 강사, 고려대학교 연구교수, 국방부 정책연구 심의위원, 코리아정책연구원 자문위원 등을 역임하였다. 이 밖에, 한국정치학회 대외협력이사, 한국국제정치학회 기획이사, 한국정치외교사학회 총무이사, 한국평화연구학회 기획이사, 한국라틴아메리카학회 기획이사, 동아시아국제정치학회 연구이사 등을 역임하였다. 주요 논문으로는 "동북아: 전통적 강자들의 귀환과 위기시나리오", "동아시아 국제질서의 변화와 한반도 문제의 국제화", "유럽통합과정에서 정당의 급진성에 따른 국민여론과 정당 노선의 관계" 등이 있다. 주요 강의과목으로는 〈국제정치론〉, 〈사회과학연구방법론〉, 〈동아시아국제정치론〉, 〈국가안보와 외교〉, 〈국제정치경제론〉 등이 있다.

제1절
국가의 개념

1. 국가의 정의 및 기원

1) 국가의 정의

국가란 무엇인가? 국가를 한마디로 정의할 수 있을까? 우리는 일상적으로 국가를 말하며, 국가 안에서 살아가며, 국가의 가치에 대해 논하곤 한다. 이때 우리가 말하는 국가는 어떤 모습인가? 우리가 느끼는 국가는 어떤 실체인가? 우리가 논하는 국가의 가치는 어떤 의미를 가지고 있는가? 국가란 우리가 일상적으로 접하는 실체이기도 하고, 때로는 그 의미를 정확히 규정하기 힘든 추상적 개념이기도 하다.

어떤 사람들에게 국가는 실질적 삶의 버팀목이 될 수도 있고, 다른 사람들에게는 국가가 착취를 일삼는 투쟁의 대상일 수도 있다. 어떤 사람에게 국가는 태어날 때부터 그 자리에 있었던 실재일 수 있고, 다른 누군가에게 국가란 간절한 염원의 대상일 수도 있다. 어떤 사람들에게 국가는 충성의 대상이기도 하고, 다른 사람들에게 국가는 안위를 제공받는 원천일 수도 있다. 어떤 사람들에게 국가는 영원히 함께할 운명이고, 다른 사람에게 국가는 쉽게 바꿀 수 있는 선택의 대상일 수도 있다. 이처럼 복잡하고 다양한 의미를 지니는 국가를 한마디로 정의하는 것 자체가 무의미한 시도일 수도 있다. 그러나 인간의 삶을 규정하는 데 있어서 가장 높은 권위를 행사하는 국가에 대한 정의를 시도하는 것은 그 자체로서 의미 있는 일이 될 것이다.

국가의 사전적 의미는 “일정한 영토를 가지고 그 안에서 살아가는 사람들에게 통치권을 행사하는 조직"이다. 이탈리아어의 국가를 의미하는 'stato'와 영어에서 국가를 의미하는 'state'라는 단어의 어원은 르네상스 시대에 통용되었던 라틴어 'stato'에서 유래되었다. 라틴어의 'stato'는 '서다'라는 의미를 가지고 있다. 여기에서 파생된 말이 '지위'나 '신분'을 나타내는 'status'라는 단어다.[1] 여기에서 유추해볼 수 있는 것은 '국가'가 누군가에 의해 '세워지고', 특별한 '지위'를 가지는 존재라는 것이다. 이처럼 국가는 스스로 존재하는 것이 아니라 인간에 의해 특별히 '세워지는' 것이다.

고대 그리스의 아리스토텔레스(Aristoteles, B. C. 384~322)는 당시의 정치단위였던 도시국가를 정치적 동물인 인간에 의해 세워진 불가피한 공동사회라고 했다. 이러한 공동사회는 인간이 행복을 누리고 명예롭게 자족적인 삶을 영위하기 위한 생활공동체라는 것이다. 근대적 의미의 국가라는 단어를 처음 사용한 것은 이탈리아의 학자이자 정치인이었던 마키아벨리(Machiavelli, 1469~1527)다. 마키아벨리는 『군주론』에서 '국가'를 '정치조직'과 동일한 개념으로 인식하고, '국가'가 인간을 다스리는 조직이라는 입장을 보였다. 그에 의하면 역사상 국가는 공화정 또는 군주국 중 하나였다. 막스 베버(Max Weber) 또한 국가를 인간의 공동체라고 하여 국가의 주체가 인간임을 분명히 했다. 이러한 국가는 그 주권이 미치는 범위 안에서 물리적 강제력을 독점하는 존재로 인식된다.[2]

이러한 주장을 종합해보면, 국가란 인간에 의해 세워진 공동체이며, 그 자체로서 자족적인 생활공동체다. 또한 일정한 영역을 소유하고 있으며, 그 안에서 최고의 주권을 행사하는 단체라고 할 수 있다. 즉, 국가란 "일정한 영역에서 생활하는 인간집단이 일정한 목적을 달성하기 위해 최고의 통치권을 가진 정부를 구성하여 운영하는 국민단체"이다. 이러한 정의 속에서 국가를 구성하는 요소에는 영토, 주권, 국민이 있음을 알 수 있다. 또한 국가의 최고

1 이극찬, 『정치학』(경기: 법문사, 2014), pp. 653-662.

2 조영갑, 『국가안보론: 한국 안보를 중심으로』(경기: 선학사, 2014), pp. 13-14.

목적은 그 구성원인 국민의 생명과 재산을 보호하는 것이다.

2) 국가의 기원

인류의 삶 속에서 언제 처음 국가가 형성되었는지는 알 수 없다. 그러나 추측하건대, 인류의 삶 초기부터 공동체 생활을 하면서 국가와 유사한 공동체를 형성하고 그 내부의 규율을 가지고 있었을 것이다. 역사와 선사의 경계가 국가의 기원을 가르는 기준이 될 수는 없을 것이다. 역사적으로 기록되기 이전에도 국가는 존재할 수 있기 때문이다. 그러나 편의상 국가의 초기 형태를 고대 그리스의 도시국가나 고대 중국의 하나라에서 유추해볼 수는 있다.

이러한 초기 국가들의 모습에서 오늘날의 국가까지 일관적으로 보이는 특징은 다수에 대한 소수의 제도적 통치라고 할 수 있다. 그러나 이렇게 등장한 정치권력을 어떻게 정당화할 것인가 하는 것은 또 다른 문제다. 태초의 인류사회는 국가라는 제도적 장치 없이 각자 자율적인 형태의 삶을 살았을 것이다. 그러다가 점차 우월한 힘을 가진 집단이 등장하게 되고 이들이 공동체의 지배권을 행사하는 대신에 공동체를 외부로부터 보호하는 역할을 수행하게 되었다. 이러한 지배적 집단은 권력을 통해 다시 주변집단들을 복속시켜나가면서 점차 큰 정치공동체를 형성하게 되었을 것이다. 이러한 정치공동체가 씨족사회와 부족사회를 거쳐 부족국가의 형태로 나타나게 되었을 것이라는 점에는 대체로 이견이 없다. 이러한 시각을 반영한 이론들이 실력설, 재산설, 족부권설(族父權說), 계급설 등이다.

실력설은 어느 특정 종족이 우월한 힘을 바탕으로 다른 종족들을 복속시키거나 한 사회 내의 특정 세력이 다른 세력을 힘으로 지배하면서 국가가 발생했다고 본다. 재산설은 국가의 기원을 토지의 사유화에서 찾고 있다. 족부권설은 초기 인류사회에서 개체수가 증가하는 과정에서 가부장의 권위가 공고해지게 되어 국가가 발생했다고 본다. 계급설은 원시공동체 사회에서 사유재산이 발생하게 됨에 따라 지배계급과 피지배계급이 분화되고 지배계급이 피지배계급을 억압하고 자신들의 재산을 수호하기 위해 만들어낸 수단이 국가라고 주장한다.[3] 그러나 이러한 이론들은 국가가 발생하게 된 과정을 묘사할 뿐, 정치권력의 정통성에 대한 이론적 토대를 제공하지는 못한다. 이러한 정치권력의 정당성을 논하는 이론에는 왕권신수설(王權神授說), 사회계약설 등이 있다.

왕권신수설은 국가권위의 원천이 신의 권위로부터 유래한 것으로 간주한다. 국가는 신의 뜻에 따라 설립된 것이라는 주장으로, 국가권위의 기초를 초자연적인 절대자에게 의존함으로써 권력의 절대성을 강조한다. 이러한 절대권력의 추구는 통치의 대상인 백성에게는 절대복종과 충성의 요구로 나타나게 된다. 대부분의 건국신화는 이러한 왕권신수설을 기반으로 하고 있으며, 중세 이후의 절대왕정에서도 국가권력이 신의 뜻을 빌려 정당화하는 경향을 보였다. 즉, 왕권신수설은 국가권력의 원천을 초월적인 초자연의 힘에 의존하고 있다.[4]

사회계약설은 국가권력의 원천을 초자연적인 힘에 의존하는 대신에 현실의 인간과 인간 사이의 이성적 교류에 의존한다. 국가는 절대적인 신의 의지에 근거를 두고 있는 것이 아니라, 인간과 인간 사이의 사회적 계약에 의해 발생한다는 것이다. 이것은 권력의 원천이 인간 자신이며, 인간은 이성적 판단을 하는 존재라는 세계관에서 출발한다. 사회계약설의 대표적 사상가로는 홉스(Hobbes), 로크(Locke), 루소(Rousseau) 등이 있다.

홉스는 사회계약의 근원이 인간 세상의 기본적인 특징인 "만인에 대한 만인의 투쟁"이라고 보았다. 이러한 인간 세상의 투쟁적 성격 때문에 모든 인류가 불안을 겪게 되는데, 이를 방지하기 위해 개인은 공권력에 주권을 위임하게 된다. 이러한 위임받은 강력한 국가권력이 리바이어던(Leviathan)이다. 이때, 주권을 위임받은 자는 그 대가로 각각의 개인을 안전하게 보호해줘야 할 의무를 지게 된다. 개인은 이러한 국가에 대해 법을 준수하고 질서를 지

---

3 김열수, 『국가안보: 위협과 취약성의 딜레마』(경기: 법문사, 2013), p. 72.

4 김열수, 상게서, pp. 70-71.

켜야 할 의무를 가진다. 단, 홉스는 국가권력이 효과적으로 작동하기 위해서는 설령 국가가 정당하지 않은 권한을 행사하더라도 개인은 이러한 권력에 저항할 수 없다고 주장한다.

로크는 사회계약에 따른 공권력의 발생에 대한 기본적인 관점에서는 홉스에게 동의하지만, 공권력의 오남용에 대해 저항할 개인의 권리인 저항권을 인정한다는 점에서 홉스와 대비된다. 로크는 인간의 권리가 하늘로부터 오는 것이라는 천부인권설을 주장함으로써 인간의 기본권은 국가권력도 침해할 수 없는 신성한 것이라고 보았다. 그러므로 정치지도자가 잘못된 권력을 행사할 때, 주권자인 국민은 혁명을 통해 정치권력을 박탈할 수 있다는 것이다. 더 나아가 국가의 모든 권력이 국민으로부터 나오며, 국민은 국가권력을 감시하고 견제해야 할 의무를 가진다고 주장했다. 이러한 로크의 천부인권에 근거한 사회계약론은 미국 독립혁명의 사상적 토대가 되었다.

인민주권론을 주장한 루소는 이러한 사회계약의 존재를 인정하되, 이러한 계약에 의한 권력의 위임이 옳지 않다고 보았다. 사회계약에 대한 부정적 입장의 이유는 사회계약이 본질적으로 자유로운 인간의 자유를 억압하고 불평등을 가속화시키는 원인이 될 수 있다는 것 때문이다. 루소는 사회계약에 의해 발생한 전제군주 같은 법과 제도가 일반 시민을 억압하는 수단으로 사용될 수 있기 때문에 인민의 평등하고 자유로운 인간관계를 파괴할 수 있다고 보았다. 루소에게 있어서 사회계약은 각 개인이 자유와 평등을 최대한 유지하면서 공동체의 이익을 위해 약속하고 국가를 형성하는 것이어야 한다. 즉, 루소에게 사회계약은 지배자에 대한 인민의 주권위임과 복종이 아닌, 주권자인 인민 상호 간의 평등한 약속이어야 한다는 것이다.

이처럼 홉스에게는 사회계약이 강력한 국가의 존재인 반면에, 로크와 루소에게 사회계약은 개인의 권리를 유지하는 것이다. 로크가 공권력의 정당성 상실에 대한 개인의 권리회복에 초점을 둔다면, 루소는 사회계약 자체의 개인에 대한 권리침해 가능성에 대해 경계하고 인민 중심의 사회계약을 주창하고 있다.

2. 근대국가의 발전

근대 이전 동양과 서양의 국가는 매우 다른 모습을 띠고 있었다. 동양에서는 일찍이 중앙집권적인 강력한 왕권이 확립되었다. 중국의 경우 중국을 최초로 통일한 진나라 이후 중앙의 권력이 전국적인 영향력을 미쳤다. 비록 일시적으로 지역의 실력자들이 해당 지역에서 실력을 행사하는 봉건제적인 모습을 띠기는 했지만, 이 역시 중앙의 권력으로부터 완전히 독립된 것은 아니었다. 지방의 권력들도 중앙의 황실과 혈연적인 관계를 맺고 있었기 때문에 중앙의 직간접적인 통제를 받고 있었다. 한국의 경우도 삼국시대 일부 지방의 토호들이 영향력을 행사하는 경우는 있었지만, 고려시대 이후에는 중앙집권적 정치체제가 뿌리를 내리게 되었다.

서양의 경우 고대 로마시대에 강력한 군주권이 확립되기는 했지만, 중세로 접어들면서는 영국과 프랑스 등에 몇몇 군주국이 세력을 형성한 것을 제외하면, 그 밖의 대부분의 지역에서는 강력한 왕권이 확립되지 못했다. 이들 대부분의 지역은 로마의 교황청을 중심으로 하는 종교질서 속에 존재했다. 이러한 가톨릭교회 중심의 사회에서 국가의 존재는 미미하고 그 경계가 불분명한 상황이었다. 즉, 영토적 통합성을 지닌 주권적 존재로서의 국가는 영토의 측면에서나 주권의 측면에서 그 실체가 매우 불분명했다. 정치권력은 오직 로마 교황청의 승인 하에서만 그 존재를 인정받을 수 있었다.

유럽에서 근대적 의미의 국가가 발생한 것은 30년 전쟁의 결과로 성립한 베스트팔렌조약에 의해서였다. 중세 교회의 권위가 점차 약화되자 르네상스 운동과 종교개혁이 일어나게 되었고, 생산의 발달로 잉여생산물이 늘어나자 점차 무역과 시장이 발달하게 되었다. 이에 따라 교회에 의해 위축되었던 정치권력이 새로이 성장한 사회경제적 세력들과 연대하여 교회에 저항하기 시작했고, 이 결과 1618년부터 유럽에서 30년 전쟁이 시작되었다.

30년 전쟁의 실체는 신구 종교갈등과 정치갈등이 복합적으로 어우러진 것이었다. 중세시기 동안 종교가 유럽 전체를 지배하고 있던 상황에서 종교와 관련되어 발생한 전쟁은 유럽 전역으로 확대되었다. 30년간 지속된 전쟁으로 유럽 인구의 약 25%가 사망하는 등 막대한 인적 · 물적 피해가 발생하자, 마침내 1648년 유럽의 135개 공국들이 베스트팔렌조약을 맺고 전쟁을 종식시켰다. 그 결과 기존의 로마 교회 중심의 정치질서는 붕괴되었다.

유럽에서 교회 중심의 정치질서가 붕괴되었다는 것은 국가발전 단계에서 매우 큰 의미를 지닌다. 개별 국가들이 자국 영토 내에서 자유롭게 종교를 선택할 수 있었을 뿐만 아니라, 국가운영에 있어서 '영토성'이라는 원칙과 교회로부터 독립된 '주권'이라는 원칙이 수립된 것이다. 아울러 '영토'를 중심으로 한 '국민'의 개념이 형성되었다. 이로써 유럽에서는 '영토'와 '국민'을 기초로 한 '주권국가'인 절대왕정이 출현했다.

유럽의 절대왕정은 이전의 중세국가들에 비해 몇 가지 특징적인 모습들을 보인다. 첫째, 로마 교회의 후원을 받았던 봉건 영주들을 제거함으로써 공적인 폭력을 중앙정부가 독점하고 전문화할 수 있었다. 영토적 경계를 바탕으로 행정 및 재정이 집중되었고, 국가에 의한 군사력의 독점이 이루어졌으며, 표준군대가 도입되었고, 입법과정의 새로운 주체가 형성되었다. 또한, 주권국가 간의 외교를 통한 관계형성이 이루어지기도 했다.[5] 둘째, 이러한 절대왕정의 등장은 개별 국가 내에서의 정치, 사회, 문화적 차이를 감소시켜 구성원들 간에 공동체라는 정체성이 발전할 수 있게 했다. 국가의 강력한 힘을 바탕으로 언어와 교육정책의 통일성을 이루어내기도 했다. 이것이 바로 근대적 국가형성(state-making)을 가능하게 한 원동력이었다.[6]

유럽 근대국가의 근원이 되는 베스트팔렌 체제의 내용을 요약해보면 다음과 같다. 첫째, 주권적 영토국가는 더 이상 상위의 권위체가 없는 최고의 기관이다. 둘째, 각 국가의 입법 및 집행, 분쟁의 해결 등은 개별 국가의 고

---

5 David Held, Anthony McGrew, David Goldblatt and Jonathan Perraton, Global Transformation: Politics, Economics and Culture (Stanford: Stanford University Press, 1999), p. 36.

6 김열수, 전게서, p. 73.

유권한에 속한다. 셋째, 국제법은 국가들이 공존할 수 있는 최소한의 규칙이다. 넷째, 국경을 넘어 발생하는 나쁜 행동에 대한 책임은 개별적인 문제다. 다섯째, 모든 국가는 평등하다. 여섯째, 국가들 간의 문제는 군사력에 의해 해결되기는 하지만, 이를 막을 방법은 없다. 일곱째, 모든 국가는 다른 국가의 자유에 대한 침해를 최소화해야 한다.[7]

3. 국가의 성격

이처럼 국가는 일정한 영토 내에서 최고의 주권을 가진 국민단체라는 공통점을 가지고 있지만, 모든 국가가 내용적으로 같은 성격을 지니는 것은 아니다. 국가는 인간사회의 역사에 따라 각 시대적 환경을 반영하며 나름대로 독특한 성격을 가지고 있었다. 예를 들어, 고대의 정복국가와 중세의 종교국가, 근대의 절대왕정 그리고 현대의 민주국가는 모두 각 시대의 국내외적 환경과 인류 문명, 그리고 정치철학적 발전에 따라 각각 다른 모습으로 발전해왔다. 현대 국가에서도 사회주의 이념에 충실한 국가가 있는가 하면, 자본주의적 자유주의 이념에 충실한 나라도 있고, 북한과 같이 전체주의적 성격을 가진 나라도 있다. 이들은 모두 국가라는 형식은 같지만, 그 안에 내재되어 있는 국가관이나 정치철학은 나름의 시대적 상황이나 국제정치적 환경에 따라 매우 상이한 모습을 가지고 있다.

이러한 국가들의 내재적 특성은 주로 국가의 주인인 국민과의 관계, 또는 국민을 형성하는 하위 집단들 간의 관계에 따라 결정된다. 이에 따라 국가를 자유주의 국가, 다원주의 국가, 계급주의 국가, 자율국가, 조합주의 국가, 관료주의 국가로 구분할 수 있다.

근대 유럽에서는 르네상스와 종교개혁, 그리고 지리상의 발견으로 절대왕정이 수립되었는데, 절대왕정 하에서 중세의 봉건귀족을 대체하여 성장한 부르주아 계급이 자신들의 이익을 관철시키기 위한 기제로서 자유주의 국

---

7 김열수, 전게서, pp. 74-75.

가론을 제창했다. 즉, 국가는 천부인권을 지닌 개인을 억압할 수 없고, 인간이 국가의 통제로부터 벗어나 자유롭게 영리활동을 할 수 있도록 인간의 자유를 최대한 보장해야 한다는 것이 자유주의 국가론의 주장이었다.

자유주의 국가론의 입장에서 국가는 사회의 공공이익을 최대화하는 제도로서 인식된다. 이것은 고전경제학의 기본이 되었는데, 사회는 이윤을 추구하고자 하는 인간의 욕망에 충실할 때 가장 효율적으로 작동하고, 이러한 인간이 시장에서 자율적으로 서로 교류함으로써 이익을 극대화할 수 있다고 본다. 시장은 이러한 자율적인 인간의 이해관계를 적절히 조절해줄 수 있는 자정기능을 가지고 있는데, 이것을 '보이지 않는 손(invisible hand)'이라고 한다. 그런데 이러한 자율적인 시장에 국가가 개입하게 되면 시장의 효율성이 무너지고 사회 전체의 공공이익이 감소하게 된다고 주장한다. 그러므로 국가의 역할은 간혹 있을 수 있는 시장의 실패에 대한 대응과 대외적인 안전보장의 의무, 대내적인 치안 등 공공질서의 유지에만 한정되어야 한다고 본다.

이러한 부르주아 계급의 자유주의 국가론은 근대 시민혁명의 이념적·현실적 토대가 되었다. 그 결과 절대왕정의 시대가 막을 내리고 근대 입헌국가가 등장하게 되었다.[8] 이러한 근대 입헌국가는 입헌군주제 또는 공화제의 형태로 발전했고, 입헌군주제는 주로 내각책임제의 형태로 발전한 반면, 공화제는 대통령중심제와 내각책임제, 또는 이를 절충한 다양한 형태로 발전했다. 이러한 입헌국가의 분화는 각 나라의 계급 간 힘의 관계를 반영하고 있는데, 구 지배세력이 건재한 경우에는 입헌군주제로, 구 지배계급이 몰락한 경우에는 공화제로 발전했다.

계급주의 국가론은 국가의 역할에 대해 자유주의 국가론과 정반대의 입장을 가지고 있다. 자유주의 국가론이 국가의 적극적인 개입이 부르주아 계급의 이익을 해치게 되는 것을 경계하면서 국가의 소극적인 역할을 주장하

8 유낙근 · 이준, 『국가의 이해』(서울: 대영문화사, 2006), pp. 102-123.

는 반면에, 계급주의 국가론은 국가가 지나치게 부르주아 계급의 이익에 종사하고 있다고 비판한다. 마르크스를 중심으로 하는 계급주의론자들은 국가를 계급지배의 수단으로 인식하고 자본주의 사회에서 국가는 부르주아 계급이 프롤레타리아 계급을 억압하고 착취하기 위한 수단일 뿐이라고 본다. 한편, 자본주의가 발전하면서 부의 축적이 심화되자 빈부의 격차로 인한 계급 간의 갈등이 심화되었다. 이로 인해 부르주아와 프롤레타리아의 대립과 갈등이 격화되고, 이 과정에서 국가가 지배계급인 부르주아의 이익을 대변하고 있다고 보는 것이다.

마르크스는 국가가 사회 내 여러 집단의 이해관계를 중재하고 타협을 이끌어내는 중립적인 존재가 아니라 지배계급의 이해를 대변하는 계급투쟁의 당사자라고 주장한다. 즉, 자유주의에서 주장하는 '공공의 이익 극대화'라는 국가의 역할이 실제로는 이러한 사회적 이익의 대부분을 차지하는 자본가의 이해를 대변하고 있다는 것이다. 특히, 이러한 계급적 역할을 수행하는 국가는 자본주의의 산물이기 때문에 계급혁명을 통해 등장하는 공산주의 사회에서 국가는 필히 소멸할 운명에 처할 것이라고 주장한다.

이러한 마르크스주의 계급국가론과 맥을 같이하는 이론으로 오도넬(O'Donnell)이 주장한 관료적 권위주의 국가론을 들 수 있다. 이 이론은 남미의 권위주의 군사정부의 특성을 잘 반영하고 있는데, 국가를 자본주의 체제를 수호하고 민중을 억압하는 지배계급의 전유물로 묘사하고 있다. 이러한 지배계급의 폭력적 수단으로서의 국가는 시민사회를 정복하고 상층부의 소수 자본가계급의 이익을 수호하는 역할을 담당한다. 이러한 권위주의적인 국가의 주요 기반은 군부와 정부기관의 관료, 그리고 소수 자본가계급이다. 오도넬의 권위주의적인 국가는 자본의 축적을 도모하기 위해 탈민족적인 성향을 나타내어 생산구조를 국제화하고자 한다. 사회적으로는 탈정치화와 경제성장의 중요성을 강조함으로써 민중의 계급적 이해가 결집되고 정부정책에 반영되는 것을 저지하는 것을 목적으로 한다.[9]

9 김열수, 전게서, pp. 84-85.

제2차 세계대전 직후 미국사회에 풍미했던 다원주의 국가론의 입장에서 국가는 자유주의에서처럼 소극적인 모습을 띠고 있다. 다원주의에서 국가는 사회의 유일하고 가장 권위적인 권력기관이라는 전통적인 국가관을 배격하면서 자유주의에서 지적하듯이 국가를 여러 사회 집단들의 전체 공공의 이익을 달성하기 위한 제도라고 본다.[10] 즉, 국가는 다른 사회 내의 집단들과 달리 초월적인 존재가 아니라, 여러 사회적 집단 중 가장 큰 하나쯤으로 인식된다는 것이다. 사회 내 다양한 집단들의 이익을 대변해야 하기 때문에 국가는 이러한 세력들 사이에서 중립적인 위치를 취하는 것이 중요하다. 이때 국가는 사회의 이해관계와 가치를 적극적으로 주도하거나 배분하는 것이 아니라, 소극적으로 중재하고 심판하는 중립적인 존재이다.[11]

사회 내 여러 세력들 간의 상호작용에서 멀리 비껴 서 있는 자유주의적 국가와 달리 다원주의의 국가는 사회의 여러 세력이 각각의 이해관계를 관철하는 도구로서 작용하게 된다. 사회의 각 집단들은 자신들의 이해관계를 관철시키기 위해 종종 국가를 이용하고 압력을 행사하는 것이다. 다원주의 국가론에서 정부의 정책이나 입장은 사회 내의 다양한 이익집단이나 압력단체 등 집단들의 압력에 의해 결정되므로 정부의 정책은 집단들의 힘의 구조를 반영하게 된다. 사회적 경쟁에 참여하는 모든 집단이 동등한 기회나 권리를 가지게 되는 것은 아니라는 것이다. 오히려 때때로 국가는 사회적으로 가장 영향력 있는 집단들의 이해관계를 대변하는 역할을 수행한다. 이러한 강력한 집단들은 국가를 이용하여 사회적 이익을 독점하려는 시도를 하게 되고 다른 집단들의 이해를 배제하려 들게 되므로 종종 사회적 갈등의 원인이 되기도 한다. 그럼에도 불구하고 다원주의적 국가는 비록 소극적이나마 여러 이익집단과 압력집단의 이해관계를 조정하고 타협을 이끌어내는 기능을 수행한다는 장점을 가지고 있다.

---

10 이수윤, 『정치학개론』(경기: 법문사, 1998), p. 148.

11 오명호, 『현대정치학 이론』(서울: 박영사, 2003), p. 364.

한편, 이러한 다원주의적 국가론의 한계를 극복하려는 시도에서 나타난 것이 조합주의 국가론이다. 다원주의 국가가 여러 이질적인 집단과 계급들의 타협과 절충에 의해 입안된 정책들을 단순히 집행하는 역할만을 수행하는 데 비해, 조합주의는 국가를 이러한 다양한 계급과 집단들 사이의 이해가 충돌하는 문제들에 대해 적극적으로 개입하고 주도적으로 중재를 이끌어내는 능동적 행위자로 묘사하고 있다.[12]

조합주의 하에서 각 집단 간 이익의 분배는 국가 또는 집단 간의 조정과 거래에 의해 결정된다. 즉, 사회 각 계급들은 각자의 집단 내에서 전국적으로 위계적인 이익대표 체계를 형성함으로써 이익집단의 요구를 독점하여 대표하게 된다. 이러한 이익대표는 자신들의 요구를 국가정책에 반영하기 위해 국가를 상대로 협상할 뿐만 아니라, 자신들의 요구사항을 효과적으로 반영하기 위해 자신들의 요구를 들어주는 대가로 때로 국가이익을 대변하기도 한다. 즉 국가가 자원배분을 완전히 독점하는 것이 아니라, 이익집단에게 국가자원을 배분할 수 있는 일정한 권한을 위임하는 동시에 국가정책에 협조할 책임을 요구한다는 것이다. 이러한 국가와 이익집단은 권한과 책임을 공유하면서 공생하는 관계를 유지한다. 이러한 조합주의는 다시 사회조합주의와 국가조합주의로 세분할 수 있는데, 전자는 북유럽국가들의 사례에서처럼 사회의 우위를, 후자는 남미 자본주의 국가들의 경우에서처럼 국가의 우월성을 강조한다.[13]

이상의 국가론들은 국가와 국민의 관계에 있어서 주로 집단과 계급 등 사회 구성원들의 시각이나 이들 간의 상호작용 등 주로 국민의 입장에서 국가를 바라보고 있다는 공통점이 있다. 즉, 이들은 국가권력에 대한 사회의 우월한 입장을 전제하고 있다. 자유주의는 국가 역할의 최소화를 주장했고, 계급주의는 국가를 지배계급의 지배수단으로 간주하고 있으며, 다원주의는

---

12 유낙근 · 이준, 전게서, p. 138.

13 김우태, 『정치학원론』(서울: 형설, 1992), pp. 186-187.

여러 계급 간의 중재자 정도로 인식하고 있는 것이다. 이에 반해 자율국가론은 국민과의 관계에서 국가의 독자적 성격과 자율성을 인정하고 있다는 점에서 큰 차이가 있다. 즉, 자율국가론의 입장에서 바라본 국가는 특정한 사회집단의 이익과는 구별되는 독자적인 존재이유와 목표를 가졌을 뿐만 아니라, 이러한 의지를 실현할 수 있는 능력을 겸비한 자율적인 행위자이다.

자율국가론의 대표적인 옹호자인 막스 베버(Max Weber)는 국가가 사회공동체의 이익뿐만 아니라, 국가 자신의 이익을 적극적으로 실현하려는 의지와 함께 사회 내 제 세력에 대한 절대적 권력을 행사하는 초계급적인 실체라고 주장한다. 따라서 그는 국가를 "일정한 영토 내에서 물리적 강제력을 합법적으로 행사하는 인간공동체"로 정의함으로써 국가에서 영토와 주권, 정당성이라는 세 가지 요소를 강조했다.[14] 이처럼 자율적인 국가의 힘의 원천은 관료제와 상비군 같은 제도를 들 수 있다. 베버는 전문적 지식으로 무장한 관료제를 기술적으로 가장 우월한 조직의 형태라고 하면서 관료제가 산업사회의 가장 핵심적인 조직일 뿐만 아니라 가장 강력한 힘을 가진 권력의 원천이라고 보았다. 국가는 이러한 관료제를 통해 자율적이고 독립적으로 통치권을 행사하게 된다.[15]

4. 국가의 구성

근대 국가의 발전과정에서 살펴본 것처럼 국가를 구성하는 요소에는 영토, 주권, 국민이 있다. 이 세 가지 요소는 국가를 형성하는 데 있어서 필수적인 요소이며, 이 중 어느 하나라도 부족하면 국가로 인정받을 수 없게 된다.

영토란 일반적으로 영토, 영공, 영해를 포괄하는 개념으로 쓰인다. 영토는 국가 구성의 세 가지 요소 중에서 가장 현시적인 실체가 있는 요소다. 작은 의미의 영토는 육지와 섬 같은 토지로 구성되어 있는 국가 영역으로, 가장

14 김열수, 전게서, pp. 81-82.

15 오명호, 전게서, p. 385.

핵심적인 공간이다. 영토가 없으면, 영토를 기준으로 설정되는 영해나 영공도 존재할 수 없게 되므로 영토는 매우 중요한 요소다.

영토는 주권을 선포하고 국민이 삶을 영위할 수 있는 가장 기본이 되는 터전이므로 안보의 최우선적인 대상이 된다. 인류 역사에서 발생한 대부분의 전쟁은 영토를 확보하기 위한 갈등이었다. 일단 영토를 차지하게 되면 해당 영토 내에서 주권을 행사할 수 있을 뿐만 아니라, 영토 내의 주민과 자원을 복속시켜 국력을 키울 수 있었기 때문이다. 과거 국가들 간의 영토를 확보하기 위한 전쟁은 국가들이 선택할 수 있는 당연한 행위로 인식되는 경향이 있었으며, 이것은 철저히 힘의 논리에 의해 좌우되었다.

일반적으로 영토에 대한 변경은 매우 어렵다. 전쟁을 통한 정복을 제외하고 영토가 변경되는 경우는 매우 제한적이다. 그러나 제한적이지만 영토의 변경은 이루어진다. 최근에 크림 반도가 우크라이나에서 분리되어 러시아로 복귀한 것이 좋은 예다. 비록 우크라이나와 러시아 사이에 공식적인 전쟁은 발생하지 않았지만, 러시아의 지원을 등에 업은 반군에 의해 크림 반도의 소유권이 변경되었다. 때로는 영토를 교환하거나 매매하기도 한다. 과거 미국의 루이지애나와 알래스카 구매가 대표적인 매매의 예다. 또, 과거 영국에 의한 홍콩의 할양처럼 영토의 일부를 일정 기간 조차하는 경우도 있다. 이 밖에도 국가 간의 합의에 의해 주권이 제한되는 국제지역(international servitude)이나 영토분쟁에 의해 소유권의 향방이 불분명한 경우 같은 예외적인 경우도 있다.

주권이란 정치권력의 대내적 최고성과 대외적 자주성과 독립성을 필수 요소로 한다. 즉, 주권은 해당 영토와 역내 국민에 대해서는 그 이상의 어떠한 권위도 인정하지 않으며, 이와 관련된 정책에 있어서 최종적이고 최고의 결정권을 가진다. 아울러, 외부의 그 어떤 권위체로부터의 영향을 받지 않는 독립적이고 자주적인 권리다.

좀 더 구체적으로, 주권이란 정치권력이 국가 내에서 정치이념이나 법, 제도 등을 외부의 간섭 없이 제정하고 집행할 수 있는 권한이다. 민주적 정치질서나 공산주의, 입헌군주제, 대통령제, 의원내각제 같은 모든 제도가 이러한 주권적 결단의 산물이다. 대외적으로 주권은 다른 나라의 간섭 없이 자주적이고 독립적으로 외교관계를 맺을 수 있는 권한을 의미한다. 다른 국가와의 외교관계를 수립하는 행위, 국제연합 같은 국제기구에 가입하는 행위, 핵확산금지조약 같은 국제조약에 가입하는 행위, 아시아인프라투자은행이나 환태평양자유무역지대 같은 경제협력레짐에 가입하는 행위 등은 모두 주권적 결단의 산물이다.

물론, 현실적으로 모든 국가의 주권이 서로 평등하지는 않다. 국제사회에서 주권의 행사는 현실적인 힘의 영향을 많이 받는다. 가장 현저한 예는 국제연합 안전보장이사회에서 거부권을 가진 상임이사국의 존재다. 이들은 다른 모든 국가의 일치된 의사에 반해 국제연합의 의사결정을 저지할 수 있다. 또, 이들 국가들이 핵확산금지조약의 예외로 인정되는 것도 마찬가지다. 아울러, 우리나라의 전시작전권이 미국에 이양되어 있는 것도 주권이 제한되는 예 중 하나다.

영토와 주권은 그 주체가 되는 국민의 존재가 전제되지 않는 한 성립되지 않는다. 영토는 그것을 소유할 주체가 필요하고, 주권은 그것을 행사할 주체가 필요하다. 국민이란 일정한 국법의 지배를 받는 구성원을 말하기 때문에 영토 밖에서도 존재할 수 있지만, 영토는 국민 없이는 그저 버려진 땅에 불과하다. 일반적으로 국민은 한 국가의 법적 체계에서 규정된 일정한 요건에 부합하는 지위를 확보한 주민을 의미한다. 그러므로 단순히 영토 내에 거주한다거나 영토 밖에 존재한다는 기준으로 국민 여부를 결정할 수는 없다.[16]

이러한 법적 개념인 국민과 유사한 개념으로 혈연적 개념인 종족과 사회학적 개념인 민족이 있다. 종족이란 같은 조상을 가진 유전학적으로 긴밀한 연관성을 가진 사람들의 집합이며, 민족이란 종족과는 달리 일정한 사회문화적 정체성을 공유하는 사람들의 집단을 의미한다. 물론, 많은 경우에 같은

16 김열수, 전게서, p. 88.

종족들이 같은 민족을 구성하고 있지만, 이 둘이 항상 일치하지는 않는다. 예를 들어, 중동의 터키와 이라크, 시리아, 이란 등에 흩어져 살고 있는 쿠르드족은 하나의 종족이자 민족이다. 미국에 살고 있는 유럽계, 아시아계, 아프리카계 주민은 각각 다른 종족에 속하지만, 사회문화적으로 통합되어 하나의 민족을 형성하고 있다.

국민이 종족이나 민족 중 어떠한 개념을 중심으로 형성되었는지는 국가적 특성을 논하는 데 매우 중요하다. 유럽에서 프랑스혁명과 나폴레옹 전쟁의 여파로 발전한 민족국가는 바로 이러한 종족과 민족 그리고 국민의 일치성을 전제로 한다. 즉, 국가의 통합성을 위해 유전적 근친성과 동일한 언어의 구사, 동일한 사회문화적 전통의 공유를 가장 이상적인 요소로 가정하는 개념이다. 그러나 미국의 예에서 말하는 것처럼 민족이라는 개념은 절대적인 것이 아니라 가변적인 것이며, 정치적 의도나 틀짓기에 의해 어느 정도 조작이 가능한 개념이라고 할 수 있다. 즉, 민족이나 민족성이라고 하는 것이 때로는 정치적 의도에 따라 허구이거나 조작되고 동원될 수도 있다는 것이다.

제2절
안보의 개념

1. 안보의 정의 및 국가안보의 개념

1) 안보의 정의

영어에서 안보를 의미하는 'security'는 라틴어의 'securus' 또는 'securitas'에 어원을 두고 있다. 이것은 '근심이 없는 상태' 또는 '자유를 저해하는 위협이 없는 상태'를 의미한다. 그런데 이러한 근심이나 걱정 같은 불안은 다양한 원인을 가지고 있다. 불안은 정치사회적으로 의도적인 위협(threat)으로부터 발생할 수도 있고, 자연적이고 기술적인 위험(danger)으로부터 유래할 수도 있다. 안보라는 개념은 바로 이러한 '위협'과 '위험'이라는 개념과 연관되어 해석되어야 정확한 의미를 이해할 수 있다.[17]

인간이 불안을 느끼는 원인이 위험이라면, 위험(danger)의 반대되는 개념, 즉 위험이 제거된 상태는 안전(safety)이라고 할 수 있다. 이러한 위험은 주로 비의도적이고 기술적인 실수 또는 실패, 자연적인 현상으로부터 발생하게 된다. 이러한 위험은 철저한 사전 준비나 예방을 통해 그 가능성을 줄일 수 있고, 사후에 적절하고 신속한 대응을 통해 그 피해를 최소화할 수 있다. 그러므로 발생 가능한 위험요소들에 대해 대비함으로써 불안한 상태를 어느 정도 해소할 수 있다.[18]

---

17 김열수, 전게서, pp. 8-9.

18 김열수, 전게서, pp. 4-5.

이와는 달리, 인간이 느끼는 불안이 정치사회적 또는 군사적으로 의도적인 위협이라면, 그 반대의 개념은 안보(security)가 될 것이다. 위협이란 그것을 가하는 주체와 당하는 객체가 존재하며, 부정적인 영향을 미치도록 하는 의도성을 전제로 한다. 즉, 위험과 위협의 가장 본질적인 차이는 불안을 제공하는 상대방이 존재한다는 점과 이러한 불안의 제공이 상대방의 의도에 따른다는 점이다. 이러한 정치, 경제, 사회, 군사적인 위협으로부터 보호되는 상태를 '안보'라고 할 수 있다. 그러므로 안보는 상대방과의 관계나 상호작용의 내용에 따라 안전보다 더 쉽게 달성될 수도 있고 그 반대일 수도 있다. 즉, 안보는 상대방의 의도와 전술을 잘 파악하고 효과적인 협상이나 거래를 할 수 있으면 예측 불가능한 위험보다 더 쉽게 성취될 수 있고, 상대방의 의도와 전술을 제대로 파악하지 못하고 제대로 된 협상을 수행하지 못한다면 위험보다 훨씬 더 불안한 상태가 지속되게 될 가능성이 있다.

월퍼스(Wolfers)에 의하면 안보의 정의는 "객관적 의미에서는 보유하고 있는 가치에 대한 위협이 존재하지 않는 상태이며, 주관적 의미에서는 이러한 가치가 공격받을 걱정이 없다는 것"을 의미한다.[19] 객관적 의미에서 위협의 부재는 외부에 실재하는 위협이 없는 상태를 의미하고, 주관적 의미에서 걱정이 없는 것은 이러한 위협이 없다는 사실을 인지하는 것을 의미한다. 그러나 주관적 인지라고 하는 것은 위협의 객관적 실재와는 다를 수 있다. 즉, 외부의 위협이 존재하지 않더라도 그것이 있다고 느끼게 되면 근심이 생기는 것이고, 위협이 있어도 없다고 느끼면 근심이 생기지 않을 수도 있다. 그러므로 주관적으로 불안을 느끼는 한 안보는 달성될 수 없다.

주관적 불안의 원인은 인식된 위협의 크기에 비해 자신의 대응능력이 떨어진다는 판단 때문인데, 이것을 '취약성(vulnerability)'이라고 한다.[20] 그런데 이러한 취약성의 원인은 다시 두 가지로 세분해서 생각해볼 수 있다. 먼저,

---

19 Arnold Wolfers, Discard and Collaboration: Essays on International Politics (Baltimore: Johns Hopkins University Press, 1962), p. 150.

20 김열수, 전게서, p. 9.

외부의 위협에 대해 과대평가하는 것이다. 외부의 위협이 실제보다 크다고 생각하는 경우 불안은 커질 수밖에 없다. 다음으로, 외부의 위협에 대처할 수 있는 자신의 능력이 현저히 떨어지거나 그렇다고 느끼는 것이다. 두 가지 경우 모두에서 인간은 불안을 느낄 수 있고, 이러한 취약성을 극복하는 것이 안보를 확립하는 길이다. 외부의 위협으로부터 취약성을 극복하는 방법은 인지된 위협을 압도할 수 있는 능력과 의지를 배양하는 것뿐이다. 이러한 취약성을 극복할 수 있는 의지와 능력을 배양하는 것이 다음 장에서 자세하게 설명하게 될 국가이익을 수호하는 유일한 방법이 될 것이다.

2) 전통적 국가안보의 개념

위에서 살펴본 안보의 개념은 그 대상에 따라 다양한 수준에 적용할 수 있다. 개인수준에서 적용되면 개인안보, 국가수준에서 적용되면 국가안보, 국제수준에서 적용되면 국제안보와 같이 논할 수 있다. 외부의 위협으로부터 개인의 생명과 재산, 권리를 지키는 것을 개인안보라 할 수 있다. 같은 맥락에서, 국가안보는 영토, 주권, 국민 등을 외부의 위협으로부터 지키는 것이고, 국제안보는 국제체제 전체에서 위협적인 요소들을 제거하는 것을 의미한다. 이 중에서 국가안보는 유난히 특별한 의미를 가지는데, 그 이유는 인류가 삶을 영위하는 현실정치 영역에서는 국가가 최상위의 권력기관이며, 제도화된 폭력을 행사하는 유일한 권위체이기 때문이다.

국가의 가장 중요한 역할 중 하나는 국민에게 안보를 제공하는 것이다. 국가와 국민의 관계에서, 국민은 주권을 국가에 위임하고 이에 대한 대가로 국가는 국민에게 안위를 제공한다. 국민의 입장에서 보면 국가는 개인들의 안위를 확보할 수 있는 가장 효과적인 제도이다. 개인의 안위에 대한 국가의 역할을 강조한 것은 고대 그리스의 플라톤이 주장한 “인간은 국가를 통해서만 행복을 추구할 수 있다”는 언명에서도 찾아볼 수 있다. 홉스 역시 국가를 문명사회의 상징이라고 보고 인간에게 평화와 안정을 가져다주는 제도라고

함으로써 평화와 안보의 제공이 국가의 가장 큰 임무라고 주장했다.[21]

국가의 가장 큰 임무는 구성원들에게 안보를 제공하는 것이지만, 구성원들에 대한 위협을 제거하기 위해서는 국가 자신의 생존이 필수적이다. 이처럼 한편으로 국민에게 안보를 제공하기 위해 국가 그 자체가 안보의 대상이 된다는 점에서 국가안보는 특별하다고 할 수 있다. 국가 자체가 안보의 대상이 된다는 것은 국가의 생존뿐만 아니라, 국가의 정체성을 유지하고 발전시켜나가는 것을 포함한다. 정체성이 유지된 국가라야 그 국민에게 진정한 의미에서 안보를 제공할 수 있기 때문이다.

국가안보의 개념을 한마디로 정의하는 것은 쉽지 않은 일이다. 실제로 많은 학자들이 국가안보에 대해 매우 다른 방법으로 정의하고 있다. 그럼에도 불구하고 국가안보는 국가의 개념과 안보의 개념이 결합된 것으로 이해할 수 있을 것이다. 초기의 국가안보에 대한 정의는 주로 한 국가의 정체성을 유지하고 생존을 모색하는 데 있어서 외부의 위협으로부터 자유로운 상태에 초점을 맞추고 있다. 모겐소(Morgenthau)는 정치체제가 자신의 정체성을 유지하면서 생존해나가는 것이 국가안보의 핵심적 이익이기 때문에 "영토와 국가제도의 통합성이 유지되는 상태"를 국가안보라고 개념화했다.[22] 이와 유사하게 버코비츠와 보크(Berkowiz & Bock)는 "외부의 위협으로부터 국가 내의 가치들을 보호할 수 있는 능력"을 국가안보라고 정의했다.[23] 한편, 부잔(Buzan)은 외부의 위협으로부터 국가 내의 가치들을 보호할 수 있는 이러한 국가 내의 능력을 강조하기 위해 국가안보를 "외부로부터의 위협"뿐만 아니라 "내부의 취약성"과도 관련이 있는 개념이라고 주장했다.[24] 즉, 안보라

---

21 황진환 외, 『신국가안보론』(서울: 박영사, 2014), p. 7.

22 Hans J. Morgenthau, Politics in the Twentieth Centry (Chicago: University of Chicago Press, 1971), p. 586.

23 Morton Berkowitz and P. G. Bock, eds., American National Security (New York: Free Press, 1965).

24 Barry Buzan, People, States and Fear: An Agenda for International Security Studies in the Post-Cold War Era (2nd ed.) [New York: Harvester Whearsheaf, 1991], pp. 65-66.

는 것을 단지 외부의 위협과 관련한 개념뿐만 아니라 외부의 위협에 대한 내부 대비태세의 상대적 상태를 거론함으로써 그 개념을 내부의 요인으로까지 확대하여 해석한 것이다. 이처럼 전통적 관점에서 국가안보는 외부의 의도된 위협으로부터 국가 내의 구성원과 그들이 중요시하는 유 · 무형의 가치를 보호하는 것을 의미한다.

3) 전통적 안보연구

제2차 세계대전이 종식되고 전쟁에 대한 반성의 기운이 일면서 국가안보에 대한 학문적 연구가 본격화되기 시작했다. 양차 세계대전의 경험으로 인간생존의 가장 핵심적인 조건이 국가안보라는 자각이 일었고, 이것이 냉전이라는 구조 속에서 군사적 절대안보의 개념으로 발전한 것이다. 전통적 의미에서 국가안보는 절대안보의 개념에 기반을 두고 있는데, 이것은 세력균형이나 억지의 전략으로 나타난다. 또한, 이러한 절대안보의 개념은 "군사적 위협의 부재"나 "외부 공격으로부터의 보호"와 같이 주로 군사적 개념으로 발전했는데, 이것은 "한 국가의 군사적 위협에는 군사적 방어능력으로 대응한다"고 하는 국가들 사이의 능력의 대칭성을 전제로 한다.[25] 이러한 군사적 위협과 대응을 전제로 한 절대안보의 개념이 전통적 안보의 핵심이었으며, 냉전기 세계질서의 구조 속에서 국가안보의 핵심을 차지하고 있었다.

국가안보에 대한 위협은 상대방에게 정신적 · 물리적 손상을 입히기 위한 잠재적인 행위다. 위협을 제거하기 위해서는 상대방이 인지할 수 있을 만큼의 충분한 손상 능력이 있어야 한다. 그러나 이러한 손상 능력만으로는 충분한 위협이 될 수 없다. 상대방이 이러한 능력이 자신을 향해 사용될 수 있다고 믿지 않는 한 이것은 위협이 될 수 없다. 그러므로 상대방에게 손상을 입힐 수 있는 능력에 더해 그러한 능력을 사용할 개연성이 있다는 의지를 보여주어야만 위협이 될 수 있다. 예를 들면, 미국이 세계 최강의 군사력을 보

---

25 Helga Haftendorn, "The Security Puzzle: Theory-Building and Discipline-Building in International Security," International Studies Quarterly, 35-4 (1991), p. 4.

유하고 있고, 또 한반도 내에 영향력을 미치고 있지만, 한국은 이를 전혀 위협으로 인식하지 않는다. 마찬가지로, 미국도 영국이나 프랑스의 군사력을 위협으로 생각하지 않는다. 이것은 이들 국가가 서로 상대방이 자신들의 군사력을 상대에게 사용하지 않을 것이라는 확신이 있기 때문이다. 이에 반해, 북한의 군사력은 미국이나 영국, 프랑스에 대해서는 확실한 열세에 있지만, 북한이 남한에 대해 군사력을 사용할 확실한 의도를 가지고 있기 때문에 남한과 미국에게 위협이 된다. 한편, 일본의 군사력은 미국에게는 전혀 위협이 되지 않지만, 한국에게는 잠재적인 위협으로 인식되고 있다. 일본은 미국과는 동맹을 맺고 있지만, 한국에게는 무력으로 침략한 역사를 가지고 있기 때문이다.

냉전시기의 국가들은 바로 이러한 손상 능력과 함께 적극적인 의지를 보유하고 있었기 때문에 각국의 군사력이 상호 간에 실질적인 위협이 되었다. 냉전기에 성행한 정치적 현실주의의 입장에서 국가안보의 개념은 다음과 같은 특성을 가지고 있다. 첫째, 국가안보의 목적은 외부의 위협이나 침략으로부터 국가를 보호하는 것이다. 둘째, 군사력의 균형을 달성하기 위해 주요한 위협인 적대국의 군사력에 대응하는 군사력을 증강하고 이를 통해 안보상황을 개선한다.[26] 셋째, 국가안보에 있어서 영토의 보호를 가장 중요한 요소로 간주한다. 넷째, 군사적 의미의 피아 구분을 명확히 한다. 이와 같은 냉전기 국가안보의 연구는 상대 국가의 군사적 위협을 가장 큰 위협으로 간주하고 이에 상응한 군사력의 확대를 통해 자국의 안보 취약성을 극복하는 데 초점이 맞추어져 있었다.[27] 최근 탈냉전과 함께 이러한 연구경향에 변화가 생기고 있기는 하지만, 여전히 국가안보 분야에 있어서 군사안보는 필수적이며 가장 중요한 영역을 차지하고 있다. 다른 어떤 안보 이슈보다 단기간에 가장 파괴적이고 폭넓은 영향을 미칠 수 있는 국가안보의 위협요소이기 때문이다.

---

26 전웅, "국가안보와 인간안보", 『국제정치논총』, 44-1 (2004), p. 28.

27 황진환 외, 전게서, pp. 7-8.

2. 국가안보 개념의 확대

최근 이러한 전통적 안보의 개념은 많은 변화를 겪게 되었다. 냉전이 종식되고 군사적 위협이 상대적으로 완화되면서 외부의 위협에 대한 대응으로써 소극적 의미의 국가안보 개념이 변화하기 시작한 것이다. 즉, 외부의 군사적 위협이 줄어들게 되면서 상대적으로 인간의 안위를 위협하는 다른 요인들에 대한 관심이 증가했다. 이러한 안보 개념의 확대는 볼드윈(Baldwin)에 와서 더욱 확연해진다. 볼드윈은 국가안보의 의미에 인위적 위협뿐만 아니라 비인위적인 위험요소들까지 포함시켜 국가안보를 다소 포괄적으로 개념화하려고 시도했다.[28]

현대 국가에서 안보는 외부의 의도된 군사적 위협뿐만 아니라 내부의 위협으로부터 발생하기도 하고, 외부의 위협에 대해 적절히 대응하지 못해서 발생하기도 한다. 과거에 비해 외부 세력과의 전쟁을 통해 희생된 사람의 수는 급속히 감소하는 반면에, 내부의 예기치 못한 요인들로 인해 희생되는 사람들의 수는 급속히 늘고 있다. 그 예로, 2007년부터 2011년까지 5년간 한국의 자살 사망자 수는 7만 1,916명에 달한다.[29] 이러한 수치는 최근 전 세계에서 발발한 주요 전쟁의 사망자 수보다 훨씬 많은 수치다. 민간인과 군인을 합해서 이라크 전쟁에서는 5년간 3만 8,625명이 사망했고, 아프가니스탄 전쟁에서는 같은 기간에 1만 4,719명이 사망했다. 한편, 9.11테러 이후 대테러 정책에 수십조 원을 쏟아 붓고 있는 미국의 경우도 매년 국내 총기 사망사고로 수천 명이 목숨을 잃고 있는 형편이다. 2015년만 해도 10월 1일 현재 약 1만 명이 총기사고로 목숨을 잃었다. 이처럼 현대인의 안위를 위협하는 요소는 과거와 같은 외부의 의도된 위협보다 비의도적인 정책상의 실패나 기술, 문화적인 제도와 더 많이 관련되어 있다.

---

28 David Baldwin, "The Concept of Security," Review of International Studies, 23-1 (January 1997), pp. 13-14.

29 보건복지부, 2015년 10월 3일 발표자료 인용.

이러한 기류를 반영하듯, 탈냉전기 국가안보에 대한 연구는 냉전기의 군사 중심의 국가안보 논의에 비해 매우 광범위하고 포괄적인 이슈들을 다루었다. 국가안보를 군사적 의미로 한정시켰던 냉전시대와 달리 탈냉전기 국가안보는 기존의 군사적 안보에 더해 인간의 안위와 자유, 존엄성에 대한 도전, 환경 같은 생태적 위협에 대응하는 것으로 그 개념이 확장되었다. 냉전기 이념적 갈등을 기초로 한 단순한 위협은 이제 적과 동지를 구분하기 모호한 상황에서 다양하고 복잡한 위협요소들에 대응하는 것을 안보의 개념에 포함시킬 필요성이 생겼기 때문이다.

이와 같은 새롭고 포괄적인 안보의 위협요소에는 영토분쟁 같은 전통적 위협 외에도 인종분규, 민족분규, 자원분쟁, 이념분쟁, 종교분쟁, 환경 문제, 빈곤 문제 등과 같이 무수히 많은 내용이 포함된다. 동서 냉전의 분위기가 데탕트와 미중 국교정상화 등 일련의 역사적 사건을 계기로 변화의 기미를 보일 무렵, 가장 먼저 국가안보에 위협으로 등장한 것이 1970년대 오일쇼크로 인한 경제 문제였다. 당시 오일쇼크는 전 세계적인 경제불황의 원인이 되어 각국의 내정을 매우 불안하게 하는 요소가 되었다. 뒤를 이어서 국가 내부의 혁명운동이나 테러리즘, 대량살상무기의 확산, 인신매매 등과 같은 안보 이슈들이 등장하게 되었고 최근에는 기후변화와 질병 문제, 그리고 희소자원의 확보 문제, 인신매매 등과 같은 비군사적 문제들도 안보의 중요한 이슈로 등장하게 되었다.

이러한 국가안보 연구영역의 확대는 두 가지 측면에서 이루어졌다.

첫째는 안보 의제(agenda)의 확대이고, 둘째는 안보 주체(subjects)와 객체(objects)의 확대이다. 오일쇼크가 일어난 시점부터 학자들은 안보와 경제라는 상이한 영역의 쟁점들이 상호 교차적으로 영향을 미치고 있음을 간파한 것이다. 전통주의자들은 여전히 안보 의제의 확대가 기존의 군사력 중심 논의의 중요성을 희석시킬 것을 우려하며 이러한 의제의 확대에 반대하고 있지만, 냉전종식의 영향으로 이러한 경향성은 더욱 심화되었다.

안보연구 영역 확대의 경향을 정리하면 다음과 같다. 첫째, 포괄안보

(comprehensive security)의 개념이다. 기존의 군사적 영역뿐만 아니라 정치, 경제, 환경, 사회, 문화 등 다양한 분야를 포괄한다. 이러한 안보연구 영역의 확대로 등장한 용어들이 정치안보, 경제안보, 사회문화안보, 과학기술안보 등이다. 또 이들을 포괄하는 용어가 바로 포괄안보다. 모든 분야의 의제가 안보연구의 영역이 될 수 있다는 것이다.

둘째, 초국가적 안보(transnational security)의 개념이다. 국가적 안보 위협요소뿐만 아니라, 초국가적 위협을 안보 논의의 의제로 삼는다. 예를 들면, 테러리즘이라든지 마약 및 무기 밀매, 인신매매, 불법이민, 국가 간 질병의 확산, 지구온난화, 사이버테러 및 해킹, 환경 문제 등 국가의 안위에 영향을 미치는 모든 초국가적 의제가 안보 논의의 대상이 된다는 것이다.

셋째, 인간안보(human security)의 개념이다. 안보의 보호대상이 과거에는 국가에 한정되어 있었으나 이제는 국가뿐만 아니라 개인, 지역, 국제체제 등이 모두 안보의 대상이 되고 있다. 이러한 보호대상의 확대에 따라 개인안보, 국가안보, 집단안보, 지역(region)안보, 국제체제안보 등의 개념이 등장하게 되며, 이를 요약하면 결국 인간안보로 표현할 수 있다. 인간안보는 인간 자체가 안보의 대상이라는 것으로, 1994년 UN개발계획(UNDP)에 의해 정립된 개념이다. 이에 따르면, 안보의 보호 대상은 모든 단위의 인간이 된다. 개인으로서의 인간뿐만 아니라 집단, 민족, 종족, 인종, 국민 모두가 안보의 대상이 된다.

넷째, 다자안보(multilateral security)의 개념이다. 과거의 안보 논의에서 주체는 국가로 한정되어 있었지만, 현재 안보 논의의 주체는 국가뿐만 아니라 개인, 국가, 시민사회, 테러집단, 국제기구 등 다양한 행위자들을 포괄한다.[30] 국가들이 공동으로 안보 문제를 해결하면 공동안보(common security)가 되고, 국가들이 협력적으로 안보 문제를 해결하면 협력안보(cooperative security)가 된다. 이러한 복수의 행위자들이 연합하여 안보 문제를 해결하려는 노력을

30 김열수, 전게서, p. 58.

다자안보라고 할 수 있다. 특히, 21세기의 안보연구는 이러한 인간안보와 다자안보의 영역에서 활발히 이루어지고 있다.

이러한 시대적 흐름을 고려하여 안보의 개념을 다시 정의한다면, 안보란 기존의 군사적 안보에 더해 "인간의 안위와 자유, 존엄성에 영향을 미치는 의도적 · 비의도적 도전과 환경 문제와 같이 체계적 · 반복적으로 인간의 생태에 가해지는 구조적 위협에 대응하는 것"으로 그 개념을 확장할 수 있을 것이다.[31] 이러한 안보의 개념에는 테러리즘이라든지 마약 및 무기 밀매, 인신매매, 불법이민, 국가 간 질병의 확산, 지구온난화, 사이버테러 및 해킹, 환경 문제 등 인간의 안위에 영향을 미치는 모든 요소가 논의의 대상이 된다.

물론, 이러한 정의는 기존의 안보가 아닌 안전의 개념에 해당하는 요소들을 일부 포함하고 있으며, 이러한 기존의 안전 요소 중에서 정확히 어디까지가 새로운 안보의 개념으로 전환될 것인가 하는 문제가 있다. 하지만 전통적 안전의 개념 중에서 반복적이고 체계적인 문제는 대체로 안보의 영역으로, 일회성의 비체계적이고 무작위적인 사건들은 안전의 문제로 간주하는 것이 바람직할 것이다. 예를 들면, 지구온난화 같은 반복적이고 구조적인 문제들은 안보의 개념에 포함되는 반면에, 비체계적이고 무작위적인 태풍으로 인한 피해는 안전의 개념으로 다루어야 할 것이다. 또한, 일회성의 총기사고는 안전의 문제이지만, 총기소유에 대한 규제의 문제는 인간안보라는 측면에서 다루어야 할 이슈라고 할 수 있을 것이다.

3. 국가안보의 분석틀

국가안보에 관한 연구는 인류의 역사와 같이했다고 해도 과언이 아니다. 비록 시대적 상황에 따라 그 강조점의 방향에 변화가 생기기는 했지만, 기

31 이러한 안보에 대한 정의는 기존의 다른 문헌들이 논리적 전개를 위해서는 현대적 의미의 광의의 포괄안보의 개념을 사용하면서도 정작 안보의 정의에서는 사전적 의미인 '외부로부터의 의도된 위협'에 대응하는 것으로 그 개념을 제한하고 있는 모순을 극복하기 위해 현대적 흐름을 반영하여 새로이 구성한 것이다.

본적으로 국가안보는 국가가 추구해야 할 최우선적인 정책이라는 점에서는 대부분 일치된 입장을 가지고 있다. 이러한 국가안보의 연구는 국제정치 연구의 하위분야로 발전했는데, 국제정치가 연구 분야로서 확립된 20세기 이후 국가안보는 주로 국제정치의 양대 패러다임인 현실주의와 자유주의 입장에서 대립하면서 발전했다. 이 두 가지 패러다임을 포함한 국제정치의 다양한 이론들은 인간과 세계에 대한 서로 다른 인식을 바탕으로 국가안보에 대해 상이한 논리를 전개하고 있다.[32]

1) 국제정치의 주류이론적 입장

국가안보의 연구에 있어서 주류적 입장은 오랜 역사를 자랑하는 현실주의 패러다임이다. 현실주의의 역사는 고대 그리스의 펠로폰네소스 전쟁사를 기록한 투키디데스(Thucydides)까지 거슬러 올라간다. 투키디데스는 국가들 간의 관계는 철저하게 힘의 논리에 지배받음을 설파하면서 군사적 힘으로 표현되는 국가안보가 국가의 모든 정책에서 가장 우선하는 영역임을 강조했다.[33] 중세에서 근대로의 전환의 시기에 현실주의 입장에서 국가론을 제시한 것은 마키아벨리와 홉스가 대표적이다. 이러한 전통은 20세기의 모겐소와 월츠(Waltz)로 이어졌다. 이들은 한결같이 국가안보를 국제정치에 있어서 가장 중요한 문제로 인식했으며, 안보문제의 해결이 정치의 최우선적인 과제라고 주장했다.

현실주의는 국제사회에서 가치를 권위적으로 배분할 수 있는 중앙정부가 부재하는 무정부 상태가 국제정치의 성격을 결정짓는 가장 중요한 요소라고 주장한다. 국가들 간의 관계를 조정하고 중재할 중앙정부의 부재는 결국 모든 국가가 힘에 의존하여 문제를 해결하도록 하는 결과를 가져온다. 이처

---

32 한국정치학회 편, 『국제정치학: 인간과 세계, 그리고 정치』(서울: 박영사, 2015) 참조.

33 Robert B. Strassler, *The Landmark Thucydides: A Comprehensive Guide to the Peloponnesian War* (New York: The Free Press, 1996), p. 43; Interview with William Choong, "China's Maritime Disputes: 'Fear, Honor and Interest'," *DW*, May 26 (2014).

럼 힘이 지배하는 약육강식의 사회에서 자연히 인간은 주변의 위협으로부터 해방되기 위해 생존과 안보에 최우선적인 관심을 가지게 된다. 이러한 안보에 대한 열망과 심사숙고의 결과가 국가이며, 국가안보가 개인의 안보에 가장 중요한 전제가 된다. 이러한 국가안보를 담보할 수 있는 가장 중요한 수단은 군사력을 중심으로 하는 국력이다. 그러므로 국가들 간에 생존경쟁을 위한 세력경쟁(struggle for power)은 필수불가결한 현상이다. 이때 국력은 국가가 동원할 수 있는 모든 힘과 자원의 총합을 말하는데, 물리적 힘으로서의 군사력을 비롯하여 군사력을 배양하는 데 동원될 수 있는 유무형의 모든 자원 ─ 경제력이나 국토의 크기, 인구의 수, 기술수준 등 ─ 의 총합이다.

현실주의 패러다임은 이러한 국가 간의 무한경쟁의 원인이 권력을 추구하는 인간의 본성에 있다고 주장한다. 카(E. H. Carr)나 모겐소 등 초기의 현실주의자들은 타인을 지배할 수 있는 권력을 추구하는 욕망을 가지고 태어난 인간의 이기적인 본성이 국가들 간의 경쟁의 원인이 되고 있다고 본다. 이러한 이기적인 인간에 의해 구성된 국가는 다른 국가들과 이익의 조화를 이루어낼 수 없으며, 서로 충돌하는 이해관계를 가질 수밖에 없다. 그러므로 현실주의는 영토의 보전이나 국민의 보호, 주권의 수호 같은 국가안보를 최우선의 과제로 인식한다. 국가의 생존 없이는 개인의 생존도 담보할 수 없기 때문이다.

2) 국제정치의 경쟁이론적 입장

현실주의 패러다임이 지배적인 위치를 차지하는 국제정치 연구에 있어서 자유주의 패러다임은 현실주의에 대해 경쟁적인 위치를 차지하고 있다. 국제법의 제정을 통해 전쟁을 방지하고자 했던 그로티우스(Grotius)를 시조로 간주하는 자유주의 국제정치 사상은 로크와 칸트(Kant), 그리고 국제연맹의 주창자 윌슨(Wilson)에 이르러 체계화되었다.

이들은 현실주의와 달리 인간의 본성을 본래 선한 것으로 인식하고 전쟁이나 갈등은 사회의 구조와 제도에 의해 파생된 예외적인 현상이라고 주장한다. 인간은 본래 합리적이기 때문에 이성적인 대화를 통해 조화와 협력이 가능하다. 그럼에도 불구하고 전쟁이 발생하는 원인은 불완전한 정치제도 때문이다. 이들에게 안보란 평화적인 방법에 의해 전쟁을 미연에 방지하는 것이지 압도적인 군사력으로 상대를 제압하는 것이 아니다. 또한 전쟁의 원인을 근본적으로 제거하기 위한 국제법이나 국제기구 그리고 세계정부 같은 공동의 노력이 경주된다면 영구적인 평화체제도 가능하다고 주장한다.[34]

이처럼 자유주의 패러다임은 인간의 본성을 협력과 조화를 추구하고 상호 이익을 도출하는 성선설의 입장에서 바라본다는 점에서 현실주의와 극명하게 대비된다. 이러한 인간 사이에 형성된 국제관계는 갈등과 경쟁이 아닌 협력과 조화를 통한 상호 이익이 본질이다. 또한 국가들 간의 관계를 제로섬(zero-sum)의 관점에 입각한 상대적 이익이 아니라 절대적 이익의 관점에서 해석한다. 특히, 현실주의가 국제정치에 있어서 국가만을 의미 있는 유일한 행위자로 인식하는 것과 달리, 자유주의는 국가뿐만 아니라 국가 이외의 국제기구나초국적 기업, 테러집단 등과 같은 비국가 행위자도 유의미한 행위자로 간주한다. 이러한 전제하에서 국제사회의 평화란 세력균형이나 억제 같은 군사적인 수단에 의해 유지되는 것이 아니라 일반적으로 수용된 가치나 행위규범, 국가 간의 상호 의존, 그리고 국제제도와 국제기구 등의 레짐에 의해 유지될 수 있다고 본다.[35]

3) 국제정치의 대안이론적 입장

20세기 초부터 냉전기까지 국제정치 현상을 설명하는 지배적 이론이었던 현실주의와 자유주의 패러다임은 냉전이 종식되면서 점차 설명력을 잃어가는 경우들이 생겨났다. 이러한 문제들에 대해 일부 학자들은 현실주의

34 James E. Dougherty and Robert L. Pfaltzgraff, Jr., *Contending Theories of International Relations: A Comprehensive Survey* (New York: Harper & Row, 1981), p. 100.

35 Anthony G. McGrew, "Conceptualizing Global Politics," in Anthony G. McGrew, Paul G. Lweis et. al., eds., Global Politics: Globalizlation and the Nation State (Cambridge, Massachusetts: Polity Press, 1992), p. 20; 황진환 외, p. 38.

와 자유주의에 대한 근본적인 의문을 제시하며 새로운 설명을 시도했다. 그중 대표적인 사조가 구성주의 이론이다. 구성주의는 현실주의와 자유주의가 제시한 무정부 상태나 세력균형, 국가이익의 관계 등에 대해 새로운 해석을 시도했다.

구성주의는 국제정치의 여러 현상과 속성에 대한 관념적 시각을 제시하고 분석의 틀을 제시하는 인식론적 접근이다. 웬트(Wendt)는 "국제정치의 내용은 국가들이 상호 간에 가지고 있는 믿음이나 기대에 의해 결정되는 것"이라고 하면서 "그러한 믿음과 기대는 대부분 물질적인 것이 아니라 사회적 구조에 의해 결정된다"고 주장했다. 그러므로 국제질서는 주어지는 것이 아니라 주체와 구조가 상호작용을 통해 구성되는 것이다. 예를 들면, 국제정치의 무정부적 성격은 주어진 것이 아니라 국가나 정치지도자들이 국제사회를 홉스적인 시각으로 바라보았기 때문에 구성된 것이라고 본다. 즉, 이러한 세계관은 구조 때문이 아니라 그렇게 바라보는 인지적 과정 때문이라는 것이다. 국가안보 역시 물리적 힘의 분배가 아닌 인식의 분배에 의해 구성되는 것으로 본다.

제2장

국가이익·목표와 국가안보전략

이 장에서는 국가의 가치, 이념, 이익, 국가목표, 국가안보목표 그리고 국가안보전략을 다룬다. 이러한 용어들은 국가정책 기획 혹은 국가전략 기획문서에서 종종 등장하는 것임에도 불구하고 이를 정의하고 구분하는 것은 매우 어렵다. 따라서 본론에 들어가기 전에 개인을 놓고 이러한 용어를 적용해봄으로써 이해를 돕고자 한다.

가치란 개인이 뭔가 의미를 부여하는 유·무형의 대상이다. 예를 들어 조국, 고향, 가정, 가족, 충성, 헌신, 봉사, 희생, 사랑 등 수없이 많다. 이념이란 가치와 연계하여 개인이 갖고 있는 이상, 혹은 옳다고 느끼는 생각을 말한다. 즉 국가를 우선시하는 사람은 애국주의를, 가정에 충실한 사람은 가족주의를, 개인의 성공에만 관심 있는 사람은 출세지향주의를, 타인의 빈곤이나 불행에 마음 아파하는 사람은 박애주의라는 이념을 갖고 있다고 할 수 있다.

개인의 이익은 이러한 가치와 이념이 개념화된 것으로 대개의 사람은 권력, 부, 명예를 추구하는 것으로 받아들여진다. 빈곤한 가정에서 자란 사람은 보다 풍요로운 삶을 원할 것이며, 만인을 위해 봉사하고자 하는 사람은 권력을, 그리고 군인과 같이 국가와 국민을 위해 헌신하는 사람은 명예로운 삶을 원할 것이다. 일단 이러한 이익이 식별되면 사람은 그러한 이익을 확보하기 위해 각 개인의 인생목표를 설정하게 된다. 가령 풍요로운 삶을 원하는 사람은 '돈을 잘 버는 직업' 혹은 구체적으로 의사나 변호사 등이 인생의 목표가 될 것이다. 일단 목표가 정해지면 그 목표를 달성하려는 노력이 필요하다. 이것이 바로 전략이다. 만일 '돈을 잘 버는 직업'이 목표라면 자신이 갖고 있는 역량이 무엇인가를 판단하여 그러한 전략을 수립할 수 있다. 공부를 잘하는 사람은 의사나 변호사, 대인관계가 좋고 활동적인 사람은 사업가, 그리고 예능이 뛰어난 사람은 예술인이 되어 풍요로운 삶을 살기 위한 다양한 계획을 갖게 되는데, 이것이 바로 전략이라고 할 수 있다.

다음에서는 이와 같은 논리를 가지고 개인 대신 국가를 대입하여 국가가 갖는 가치, 이념, 이익, 안보목표, 안보전략에 대해 논의하도록 한다.

박창희(朴昌熙, Park, Changhee)

현재 국방대학교 군사전략학과 교수로 미 해군대학원(NPS)에서 국가안보학 석사 학위, 고려대학교에서 국제정치학 박사 학위를 취득했다. 주요 경력으로 고려대학교 강사, 아태안보연구소(Asia-Pacific Center for Security Studies) 정책연수, 국방대학교 안보문제연구소 군사문제연구센터장, 국방대학교 교수부 교육기획처장을 역임한 바 있다. 연구 관심 분야는 전쟁 및 전략, 중국군사, 군사전략 등이며, 주요 저서 및 논문으로 『중국의 전략문화』(2015), 『군사전략론』(2013), 『현대 중국 전략의 기원』(2011), "중국의 군사력 현황 평가"(2013), "북한급변사태와 중국의 군사개입전망"(2010), "전략의 패러독스"(2009), 『미일중러의 군사전략』(2008, 공저), "Why China Attacks"(2008), "Significance of Geopolitics in the US-China Rivalry"(2006) 등이 있다.

제1절
국가이익

1. 국가의 가치와 이념

1) 국가의 가치

국가의 가치를 정의하는 것은 쉽지 않다. 사전적 의미로 '가치(value)'란 "정신 행위의 목표로 간주되는 진 · 선 · 미 따위" 혹은 "욕망을 충족시키는 재화의 중요 정도"를 의미한다.[36] 따라서 이러한 사전적 의미를 국가라는 대상에 적용해본다면 '국가의 가치'란 "국가가 지고의 선으로 간주하는 정신적 지향점" 정도로 정의할 수 있을 것이다.

국가의 가치는 곧 국가가 존재하는 이유다. 국가가 추구할 가치가 없다면, 또는 추구하는 가치가 별 의미가 없는 것이라면 국가는 존재할 필요가 없기 때문이다. 국민의 생명과 재산을 보호하는 것이든, 국민이 원하는 자유와 평등을 보장하는 것이든, 혹은 국민이 원하는 부와 명예를 가져다주는 것이든 국가가 뭔가 '가치 있는' 기능을 하지 못한다면 그 국가는 더 이상 존재할 이유를 갖지 못한다. 즉, 국가의 가치란 국가가 존재하는 이유이자 국가가 지향하는 궁극적인 목적이 된다. 그리고 나아가 이러한 가치는 국가가 정책을 결정하는 데 영향을 주고 국가의 행위를 유발하는 동기를 제공한다.

국가의 가치는 너무 광범위하고 개념적이어서 이를 범주화하기는 어렵다. 개개인마다 추구하는 가치가 모두 다르듯이 국가가 추구하는 가치 또한

---

36 민중서림, 『실용 국어사전』(파주: 민중서림, 2006), p. 27.

매우 다양하기 때문이다. 국가가 추구하는 가치로는 대체로 자유, 민주, 평등, 복지, 번영, 민족, 통일, 종교적 신념 등을 꼽을 수 있다. 물론, 국가의 가치는 각 국가가 처한 상황과 능력에 따라 다르게 나타난다. 역사적으로나 지리적으로 강대국에 둘러싸인 약소국의 경우에는 국가의 생존을 가장 우선적인 가치로 간주할 것이며, 전통적인 강대국 혹은 신흥 강대국의 경우에는 영향력을 확대하여 패권적 지위를 확보하는 것을 최고의 가치로 설정할 수 있다.

국가의 가치는 앞으로 설명하게 될 국가의 이념을 결정하고 국가이익을 설정하는 데 직접적인 영향을 준다. 또한 국가목표와 국가안보전략을 수립하는 데도 간접적으로나마 투영되어 영향을 줄 수 있다.

2) 국가의 이념

모든 국가는 어떠한 형태로든 나름의 이념을 갖는다. 국가의 이념은 국가의 역할이 무엇인가, 국가는 왜 존재하는가, 국가와 사회의 관계는 무엇인가, 특정한 국가의 크기와 형태는 어디에서 유래한 것인가 등 본질적 문제에 관한 이데올로기다. 따라서 국가이념은 서로 다른 차원과 수준에서 다양한 형태로 나타날 수밖에 없다. 가령 국가의 역할과 관련하여 이를 절대적인 것으로 보는 극우적 파시즘으로부터 국가의 존재를 아예 부정하는 공산주의 이념이 있을 수 있다. 국가와 사회의 관계에서 국가의 절대적 권위를 강조하는 전체주의로부터 사회의 역할을 중시하는 공화주의 이념이 나타날 수 있다. 또한 국가의 형태에 따라 왕을 중심으로 한 군주제 이념으로부터 국민이 주인이 되는 민주주의, 그리고 신정 형태의 이슬람주의 등이 있을 수 있다.

이러한 국가이념은 결국 그 국가가 갖는 가치에 대한 편향적 시각을 반영한다. 즉 국가이념은 앞에서 언급한 자유, 민주, 평등, 복지 등 제 가치에 대해 어떤 것을 선호하고 어떤 것을 지양하는가를 반영한 결과로 나타난다. 현대 세계에서 보편적으로 거론되는 국가이념으로는 개인의 자유를 강조하면서 국가의 간섭을 최소화하는 자유주의, 국민이 주인이 되어 정치에 참여하는 대의민주주의, 평등을 극단적으로 강조하는 공산주의, 그리고 국민의 복지에 주안을 둔 사회주의 이념이 있다. 물론, 이외에도 다른 형태의 국가이념이 존재한다. 종교적 신념을 최고의 가치로 내걸고 신정국가 건설을 추구하는 이슬람주의, 그리고 국가번영을 극대화하기 위해 제2차 세계대전 이전 일본과 독일이 추구했던 팽창주의적 제국주의도 그러한 예에 해당한다. 결국 국가는 모든 가치를 추구할 수 없다. 이러한 측면에서 국가이념은 편향된 일부 가치를 지향하게 된다.

국가이념은 국가안보에서 매우 중요한 위치를 차지한다.[37] 이념은 국가를 조직하는 데 일종의 유대감을 형성하는 정치적 원리이자 국가 정체성을 형성하는 것으로서, 이념의 붕괴는 곧 정치체제 혹은 국가의 붕괴를 초래할 수 있기 때문이다. 특히 국가이념은 다른 국가의 이념과 상충하고 대립할 수 있으며, 이념적으로 경쟁이 이루어질 경우 대내적으로나 대외적으로 분쟁 혹은 전쟁으로 이어질 수 있다는 점에서 핵심적인 안보문제로 떠오를 수 있다.

2. 국가이익: 생존, 번영, 영향력

국가이익은 국가의 가치와 이념을 반영하여 결정된다. 국가이익은 한 국가의 전통과 역사적 경험, 그리고 정치문화 속에서 오랫동안 축적되고, 발전되고, 선택된 것으로 국민이 공감하는 가운데 형성된 결정체다.[38] 미국의 국가이익은 독립 이후의 역사와 국제경영의 경험을 통해 결집된 것이며, 중국의 국가이익도 전통적 전략문화와 중화인민공화국이 탄생한 후 경험한 현대의 역사를 통해 형성된 것이다. 국가의 가치와 국가이념이 추상적이고 관념적인 모습으로 투영되는 것이라면, 국가이익은 대체로 개념화되어 표현된다. 그리고 이러한 국가이익의 개념은 보다 구체화되어 다음에서 살펴볼 국가목표로 명문화될 수 있다.

---

37 배리 부잔, 김태현 역, 『세계화시대의 국가안보』(서울: 나남, 1995), p. 111.

38 최경락 외, 『국가안전보장서론: 존립과 발전을 위한 대전략』(경기: 법문사, 1989), p. 41.

국가이익은 국가의 가치 및 국가이념의 하위 개념인 만큼 매우 다양하게 제시될 수 있으나, 통상 생존(survival), 번영(prosperity) 그리고 영향력(influence)이라는 세 가지 개념으로 요약된다. 모든 국가는 처한 상황에 따라 정도는 다르지만, 공통적으로 물리적 힘과 관계된 안보 또는 생존, 경제력을 의미하는 발전 또는 번영, 그리고 국제적 지위를 의미하는 영향력 같은 세 가지 이익을 추구한다. 이는 투키디데스(Thucydides)가 국가행동의 기본적인 동기로서 제시한 '두려움(fear)', '이익(interest)' 그리고 '명예(honor)'라는 개념과 같은 맥락에서 이해할 수 있다.[39] 한편, 고전적 현실주의자인 한스 모겐소는 국가이익을 '권력(power)' 하나로 정의하고, 국가이익이란 이러한 권력을 사용하여 현상을 유지하는 것, 제국주의적 팽창을 추구하는 것, 국가의 권위(prestige)를 높이는 것이라는 세 가지로 정의하여 국가의 정책은 권력을 유지하거나, 권력을 강화하거나, 아니면 권력을 과시하는 것 중의 하나로 보았다.[40] 모겐소의 개념도 마찬가지로 생존 또는 안보, 번영 또는 팽창, 그리고 영향력 또는 권위라는 관점에서 통상적인 국가이익 개념과 일맥상통하는 것으로 볼 수 있다.

첫째로 생존은 모든 국가가 추구하는 가장 원초적인 이익임에 분명하다. 모든 국가는 중앙정부를 갖는 국내체제와 달리 권위적인 중앙정부가 존재하지 않는 무정부적인 국제체제 하에서 존재한다. 이러한 무정부성은 국가들로 하여금 생존의 확보를 일차적인 목표가 되도록 하며, 이러한 목표를 스스로의 힘에 의해 달성하지 않을 수 없도록 만든다. 이것이 바로 월츠(Kenneth N. Waltz)가 주장한 '자력구제(self-help)'라는 개념이다. 국가들은 생존이라는 목표를 달성하기 위해 두 가지 수단을 동원하는데, 하나는 내부적 노력으로 경제발전, 군비증강, 전략개발 등을 꾀하는 것이고, 다른 하나는

---

39 Robert B. Strassler, *The Landmark Thucydides: A Comprehensive Guide to the Peloponnesian War* (New York: The Free Press, 1996), p. 43; Interview with William Choong, "China's Maritime Disputes: 'Fear, Honor and Interest'," *DW*, May 26(2014).

40 James E. Dougherty and Robert L. Pfaltzgraff, Jr., *Contending Theories of International Relations: A Comprehensive Survey* (New York: Harper & Row, 1981), p. 100.

외부적 노력으로 자국의 동맹을 강화하고 상대의 동맹을 약화시키려는 것이다.

두 번째로 번영은 경제발전과 복지의 향상을 의미한다. 경제발전은 군사력을 강화할 수 있는 기회를 제공한다는 측면에서 앞에서 제기한 생존이익을 확보하는 데 필수적일 뿐 아니라, 경제력과 군사력을 바탕으로 국제사회에서의 활동을 강화하고 대외적 영향력을 확대할 수 있다는 측면에서 국제적 지위를 확보하는 데 소중한 밑거름이 된다. 또한 국내적으로는 국민의 복지를 강화함으로써 정치사회적 안정을 기하고 정부로 하여금 통치의 정당성을 높여준다는 점에서 내부의 안보역량을 강화하도록 해준다. 비록 한 국가가 생존을 확보한다 하더라도 경제적으로 어려움을 벗어나지 못한다면 그 국가는 근근이 명맥을 이어나갈 수는 있겠지만 언제든지 불안정한 상황에 직면할 수 있다. 반면, 경제적으로 번영을 이룬 국가는 생존을 강화할 수 있는 역량을 구비할 수 있음은 물론, 국제적으로 영향력을 확대할 수 있는 좋은 기회를 맞게 될 것이다.

셋째로 영향력은 국제적 지위를 확보함으로써 국가의 명예를 고양시키기 위한 높은 차원의 이익이다. 국가를 구성하고 있는 구성원이 인간이기 때문에 국가도 인간과 마찬가지로 명예 혹은 권위라는 가치를 추구한다. 그것이 국제적 활동에 참여함으로써 국제사회의 평화와 안정에 기여하는 것이든, 아니면 군국주의적 팽창을 통해 주변국을 정복하고 제국을 건설하는 것이든, 모든 국가는 어떠한 형태로든 대외적으로 영향력을 강화하고자 한다. 국제적으로 지위를 인정받는 것은 궁극적으로 국가의 가치 및 국가이념의 연장선상에서 국가의 존재이유와 결부된 것으로도 볼 수 있다.

3. 국가이익의 유형

국가이익은 이를 구분하는 기준에 따라 다양한 유형으로 나누어볼 수 있다. 드류와 스노(Drew and Snow)는 국가이익을 생존이익, 핵심이익, 중요이익 그리고 부차적 이익으로 구분했다. 여기에서 생존이익과 핵심이익은 군사력을 사용해서라도 지켜야 하는 이익인 데 반해, 중요이익이나 부차적 이익은 국가에 불편을 주거나 손상을 주는 것이긴 하지만 참을 수 없는 정도는 아니다. 즉, 핵심이익과 중요이익의 경계선에서 군사력 사용 여부가 결정된다.

그러나 이 두 영역의 경계를 구분하는 것은 모호하다. 상황에 따라 중요이익이 핵심이익으로 될 수 있고, 반대로 핵심이익이 중요이익으로 낮춰질 수도 있다.[41] 왜냐하면 이러한 이익에 대한 판단이 다분히 심리적이고 주관적일 뿐만 아니라, 국내외 상황이 변화함에 따라 특정한 이익이 갖는 가치가 정부의 정책결정을 변화시키고 그 경계를 넘나들 수 있기 때문이다.

〈표 2-1〉 국가이익의 구분

구분	내용	비고
생존이익 (survival interest)	국가존망에 관한 기본이익으로, 적의 공격이나 공격위협으로부터 국가를 수호하는 이익	
핵심이익 (vital interest)	국가가 양도할 수 없는 이익으로, 국가에 중대한 위해를 초래할 경우 군사력을 사용해서라도 지켜야 하는 이익	
중요이익 (major interest)	국가의 정치적, 경제적, 사회복지에 부정적 영향을 줄 수 있는 이익이지만 군사력을 사용할 정도는 아님	
부차적 이익 (peripheral interest)	국가이익에 해당하지만 전반적으로 국가에 미치는 영향이 미미한 것	

출처: Dennis M. Drew and Donald M. Snow, *Making Twenty–First–Century Strategy: An Introduction to Modern National Strategy Processes and Problems* (Maxwell AFB: Air University Press, 2006), pp. 31–34.

첫째로, 생존이익은 국가존망에 관한 가장 기본적인 이익으로, 적의 공격이나 공격위협으로부터 국가를 수호하는 이익이다. 국가생존보다 더 중요한 이익은 없다. 적국의 전면적 침략이나 핵공격 가능성은 국가의 생존이 걸

---

41 Dennis M. Drew and Donald M. Snow, *Making Twenty-First-Century Strategy: An Introduction to Modern National Strategy Processes and Problems* (Maxwell AFB: Air University Press, 2006), pp. 31-34.

린 위협으로서, 이러한 위협에 대비하여 군사력을 건설하고 군사동맹을 체결하는 등 국가생존을 모색하는 것은 가장 긴요한 안보이익이라 하지 않을 수 없다.

둘째로, 핵심이익은 국가가 양도할 수 없는 이익으로, 국가에 중대한 위해를 초래할 경우 군사력을 사용해서라도 지켜야 하는 이익이다. 예를 들어, 모든 국가는 자국의 영토 일부가 다른 국가의 군대에 의해 점령을 당할 경우 즉각 반격에 나서 이를 회복해야 할 것이다. 내부적으로 반정부 무장세력이 등장하여 국민을 선동하고 사회를 혼란에 빠뜨릴 경우에도 정부는 군사력을 동원하여 진압하지 않을 수 없을 것이다. 핵심이익은 국경선 내에서만 작용하는 것은 아니다. 냉전기 미국은 서유럽이 소련에 의해 침공을 당할 경우 소련과의 핵전쟁 가능성을 불사하고 즉각 개입할 계획을 갖고 있었다. 이처럼 핵심이익은 국가생존은 아니더라도 침해될 경우 곧바로 군사력의 사용으로 이어질 수 있는 타협이 불가능한 이익이다.

셋째로, 중요이익은 국가의 정치적 · 경제적 · 사회적 차원에서의 안정에 부정적 영향을 줄 수 있는 이익이지만, 반드시 군사력을 사용해서라도 확보해야 할 정도의 이익은 아니다. 가령 중동 지역 정세의 안정은 원활한 원유수입 및 유가안정 측면에서 중요하다. 만일 중동 지역에서 불안정사태가 발생한다면 많은 국가들은 경제적 타격을 우려하여 외교적으로 교섭하면서 제반 조치를 취하겠지만, 그렇다고 반드시 이 지역에 군사력을 투입하여 상황을 안정시키려 하지는 않는다.

넷째로, 부차적 이익은 국가이익에 해당하나 전반적으로 국가에 미치는 영향이 미미한 것을 의미한다. 아프리카의 제3세계 국가들에서 일어나고 있는 분규와 인도주의적 위기는 대부분 아시아 국가들의 안보에 별다른 영향을 주지 않고 있다. 따라서 유럽 및 아시아 국가들은 이러한 문제를 해결하기 위해 직접적으로 나서지 않으며, 다만 UN 등 국제기구를 통해 해결책을 모색하려 한다.

한편, 국가이익을 세 가지로 구분할 수도 있다. 중국 국방대 교수인 유정파(劉靜波)는 국가이익을 국가생존과 발전에 필수불가결한 '핵심이익', 그리고 그보다 하위의 이익인 '관건이익'과 '중요이익'으로 구분했다.[42] 그는 핵심이익을 "타협이 불가능하며, 모든 역량을 동원하여 위협을 해결하고 확보해야 하는 이익"으로 보았다. 드류와 스노가 언급한 생존이익과 핵심이익이 여기에 해당한다. 유정파는 중국의 핵심이익으로 중국공산당 영도하에 중국 특색의 사회주의제도를 견지하고 국가정치안정을 유지하는 것, 유리한 국제환경을 창출하고 평화발전의 노선을 견지하여 전략적으로 기회의 시기를 조성하는 것, 그리고 국가주권, 독립, 영토보전, 그리고 대만 독립 저지를 통해 국가통일을 추구하는 것을 제시했다.

다음으로 중국의 '관건이익'으로는 국가경제의 안정적 발전, 중국공산당의 집권능력 강화, 중국 특색의 군사변혁과 인민해방군 작전능력 제고, 3대 악의 세력 반대, 지역안보협력 추구, 협력을 통한 대외관계의 안정적 관리, 개발도상국과의 협력 및 공동발전 추구, 그리고 전략적 자원 및 시장을 확대하고 SLOC를 보호하는 것 등을 포함하고 있다.

마지막으로 '중요이익'은 매우 구체적인 것으로 미국의 패권주의 반대, 미국의 대대만 무기판매 반대, 중러 전략적 동반자관계 강화, 유럽과 협력동반자관계 발전, 중일 간 관계발전 및 일본의 군사대국화 반대, UN의 권익보호, 개발도상국과 호혜관계 강화, 한반도 핵 문제 해결, 상하이협력기구(SCO) 발전, 인도 및 파키스탄과 우호협력관계 발전, 국제 대테러전쟁 참여, 국제에너지협력 증진 등을 포함하고 있다.

이 같은 중국의 국가이익은 우선순위에 따라 나열될 수 있지만, 이러한 우선순위가 절대적인 것은 아니다. 즉, 대만 독립을 저지하는 문제는 최근의 상황에서 낮은 우선순위를 갖지만 상황이 변화함에 따라 언제든지 최고의 우선순위를 갖는 사안이 될 수 있다.

---

42 劉靜波, 유동원 외 역, 『21세기 중국 국가안보전략』(서울: 국방대학교, 2008), pp. 32-36.

제2절
국가목표와 국가안보목표

1. 국가목표

1) 국가이익과의 차별화 필요성

국가목표란 무엇인가? 국가목표는 앞 절에서 논의한 국가이익과 어떻게 차별화될 수 있는가? 많은 학자들이 국가목표와 국가이익을 구분하는 것은 큰 의미가 없다고 보고 이 두 용어를 동일한 것으로 간주하고 있다. 김열수는 "국가목표는 국가가 목적하는 바의 것을 추구하고 달성하기 위해 국력을 집중하여 노력을 지향해나가는 목표를 의미하며, 국가이익은 국가가 국가목표를 추구하고 달성하기 위해 국가의지를 결정할 때 기준이 되는 것을 말한다"고 전제한 후, 국가이익과 국가목표의 내용은 차이가 없기 때문에 이를 구분하는 것은 큰 의미가 없다고 주장한다.[43]

이 같은 견해는 참여정부의 국가안보전략서에서도 나타난다. 2004년 국가안전보장회의가 발간한 『평화번영과 국가안보』에서는 "국가이익은 국가의 생존, 번영과 발전 등 어떠한 안보환경하에서도 지향해야 할 가치를 의미한다. 또한 모든 국가는 국가이익을 보호하고 증진하기 위해 노력하므로 국가이익은 내용상 국가목표와 동일하다"고 아예 못을 박고 있다.[44] 이는 정책을 다루는 현장에서 현실적으로 국가이익과 국가목표의 구분이 매우 어렵다는 사실을 방증하고 있다.

---

43 김열수, 『국가안보: 위협과 취약성의 딜레마』(경기: 법문사, 2011), p. 20.

44 국가안전보장회의, 『평화번영과 국가안보』(2004년 3월 1일), p. 20.

그러나 국가목표는 개념적으로나 논리적으로 국가이익과 구별되어야 한다. '목표'란 전략과 관련하여 생각해볼 수 있는 용어다. 즉, 국가목표는 국가이익과 달리 국가대전략을 입안하는 과정에서 도출되는 보다 구체화된 개념이다. 국가이익이 추상적인 국가의 가치와 이념을 보다 실체화한 개념이라면, 국가목표는 이러한 국가이익 개념을 구현하기 위해 국가가 가진 자원을 집중하여 달성해야 할 구체적 목표가 되는 것이다. 따라서 국가목표란 국가대전략을 수립하는 과정에서 가장 먼저 설정되어야 하는 것으로, 여기에는 국가목표를 달성하기 위한 가용 '자원' 혹은 '수단', 그리고 그러한 자원 혹은 수단을 운용할 '방법' 또는 '개념'이 동시에 고려되어야 한다. 다시 말해, 국가목표는 국가대전략이라는 '전략입안'과 관계된 것으로, 국가이익과 달리 반드시 지향하고 달성해야 할 그야말로 '손에 잡히는' 목표여야 한다.

따라서 국가목표는 학술적으로나 실무적으로나 국가이익과 구별될 수 있다. 국가이익이 생존, 번영 그리고 영향력을 아우르는 포괄적 개념이라면, 국가목표는 이 가운데 국가가 우선적으로 역량을 집중하여 공략해야 할 대상을 적시한 것이다.

2) 국가목표의 설정 사례

국가목표는 국가의 가치와 이념을 반영하고 국가이익을 구현하기 위해 우선 달성해야 할 구체적 대상이 된다. 국가목표가 설정되는 과정을 미국과 중국의 사례를 통해 설명하면 다음과 같다.

먼저 국가의 가치와 국가이념은 가장 상위에 존재한다. 국가가 추구하는 가치로는 대체로 자유, 민주, 평등, 복지, 번영, 민족, 종교적 신념 등을 꼽을 수 있으며, 국가이념으로는 자유주의, 민주주의, 공산주의, 전체주의, 이슬람주의 등 다양하다. 역사적으로 미국의 경우 국가의 가치 및 국가이념으로 자유, 민주, 시장경제, 인권 그리고 독립 등의 이상을 추구해온 반면, 중국은 혁명, 안보, 발전, 통일, 강대국화 등에 가치를 부여하고 그에 부합한 이념을 추구해왔다.

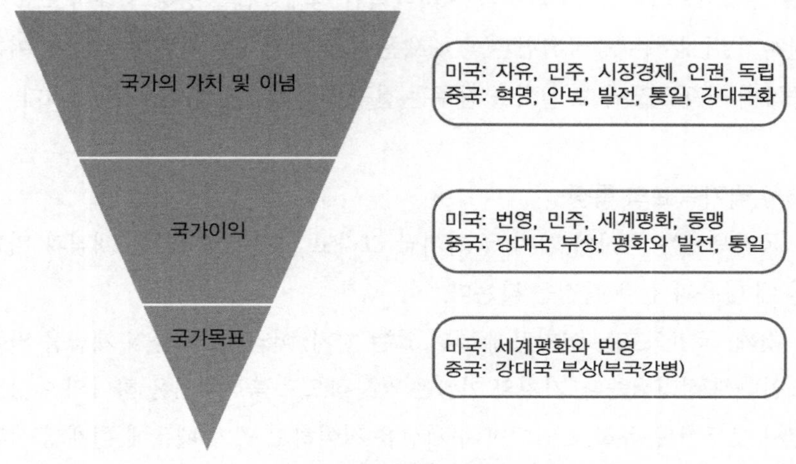

〈그림 2-1〉 국가목표 설정 과정과 주요 국가의 사례

국가이익은 가치와 이념을 구체화한 개념으로, 이는 시대상황에 따라 변화할 수 있다. 가령 제2차 세계대전 당시 미국의 국가이익과 냉전기의 국가이익, 그리고 탈냉전기의 국가이익이 같을 수 없다. 탈냉전기를 상정한다면 냉전이 종식된 후 미국의 국가이익은 미국의 번영, 민주주의 확산, 세계평화, 동맹체제 유지 등으로 요약할 수 있다. 중국의 경우에는 주변 안정을 유지하는 가운데 경제발전에 유리한 환경을 조성하며, 대만통일을 위한 노력을 지속적으로 경주하는 것으로 볼 수 있다.

국가목표는 국가이익을 구현하기 위한 것으로 국가대전략 차원에서 설정된다. 탈냉전기 미국의 국가목표는 '세계평화와 번영'으로 볼 수 있다. 그리고 클린턴 행정부 시기 미국은 이러한 목표를 달성하기 위해 '민주주의와 자유시장경제의 확산'을 대전략으로 채택했다. 즉, 미국은 자유민주주의 체제를 가진 국가들은 전쟁을 하지 않는다는 인식을 가지고 있었기 때문에 이러한 이념을 전 세계로 확산시킨다면 평화를 유지할 수 있고, 이는 미국에 번영을 가져다줄 것으로 본 것이다. 한편, 중국은 이전부터 국가목표로 '강대국 부상'을 추구했으며, 이러한 목표를 달성하기 위한 대전략으로 '도광양회

(韜光養晦)'를 채택했다. 즉 중국은 비약적인 경제발전을 통해 강대국으로 부상하기 위해서는 '중국위협론'을 내세운 서구의 견제를 차단해야 하며, 이는 중국이 자세를 낮추고 실력을 감추는 전략을 통해 가능하다고 본 것이다.

3) 국가목표의 특징

국가목표는 국가의 가치, 국가이념 그리고 국가이익이라는 개념과 비교할 때 다음과 같은 특징을 갖는다.

첫째, 국가목표는 어지럽게 널려 있는 가치, 이념, 이익 등의 개념을 일목요연하게 정리해준다. 가치와 이념은 역사적으로 축적되어온 하나의 이상으로서 모두가 공유하고 있지만 구체성을 결여하고 있기 때문에 현재의 상황에서 그것이 어떠한 의미를 갖는지 이해하기 어렵다. 국가이익도 정치, 경제, 사회, 군사, 문화 등 다양한 영역에서 서로 다른 모습으로 존재하므로 매우 복잡하다. 국가목표는 이러한 가운데 국가가 추구해야 할 바를 하나 혹은 몇 개의 개념으로 제시함으로써 개념적 혼란을 최소화해준다.

둘째, 국가목표는 그 국가가 지향해야 할 바를 명확하게 제시한다. 생존과 번영이라는 상충된 이익이 존재할 때, 군사안보와 경제발전 요구가 상충될 때, 우선적으로 집중해야 할 영역을 제시함으로써 국가가 나아가야 할 방향을 설정할 수 있다.

셋째, 국가목표에는 여러 개념이 포함될 수 있으나 반드시 핵심 개념을 제시하고 있다. 현실적으로 국가목표는 많은 경우 다양한 국가이익을 포괄하여 담을 수밖에 없다. 미국이나 중국 그리고 한국의 경우에도 국가목표 또는 국가안보목표를 설정하면서 생존, 번영 그리고 국제위상이라는 모든 영역을 설정하고 있다. 그럼에도 불구하고 '립 서비스' 차원에서 제시된 다양한 국가목표 가운데 핵심적인 목표는 한두 가지로 식별될 수 있다. 비록 나열된 목표 모두가 중요한 것임에는 분명하지만, 거기에는 정작 국가가 우선적으로 지향해야 할 목표가 분명하게 드러나 있다.

국가목표를 분명히 설정하는 것은 매우 중요하다. 목표가 잘못 설정되면 일관성 있는 정책수행이 불가능하다. 마치 배가 항구를 향해 가지 않고 엉뚱한 방향으로 항해하는 것과 같다. 이 경우 국가의 막대한 자원과 노력의 낭비를 초래할 수 있으며, 국가가 추구하는 생존, 번영, 영향력 등 이익을 확보하기 어렵게 된다.

2. 국가안보목표

1) 국가목표와 국가안보목표

국가안보목표는 당연히 상위의 국가목표와 연계하여 고려되어야 한다. 국가전략은 그 국가가 가진 정치, 경제, 군사, 사회적 역량을 모두 고려한 것으로 크게 국가안보전략과 국가발전전략으로 대별할 수 있다. 이 가운데 국가안보전략은 국가발전과는 구분되는 안보에 관한 분야를 일컫는 것이므로 국가안보목표는 특별히 국가안보를 강화하기 위해 가용한 자원과 노력을 집중해야 할 지향점으로 보아야 할 것이다.

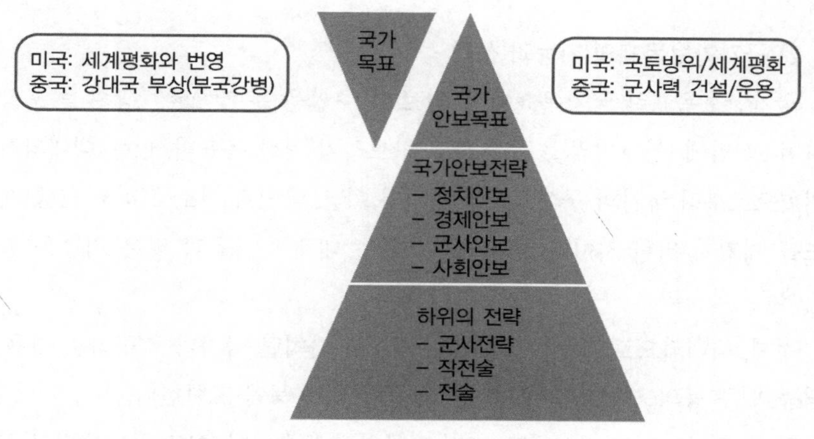

〈그림 2-2〉 국가목표와 국가안보목표

〈그림 2-2〉에서 보는 바와 같이 국가안보목표는 국가목표와 구별된다. 미국의 경우 국가목표가 세계평화와 번영이지만 국가안보목표는 '국토방위와 세계평화 유지'로 좁혀질 수 있다. 중국의 경우 강대국 부상을 추구하지만 여기에는 경제발전과 강한 군대 건설이라는 의미를 포함하고 있으며, 따라서 국가안보목표는 강한 군사력을 건설하고 이를 운용하기 위한 효율적인 군사전략을 입안하는 것이 될 수 있다. 이러한 측면에서 중국이 2015년 5월에 발표한 국방백서의 제목을 '중국의 군사전략'으로 하고, '신형세하 적극방어군사전략방침'을 공개하여 군사력 운용 방법을 상세히 논한 것은 이러한 맥락에서 이해할 수 있다.

국가목표가 광범위하게 널려 있는 국가의 가치, 국가이념 그리고 국가이익의 개념을 단순화하여 좁은 의미로 제시했다면, 국가안보목표도 마찬가지로 국가안보를 위한 구체적 지향점을 설정한다. 그리고 역으로 국가안보목표는 하위수준으로 내려가면서 정치안보, 경제안보, 군사안보 그리고 사회안보 등으로 구분되어 각각 목표와 전략 개념이 마련될 것이며, 이는 각 분야별로 다시 하위의 전략, 작전술 그리고 전술로 구체화될 것이다.

2) 국가안보목표의 기능과 성격

국가안보목표란 국가목표에서 '안보'에 주안을 둔 것으로, '생존'을 포함하여 그 밖에 '안보이익'을 수호하고 확보하기 위한 목표다. 이는 대내외적 위협으로부터 국가의 구성요소인 가치와 이념, 국민과 영토 그리고 각종 제도를 지키기 위한 것이다. 국가안보목표는 대체로 다음과 같은 기능을 한다.[45]

첫째, 대내적으로 제 가치의 보존이다. 제 가치란 국가가 추구하는 자유, 평등, 민주 등의 가치로부터 개인의 재산권, 인권 등을 포함한다.

둘째, 국가영토와 정치제도, 그리고 문화의 보존이다. 이는 국가존립과 직결되는 것이다.

---

45 최경락 외, 『국가안전보장서론: 존립과 발전을 위한 대전략』(경기: 법문사, 1989), pp. 43-44.

셋째, 국가체제의 보존이다. 이는 대외적으로 잠재적인 적들과 대항하여 국가체제의 안전을 보존할 뿐 아니라, 대내적으로 기존의 사회구조를 유지하는 것이다.

국가안보목표는 다음과 같은 성격을 갖는다.

첫째, 국가안보목표는 종합적 성격을 지닌다. 국가안보는 국가생존을 우선적으로 고려해야 하므로 군사안보가 차지하는 비중이 절대적으로 크다고 할 수 있다. 그러나 한 국가의 안보는 군사력만으로 확보될 수 있는 것은 아니다. 경제적으로 위기가 닥치고 사회가 혼란에 빠질 경우에도 국가안보는 위협을 받을 수 있기 때문이다. 즉, 국가안보란 국가 전반에 걸쳐 정치, 경제, 사회 그리고 외교 분야에서의 안보가 뒷받침되어야 비로소 온전한 국가안보를 확보할 수 있다. 이러한 관점에서 국가안보목표는 군사안보를 포함하여 정치, 경제, 사회 그리고 외교 등 하위의 분야별 안보를 포괄하는 종합적 성격을 갖는다.

둘째, 국가안보목표는 안보이익 달성에 가장 긴요한 핵심 개념을 제시한다. 국가안보가 종합적 성격을 갖고 있지만 그렇다고 해서 국가안보목표가 모든 분야의 개별 목표를 모두 반영하여 복잡하고 장황하게 제시되어서는 안 된다. 목표는 가급적 간단명료해야 한다. 그래야만 가용한 자원과 노력을 한 방향으로 집중할 수 있기 때문이다. 즉 국가안보목표는 미국과 같이 테러리즘의 위협으로부터 '국토를 방위하고 세계평화와 안정을 유지하는 것'이라든지, 중국과 같이 '정보화된 군사능력을 구비하는 것' 등 간단하면서도 명확하게 제시되어야 한다. 물론, 현실적으로 대부분의 국가들은 국가안보목표로 다수의 항목을 제시하고 있다. 중국의 경우 국가안보목표는 ① 안정적 정치상황 유지, ② 지속적 경제발전 보장, ③ 국가영토 및 주권, 국가안보이익 수호, ④ 조국통일 실현, ⑤ 평화발전을 위한 국제안보환경 구축 등을 제시하고 있다.[46] 그러나 중요한 것은 이 가운데 중국이 정작 국가안보를 위해 우선순위를 부여하는 것이 무엇인지를 파악하는 것이다. 중국의 경우

46 유정파 · 유동원 외 역, 『21세기 중국 국가안보전략』(서울: 국방대학교, 2008), pp. 92-110.

1990년대와 같이 '지속적 경제발전'을 중시할 때에는 핵심 개념이 '평화발전'이 되겠지만, 21세기 '국가영토 및 주권'이 강조되는 시기에는 여러 목표 가운데 무엇보다도 '군사적 능력 확보'가 국가안보목표의 핵심 개념임을 식별할 수 있다.

셋째, 장기적으로 상대적 안정성을 유지한다. 국가안보목표는 국가운영 전반에 관계된 것이므로 신중하게 설정되어야 하며, 목표가 확정된 후에는 상대적으로 안정성을 갖추어야 한다. 국제정세, 주변 전략환경, 국내정세, 국가전략과 가용 자원 등을 고려하되 이러한 고려사항이 근본적으로 변화하지 않는 한 그 목표를 변경해선 안 된다. 국가안보목표의 변경은 국가전략 전반에 혼란을 야기할 수도 있기 때문이다.

넷째, 명확한 지향성을 지닌다. 국가안보목표는 국가안보 활동에 있어서 지도적 성격을 갖는 것으로 그 지향하는 바가 명확해야 각 정부부처와 국민의 동의를 이끌어내고 모든 노력을 결집시킬 수 있다. 국가안보전략은 보다 구체적으로 제시되어 현재, 중기, 장기적 목표로 구분될 수 있으며, 또는 단계별로 목표를 설정하여 보다 명확히 제시할 수도 있다.

다섯째, 국가안보목표는 적정성을 가져야 한다. 국가안보목표가 적절하고 정확하게 설정될 경우 국가의 안보를 확고히 할 수 있다. 반면, 국가안보목표가 잘못 설정될 경우 국력을 낭비할 뿐 아니라 막대한 자산을 소진시킬 수 있고, 심지어 참혹한 대가를 지불할 수도 있다. 국가안보목표가 지나치게 낮게 설정될 경우 안보에 심각한 위협을 초래할 수 있으며, 너무 높게 책정될 경우 각종 역량이 과도하게 투입됨으로써 다른 국익에 손실을 가져다줄 수 있다.

제3절
국가안보전략

1. 국가안보전략의 개념

전략이란 목표를 달성하기 위해 가용한 수단을 운용하는 방법에 관한 것이다. 따라서 국가안보전략이란 앞에서 설명한 국가안보목표를 달성하기 위해 국가가 가진 정치, 외교, 경제, 군사, 사회적 자산을 운용하는 방법을 의미한다. 즉, "국가안보전략은 대내외 안보정세 속에서 국가안보목표를 달성하기 위해 국가의 가용 자원과 수단을 동원하는 종합적이고 체계적인 구상"으로 볼 수 있다.[47]

국가안보전략은 정치, 경제, 군사 그리고 사회 분야를 망라하는 것으로 각 분야별로 다음과 같이 세부적인 목표와 전략을 담아야 한다. 첫째, 정치안보전략은 국가주권, 영토보전 그리고 국가독립 및 통일에 관한 것으로, 이를 달성하기 위해 국가의 기본제도를 유지하고, 정부와 정치체제, 그리고 정치적 이념을 보장하기 위한 전략이다.

둘째, 경제안보전략은 경제영역에서의 안보이익을 수호하고 국가의 경제활동이 위협받지 않도록 보장하는 것이다. 국가경제가 각종 위기로부터 충격을 받지 않고 지속적으로 발전하기 위해서는 필요한 전략적 자원을 확보하고, 효율적인 사용을 보장해야 한다. 또한, 금융위기를 예방 · 완화 · 해소하고, 국제시장에서 자유무역을 확장할 수 있는 역량을 강화하여 각종 경제

---

47 국가안전보장회의, 『평화번영과 국가안보』(2004년 3월 1일), p. 23.

적 위험을 제어할 수 있는 능력을 키워야 한다.

셋째, 군사안보전략은 국가주권과 영토가 외부의 무력에 의해 위협을 받지 않도록 보호하는 것이다. 국가는 외부의 군사적 위협을 억제하고 분쟁 혹은 전쟁이 발발할 경우 싸워 승리할 수 있는 군사력을 확보해야 한다. 군사안보전략은 국가안보를 수호하는 최후의 보루이자 평시 국가외교를 뒷받침하는 강력하고도 유용한 수단이 될 수 있다.

넷째, 사회안보전략은 사회의 안정과 질서를 유지하고 복지를 도모하기 위한 것이다. 모든 국민이 자유롭게 정치적, 경제적 그리고 문화적 권익을 누리면서 평등하게 사회제도를 향유할 수 있도록 하며, 사회 내부의 각종 모순을 해결하고 사회의 안정을 해치는 각종 범죄활동을 단속함으로써 정상적인 사회질서와 사회안정을 유지해야 한다.

2. 국가안보전략의 유형

국가안보전략은 분류하는 기준에 따라 매우 다양한 유형으로 나타난다. 첫째, 기본적으로 국가안보전략은 억제전략과 억제가 실패할 경우의 방위전략으로 구분할 수 있다. 억제는 상대로 하여금 우리가 원하지 않는 것을 하지 못하도록 하는 것으로, 군사적 · 비군사적 수단을 동원하여 상대가 어떠한 행동을 할 때 감당하기 어려울 정도의 비용이 부과될 것임을 인식시킴으로써 가능하다. 즉, 적은 군사적 분쟁 혹은 전쟁을 도발하더라도 성공하지 못할 것으로 판단하거나, 혹독한 보복이 따를 것으로 예상할 때 그러한 행동을 하지 못하게 될 것이다. 이때 전자의 경우에는 거부적 억제, 후자의 경우에는 보복적 억제가 된다.

억제전략이 사전에 적으로 하여금 도발을 하지 못하도록 하는 방책이라면, 방위전략은 적이 도발했을 때 승리하기 위해 취하는 전략이다. 이러한 방위전략은 주로 군사적 차원에서 이루어지는 것으로 군사전략으로 구체화되며, 다음에서 살펴볼 자주국방전략 및 동맹전략을 통해 보완될 수 있다.

〈표 2-2〉 국가안보전략의 유형

구분	국가안보전략의 유형
기본적 형태	억제전략, 방위전략
독자적 방위 여부	자주국방전략, 동맹전략
지배적 국가와의 관계	균형전략, 편승전략
적대국 유무	세력균형전략, 집단안보전략
군사력 경쟁 혹은 협력	군비경쟁전략, 군비통제전략
다자협력의 형태	공동안보전략, 협력안보전략

둘째, 독자적 방위 여부에 따라 자주국방과 동맹전략으로 구분할 수 있다. 자주국방전략은 국가가 다른 국가의 도움 없이 대외적 위협으로부터 스스로를 보호할 수 있는 능력을 갖추는 것이다. 따라서 자주국방의 핵심은 군사적 역량을 충분히 건설하는 것이며, 이때 군사력은 전쟁을 억제하고 전쟁에서 승리하는 데 사용될 뿐 아니라 자국의 이익을 상대방에 강요하기 위한 강압의 목적으로 사용될 수 있다. 이에 반해, 동맹전략은 군사력이 부족한 국가가 현재의 위중한 위협에 대응하기 위해 다른 국가와 방위조약을 체결하여 집단으로 방어할 수 있는 체제를 구비하는 것이다.

셋째, 지배적 국가와의 관계에 따라 균형(balancing)전략과 편승(bandwagoning)전략으로 구분할 수 있다. 균형전략은 국제사회에서 지배적인 국가의 편에 서지 않고 다른 국가들과 연대하여 맞서는 전략이다. 이때 균형을 취하는 국가들은 비록 군사동맹을 체결하지는 않더라도 서로 제휴하여 세력을 결집시킴으로써 지배적인 국가에 대항할 수 있다. 예를 들어, 냉전기 미국과 소련은 서로 균형을 유지하기 위해 자유진영과 공산진영으로 나뉘어 균형을 유지할 수 있었다.

반대로, 편승전략은 지배적인 국가에 대항하지 않고 그쪽의 편에 서는 전략이다. 대체로 약소국은 마땅히 균형을 추구할 수 있는 파트너를 찾지 못할 경우 당연히 편승을 추구할 수밖에 없다. 강대국들도 일부는 국가안보상의 이유로, 혹은 전리품을 나누기 위해 지배적인 국가에 편승할 수 있다.[48] 제2차 세계대전 말기 소련은 이념이 달랐음에도 불구하고 미국의 편에 서서 일본과의 불가침조약을 어기고 대일전쟁에 참여했는데, 이는 전후 사할린과 만주에서의 이권을 차지하기 위한 의도가 작용했다.

넷째, 적대국의 유무에 따라 세력균형전략과 집단안보전략으로 구분할 수 있다. 세력균형전략이란 앞에서 설명한 균형전략과 동일한 논리로서 당연히 적의 위협이 분명한 상태에서 취하는 전략으로 이해할 수 있다. 즉, 세력균형이란 적을 상정하는 것으로 다른 국가와 방위조약을 체결하여 적의 위협에 대응하는 것이다. 제1차 세계대전 이전에 유럽 국가들은 상대를 적으로 상정하여 각각 연합국과 동맹국으로 나뉘어 세력균형을 추구했다.

이에 반해 집단안보전략은 적을 상정하지 않는다. 즉, 적이 분명하지 않은 상황에서 일련의 국가들이 함께 조약을 체결하여 어떤 국가가 침략을 할 경우 모든 국가가 나서서 침략국가를 응징하는 것이다. 이를 잘 표현한 것이 "하나는 모두를 위해, 모두는 하나를 위해(One for All, All for One)"라는 문구다. 가장 대표적인 사례는 UN을 들 수 있다.

다섯째, 군사력 경쟁 양상에 따라 군비경쟁전략 혹은 군비통제전략이 있을 수 있다. 군비경쟁전략은 자국의 군사적 취약성을 줄이고 상대의 취약성을 높이기 위해 비약적으로 군사력을 증강하는 것이다. 물론, 여기에는 상당한 경제적 능력이 뒷받침되어야 한다. 대부분의 국가는 전쟁 위험성을 높일 수 있는 군비경쟁을 회피하고자 하겠지만, 일부 국가들은 의도적으로 이러한 전략을 취하기도 한다. 미국은 1980년대 소련을 붕괴시키기 위해 군사력 건설 경쟁을 야기하여 소련으로 하여금 재정적 출혈을 강요한 바 있다. 제2차 세계대전 이전 독일과 일본은 팽창주의적 야욕을 가지고 대규모의 군사력을 건설했다.

이에 비해 군비통제전략은 적대국과의 군사적 신뢰를 구축하고 안보상황

---

48 김열수, 『국가안보: 위협과 취약성의 딜레마』(경기: 법문사, 2011), p. 252.

을 안정적으로 관리하기 위해 군비를 축소하거나 제한하는 것이다. 군비통제는 특정무기의 동결, 제한, 감축 또는 폐기, 특정한 군사활동의 제한, 군사력의 전개 조정 및 통제, 군사적으로 중요한 물자의 이전 규제, 특정 무기의 사용 제한 혹은 금지, 우발전쟁의 방지책 마련, 군사적 투명성 확보 등 다양한 형태로 이루어진다. 미국과 소련 간에 체결된 '전략무기제한협정(Strategic Arms Limitation Treaty)'이나 나토(NATO)와 바르샤바조약기구(WTO) 간에 체결된 '재래식무기 제한협정(Conven -tional Armed Forces in Europe)' 등이 대표적 사례다.

여섯째, 다자협력의 형태에 따라 공동안보전략과 협력안보전략이 있을 수 있다. 공동안보전략이란 자국의 안보만을 고려한 일방적 안보를 추구하기보다는 상대의 안보도 고려한 호혜적 안보를 추구하는 개념이다. 냉전이 심화되는 시기와 마찬가지로 자국의 절대적 안보를 추구할 경우에는 적의 안보를 침해함으로써 안보딜레마가 심화되고 안보불안이 가중될 수밖에 없다. 따라서 1980년대 초에는 서로 경쟁하는 가운데 상대방의 존재를 인정하고 그들의 안보도 보장함으로써 우발적 전쟁의 위험을 줄임과 동시에 자국의 안보도 추구할 수 있다는 공존의 개념이 등장했다. 일종의 '적과의 동침'을 통한 새로운 안보 개념인 셈이다.

협력안보전략은 군사적 대립 상태를 벗어나 국가 간 협력관계를 추구함으로써 서로의 안보목적을 달성하는 전략이다. 이는 상대국의 존재를 인정하고 그들의 안보이익과 동기를 존중하면서 상호 공존을 모색한다는 점에서 공동안보와 일치한다. 그러나 협력안보가 공동안보가 다른 점은 국제정치 · 경제적으로 국가들 간의 상호 의존성이 심화된 상황에서 다양한 안보쟁점들을 관리하고 해결하기 위해서는 보다 적극적으로 양자 혹은 다자간의 대화와 타협을 통해 협력적 해결방안을 모색해야 한다는 것이다. 즉, 협력안보는 공동안보에 비해 한 차원 발전된 개념이라 할 수 있다. 대체적으로 협력안보는 예방외교 활동을 중시하며, 양자보다는 다자간 안보협력을 강조하고, 국가 간 협력장치를 제도화하기 위한 노력을 강화하는 모습을 보이고 있다. 특히, 탈냉전기 부상하고 있는 다양한 비군사적 · 초국가적 안보이슈를 해결하기 위해서는 다자협력이 불가피하며, 이러한 맥락에서 협력안보전략은 매우 유용한 기제로 인정받고 있다.[49]

이외에도 다양한 전략이 있을 수 있다. 가령 군사력의 사용 시기에 따라 선제타격전략과 대응전략이 있을 수 있다. 지리적으로 취약성을 가진 이스라엘의 경우 제3차 중동전쟁에서와 같이 선제적 대응을 취하는 전략을 선택할 수 있으며, 중국과 같이 경제발전에 우선순위를 둔 국가는 적의 침략에 대해 반격을 가하는 대응 중심의 전략을 취할 수 있다. 다만, 통상적인 국가안보전략의 모습을 보면 대부분의 국가는 자주국방을 지향하는 가운데 동맹 혹은 제휴를 통해 세력균형을 도모하고, 공동안보 또는 협력안보를 통해 지역안보를 안정적으로 관리하며, 이를 통해 전쟁을 억제하고 억제가 실패할 경우 전쟁에서 승리하는 전략을 추구한다.

3. 국가안보전략에 영향을 주는 요소

국가안보전략은 국가의 제 요소로부터 영향을 받는다. 이는 국가안보목표를 달성하기 위한 자산 또는 수단으로서 외교적 요소, 정치사회적 요소, 경제적 요소, 그리고 군사적 요소 등으로 구분해볼 수 있다. 이러한 제 요소가 충족될 경우 국가안보전략은 차질 없이 이행되고 국가이익 및 국가안보목표를 달성할 수 있을 것이다.

먼저, 외교적 요소는 국제사회에서 국가가 갖는 지위 또는 영향력과 깊은 관계가 있다. 국가안보 문제는 과거와 달리 폭이 넓어지고 다양한 형태와 성격을 갖는 만큼 평시에 국제적으로 다른 국가 및 국제기구와 교류하면서 공조체제를 확립하는 것이 바람직하다. 또한 동맹국 및 우방국들과의 협력을 통해 정치적 · 물질적 지원을 확보함으로써 군사적 위기 혹은 전쟁 발발에

49 온만금, "공동안보, 협력안보, 평화유지군"(서울: 육군사관학교), 『국가안보론』(서울: 박영사, 2001), pp. 245-248.

대비할 수 있는 체제를 구축하는 것도 중요하다. 이러한 차원에서 모든 국가는 강한 외교력을 바탕으로 적대국가의 도발이나 침략을 억제할 수 있으며, 전쟁이 발발할 경우 전쟁에 필요한 각종 자원 및 군사력을 지원받을 수 있을 것이다. 또한 국제사회로 하여금 침략국가를 비난하고 자국의 편에 서도록 함으로써 전쟁을 유리하게 이끌어갈 수 있을 것이다. 무엇보다도 전쟁을 종결하는 데는 국제여론이 중요한 요소로 작용하는 만큼 국제사회 및 국제기구와의 긴밀한 협력관계를 활용한다면 군사작전의 승리를 정치적 승리로 전환할 수 있을 것이다.[50]

정치사회적 요소는 국가안보 문제에 대해 정부와 국민이 합심하여 일사불란하게 대응하는 것을 의미한다. 외부로부터의 위협이든 내부의 소요사태든 정부와 국민이 서로 불신하여 대립한다면 위기를 효과적으로 극복할 수 없다. 이러한 측면에서 정부는 국민으로부터 안보정책에 대한 지지를 확보해야 하며, 국민은 정부를 믿고 따라야 한다.[51] 실제로 위기를 관리하고 위협에 대응하는 주체는 그 권한을 위임받은 정부다. 정부는 평시에 국가가 가진 각종 자원을 고려하여 위기 또는 위협에 대응하기 위한 국가안보전략을 입안하며, 위기 시 혹은 전시에 이를 실행에 옮긴다. 이 과정에서 정부는 국가안보전략이 무엇이며 국민이 감내해야 할 고통과 비용이 무엇인지를 설명하고 동의를 구해야 한다. 이것이 바로 정부의 능력이자 통치력이다. 즉, 국가안보전략에 영향을 주는 정치적 요소인 셈이다. 역으로 국민은 정부의 국가안보전략을 이해하고 이를 이행하는 데 요구되는 비용과 희생을 기꺼이 감당하려는 자세를 가져야 한다. 이것이 바로 사회적 역량이다.

경제적 요소는 국가안보전략을 물질적으로 떠받치는 지주다. GDP 규모가 2 : 1의 격차를 가진 A 국가와 B 국가가 적대적 관계에 돌입하여 전쟁을 대비해야 한다면 경제적으로 열세한 B 국가는 A 국가와 대등한 전력을 유

---

50 정준호, "국가안보와 외교", 국방대학교, 『안전보장이론』(서울: 국방대학교, 2002), pp. 71-78.

51 김석용, "국가안보와 정치 · 사회", 국방대학교, 『안전보장이론』(서울: 국방대학교, 2002), pp. 54-56.

지하기 위해 그에 상응한 비용을 지출해야 하고, 이는 두 국가의 경제력 격차를 더욱 확대시키는 결과를 가져올 것이다. 전쟁양상이 과거 산업화시대의 기계화 전쟁에서 오늘날 정보화시대의 정보화 전쟁으로 변화하면서 첨단무기체계를 도입하는 데 천문학적 비용이 요구되는 만큼 경제력이 뒷받침되지 않으면 사실상 국가안보를 떠받치기 어렵다. 역으로 국가경제가 튼튼하다면 기본적으로 군사적 능력을 강화할 수 있을 뿐 아니라 대외적으로 이를 압력의 수단으로 활용하거나 인도주의적 지원 등 국제평화에 기여함으로써 다른 분야에서의 안보목표를 달성하는 데 기여할 수 있다.[52]

군사적 요소는 국가안보전략에 영향을 주는 가장 핵심적 역량이다. 미국과 같은 초강대국을 제외하고 절대적인 군사적 능력을 확보하는 것은 예산면에서나 기술 면에서 불가능하다. 따라서 군사력 건설은 주어진 위협에 대응할 수 있는 적절하고도 충분한 선에서 이루어져야 한다. 군사력은 통상 군사적 분쟁 혹은 전쟁이 발발할 경우에 사용되는 것으로 보이지만, 평시의 국가이익과 국가안보목표를 확보하는 데도 매우 중요하게 사용될 수 있다. 우선 강한 군사력을 보유할 경우 적의 도발을 억제할 수 있다. 적이 우리의 국익에 부합하지 않는 행동을 할 경우 무력시위 등을 통해 적의 행동을 중단시키거나 되돌리기 위한 강압적 조치를 취할 수 있다. 또한 독립국가로서 군사력을 대내에 과시하고 국제평화활동에 참여함으로써 국민의 자부심을 고양시킬 수도 있다.

이상에서 국가이익, 국가목표, 국가안보목표 그리고 국가안보전략에 관한 개념을 살펴보았다. 그리고 이러한 용어들의 개념을 이해하는 데 필요한 국가의 가치와 이념에 대해서도 살펴보았다. 그러나 현실적으로 이러한 용어들은 상황에 따라 명확하게 구분하기 어려운 것이 사실이다. 그것은 각 용어들 간에 중첩되는 영역이 존재하기도 하고, 또한 국가별로 공식문서를 만

---

52 김수진, "국가안보와 경제," 국방대학교, 『안전보장이론』(서울: 국방대학교, 2002), pp. 99-107.

들 때 이러한 용어들을 혼용해서 사용하기도 하기 때문이다. 그럼에도 불구하고 국가안보와 관련한 용어들의 정의와 특징을 정확히 이해하는 것은 각국의 안보문제를 연구하는 데 매우 중요하다. 한 국가의 국가목표와 국가안보목표, 그리고 국가전략과 국가안보전략을 식별함으로써 그 국가가 당면한 안보상황과 대응전략을 보다 명확히 분석할 수 있기 때문이다.

제3장

국가의 위협과 취약성

이 장에서는 포괄적 안보의 관점에서 국가의 위협과 취약성에 대해 살펴보고자 한다. 먼저 국가의 위협은 위협의 개념과 특성, 위협 식별과 평가, 위협의 유형에 대해 살펴보고자 한다. 다음으로 국가의 취약성은 개념과 특성, 외부 위협의 취약성, 내부 위협의 취약성, 취약성의 분야에 대해 살펴보고자 한다. 마지막으로 국가의 위협과 취약성의 상호작용과 작동에 대해 살펴보고자 한다.

탈냉전 이후 세계질서가 재편되는 과정에서 안보상황은 잠재된 분쟁과 갈등이 증가되었으며, 무역 마찰, 국제적 범죄, 미국의 9.11테러 등과 같은 비군사적이고 초국가적인 위협이 증가하고 있다. 국가의 위협은 세계화와 정보화 현상으로 인해 다양화되고 새로운 양상을 보이고 있다. 따라서 국가안보는 전통적인 군사 중심의 안보에서 국내 · 외, 군사 · 비군사적 등의 모든 차원의 위협에 대처하기 위해 국가안보의 영역이 확대되고 포괄적인 안보 개념으로 발전되고 있다.

박용현

육군사관학교를 졸업하고 대전대학교에서 사회복지학 석사 및 군사학 박사 학위를 취득했다. 현재 대전대학교 군사학과 교수로 있다. 육군 군사학 발전 연구위원과 대전대학교 군사학과장을 역임했으며, 현재 군사학연구회 회장을 맡고 있다. 연구 및 교육 관심 분야는 잠재역량계발, 극기훈련, 군사행정, 군리더십, 그리고 군사학 교육 발전 등이다. 주요 저서 및 논문으로는 "군 복지 전달 체계 비교연구"(2002), "민간대학 군사학 교육 발전 방안"(2005), "전 · 평시 임무형 지휘 구현을 위한 부사관의 역할과 책임"(2006), "군사학과 학생지도와 잠재역량계발 방안 연구"(2008), 『군사학개론』(2014, 공저), 『전쟁론』(2015, 공저) 등이 있다.

제1절
국가의 위협

1. 위협의 개념과 특성

국가불안은 국가 내 · 외부의 위협과 취약성 때문에 발생한다. 내우외환(內憂外患)이 발생하면 국가가 불안해지고, 국가의 독립과 생존을 보존할 수 없기 때문에 모든 국가는 안전보장을 추구한다. 국가안보는 내 · 외부 위협으로부터 자국의 목표와 이익을 달성하기 위해 자국을 보호하고 방어하는 것이다.

위협(威脅, threat)을 개념적 측면에서 분석해보면 다음과 같다. 위협은 사전적으로 '힘으로 협박하다'라는 의미다. "상대방에게 부정적인 결과를 가져오도록 하기 위한 의도적인 언행"[53]을 말한다. 국가의 위협은 자국의 목표와 이익을 달성하기 위해 힘, 역량, 능력 등으로 상대 국가에 압력, 강요, 협박 등의 언행을 하는 것이며, 자국의 이익을 위해 상대 국가에 군사적 · 정치적 · 사회적 · 심리적 영향력을 행사하는 것이다.

"위협은 국가이익을 추구하는 과정에서 갈등과 충돌에 의해 발생한다. 위협은 의도적 언행에 의해 상대 국가에게 심리적 · 물질적 손상을 발생시킨다. 위협은 범죄자, 적대국가, 초국가적 조직 등 사회적 행위 주체들(인간 및 인간 집단)에 의해 발생한다. 위협은 기술적 · 공학적 · 자연적 문제로 인해 발생하는 것이 아니라 군사적 · 정치적 · 사회적 · 심리적 원인에 의해 발생한

53 김열수, 『국가안보(위협과 취약성의 딜레마)』(경기: 법문사, 2013), p. 6.

다."[54]

위협에 대한 인식의 차이로 인해 위협은 다음과 같은 성격이 있다.

첫째, 위협은 주관적 성격을 가지고 있다. 위협은 상대의 언행에 대해 개인이나 국가가 위협으로 인식하느냐, 아니면 일상적인 것으로 인식하여 위협으로 인지하지 않느냐의 문제다. 위협은 개인이나 국가가 위협으로 인식하느냐 여부에 달려 있기 때문에 주관적 성격이 있다.

둘째, 위협은 상대적 성격을 가지고 있다. 개인이나 국가가 상대의 위협에 대해 자신의 능력으로 대응 및 대처가 가능하다면 위협을 느끼는 정도는 낮을 것이다. 그러나 자신의 능력으로 대응 및 대처가 어렵다면 위협을 느끼는 정도는 높을 것이다.

셋째, 위협은 절대적인 성격이 있다. 타인으로부터 자신의 자유를 억압받거나 타국으로부터 자국의 생존과 독립을 위협받는다면 용납할 수 없는 절대적 위협이 될 것이다. 개인이나 국가는 개인의 삶과 국가의 목표와 이익을 사활적으로 침해하기 때문에 투쟁과 전쟁을 불사할 것이다.

넷째, 위협은 구조적인 성격이 있다. 개인이나 국가 간에는 이익의 추구, 경쟁의 구조, 역사적 경험, 자원, 종교 등의 갈등에 의해 발생하는 구조적인 위협을 가지고 있다. 서로 양보할 수 없는 경쟁, 갈등 등으로 인해 구조적인 위협이 발생한다. 남북한, 일본과 한국, 아랍권과 이스라엘이 그 예다.

국가 위협의 특성을 살펴보면 다음과 같다.

첫째, 국가의 위협은 자국의 이익을 위해 의도적인 목적을 가지고 타국을 위협하는 데서 발생한다. 북한의 천안함 폭침, 연평도 포격 등의 대남도발은 남북 간의 협상에서 주도권을 장악하고, 궁극적으로 북한의 목표인 적화통일을 관철하기 위해서다. 북한의 민족공조와 주한미군 철수주장은 남남 이념갈등을 조장하고, 한미공조를 약화시키려는 의도다. 중국이 고구려 역사를 자국의 역사로 주장하는 동북공정은 북한의 붕괴 시 북한 지역을 점령하

---

54 김열수, 상게서, p. 6.

려는 의도이며, 남북한 통일 이후 중국 동북3성(길림성, 요동성, 흑룡강성)의 조선족이 한국에 편입되는 것을 사전에 차단하기 위한 의도다. 일본의 독도 영유권 주장은 독도를 기점으로 일본의 경제수역을 확장하고, 독도 주변의 어업자원과 해저의 광물자원을 확보하려는 의도다. 국가의 위협은 상대 국가에 대한 군사적 · 정치적 · 사회적 · 심리적 영향을 미치려는 의도다. 이와 같은 국가의 위협은 의도적인 목적을 가지고 자국의 이익을 추구하는 과정에서 발생한다.

둘째, 국가의 위협은 특정 상대 국가가 자국을 위협하기 때문에 발생한다. 통상 국가의 위협은 국경을 맞대고 있는 인접한 국가 간에 국익의 충돌로 인해 발생한다. 국경을 맞대고 있는 북한은 대남 적화통일을 추구하며 각종 도발로 대한민국을 직접적으로 위협한다. 그러나 국경을 맞대고 있지 않는 아프리카의 모나코는 대한민국을 위협하지 않는다. 이와 같이 국가 간에는 자국에 대한 위협의 강도와 영향에 따라 우방국가, 중립국가, 적대국가로 구분한다. 적대국가는 현존하는 적대국가와 잠재적 적대국가로 구분한다. 북한은 현재 대한민국을 직접 위협하는 적대국가다. 일본, 중국, 러시아는 국가이익이 충돌하면 적대관계로 변화하여 위협할 수 있는 잠재적 적대국가다.

셋째, 국가의 위협은 자국을 위협하는 타국과 초국가적인 조직에 의해 발생한다. 국가 외부의 위협은 국가 이익을 추구하는 과정에서 상대 국가의 위협에 의해 발생한다. 국가의 위협은 본질적으로 자국의 독립과 생존을 위협하는 타국의 공격, 도발, 침략, 점령 등 군사적 위협을 가장 중요한 위협으로 인식한다. 모든 국가는 타국의 군사적 위협에 우선 대비하고 대응하기 위한 국가안보를 추구한다. 그래서 국가안보는 전통적으로 군사적 위협을 중요하게 보고 있다.

그러나 세계화 · 정보화 시대의 국가의 위협은 새로운 양상으로 진화하고 있으며, 국가의 위협은 다양화 · 다원화 · 복합화되고 있다. 세계화 현상은 국가 간의 경계를 약화시켜 하나의 지구촌으로 만들어 교류와 협력이 증진되는 반면에, 무한경쟁을 유발하여 새로운 갈등과 위협을 증가시키고 있다. 지식 · 정보화 시대의 현상은 정보의 교류와 유통이 원활해진 반면, 사이버공간에서의 경쟁과 위협을 발생시키고 있다. 탈냉전과 9.11테러 이후 국제질서가 재편되는 과정에서 안보 상황이 변화되고 있으며, 잠재된 국가 간의 마찰과 갈등이 증가하는 추세다. 이와 같은 현상은 국제질서의 불안정성과 불확실성을 증가시키고 있다. 또한 테러, 무역 마찰, 국제적 범죄, 사이버테러 등 비군사적 위협과 초국가적 위협이 증가하고 있다. 그래서 국가안보는 전통적 군사 중심의 위협과 더불어 새로운 위협 양상에 대처하기 위해 포괄적 안보 개념으로 발전하고 있다. 따라서 국가이익의 충돌에 의한 국가 간의 위협과 더불어 테러집단, 국제적 범죄조직, 해킹 조직 등 국가 이외의 조직에 의해 초국가적 · 비군사적 위협이 발생하고 있다.

넷째, 국가의 위협은 국가 내부의 위협에 의해서도 발생한다. 내부의 위협은 국가의 목표, 국가의 이념, 국가의 체제 등을 위협하는 자국민과 반국가단체의 행위와 활동에 의해 발생한다. 자국민은 적성 국가를 위해 간첩으로 활동할 수 있다. 반국가 단체는 국가의 이념과 체제를 부정하거나 약화시켜 국가를 전복하려는 활동과 반란 등을 유발할 수 있다. 대한민국의 내부 위협의 대표적 예는 친북세력, 종북세력 등의 반국가적 활동이다. 또한, 국가 핵심 기반체계와 기능을 마비시키는 상황도 국가 내부의 위협이다. 간첩과 반국가 단체의 테러, 대규모 시위의 선동, 파업 및 폭동의 유도, 반복적인 대규모 재난 등은 국가 핵심 기반체계와 기능을 마비시키고 붕괴시킬 수 있다.

다섯째, 국가의 위협은 국력인 힘, 능력 및 역량 등의 수단이 사용되며, 자국의 이익을 강요하기 위해 상대국가를 협박하고 압력을 가하는 언행을 사용한다. 힘은 군사력을 주 수단으로 사용하여 무력시위, 공격, 침략 등의 방법으로 위협한다. 능력 및 역량은 국제사회에서 정치력 및 외교력, 부국강병의 기반이 되는 경제력, 첨단무기 개발의 과학기술 능력 등의 수단을 사용한다. 상대국가를 위협하는 발언은 담화, 담론, 정책의 발표, 외교적 조치 등을 사용하는 간접적 위협이다.

국제체제 차원에서 국가의 위협을 살펴보면 다음과 같다. 모든 국가는 배타적인 주권을 가지고 있기 때문에 국제체제는 무정부 상태다. 이와 같은 무정부 상태 때문에 모든 국가는 자국의 목표와 이익을 추구하기 위해 상대 국가와 마찰과 갈등 그리고 분쟁을 일으킬 수 있다. 무정부 상태의 국제체제는 상황 변화에 따라 우방국가가 적대국가로 변하기도 하고, 적대국가가 우방국가로 변하기도 한다. 그래서 영원한 우방도 적도 없다고 한다. 국제체제의 불확실성과 불안정성은 경쟁, 마찰, 갈등, 위협을 상존하게 한다. 국제정치학자들은 국제체제를 국가 간에 상호 지원과 협력도 한다고 여기지만, 본질적으로 자국의 이익을 배타적으로 추구하는 과정에서 상대 국가를 위협하게 된다고 보고 있다.

개인은 국가로부터 안전을 제공받는다. 국가는 국가안보를 제공하는 주체다. 국제체제는 국가 간의 협력과 상호 지원을 제공하지만, 무정부 상태로 인해 국가 간의 마찰과 충돌을 유발한다.

개인 차원의 위협을 살펴보면 다음과 같다. 국가안보를 추구하는 과정에서 개인은 국가로부터 개인의 안전을 제공받지만 개인과 국가 간에는 복합적인 갈등이 있으며, 국가는 개인의 안전을 제공하지만 국가안보를 추구하는 과정에서 개인을 위협하기도 한다. 개인은 국가안보의 기본단위이지만 사회적 · 정치적 문제로 인해 국가의 안보 추구를 방해하기도 한다. 국가안보를 위해 개인은 국가로부터 대체로 네 가지 범주의 위협을 받는다. 첫째로는 법률의 제정과 집행을 하는 데서 오는 위협, 둘째로는 국가가 개인이나 집단에 대한 행정 · 경찰활동에서 오는 위협, 셋째로는 국가를 지배하고 통제하는 데서 오는 위협, 넷째로는 국가의 대외안보정책 추구에서 오는 위협이 있다.[55] 개인의 언행과 활동은 국가안보에 위협이 될 수 있다.

첫째, 개인이나 국가 하부집단이 위협이 될 수 있다. 암살자, 테러리스트, 분리독립운동가, 쿠데타 주동자, 혁명가 등은 국가를 위협하는 활동을 한다.

---

55 배리 부잔, 김태현 역, 『세계화시대의 국가안보』(서울: 나남출판, 1995), p. 71.

둘째, 국민이 타국의 이익에 종사하는 제5열, 간첩 등도 국가의 위협이다.

셋째, 국민이 국가에 대해 제기하는 정치적 압력과 제약이 위협이 된다. 여론, 대규모 시위 등은 국가나 정부정책에 대한 저항, 제약 같은 영향을 주는 위협이다.

넷째, 국가 지도자로서의 안보정책을 행사하는 과정의 문제다. 히틀러 치하의 독일, 스탈린 치하의 구소련, 김정은 치하의 북한 같은 독재국가에서는 독재자에 의해 국가의 모든 정책을 일방적으로 결정하기 때문에 독재자의 인식과 공격적 · 침략적 안보정책 추진이 위협이 될 수 있다.[56]

2. 국가 위협의 식별과 평가

국가안보정책은 정책의 목표, 정책을 수행하기 위한 기술, 자원, 도구 등 제반 수단의 선택과 사용에 관한 문제다. 그래서 국가 위협의 식별과 평가는 안보정책 수립과 추진하는 데 기초적이고 기반이 되는 중요한 문제다.

위협의 식별과 평가는 위협에 대한 인식의 오류와 차이 때문에 한계와 모호성이 있다. 위협의 형태와 유무의 확인, 실제의 위협과 잠재된 위협의 구분 등 때문에 사전에 구체적인 식별과 평가가 어렵다. 또한, 위협의 심각성 정도의 평가와 측정은 더욱 어렵다. 국제사회에서 일어나는 대부분의 위협은 많은 복합적인 요인이 작용하는 직접적인 위협과 잠재적인 위협이 발생한다. 위협의 복합성 때문에 위협의 예측과 평가는 매우 어렵다. 타국의 언행을 자국의 위협으로 인식하느냐의 문제는 자국의 대응능력, 타국과 경쟁관계의 사소하고 일상적인 문제, 역사적 경험 등에 의해 인식되는 주관적 문제다. 그래서 위험의 식별과 평가는 매우 어렵고 모호성이 있다. 국가의 위협은 실재하는 위협의 강도를 측정하기 어려울 뿐만 아니라 아예 인식하지 못하는 경우도 있다. 모든 국가는 최악의 상황을 상정하여 위협을 인식하는 경

56 김열수, 전게서, pp. 80-82를 참고하여 필자의 의견을 첨부하여 재구성.

향 때문에 위협을 과장하기도 한다. 또한 실제로 존재하지 않는 위협을 위협으로 간주할 수도 있다. 전통적인 군사적 위협은 식별과 평가 그리고 측정이 비교적 가능하나 경제 문제, 기후변화, 테러 등의 새로운 위협은 식별과 평가의 어려움이 있다.

위협의 식별과 평가는 매우 어렵기 때문에 위협의 과대평가와 과소평가의 문제가 발생한다. 위협을 과대평가하면 안보를 위해 적극적인 안보정책을 추진하게 되어 한정된 자원의 불균형적인 사용, 국민의 공포, 공세적이고 침략적인 국가 이미지, 사소한 위협에도 과잉반응을 보일 가능성이 높아진다. 반면에, 위협을 과소평가하면 소극적인 안보정책을 추진하게 되어 '전쟁의 패배'라는 엄청난 대가와 비용을 치르게 될 가능성이 높아진다.[57]

위협에 대한 과대평가 증후군을 '사라예보 증후군(Sarajevo Syndrome)*'이라고 하고 과소평가 증후군을 '뮌헨 증후군(Munich Syndrome)**'이라고 한다. 사라예보 증후군이란 상대방의 의도와 위협을 과대평가하는 경향을 말한다. 반대로 뮌헨 증후군은 상대방의 의도와 위협을 과소평가하는 경향을 말한다.

---

57 김열수, 『국가안보(위협과 취약성의 딜레마)』(서울: 법문사, 2013), p. 18.

* 오스트리아의 황태자 부부가 구유고의 사라예보에서 세르비아 청년에게 암살당하자, 오스트리아는 독일의 지원을 받으며 세르비아를 군사적으로 위협하게 되었다. 이에 따라 세르비아의 후견국인 러시아가 군사동원으로 오스트리아를 위협하자 독일은 러시아가 오스트리아를 침공할 것으로 판단하여 벨기에와 프랑스를 기습공격함으로써 제1차 세계대전이 일어나게 된다. 독일과 오스트리아-헝가리의 2국 동맹은 3국 협상인 러시아, 프랑스, 영국의 의도를 과대평가한 결과 전쟁에 돌입하게 된 것이다. 이 사건에 빗대어 표현한 것이 '사라예보 증후군'이다.

** 영국 수상 체임벌린(Neville Chamberlain)은 1938년 9월 28일, 또 하나의 세계대전을 막기 위해 뮌헨에서 달라디에(Edouard Daladier) 프랑스 수상, 히틀러(Adolf Hitler) 독일 총통, 그리고 무솔리니(Benito Mussolini) 이탈리아 총통과 함께 4자회담을 가졌다. 이 회담에서 체임벌린은 체코슬로바키아의 영토와 유럽의 평화를 맞바꾸려고 했다. 이 회담에서 체코슬로바키아 영토의 1/3에 해당하는 수데테란트(Sudetenland)를 독일에 떼어주는 대신 히틀러로부터는 "앞으로 모든 국제적 분규는 평화적 방법으로 해결한다"는 약속을 받아내어 이를 문서화하는 데 성공했다. 이것이 '뮌헨 협정'이다. 영국으로 귀국한 체임벌린은 귀국성명에서 "우리 시대의 평화를 가지고 왔다"고 선언했다. 그러나 뮌헨 합의 6개월도 채 되지 않은 1939년 봄, 히틀러는 체코슬로바키아의 나머지 국토마저 무력으로 병합하고 같은 해 9월에는 폴란드를 침공함으로써 제2차 세계대전을 일으켰다.

위협을 과대평가하는 것도 문제이지만 과소평가하는 것도 문제다. 따라서 위협 평가의 의도성이 없다고 하더라도 위협에 대한 정확한 평가는 한계가 있으며 심리적인 요소가 이에 더할 경우 그 어려움은 더욱 커지게 된다.[58]

국가의 위협은 적대국가의 군사력, 국내의 혁명운동, 대량살상무기의 확산, 테러, 마약 밀매, 인신매매, 희소자원의 한계, 핵폭발 사고의 가능성, 국제통화체제의 붕괴 등이 될 수 있다. 안보정책 수립을 위해서는 위협의 영역과 범위를 설정해야 한다. 위협에 대한 한계 설정이 없다면 모든 것이 안보정책의 의제가 될 수 있기 때문이다. 따라서 안보정책을 수립하기 위해서는 위협에 대한 영역과 범위를 한정할 필요가 있다. 국가 위협의 범주에서 위험과 안전 차원의 비의도적인 사고나 자연적 재난 등의 현상은 국가 위협의 영역에서 제외할 필요가 있다. 손상의 위험이 있다고 이들 모두를 위협과 안보의 틀 속에서 다루게 되면 정작 중시해야 할 국가안보가 경시될 수 있다.[59]

특정 위협이 언제 국가안보 문제가 되느냐는 그 위협의 종류가 무엇이고, 해당 국가가 그것을 어떻게 인식하고 있는가에만 달려 있는 것이 아니라 그 위협이 작동하는 강도에 의해서도 영향을 받는다. 위협의 강도를 결정하는 요인을 살펴보면 다음과 같다.

첫째, 위협의 구체성 여부다. 한국의 경우에는 북한의 핵 위협과 침략 가능성, 일본의 독도 영유권 주장, 중국의 이어도 관할권 주장, 중국의 동북공정 등이 구체적인 위협이라고 한다면, 공산주의 이념의 위협이나 테러리즘 등은 포괄적 위협이라고 할 수 있다. 반면, 미국의 경우에는 대량살상무기의 확산, 테러리즘 등이 구체적인 위협이라고 한다면, 미국에 대한 재래식 공격 등은 포괄적 위협이라고 할 수 있다.

둘째, 위협의 공간적 근접성 여부다. 한국과 북한, 인도와 파키스탄, 러시아와 발트 해 3국, 이스라엘과 중동 국가 등은 공간적 근접성에 의해 서로

58 김열수, 상게서, p. 18.

59 김열수, 전게서, p. 14.

가 서로를 위협의 실체로 인식하지만, 한국과 쿠바, 인도와 브라질, 중국과 남아공 등은 공간적 이격성에 의해 서로가 크게 위협을 느끼지 못한다. 비록 공간적 근접성 여부가 장거리 미사일, 장거리 공중 폭격기, 무인 항공기(Drone) 등이 발달함에 따라 그 중요성이 현저하게 떨어지고 있음에도 불구하고 여전히 위협의 강도에 영향을 미치고 있다. 그러나 9.11테러, 런던 테러, 마드리드 테러, 발리 테러 같은 테러리즘과 사이버전의 위협은 공간을 넘나드는 것을 보여주고 있다.

셋째, 위협의 시간적 근접성 여부다. 위협이 즉각적인 것인가? 또는 시간적으로 멀리 떨어져 있는가? 북한의 남침 위협은 일본의 한국에 대한 군사적 위협보다는 가까이 있고, 다양한 종족으로 구성된 국가 내에서의 분리독립운동이라는 위협은 다원주의가 뿌리내린 국가 내에서의 이탈 운동보다는 시간적으로 근접해 있다. 또한 핵무기확산금지조약(NPT)에 가입해 있지 않거나 탈퇴한 국가로부터의 핵무기 위협은 그렇지 않은 국가로부터의 핵무기 위협보다는 가까이 있으며, 주인이 확정되지 않은 자원의 보고 지역에 대한 위협은 아무런 자원도 없는 지역에 대한 위협보다 가까이 있다. 그 시기가 어느 정도 분명한 것도 있지만 그렇지 않은 위협도 많다.

넷째, 위협이 현실화될 수 있는 개연성의 강도다. 위협이 실제로 현실화될 가능성은 어느 정도인가? 위협은 잠재적으로도 존재할 수도 있고 현실화될 수도 있다. 현실화된다면 그 개연성은 높은 것이다. 냉전 시 미국과 구소련은 서로 적대국이었지만 핵전쟁의 결과를 예상하고 있었기 때문에 핵전쟁이 일어날 개연성은 낮아졌다. 북한이 핵무기를 개발하지 않은 상태에서 핵전쟁이 일어날 개연성과 핵무기를 보유한 이후에 핵전쟁이 일어날 개연성은 분명히 다르다. 또한 전략적으로 중요하지 않은 영토분쟁 중인 지역에서의 전쟁의 개연성보다는 전략적으로 중요한 영토분쟁 중인 지역에서의 전쟁의 개연성이 더 높다.

다섯째, 이익 침해의 심각성 여부다. 상대방이 나에게 가하는 위협이 국가의 생존적 이익과 사활적 이익을 어느 정도 침해하느냐의 여부가 관건이다. 특정국가로부터 공격을 받는 것은 영토의 통합과 주권을 침해받기 때문에 생존적 이익이 침해받는 것이다. 국가의 이념과 제도를 침해하는 위협은 사활적 위협이다. 이런 이익을 보호하기 위해 국가는 군사력으로 즉각 대응할 수도 있다. 상대방 국가가 군사력으로 이런 이익을 침해할 경우, 국가는 전쟁을 선택할 수도 있다. 중요하지 않은 주변적 이익에 대한 침해와 국가의 주권과 영토에 대한 이익의 침해는 강도가 다르다.

여섯째, 역사적 경험 여부다. 한국의 북한에 대한 두려움은 과거 서독의 동독에 대한 두려움과는 다르다. 동독과 서독은 전쟁의 경험이 없지만, 한국은 북한으로부터 침략당한 경험을 가지고 있기 때문이다. 또한 러시아도 대륙으로부터의 침입을 두려워하는데, 13세기의 몽고의 침입, 1812년의 나폴레옹의 침략, 1915년과 1941년의 독일의 침략이라는 역사적 경험을 가지고 있기 때문이다. 터키에 대한 그리스의 두려움은 1453년의 비잔틴 제국 멸망으로부터 천 년을 더 거슬러 올라간다. 역사적 경험에 의한 두려움은 합리적 판단을 흐리게 하고, 특정 위협에 대해 필요 이상의 우선순위를 부여하기도 한다.

마지막으로 국가 간의 우호성 여부다. 이것은 앞에서 서술한 '의도'와 일맥상통한다. 우호성 여부에 따라 상대 국가를 위협으로 인식할 수도 있고 그렇지 않을 수도 있다. 한국은 미국이나 서유럽으로부터 위협을 받을 것으로 인식하지 않고 서유럽은 미국이나 캐나다, 호주 등으로부터 위협을 받을 것으로 인식하지 않는다. 또한 미국은 영국이나 프랑스가 보유한 핵무기를 위협으로 인식하지 않는 반면, 불량국가나 테러분자들이 사용할지도 모르는 소규모의 대량살상무기를 더 큰 위협으로 인식한다. 우호적인 국가에 대해서는 능력과 의도를 의심하지 않는 대신, 잠재적 적국에 대해서는 그 능력과 의도를 위협으로 인식한다는 뜻이다. 그러나 우호성 여부는 고정적인 것이 아니다. 제2차 세계대전 당시 독일은 구소련과 불가침조약을 체결했지만 독일은 구소련을 침략했다. 미국은 베트남전에서 패배했지만 현재의 베트남은 미국과 외교관계를 맺고 있다. 또한 현재 베트남은 미국으로부터의 위협을

인식하지 않는다. 우호성이 변했기 때문이다. 위협의 강도를 요약하면 〈표 3-1〉과 같다.[60]

〈표 3-1〉 위협의 강도

구분	높은 강도	낮은 강도
위협의 구체성	구체적	포괄적
위협의 공간적 근접성	공간적으로 근접	공간적으로 이격
위협의 시간적 근접성	시간적으로 근접	시간적으로 요원
위협의 현실화 개연성	높은 개연성	낮은 개연성
이익 침해의 가능성	높은 가능성	낮은 가능성
역사적 경험 여부	많은 경험	경험 없음
국가 간의 우호성	낮은 우호성	높은 우호성

3. 국가 위협의 유형

국가의 위협은 다양하고 복합적인 원인에 의해 발생하기 때문에 위협의 유형을 분류하는 데 어려움이 있다. 국가 위협의 유형은 위협의 형태와 이익의 침해 정도에 따라 개념적으로 분류한다. 위협의 형태에 따른 국가 위협의 유형은 위협의 폭력성과 강도, 지속성, 성격, 발생원인, 종류와 수, 발생빈도, 위협의 주체에 따라 개념적으로 분류할 수 있다. 국가이익의 침해 강도에 따른 국가 위협의 유형은 생존과 독립, 용납 가능성의 정도에 따라 구분할 수 있다. 국가 위협의 유형을 개념적으로 분류하면 다음과 같다.

첫째, 위협의 폭력성과 강도에 따라 고강도 위협과 저강도 위협으로 구분할 수 있다. 북한의 연평도 포격과 같이 군사력을 사용하여 공격·도발하는

60 김열수, 전게서, pp. 14-17.

경우는 전쟁이 발발할 수 있는 고강도 위협이다. 일본의 독도 영유권 주장은 저강도 위협이다.

둘째, 위협의 지속 정도에 따라 단기적 위협과 장기적 위협으로 구분할 수 있다. 동해상에서 북한 어선이 한국 영해를 침범했다면 일시적 위협이다. 북한의 대남도발 언행, 중국의 동북공정, 일본의 독도 영유권 주장은 장기적 위협이다.

셋째, 위협의 성격에 따라 군사적 위협과 비군사적 위협으로 구분할 수 있다. 군사력을 사용한 도발, 공격, 침략, 무력시위 등은 군사적 위협이다. 무역마찰, 외교 단절, 마약밀매, 인신매매 등과 같은 군사력 이외의 수단에 의해 발생하는 위협은 비군사적 위협이다.

넷째, 발생의 원인에 따라 의도적인 위협과 비의도적인 위협으로 구분할 수 있다. 북한의 대남도발 발언은 의도적인 위협이며, 서해상에서 중국 어선의 한국 영해에서의 어로 활동은 비의도적인 위협이다.

다섯째, 위협의 종류와 수에 따라 단일적 위협과 복합적 위협으로 구분할 수 있다. 일본의 독도 영유권 주장은 단일적 위협이며, 북한의 핵, 미사일, 대남도발 등은 복합적 위협이다.

여섯째, 일회성 위협과 반복적 위협으로 구분할 수 있다. 일본의 수산물 수입금지 조치는 일회성 위협이며, 북한의 대남도발은 반복적 위협이다.

일곱째, 위협의 주체에 따라 외부의 위협과 내부의 위협으로 구분할 수 있다. 북한의 대남도발은 외부의 위협이며, 한국 내의 친북세력이나 종북세력의 반국가적 활동은 내부의 위협이다. 외부의 위협은 북한의 위협 같은 적대국가의 위협과 국가 이외의 범죄 · 테러 · 해킹 집단 등의 초국가적인 위협이 있다. 내부의 위협은 친북 · 종북세력의 반국가적 위협이 있으며, 대규모 시위, 폭동과 파업 등의 국가핵심기반체계와 기능을 마비시키고 붕괴하는 위협으로 구분할 수 있다. 위협의 유형을 요약하면 〈표 3-2〉와 같다.

국가이익의 침해 강도에 따라 위협의 유형을 분류하면 사활적 위협, 핵심적 · 직접적 위협, 간접적 위협, 지엽적 위협으로 구분할 수 있다.

〈표 3-2〉 위협의 유형

구분	위협의 유형	
위협의 강도	고강도 위협	저강도 위협
위협의 지속 정도	단기적 위협	장기적 위협
위협의 성격	군사적 위협	비군사적 위협
위협의 발생원인	의도적 위협	비의도적 위협
위협의 종류와 수	단일적 위협	복합적 위협
위협의 발생빈도	일회성 위협	반복적 위협
위협의 주체	외부의 위협	내부의 위협

첫째, 사활적 위협은 국가의 독립과 생존을 위협하는 것으로 전쟁으로 발전할 수 있는 위협이다. 북한의 대남 적화통일전략은 한국의 사활적 위협이다.

둘째, 핵심적 · 직접적 위협은 핵심적 국가이익을 직접적으로 침해하는 위협으로 분쟁을 유발한다. 냉전체제하에서의 미소의 대립 양상도 핵심적 · 직접적 위협이다. 북한의 NLL 경계선을 남쪽으로 확장하려는 주장, 미국의 핵확산금지정책 추진에 반하는 이라크, 북한의 핵개발 등이 좋은 예다.

셋째, 간접적 위협은 중요한 국가이익을 간접적으로 침해하는 위협이다. 북한의 해킹, 디도스 공격 등의 사이버 공격과 대남 통일전선전략에 의한 남남 갈등을 조성하여 한국의 내부 분열을 조장하는 위협이다. 국제사회에서 미국의 영향력을 약화시키려는 코소보 사태, 소말리아 사태, 중동의 IS 사태 등은 간접적 위협의 예다.

넷째, 지엽적 위협은 일상적이고 사소한 위협이다. 위협으로 나타나지 않았지만 잠재적이고 장기적으로 영향을 미칠 수 있다. 한국의 입장에서 보면 중국 어선의 서해상에서의 불법 어로활동, 미국의 입장에서 보면 한국의 친북 · 종북세력의 반미활동을 예로 들 수 있다.

제2절
국가의 취약성

1. 취약성의 개념과 특성

국가의 불안은 위협과 취약성 때문이다. 국가불안은 위협과 취약성이 상호작용하고 중첩되기도 한다. 취약성(脆弱性, vulnerability)의 개념을 분석해보면 다음과 같다. 취약성은 사전적으로 '무르고 약한 성질이나 특성'을 의미한다. 국가안보와 관련하여 취약성은 두 가지 개념이 있다.

첫째, 상대적 취약성의 개념이다. 이는 자신이나 국가가 상대보다 힘과 능력이 약하거나 부족한 정도를 의미한다. 상대적 취약성은 외부 위협 때문에 발생하므로 핵심적인 국가안보의 문제다.

둘째, 구조적 취약성의 개념이다. 이는 자신이나 국가 자체가 구조적으로 허약한 상태를 의미한다. 구조적 취약성은 내부의 위협 때문에 발생하는 것으로, 국가체제의 응집력과 안정성의 강약에 따라 발생하는 취약성이다.

국가불안은 상대적 취약성과 구조적 취약성이 상호작용하여 증폭된다. 또한, 구조적 취약성이 적다면 상대적 취약성을 감소시킬 수 있다.

상대적 취약성과 구조적 취약성의 개념과 특성을 살펴보면 다음과 같다. 첫째, 상대적 취약성이다. 상대적 취약성은 자신이 가지고 있는 능력으로 대응하여 극복할 수 있는 자신의 능력(capability)에 한계가 있다고 인식하기 때문에 발생한다. 상대방의 위협에서 나의 능력을 뺀, 즉 위협-능력(threat-capability)이 취약성이 될 것이다. 위협이 존재해도 그 위협에 대응할 수 있는 능력이 있는 국가는 크게 불안을 느끼지 않는다. 자신을 위협하는 국가에 대해 충분히 대응하고 응징할 수 있기 때문이다. 안보정책을 수립할 때 불안을 극복할 수 없는 능력의 한계에 초점을 맞추게 되는데, 능력의 한계가 바로 취약성이다. 외부의 위협을 극복하기 위해 모든 국가는 상대방의 위협을 감소시키기 위해 노력하거나 자신의 상대적 취약성을 감소시키기 위해 능력을 향상시키는 노력을 하게 된다. 위협에 대한 평가는 물론이고, 취약성에 대한 평가도 주관적 인식 때문에 이를 객관적으로 평가한다는 것은 대단히 어려운 일이다.[61]

둘째, 구조적 취약성이다. 구조적 취약성은 국가의 유형, 국가의 환경, 국가의 능력 등에 의해 발생한다. 국가의 유형에 따른 취약성은 국가체제의 정치적 · 사회적 · 경제적 응집력과 안정성의 강약에 좌우된다. 연약한 국가와 강건한 국가는 경제적 · 정치적 · 사회적 응집력과 안정성의 강약에 의해 구별할 수 있다. 우간다, 에티오피아는 경제적 · 정치적 · 사회적으로 불안정한 연약한 국가다. 반면에 네덜란드, 이스라엘, 싱가포르는 경제적 · 정치적 · 사회적으로 응집되고 안정된 강건한 국가다. 영토, 자원, 군사력 등 대외적인 힘과 능력에 의해 약소국과 강대국을 구분할 수 있다. 네팔, 쿠웨이트와 같이 영토, 자원, 경제력, 군사력이 약한 국가는 약소국이다. 미국, 중국, 러시아, 일본과 같이 영토, 자원, 경제력, 군사력이 강한 국가는 강대국이다. 국가의 대외적인 힘과 능력은 상대적 취약성에 영향을 받지만, 구조적 취약성은 국가 내부 체제의 강약에 의해 좌우된다. 경제적 · 정치적 · 사회적 응집력과 안정성이 약하다면 대부분의 외부 위협에 취약하며, 대외적인 힘이 강하더라도 정치적 · 사회적 위협에 취약할 수 있다. 반면에 경제적 · 정치적 · 사회적 응집력과 안정성이 강하다면 대부분의 유형의 위협에 상대적으로 취약성의 정도가 낮으며, 대외적인 힘이 약하다면 군사적인 위협에 취약하다. 국가의 유형에 따른 취약성은 〈표 3-3〉과 같다.[62]

---

61 김열수, 『국가안보(위협과 취약성의 딜레마)』(경기: 법문사, 2013), pp. 26-27.

62 배리 부잔, 김태현 역, 『세계화시대의 국가안보』(서울: 나남출판, 1995), pp. 141-142를 참고하여 필자의 견해를 포함하여 재구성.

〈표 3-3〉 국가의 유형에 따른 취약성

구분		사회정치적 응집과 안정성	
		약함	강함
대외적 힘	약함	대부분의 위협에 약함	특히 군사적 위협에 약함
	강함	특히 정치적 위협에 약함	대부분 유형의 위협에 대해 상대적으로 미취약

특정 위협에 대한 대응 능력의 한계가 상대적 취약성을 구성하는 결정적인 요소이긴 하지만, 구조적 취약성을 결정하는 요인들도 있다. 상대적 취약성과 구조적 취약성의 상호작용에 의해 취약성의 강도에 영향을 미치는 요인을 여섯 가지로 구분하여 설명하면 다음과 같다.

첫째, 취약성의 과소 유무다. 어느 국가이든 내 · 외부로부터 위협을 받을 수 있다. 그러나 모든 국가가 똑같은 종류의 위협에 처해 있는 것은 아니다. 또한, 모든 국가가 외부의 군사적 위협과 내부의 위협에 동시에 처해 있는 것도 아니다. 어떤 국가는 외부의 군사적 위협과 내부의 위협에 동시에 처해 있는 반면, 어떤 국가는 비교적 군사적 위협에 자유롭다. 또한 어떤 국가는 외부의 위협에 대해서만 대응책을 준비하면 되지만, 어떤 국가는 내 · 외부적 위협에 동시에 대비해야 한다. 한국과 대만 그리고 이스라엘은 적대국의 직접적인 군사적 위협에 노출되어 있으나 유럽 국가들은 군사적 위협에 덜 노출되어 있다. 또한 서유럽 국가들은 내부의 위협이 적은 반면에 개발도상국이나 후진국들은 내부의 위협도 많을 것이다. 다양하고 많은 위협에 대처해야 하는 국가는 상대적 취약성과 구조적 취약성에 동시에 대비해야 할 것이다.

둘째, 동맹의 유무와 강고성의 여부다. 동맹은 상대적 취약성을 보완하고 자국의 능력을 보강한다는 차원에서 외부의 위협에 대한 취약성을 줄일 수 있다. 또한 동맹이 얼마나 강고한지도 취약성의 강도에 영향을 미친다. 유사시 동맹의 지원 여부도 취약성의 강도에 영향을 미친다. 1816~1965년까지 동맹공약의 이행 여부를 보면, 177개의 동맹국 중 48개 동맹의 서명국들이 동맹 의무를 수행한 반면, 108개 동맹국은 중립을 유지했고, 21개 동맹국은 동맹을 배반하고 반대편에 참전했다. 이는 동맹 체결 여부만 중요한 것이 아니라 동맹의 강고성 여부도 취약성의 강도에 중요한 영향을 미친다는 것을 보여준다.

셋째, 경제적 · 정치적 · 사회적 응집력과 안정성의 정도다. 한 국가 내에서 다양한 이념과 정체성이 갈등관계에 있거나 심지어 상대 적국의 이념과 정체성을 선호하는 집단이 있을 때 구조적 취약성은 높을 수밖에 없다. 한 국가가 여러 민족으로 구성되어 있고 그중 어떤 민족이 잠재적 적국의 민족과 같거나 또는 한 국가 내의 집단이 상대 적국의 이념을 신봉하게 되면 그 국가의 취약성은 높아지게 된다. 우크라이나가 러시아와 갈등을 겪고 있지만, 우크라이나 내의 크림 반도는 전체 인구 20만 명 중 약 60%가 러시아인이며 러시아어 사용자도 인구의 80%를 넘는다. 또한 러시아와 갈등을 겪고 있는 몰도바에도 친러시아계인 트란스니스트리아(Trans-dniester) 공화국이 있다. 또한 중국은 56개 민족으로 구성되어 있다. 따라서 한 국가 내의 인종 섬(ethnic island)의 존재 여부는 해당 국가의 취약성을 높인다. 종교, 이념 등도 이에 못지않은 취약성을 발생시킨다. 대한민국 정부수립 이후부터 한국전쟁이 종결될 때까지 한국은 남한에서 활동하던 남로당과 게릴라들로부터의 공격, 그리고 전선에서의 전투 등 이중고를 당했다. 그만큼 취약성이 높았다. 한국에서는 현재도 친북세력과 종북세력의 남남 갈등 조성, 주한미군 철수 주장, 군사시설과 기지 건설 반대 등의 반국가 활동은 내부의 분열을 조장하여 취약성을 증가시키고 있다.

넷째, 기후의 문제도 취약성에 영향을 미친다. 위협을 받는 국가가 온난한 기후라면 취약성이 높은 반면, 극지방에 가깝거나 열대 및 사막지방의 경우 취약성은 상대적으로 낮을 것이다. 러시아의 겨울은 프랑스 · 독일의 공격을 물리치게 하는 원동력이 되었고, 베트남의 정글은 미국의 첨단 기술 공격을 무력화시키는 요인이 되었다. 지구 온난화, 오존층 파괴 등 기상 이변으로 인한 태풍, 홍수, 화산 폭발, 지진 등의 대규모 재난이 반복적으로 발생한다면 취약성이 될 수 있다.

다섯째, 지리적 위치와 지형도 취약성에 영향을 미친다. 국가의 지리적 위치는 주변국과의 관계에 영향을 미친다. 주변국과의 이익의 침해와 갈등 정도, 공격, 침략, 지배 등의 역사적 경험 때문에 우방국가, 중립국가, 적대국가의 관계가 형성되어 상대적 취약성의 강약을 좌우한다. 한국은 해양세력과 대륙세력이 충돌하는 반도에 위치하고 있으며 미국, 중국, 러시아, 일본의 4대 강대국 속에 위치하고 있다. 4대 강대국의 영향력 때문에 상대적 약소국이다.

지형은 평야지형인가 산악지형인가에 따라 방어에 유리한가, 불리한가에 영향을 미친다. 폴란드와 우크라이나는 평야 지대인 관계로 외부의 침략에 대해 방어의 취약성이 높다. 반면 네팔과 스위스 등은 산악으로 둘러싸여 있어 방어에 용이하다. 영국과 일본은 섬나라이기 때문에 육지로 연결되어 있는 국가에 비해 외부 침략에 덜 취약하다. 그러나 이스라엘과 한국은 전략적 종심이 없어 취약성이 높다.

〈표 3-4〉 취약성의 강도

구분	높은 강도	낮은 강도
위협의 과소 여부	많은 위협	적은 위협
동맹의 유무와 강고성 여부	자립, 자주	강고한 동맹
정치적·사회적 단결의 정도	높은 분열성	높은 단결성
기후의 문제	온화한 기후	극단적인 기후
지형의 문제	용이한 기동	어려운 기동
자원의 외부 의존도 여부	높은 의존성	낮은 의존성

마지막으로 자원의 외부 의존 여부도 취약성에 영향을 미친다. 전략 비축 물자가 있다고 하더라도 외부에 많이 의존하게 되면 취약성이 커진다. 즉 무

기 체계, 유류, 식량 등 주요 물자를 외부에 많이 의존하면 할수록 취약성은 높아질 것이다. 취약성의 강도를 요약하면 〈표 3-4〉와 같다.[63]

2. 외부 위협의 취약성

외부 위협의 취약성은 적대국가의 군사력, 국내의 혁명운동, 대량살상무기의 확산, 테러, 마약 밀매, 인신매매, 희소자원의 한계, 핵폭발 사고의 가능성, 국제통화체제의 붕괴 등에 의한 외부 위협에 대한 대응 능력의 부족으로 발생하는 상대적 취약성이다. 외부 위협의 취약성은 군사 분야 위협의 상대적 취약성이다. 군사적 위협에 대한 취약성은 국가안보의 핵심 문제이며, 국가안보의 최우선 과제다. 군사적 행동은 국가의 모든 구성부분을 위협한다. 군사적 위협은 영토, 국민 등 국가의 물리적 기반을 직접 위협한다. 군사적 행동은 인명과 재산의 많은 피해와 대가를 요구한다. 국가 제도가 왜곡되거나 파괴될 수도 있고, 국가의 체제를 붕괴시킬 수도 있다. 국가기능의 핵심은 국민의 생명과 재산을 보호하는 군사적 보호와 방어다.

군사 분야 위협의 수준은 어선의 공격, 보복적 공습, 영토의 점령과 전면적 침공, 봉쇄, 폭격에 의한 전 국민에 대한 공격 등 다양하다. 군사적 위협은 간접적일 수도 있다. 동맹국, 해상운송로 혹은 전략적 요충에 대한 위협이 그 예이며, 가장 대표적인 예는 석유 공급선에 대한 안전 확보를 위협하는 것이다.

군사적 위협은 무력의 사용을 의미하기 때문에 특별하다. 무력의 사용은 통상적인 평화적 관계를 파괴하고 외교적 관계를 교란한다. 따라서 무력의 사용은 통상적인 정치 · 경제 · 사회 분야의 위협을 넘어 전쟁으로 발전할 수 있다는 것을 의미한다.

외부 위협의 취약성은 적대국가의 군사적 위협에 대한 취약성이 국가안

---

63 김열수, 『국가안보(위협과 취약성의 딜레마)』(경기: 법문사, 2013), pp. 29-32.

보의 중요한 문제다. 그러나 포괄적 안보 차원에서 국제체계와 질서의 변화에 따른 인권의 보호와 신장 확산, 대량살상무기의 확산 방지, 희소자원 획득의 한계와 수출입, 무역 경쟁과 마찰, 국제통화체제 붕괴 등의 포괄적인 새로운 위협과 비군사적 위협에 대한 취약성이 증가하고 있다. 국가 이외의 테러 집단, 범죄 조직, 마약 밀매와 인신매매 조직 등의 초국가적인 위협에 대한 취약성이 증가하고 있다.

3. 내부 위협의 취약성

국가의 내부 위협의 취약성은 구조적 취약성으로, 국가체계와 기능 분야의 위협 때문에 발생한다. 국가 내부의 정치 · 경제 · 사회 · 환경 분야의 위협에 따라 살펴보면 다음과 같다.

첫째, 정치 분야의 취약성이다. 정치적 위협은 국가의 체제와 기능의 안정을 파괴하려는 것이다. 정치적 위협의 목적은 국가의 특정정책 수행에 대한 반대와 방해, 압력, 정부의 전복, 분리주의운동의 지원, 그리고 군사적 공격을 위한 사전 조치로 국가의 약화를 노린 정치공세 등에 이르기까지 다양하다. 정치적 위협은 정치적 단위인 국가의 정치 행위를 위협하는 데서 발생한다. 민족적 동질성, 국가 이념, 그리고 국가의 제도가 정치적 위협의 표적이 된다. 타국의 정치 · 외교적 개입은 국내정치의 혼란과 대외 외교정책과 동맹관계에 대한 위협이 될 수 있다.

의도적인 정치적 · 외교적 위협의 예로는 미국의 쿠바, 칠레, 과테말라, 니카라과 등에 대한 개입, 그리고 제2차 세계대전 이후 소련의 세계 각국의 공산당 정부에 대한 지원 활동, 그리고 남아프리카공화국의 인종차별정권에 대한 행위 등을 들 수 있다. 대만의 경우와 같이 외교적 승인을 거부하는 것도 의도적인 정치적 · 외교적 위협의 일례다. 한 국가가 다른 국가의 국내 문제에 정치적으로 간섭하는 것은 국가안보 차원의 문제다. 타국의 정치적 · 외교적 활동은 국가안보에 대한 위협이 될 수 있다. 국가 내부의 반국가 단체, 반정부 이념 집단을 타국이 지원하는 것은 국가의 위협이다. 금전적 지원, 나아가 정치적 암살 같은 준(準)군사적 행동, 반군에 대한 군사지원까지 확대되는 일도 있다. 그러나 외부의 지원에 의한 반정부집단과 순전히 자생적으로 등장한 반정부집단을 구분하는 것은 어렵다. 이러한 어려움 때문에 의도적인 정치적 위협은 거의 예외 없이 국내정치와 국가안보 간의 혼선을 초래하여 논쟁이 된다.

구조적인 정치적 위협은 양국의 역사적 · 지리적 · 문화적 · 종교적 관계로 인해 서로의 존재를 무시할 수 없는 양국의 이념과 조직 원리가 서로 대립할 때 일어난다. 이러한 경우 양국의 정치체제 간의 관계는 원하건 원치 않건 서로 제로섬의 대립관계가 될 수 있다. 1960년대의 중소이념 대립, 냉전기 중 미소 간의 세계적인 대립이 그 예이며, 남북한 간의 이념적 대립도 여전히 그러하다. 구조적 · 정치적 위협이 이념적 색채를 띨 때는 통치기구의 정통성이 잠식될까 두려워한다. 남북한, 파키스탄과 아프가니스탄, 인도와 스리랑카 등과 같이 민족의 문제일 때 위협의 대상은 영토의 일부의 상실, 소모적인 장기적 대립, 심지어 흡수와 통합에 대한 위협을 느낀다.

한 국가의 성장과 발전이 다른 국가의 정치적 지위를 자동적으로 위협하게 되는 상황에서도 정치적 위협이 발생한다. 양국의 조직 구성은 서로에게 위협이 될 수 있다. 인도와 파키스탄의 관계가 그 예다.

둘째, 사회 분야의 취약성이다. 사회적 위협은 정치적 위협과 유사한 점이 많다. 국가 간의 관계에서 사회 차원에 대한 외부적 위협은 민족적 동질성에 대한 공격의 위협이다. 아랍국가들에 의한 이스라엘 위협, 나치 독일에 의한 슬라브족 국가들에 대한 위협이 그 예다. 이슬람 원리주의자들은 서방국가의 문화에 대해 사회적 · 문화적 위협으로 느낀다. 언어, 종교, 그리고 지역의 문화적 전통 등이 국가의 주요 구성부분이 되기 때문에 과도한 외부 문화의 유입과 영향에 대해 위협을 느낄 수 있다.

사회적 안보를 언어, 문화, 종교의 전통과 인종적 단일성 및 관습을 통상적인 교류와 진화의 범위 내에서 유지하는 것을 의미한다면 이와 같은 가치에 대한 위협은 국외에서보다 국내에서 더욱 자주 일어난다. 불가리아는 터키인의 동질성을, 터키는 아르메니아와 쿠르드족의 동질성을 억압했다. 피지나 말레이시아, 스리랑카 등지의 복잡한 종족 간의 불균형은 조직적인 정치적 압제나 내전까지 유발할 가능성이 있다. 내부적인 사회적 위협은 연약한 국가에서 많이 발생한다. 사회적 위협으로 인해 국가 간의 분쟁이 일어나는 경우를 제외하고는 사회적 위협이 국가안보 문제로 분류되기는 어렵다.

셋째, 경제 분야의 취약성이다. 경제적 위협은 대개 통상적인 경제활동의 범주에 속하기 때문에 경제적 위협과 국가안보 논리의 연관성은 명백히 설정하기 어렵다. 그러나 경제적 위협의 결과가 단순히 경제 분야에 국한되는 것이 아니라 군사적 · 정치적 · 사회적 분야로 확대될 때 국가안보 문제로 대두된다. 국가의 경제력이 군사력, 국가의 역량과 힘, 그리고 사회적 · 정치적 안정성과 연계될 때 위협을 발생시킨다.

경제력은 군사력 유지를 위한 주요 전략물자와 첨단무기의 생산과 공급에 영향을 미치며 서로 연계되어 있다. 전략물자를 국가 밖에서 획득해야 한다면 그 공급선에 대한 위협은 국가안보에 대한 위협으로 간주될 수 있다. 전함과 전투기의 공급을 다른 나라에 의존하는 것은 상선과 여객기의 공급을 해외에 의존하는 것과 매우 다른 의미를 지닌다. 따라서 주요 군수산업의 독자적인 무기와 군수물자의 생산능력은 국가안보의 중요한 문제다.

경제력은 단순히 군사력과 연계된 문제가 아니라 국제체계 내에서 국가의 전반적인 역량과 힘이 연계된 문제다. 경제가 쇠퇴하면 국력의 쇠퇴가 불가피하다. 경제적 침체와 쇠퇴는 내부적 · 외부적 원인에 의해 발생한다. 국가 내부에서 비효율적인 경제행위에 의해 발생할 수도 있고, 다른 나라의 성장과 경쟁에서 오는 불가피한 결과일 수도 있다. 경제력은 강대국의 상대적 지위를 결정하는 기반이며, 무역경쟁, 군비경쟁 등 힘과 능력의 경쟁이 진행될 때는 경제력의 상대적 수준이 국가안보 문제로 인식될 수 있다.

국가경제 문제는 국가 내부의 사회적 · 정치적 안정에 대한 위협이 될 수 있다. 국가가 무역을 통해 부의 극대화를 추구할 때 무역의 상호 의존과 무역 마찰을 높이게 된다. 국가의 경제수준이 증가하면서 생겨난 사회적 구조는 부의 분배와 빈부의 격차로 인해 계층 간의 갈등을 발생시킨다. 분배의 불균형은 사회적 · 정치적 안정을 저해한다. 경제 침체와 쇠퇴는 경제적 불만과 사회적 혼란을 야기하여 정치적 안정을 위협한다. 경제적 위협은 다른 나라에 의한 의도적 행동에 의해 물질적 손실, 국가체제에서 지위의 하락과 긴장, 그리고 국민의 경제활동과 생활에 손상을 줄 수 있다는 점에서 군사적 위협과 유사한 점이 있다. 그러나 군사적 위협은 평화적 행위와 침략적 행위 간의 명백한 구별이 있는 반면에, 경제적 위협의 경우는 그러한 구별이 어렵다. 또한 경제적 위협은 국내정치와 국가안보를 구별해야 하는 데 어려움이 있다. 즉 위협의 소재가 다른 국가, 혹은 국제체제 전체에 있는지 아니면 경제적 실패의 원인이 사회 내부에 있는지의 문제다.

넷째, 환경 분야의 위협이다. 국가안보에 대한 생태적 위협은 군사적 위협이나 경제적 위협과 마찬가지로 국가의 물질적 기반을 해칠 가능성이 있다. 인간의 경제활동으로 인한 산성비, 이산화탄소로 말미암은 온실효과, 프레온가스(CFC)에 의한 오존층 파괴 등은 환경 파괴로 인한 생태적 위협이다. 지진, 태풍, 전염병, 홍수, 해일, 가뭄 등과 같은 대규모 재난도 전쟁에 못지않은 피해를 끼친다. 환경 파괴의 생태적 위협과 대규모 재난은 정치 · 사회 분야의 위협으로 발전할 수 있다. 생태적 위협 중 일부는 한 나라의 활동이 타국에 미치는 영향에 관한 것이다. 미국과 캐나다의 오대호, 유럽의 라인강처럼 여러 나라를 경유하여 흐르는 강의 오염 문제는 위협이 될 수 있다. 북한강과 황강에서의 북한의 수공작전도 위협이 될 수 있다. 네팔의 벌목이 방글라데시의 홍수를 초래하는 것 또한 그 예에 해당한다. 이와 같은 위협은 의도하지 않은 것이라는 점에서 다른 종류의 위협과 구별된다. 환경 분야의 위협은 정치적 · 경제적 분야의 구조적 위협과 유사하다. 그러나 그 결과는 매우 심각할 수도 있어 나일 강, 메콩 강, 인더스 강의 물을 사용하는 문제를 둘러싼 마찰과 갈등은 무력의 사용마저 충분히 상상할 수 있는 것이다.

생태적 위협과 대규모의 재난은 세계적 차원의 초국가적 위협이다. 해수면의 상승, 대기온도의 상승, 폭우, 가뭄, 지진 등을 자국의 능력으로 통제할 수 있는 국가는 거의 없다. 국제체제 차원에서 공동으로 대응해야 하므로 국제정치 문제로 대두될 수 있다. 그 결과가 심각할 때 생태적 위협은 조만간 군사적 위협과 같이 중요한 문제로 대두할 것으로 여겨진다.[64]

과학기술의 수준과 능력의 차이도 위협이 될 수 있다. 첨단무기 개발, 민군겸용 기술의 활용, 환경 기술 등의 격차는 군사적 · 경제적 위협으로 발전할 수 있다. 특히 전자정보기술은 해킹, 정보 교란, 정보유통 마비 등으로 사이버공간에서 금융체계의 마비 등과 같은 새로운 위협을 발생시킬 수 있다. 위협의 근원이 어디에 있는지를 식별하고 평가하기 위해서는 모든 분야의 위협을 안보와의 연계성과 상호 의존성을 이해하여 새로운 위협에 대한 취약성에 관심을 두어야 한다.

---

64 배리 부잔, 김태현 역, 『세계화시대의 국가안보』(서울: 나남출판, 1995), pp. 145-164를 참고하여 필자의 의견을 포함하여 재구성.

제3절
국가 위협과 취약성의 작용과 작동

1. 위협과 취약성 작용

국가안보는 국가불안의 근원을 식별하여 제거하거나 국가 위협과 취약성의 현실화에 대비하는 데 있다. 국가불안은 위협과 취약성이 상호작용하여 발생한다. 국가의 위협은 국가의 외부와 내부의 위협이 상호작용하여 발생한다. 국가의 취약성은 외부 위협에 대한 대응 능력의 정도에 따라 발생하는 상대적 취약성과 국가 자체가 갖고 있는 구조적 취약성이 상호작용하여 발생한다.

작용은 사전적으로 "어떠한 현상을 일으키거나 영향을 미치는 것"을 의미한다. 국가의 위협과 취약성의 상호작용은 국가불안을 야기한다. 국가의 위협은 국가 외부와 내부 위협이 상호작용하여 위협의 강도를 증가시키거나 완화하기도 한다. 취약성은 외부 위협에 대한 대응능력, 역량의 정도에 따라 상대적 취약성의 강도를 좌우하며, 국가의 내부의 안정성과 응집력의 정도에 따라 구조적 취약성의 강도를 증가시키기도 하고 감소시키기도 한다.

앞에서 논의한 바와 같이 위협의 강도는 위협의 구체성, 위협의 공간적 근접성, 위협의 시간적 근접성, 위협의 현실화 개연성, 이익 침해의 가능성, 역사적 경험 여부, 국가 간의 우호성 정도에 따라 강도의 강약이 변화한다. 취약성의 강도는 위협의 과소 여부, 동맹의 유무와 강고성 여부, 정치적 · 사회적 단결의 정도, 기후 문제, 지형 문제, 자원의 외부 의존도 정도에 따라 강도의 강약이 결정된다.

앞의 내용을 바탕으로 한국의 해방 후 정부 수립에서 한국전쟁 시의 위협과 취약성 사례를 분석해보면 다음과 같다. 당시의 외부 위협은 북한의 한국에 대한 도발과 남침의 위협이 있었다. 내부의 위협은 남로당을 비롯한 공산주의자들에 의해 발생한 여순 반란, 대구 폭동, 제주도 4.3사태 같은 사건에서 보듯이 한국 내부의 북한 동조세력의 위협이었다. 상대적 취약성은 한국전쟁 개전 시 북한에 비해 매우 열세한 군사력이었다. 구조적 취약성은 제2차 세계대전 이후 세계 질서를 재편하는 과정에서 공산 진영과 민주 진영의 대립과 더불어 정부 수립 후 정치적 · 사회적 · 경제적 혼란이었다. 이와 같은 위협과 취약성이 상호작용하여 한국전쟁이 일어났다.

국가의 위협과 취약성은 상호작용하기 때문에 복잡성과 모호성이 있다. 국가의 위협과 취약성은 다양한 원인과 강도가 상호작용하기 때문에 매우 복잡하다. 국가안보를 추구하는 과정에서 최악의 상황을 상정하는 경향 때문에 위협을 과장하기도 하며, 국가 지도자와 집권세력은 국내정치에 이용하기 위해 위협과 취약성을 과장하기도 한다. 국가의 위협과 취약성을 어떻게 대비하고, 준비하고, 대응할 것인가의 문제로 인해 국가의 위협과 취약성을 동시에 고려하여 어떠한 방법을 선택할 것인가의 문제다.

국가안보정책을 추구하는 과정에서 인식의 왜곡, 논리적 딜레마, 정치적 선택의 문제가 작용하여 위협과 취약성의 식별과 평가에 영향을 미친다.

첫째, 인식의 왜곡이다. 인식의 주체인 국가는 상대 국가와의 관계에서 능력과 역량에 따라 위협과 취약성을 느끼는 강도가 다르다. 강대국이나 강건한 국가는 약소국이나 연약한 국가에 대한 위협과 취약성을 느끼는 강도는 낮을 것이다. 반대로 약소국과 연약한 국가는 느끼는 위협과 취약성의 강도가 높을 것이다. 국가의 위협과 취약성에 대한 인식은 국가 내부의 체계와 구성에 영향을 받는다. 위협과 취약성의 식별과 평가는 정부의 관료조직, 기타 많은 정치적 · 경제적 조직, 언론기관, 국민의 여론 등에 영향을 받는다. 정보의 불완전성 때문에 위협과 취약성에 대한 판단의 오류가 발생할 수 있다. 상대 국가에 대한 정보를 수집하는 과정에서 사실의 왜곡, 고의적 오정보, 그리고 정보를 평가하는 과정에서 왜곡될 수 있다. 인식의 왜곡은 과거의 경험, 심리적 영향 등으로 더욱 왜곡될 수도 있다. 위협과 취약성은 선거 목적이나 정당의 이념적 가치, 집권당 내부의 권력투쟁, 정당 간의 대결 등에 의해 왜곡될 수도 있다. 위협과 취약성에 대한 인식과 강도는 시간의 흐름, 위협과 취약성이 발생한 장소, 상황의 변화에 따라 변화한다.

둘째, 논리적 딜레마의 문제다. 국가안보정책은 국가의 위협과 취약성을 줄이는 데 초점을 두고 있다. 위협과 취약성은 국가안보정책을 수립하는 과정에서 국가 차원의 내부적 동학과 국제체계 차원의 외부 동학이 작용하기 때문에 논리적 딜레마를 야기한다. 국가의 능력과 역량을 고려하여 위협과 취약성의 근원을 제거할 것인가, 감소시킬 것인가, 완화할 것인가, 대비할 것인가, 협상할 것인가의 선택 문제다. 또한, 각각의 위협과 취약성을 상쇄하거나 감소하기 위한 전략적 선택과 행동의 우선순위를 결정해야 한다. 위협과 취약성을 축소하는 방법은 국가의 능력과 역량을 증가시켜 위협과 취약성을 상쇄할 수 있도록 하는 것이다. 전략적 선택은 상대 국가의 불확실한 의도에 대응하기보다 현실에 기반을 둔 국가의 능력과 역량을 바탕으로 위협과 취약성을 감소시키는 것이 효과적이다. 예를 들면, 군사적 위협의 경우에는 자국의 군사력을 증강하거나 동맹을 맺는 방법이 있다. 경제적 위협의 경우에는 자립도를 높이거나 자원의 공급원과 무역시장을 다원화하는 방법이 있다.

상대 국가가 현상 유지를 하려는 국가인지, 현상 변경을 하려는 국가인지에 따라 위협과 취약성의 강도는 다르다. 또한 상대 국가가 자국의 능력과 역량에 의한 직접적 위협인지, 자국의 이익을 위한 표현인지에 따라 위협과 취약성의 강도가 다르다. 예를 들면, 위협과 취약성을 감소하기 위해 방어용 미사일을 개발한다고 하지만 상대 국가는 위협을 느낀다. 그래서 상대 국가에 대한 불신 때문에 안보의 딜레마가 발생한다. 군사적 위협과 취약성에 대응하기 위해 군사력을 증강한다면 상대 국가도 군사력을 증강하게 되어 군비경쟁을 유발한다. 국가안보를 추구하는 과정에서 위협과 취약성을 축소하기 위한 제반 행동은 오히려 위협과 취약성을 증가시키는 논리적 딜레마가 작용한다.

셋째, 정치적 선택의 문제다. 국내정치에는 서로 다른 이해를 지닌 집단 간에 갈등과 분규가 상존한다. 국가안보는 국민 모두에게 제공되는 것임에도 불구하고 국가안보정책 결정과정에서 국가 내부의 이해집단이 개입하여 압력과 갈등을 유발하기 때문에 합리적 결정보다 정치적 선택을 하게 된다. 위협과 취약성을 축소하기 위해 국가안보정책을 결정하는 과정에서 군사력을 증강할 것인가, 동맹을 맺을 것인가, 특정 무기를 연구 개발할 것인가, 수입할 것인가, 국방비를 증액할 것인가, 국방비를 감축할 것인가, 해군력을 증강할 것인가, 공군력을 증강할 것인가 등과 같은 상충되는 문제로 인해 전략적 선택과 우선순위를 결정하기가 매우 어렵다.

이 과정에서 국가 지도자, 정부의 부처, 정당, 기업, 언론 매체, 지역 주민, 각 군 등의 이해관계가 상충되어 갈등과 분규가 발생한다. 정부 부처는 예산의 확보, 정당은 선거의 승리, 기업은 이익의 창출, 언론 매체는 시청률 증가, 지역 주민은 지역 발전 등의 목적으로 위협과 취약성의 식별과 평가를 왜곡할 수 있다. 위협과 취약성을 축소하기 위한 국가안보정책을 추진하는 과정에서 국방개혁과 국방비 증액, 전시작전권 전환, 해외 파병, 미군 기지 이전 배치, 사드 배치, 제주도 강정마을 민군 겸용 군항 건설 등의 문제가 그 예다.

2. 위협과 취약성 작동

국가 간에는 내재적이거나 현재적인 갈등과 분쟁 요인이 되는 위협과 취약성이 항상 존재한다. 국가의 내부와 외부의 상황 변화에 따라 언제든지 위협과 취약성이 증폭하기도 하고 감소하기도 한다. 위협과 취약성의 작동은 위기와 전쟁 발생과정과 유사하다. 국가 간의 위기와 전쟁은 반드시 절차를 거쳐 이루어지는 것은 아니지만, 위협과 취약성이 작동하게 된다. 통상적으로 위협과 취약성이 작동하면 갈등과 마찰이 발생하고, 위협과 갈등이 증가하면 분쟁으로 발전한다. 위협과 취약성이 증폭하면 위기로 발전한다. 위기가 조성되면 전쟁과 평화의 갈림길에 놓이게 된다. 쌍방 간에 협상과 합의가 되면 평화가 조성되고, 극단적인 대결 상태가 되면 전쟁이 발발한다. 위협과 갈등은 쌍방이 추구하는 목표와 이익이 상호 양립하기 어려운 내재적이고 비가시적인 위협이 존재하는 상태다. 위협으로 인해 가벼운 충돌과 자국의 이익을 추구하는 과정에서 갈등과 위협이 증가한다. 분쟁은 위협과 갈등 상태를 해결하기 위한 표출된 가시적 마찰로 인한 위협이 증폭된 상태에서 도전과 응전, 도전과 저항이 발생한다. 분쟁은 도전과 응전 및 저항에 의해 갈등과 위협이 급격히 증폭되어 대결하는 상태다. 위기는 극단적 대결 상태로 전환되는 분기점이다. 전쟁과 평화의 갈림길이다. 전쟁과 평화의 길은 양국이 위기를 수습하기 위해 협상과 합의가 이루어지면 평화의 길로 진행되지만, 양자가 위기를 수습할 수 없는 사활적 · 생존적 이익이 침해를 받는다면 전쟁의 길로 접어들게 된다. 위협과 취약성의 작동과정을 도식화하면 〈그림 3-1〉과 같다.

특정 위협이 언제 현실화되어 가시적 위협으로 표출될 것인가의 문제는 위협의 종류가 무엇이고 해당 국가가 그것을 어떻게 인식하고 있는가에만 달려있는 것이 아니라 위협과 취약성이 작동하는 강도에도 달려 있다. 위협과 취약성의 작동은 앞에서 논의한 위협과 취약성의 강도와 상황 변화에 따라 영향을 받아 증폭되거나 감소하게 된다.

외부적 위협과 내부적 위협의 강도가 높거나 동시에 작동할 때는 위협의 강도가 증폭할 것이다. 반대로 위협의 강도가 낮거나 동시에 작동하지 않을 때는 위협의 강도가 축소될 것이다. 외부 위협에 대한 상대적 취약성과 내부의 구조적 취약성이 연계되어 작동할 때는 위협이 증폭할 것이다. 반대로 취약성이 연계되어 작동하지 않는다면 위협이 감소할 것이다.

이상에서 논의한 내용을 요약하면 다음과 같다. 국가의 불안은 위협과 취약성 때문에 발생한다. 국가의 위협과 취약성은 국제체제의 무정부 상태와 국가의 목표와 이익을 추구하는 과정에서 발생한다. 국가의 위협과 취약성

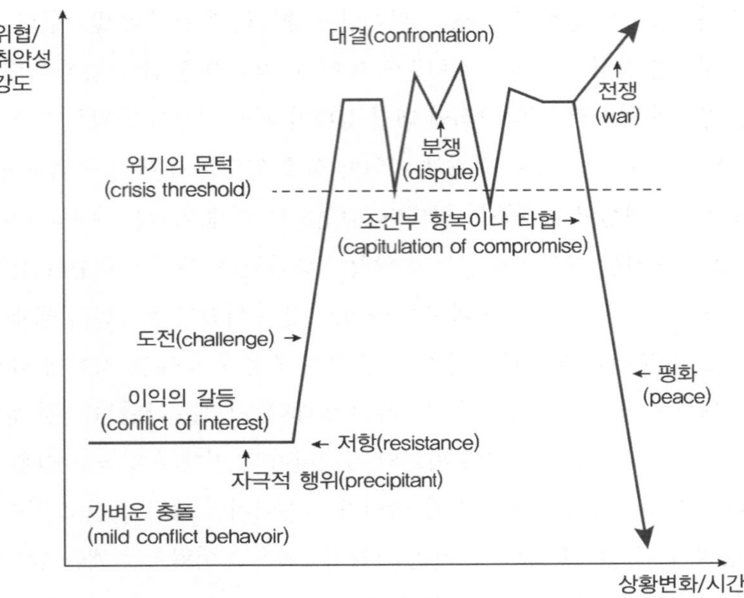

〈그림 3-1〉 위협과 취약성의 작동과정[65]

은 상호작용하고 작동하여 위협의 강도를 결정한다. 위협과 취약성은 왜곡된 인식, 논리적 딜레마, 정치적 선택 문제로 오인되거나 왜곡될 수 있다. 그래서 국가 위협과 취약성의 식별과 평가 그리고 유형은 매우 복잡하고 예측하는 데 어려움이 있다.

국가안보정책의 초점은 국가의 위협과 취약성의 근원을 제거하고 국가의 능력과 역량을 향상시켜 위협과 취약성을 완화하고 축소하는 데 있다. 그러나 현실적으로 위협과 취약성의 근원을 제거하고 국가의 능력과 역량을 향상시키는 데는 제약이 있기 때문에 국가안보정책은 국가의 위협과 취약성의 현실화에 대비한 전략적 선택이 요구된다.

65 조영갑, 『위기관리론』(서울: 선학사, 2006), p. 37. 도표를 참고하여 재구성.

제Ⅱ부

국가안보의 체계

제4장

국제정치 및 국내정치 수준과 국가안보

국제정세의 복합화에 따라 국가안보를 위한 방책은 종래의 전통적인 국가안보에 더해 비전통적인 국가안보 차원까지 망라하게 되었다. 본 연구에서는 이를 국내 차원과 국제 차원으로 나누어 국가가 국제정치적 위상 및 정책 성향에 따라 선택할 수 있는 안보정책의 방책들을 종합적으로 분석하고자 한다.

박영준(朴榮濬, Park, Youngjune)

박영준은 연세대 정외과와 서울대 외교학과 대학원을 졸업하고, 육군사관학교 교관을 거쳐, 일본 동경대에서 국제정치학 박사 학위를 취득하였다. 현재 국방대학교 안보대학원 교수이며, 미국 하버드대학교 US-Japan Program의 방문학자, 국가안전보장회의와 외교부의 정책자문위원, 한국국제정치학회 안보국방분과 위원장 등을 역임하였다. 일본정치외교, 동북아 국제관계, 국제안보 등의 분야에서 『제3의 일본』(2008), 『안전보장의 국제정치학』(공저, 2010), 『21세기 국제안보의 도전과 과제』(공저, 2012), 『해군의 탄생과 근대일본』(2014), 『한국 국가안보전략의 전개와 과제』(근간) 등 다수의 저서와 연구 논문을 발표하였다.

제1절
국가와 국가안보

국가는 인간이 사회생활을 영위하면서 만들어낸 가장 강력하고 최고의 권위를 가진 제도다. 시대와 정치체제의 차이에도 불구하고 역사상 존재했던 국가들은 대내적으로 그에 소속된 인간의 사회생활을 규율하고, 대외적으로 타 국가들에 의한 정복과 병합의 위험으로부터 국가 존재 자체를 수호하려 했다.

이러한 국가들의 존재의의에 대해 동서고금의 정치사상가들은 대체로 일치된 견해를 보여왔다. 고대 그리스 도시국가를 관찰한 플라톤은 인간이 폴리스를 구성하는 이유에 대해 개별적으로 고립되어 삶을 살아가기보다는 공동의 국가에서 생을 영위하는 것이 삶에 필요한 다양한 요소들을 보다 쉽게 공급받을 수 있기 때문이라는 논리를 제시했다. 그렇기 때문에 폴리스를 수호하는 임무가 무엇보다 막중하며, 그 임무를 부여받은 지도자들에게는 어릴 때부터 음악과 체육교육 등을 통해 각별히 동포에 대한 사랑과 적에 대한 용기라는 상반된 자질을 갖출 필요가 있다고 강조했다.[1]

입헌군주정치체의 가능성을 제시한 토머스 홉스 같은 정치사상가도 인간이 강력한 법률과 제도를 갖춘 국가제도 속에서 살아가는 것이 궁극적으로 안전과 복지를 위한 길이며, 국가제도가 부재한 자연 상태에서 살아가는 것은 인간이 생각할 수 없는 크나큰 재앙이 될 것이라고 주장했다.[2] 민주주의

1 플라톤, 『국가』, 제2권 참조.

2 토머스 홉스, 『리바이어던』, 최공웅 · 최진원 옮김(서울: 동서문화사, 2009), 제2부 참조.

정치체제의 전망을 옹호한 존 로크나 장 자크 루소도 국가가 부재한 자연 상태하에서는 인간의 안전과 자유를 확보할 수 없기 때문에 인간 상호 간에 계약을 체결하여 국가제도가 수립되었다고 강조한다.[3] 공산주의 정치체제의 비전을 옹호한 카를 마르크스나 레닌은 자본주의 체제에서는 계급착취와 전쟁이 끊이지 않지만, 만국의 노동자계급이 이를 대체하는 국가에서는 착취와 대외전쟁이 없어질 것이라는 전망을 제시했다.

요컨대 시대와 정치체제의 차이에도 불구하고 국가는 개별적 인간이 고립되어 살아가는 상태보다 안전과 평화를 보장할 수 있는 제도로서 각별히 기대되어온 것이다. 그러한 기대 속에서 영토, 국민, 주권을 구성요소로 하는 국가는 정치, 경제, 사회, 군사, 외교 등의 분야에 걸쳐 다양한 제도를 마련하여 국민의 안전과 평화를 보장하려 하고, 내·외부로부터의 위협요소 발생을 배제하려는 정책적 노력을 기울이게 된다. 그렇기 때문에 국가안보, 즉 국가의 구성요소와 존립에 대한 위협요인들을 배제하려는 제도적·정책적 노력은 국가의 존재 자체와 불가분한 관계가 되는 것이다.

다만 국가안보연구는 어떤 주체가 국가의 어떤 요소에 대해 위협을 가하고, 국가는 어떤 수단과 방법에 의해 이에 대응하려는가에 따라 더욱 분석적으로 유형화될 수 있다. 국가의 존립에 위협을 가하는 주체로서는 타 국가, 단체와 집단 같은 국가 내 비국가주체, 그리고 질병이나 자연재해 등 자연적 존재 등으로 분류될 수 있다.[4]

이러한 다양한 위협 주체들은 국가의 정치, 경제, 군사, 사회, 인간, 외교 등의 구성요소에 위협을 가할 수 있고, 이 경우 정치안보, 경제안보, 사회안보, 인간안보, 군사안보 등의 분야에 걸쳐 국가안보의 위기 양상이 나타난다. 이를 간단한 도표로 도시하면 다음 〈표 4-1〉과 같다.

---

3 존 로크, 『통치론: 시민정부의 참된 기원, 범위 및 그 목적에 관한 시론』, 강정인·문지영 역(서울: 까치, 2013)

4 이 같은 방식에 따라 안전보장의 개념을 구체화한 연구로서는 도쿄대 교수였던 야마모토의 다음 연구를 참조할 것. 山本吉宣, 「安全保障概念と傳統的安全保障の再檢討」, 『國際安全保障』 第30巻第1-2合併號(國際安全保障學會, 2002年 9月).

〈표 4-1〉 국가의 구성요소와 국가안보의 위협요인 유형화

구성요소와 위협요인	타 국가주체	비국가주체 (단체, 집단)	초자연적 존재
정치	정치안보	정치안보	질병, 자연재해
경제, 사회	경제안보, 사회안보	경제안보	질병, 자연재해
군사	전쟁	내란	-
외교	국제분쟁	국제분쟁	초국가적 질병, 재해

국가는 다양한 위협요인에 대응하여 대내외적 수단과 방법들을 동원하여 안보위협요소를 배제하려 한다. 대내적 수단으로서는 제도 강화, 국력증강, 국민통합 등을 추구할 수 있고, 대외적 수단으로서는 동맹체결, 세력균형 도모, 다자간 외교안보협의 강화, 국제법이나 국제기구에의 호소 등을 사용할 수 있다.[5] 다양한 대내외적 안보정책수단 가운데 국가가 어떤 방법들을 선택할 것인가 하는 문제는 해당 국가 정책결정자의 정책 선호, 혹은 그 국가의 국력 수준이나 정치체제 차이에 따라 달라질 수 있다. 정책선호라고 하는 것은 크게 보아 현실주의적 성향과 자유주의적 성향으로 대별될 수 있다. 현실주의는 국제정치 세계가 언제라도 국가 간 이익추구를 위해 전쟁이 벌어질 수 있는 무정부 상태에 다름 아니며, 그 속에서 국가가 안전보장을 확보하기 위해서는 국력증강이나 군사력 운용이 핵심적이라고 생각하는 경향을 가리킨다. 자유주의적 성향이란 군사력 증강뿐 아니라 국제제도나 다자간 협력을 통해 국가의 안보가 보장될 수 있다고 생각하는 경향을 말한다. 이 같은 정책선호의 차이가 개별 국가의 안보정책 선택에 큰 영향을 줄 수 있다.[6]

---

5 국가안보의 수단 혹은 달성방법에 대한 논의로는 황병무, 『국가안보의 개념, 영역 및 방법: 정치, 외교, 군사영역을 중심으로』(국방대학교 교육학술연구과제, 2003), p. 6; 山本吉宣, 전게서, pp. 26-27 등을 참조.

6 현실주의와 자유주의(이상주의, 글로벌리즘, 비판적 안보연구) 간에 안보정책 성향이 다를 수 있다는 관찰은 아래 연구들을 참조할 것. Barry Buzan, *People, States and Fear: An Agenda for International Security Studies in the Post-Cold War Era* (Boulder, Colorado: Lynne Rinner Publishers, 1991), p. 2; 황병무, 「탈냉전기 안보연구의 새로운 경향」, 『전쟁과 평화의

또한 개별 국가의 국력수준이나 정치체제 차이가 안보정책의 선택과 결합에 영향을 줄 수 있다. 예컨대 강대국은 국력증강이나 군사력 운용을 선호하는 경향을 보일 수 있고, 상대적 약소국들은 국력증강에 근본적 한계가 있기 때문에 국제법이나 제도 혹은 다자간 협의를 좀 더 선호하는 경향을 보일 수 있다. 민주주의 정치체제와 독재 혹은 전제적 정치체제 간에도 추구하는 정책성향이 달라질 수 있다. 이러한 점을 염두에 두면서 이하에서는 국내수준과 국제수준에서 개별 국가가 선택할 수 있는 여러 안보정책의 유형을 개별적으로 검토하기로 한다.

이해』(서울: 오름, 2001); 神谷萬丈, 「安全保障の概念」, 防衛大學校安全保障學研究會, 『安全保障學入門』(亞紀書房, 2003), pp. 4-5.

제2절
국내정치 수준과 국가안보

홉스나 루소 같은 근대 계몽사상가들은 자연 상태 하의 인간이 자유와 안전을 누리기 위해 계약에 의해 사회가 구성되고, 국가가 형성된다고 했다. 이러한 기원하에 형성된 국가는 국내적으로 관련 제도와 법률을 갖추고, 외부 위협에 대응할 수 있는 국력을 갖춤으로써 개별적 인간의 고립된 상태보다 더 나은 안전을 제공하려고 한다.

1. 제도와 법률

국가가 강력한 제도와 법률을 갖춰 내부적으로 질서를 유지하고, 구성원들에게 안전을 제공해야 한다는 관념은 동서고금을 막론하고 정치사상가들에 의해 강조된 점이다. 특히 현실주의 성향을 갖는 고전적 정치사상가들은 국가가 대내적으로 안전을 유지하고, 대외적으로 평화를 유지하기 위해 강력한 국가제도와 법률의 시행이 필요하다고 강조했다. 7웅(雄)의 제후 국가들이 저마다 패권 다툼을 벌이던 고대 중국의 전국(戰國)시대에 활동한 한비자(韓非子)는 국가를 잘 다스리기 위해서는 강력한 군주가 신하의 보필을 받아 바른 법을 제정하여 그 법에 따라 만사를 처리해간다면 백성이 편하게 생업에 종사할 수 있고, 군주의 지위는 존엄하게 될 것이라고 보았다. 한비자는 제나라 관중의 정치가 그러했고, 진나라 상앙의 정치가 그러했다고 보았다.[7]

---

7 성동호 역, 『한비자(韓非子)』(서울: 홍신문화사, 2007), pp. 104-105. 그런 관점에서 한비자는

절대군주제에 대체하여 입헌군주제의 정치체제를 옹호했던 근대 정치사상가 토머스 홉스도 정치체(커먼웰스)가 대내적으로 평화를 유지하고, 대외적으로 외적을 물리치기 위해서는 개개인의 의지가 결집된 주권자에게 강력한 권력이 주어져야 한다고 보았다. 강력하고 효율적인 사법제도, 군대제도, 조세제도 등이 갖춰지고, 그에 의해 대외적으로 전쟁과 평화의 권리가 주어질 때, 커먼웰스는 본연의 기능을 수행할 수 있다고 보았다.[8] 이상과 같이 현실주의자들은 강력한 법률과 제도를 갖춘 국가의 존재가 대외적으로나 대내적으로 구성원들의 안전과 자유를 보장하기 위해 필요하다고 인식하는 최대국가론(maximal state)의 경향을 갖는다.[9]

한편 강력해진 국가는 오히려 구성원들인 개개인의 자유와 권리를 속박할 수 있고, 결과적으로 인간의 안전에 유해한 존재가 될 수도 있다. 특히 절대적인 권력을 갖고 법률을 자의적으로 해석할 수 있는 절대군주제의 국가가 그런 위험성이 크다. 자유주의 사상가들은 이러한 관점에서 국가가 국민에게 자유와 평화를 제공하기 위해서는 절대군주제가 아닌 민주공화제의 정치체제를 가져야 하며, 시민의 자유와 권리를 최대한 보장하기 위해 국가는 오히려 최소한의 역할에 그쳐야 한다는 최소국가론(minimal state)을 주장하는 경향을 갖는다. 예컨대 1795년 『영구평화론』을 저술한 독일의 사상가 임마누엘 칸트는 유럽 지역에서 평화가 보장되기 위해서는 국가 내부적으로 절대군주제가 아닌 민주공화제로의 정치체제 이행이 선결되어야 한다고 보았다. 그리고 이 같은 민주평화론 사상은 현재도 마이클 도일(Michael Doyle) 등에 의해 계승되고 있다.[10]

중벌과 엄형을 버리고, 자비를 베풀어 패왕의 위업을 이루려고 하는 유가의 정치사상을 비판했다.

8 토머스 홉스, 『리바이어던』, 최공웅 · 최진원 옮김(서울: 동서문화사, 2009).

9 최대국가론과 최소국가론의 개념은 Barry Buzan, 전게서, p. 39 참조.

10 마이클 도일은 민주주의 외에 국제평화를 위해서는 경제적 상호 의존, 국제기구의 제도화라는 세 가지 요건이 충족되어야 한다고 보고 있다. 하영선 · 민병원, 「현대세계정치의 국제정치이론과 한국」; 하영선 · 남궁곤 편, 『변환의 세계정치』(서울: 을유문화사, 2007)에서 재인용.

현실주의와 자유주의, 최대국가론과 최소국가론의 정치사상적 차이에도 불구하고 역사상 존재했던 국가들은 안전보장을 위해 전쟁과 평화, 국내적 질서유지를 위한 제도들을 발전시켜왔고, 관련 법률들을 제정해왔다. 동양의 경우 기원전 2000년경 존재했다고 여겨지는 요, 순, 우의 시대에 형벌과 대외 방어를 담당하는 관리(百揆 및 士)들이 존재했으며, 기원전 1800년경의 은상(殷商) 시대에 이미 외교와 국방을 담당하는 빈(賓), 사(師)의 부서가 존재하고 있음이 확인된다.[11]

현대 국가들에도 국가안보를 담당하는 부서들이 우선적인 중요성을 갖고 설치되어 있으며, 예산 배정에 있어서도 우선순위를 부여받는 경향이 있다. 예컨대 제2차 세계대전을 겪은 이후 미국에서 안전보장정책의 중요성이 재인식되면서 1947년에 국가안보법(National Security Act)이 제정되었고, 이에 의해 국가안전보장회의와 중앙정보부(CIA) 그리고 합동참모회의(Joint Chiefs of Staff)가 창설되고, 공군이 신설되면서 육해공을 망라한 국방성이 조직된 바 있다.[12] 또한 이 같은 선진국가들의 발달한 안보제도는 여타 국가들에 전파되는 경향도 발견된다.

1948년에 정부가 수립된 한국의 경우에도 초창기부터 대내외적 안보위협에 직면하면서 국내적으로는 안보 관련 제도와 법률을 정비하면서 이에 대응해왔다. 정부 출범 시부터 존재했던 외교부와 국방부에 더해 1960년대에는 국가안전보장회의가 제도화되었고, 이어 중앙정보부(현재는 국가정보원) 및 국토통일원(현재는 통일부) 등이 신설되어 국가안보제도의 체계를 갖추어나갔다. 헌법은 1948년 제정된 이후 여러 차례 개정되었지만, 그 변화에도 불구하고 국가안보에 관한 대통령, 국무회의, 국회 등 국가 주요 기관들의 중요한 책무를 명시해왔다.

---

11 『書經集典』(上), 성백효 역주(서울: 전통문화연구회, 1999) 및 김충열, 『중국철학사 1: 중국철학의 원류』(서울: 예문서원, 1994) 참조.

12 Kenneth J. Hagan, *This People's Navy: The Making of American Sea Power* (New York: The Free Press, 1992), p. 339.

1987년에 개정되어 1988년 2월부터 시행되고 있는 헌법은 제5조에서 "대한민국은 국제평화의 유지에 노력하고 침략적 전쟁을 부인한다"고 하여 우리나라 국가안보정책의 기본 노선을 천명하고 있다. 또한 헌법 제66조 2항은 대통령이 국가의 독립, 영토의 보전, 국가의 계속성과 헌법을 수호할 책무를 지고 있다고 하여 국가 최고 지도자로서 대통령의 국가안보에 관한 무한책임을 강조하고 있으며, 제91조에서는 국가안보에 관한 자문기구로서 대통령이 국가안전보장회의를 둘 수 있음도 규정하고 있다. 또한 헌법 제5조는 국군이 국가안전보장과 국토방위의 신성한 의무를 수행함을 사명으로 하고 있다고 규정하여 국가안보를 위한 군대의 역할을 강조하고 있다.

이상에서 살핀 바와 같이 역사상 국가들은 최소국가 혹은 최대국가를 막론하고 국가안보를 보장하기 위해 국내적으로 관련 제도를 정비하고 법률을 구비해왔다. 1948년 이후의 한국도 국가안보를 위해 국내적으로는 관련 제도를 정비해오고 있으며, 헌법을 포함한 관련 법규를 마련하여 국가안보를 뒷받침해오고 있다. 물론 이러한 국가안보 관련 제도와 법규들은 안보환경의 변화, 여타 국가의 안보정책 동향, 그리고 국내 정치세력들의 국가전략 여하에 따라 앞으로도 변화될 가능성이 적지 않다.

2. 국력

국가는 대내적으로나 대외적으로 위협을 가해오는 요인들을 배제하기 위해 자신의 능력을 강화하고자 한다. 국가의 능력, 즉 국력(national power)은 국가안보를 위한 국내 수준에서의 중요한 수단 가운데 하나다. 통상 정치학에서 파워(power), 즉 권력은 "타인을 움직여 자신이 원하고자 하는 바를 이루려는 능력"으로 정의되어왔다.[13] 다만 국가 차원의 권력, 즉 국력이 어떤

13 Robert Dahl, *Who Governs? Democracy and Power in an American City* (New Haven: Yale University Press, 1961). Joseph S. Nye, Jr., "The Changing Nature of World Power," *Political Science Quarterly*, vol.105, no.2 (1990), p. 177에서 재인용.

요소로 구성되어 있으며, 그 요소 가운데 무엇이 중요한가는 시대에 따라, 또한 정책결정자의 성향에 따라 변할 수 있다.

현실주의자들은 국력 요소 가운데 군사력과 경제력을 중요하게 생각하는 경향이 강하다. 고전적 현실주의자인 한스 모겐소(Hans Morgenthau)는 국력의 요소들로서 지리적 조건, 천연자원 부존 여부, 산업능력, 군사적 준비태세, 인구규모, 국민성, 국민적 사기, 외교의 자질, 정부의 자질 등을 들고 있다. 이 가운데에서 가장 중요한 것은 국력을 구성하는 여러 요소를 통합하여 그들에게 방향을 부여하여 실질적인 권력으로 전환시키는 외교의 자질이라고 말한 바 있다.[14]

조지 모델스키(George Modelski)는 15세기 이래 구미사회에서 100년 단위로 포르투갈, 네덜란드, 대영제국 그리고 미국 등이 세계제국의 지위를 계승해왔다는 장주기 국제질서관을 제시한 바 있다. 그러면서 그는 이러한 세계제국들이 공통적으로 같은 시기의 타 국가들에 비해 해군력을 월등하게 많이 보유했다고 지적하면서 강대국의 조건으로 해군력 등의 군사력 보유 여부를 강조한다.[15] 공격적 현실주의론을 전개하고 있는 미어셰이머(John Mearsheimer) 역시 15세기 이래 서구 지역에서 영국, 러시아, 프랑스, 오스트리아 합스부르크 제국, 프러시아 등의 강대국이 등장했는데, 강대국이 갖추어야 할 국력 요소로서 군사력과 경제력을 강조한다. 다만 모델스키에 비해 미어셰이머는 군사력 가운데서 특히 육군력이 강대국의 결정적인 요소였음을 강조한다.[16]

현실주의자들이 군사력과 경제력 같은 하드 파워의 요소를 강조하는 데 대해 자유주의자들도 부정하지는 않는다. 다만 자유주의자들은 개별 국가

---

14 Hans J. Morgenthau, *Politics among Nations: The Struggle for power and Peace* (New York: McGraw Hill, 1948, 2006), part. 4 참조. 한스 모겐소가 말하는 '외교의 자질'은 그런 면에서 국가전략과도 유사한 의미를 갖는 것이라고 생각된다.

15 George Modelski, *Long Cycles in World Politics* (Macmillan Press, 1987).

16 John J. Mearsheimer, *The Tragedy of Great Power Politics* (2001), 존 미어셰이머, 이춘근 역, 『강대국 국제정치의 비극』(서울: 자유기업원, 2004).

가 추진하는 정책에 대한 다른 국가들의 공감능력, 즉 소프트 파워가 가진 중요성을 새롭게 강조하고 있다. 조셉 나이(Joseph Nye)는 20세기 초반까지의 세계적 강대국들에 있어 하드 파워적 요소가 중요했음을 지적한다.[17] 예컨대 16세기의 강대국이었던 스페인은 금광, 식민교역, 용병, 왕조 간 연대 등의 국력자원이었으며, 17세기의 강대국 네덜란드는 교역, 자본시장, 해군력 등이 주요 국력자원이었다.

18세기 강대국 프랑스는 인구규모, 농촌산업, 행정, 육군 등이, 19세기 강대국 대영제국은 산업능력, 정치통합, 재정능력, 해군력, 그리고 20세기 초반의 강대국인 미국은 경제력, 과학기술력, 군사력, 동맹 능력 등이 국력의 주요 요소였다는 것이다. 다만 조셉 나이는 20세기 후반 이후 국제질서에서는 하드 파워뿐 아니라 자국의 정책에 대한 호감도를 의미하는 소프트 파워 요소가 중요성을 갖고 있다고 지적한다. 그런 점에서 미국이 비록 경제력 지위는 상대적으로 저하하고 있지만, 군사력이나 소프트 파워 측면에서 여전히 미국의 패권적 지위는 유지될 것이라고 전망한다.

한편으로는 국력요소의 균형적 보유 여부도 중요성을 띠고 있다. 즉 경제력과 군사력을 균형적으로 보유했을 경우에는 강대국 지위도 유지되고 국가안보도 확보될 수 있으나, 그렇지 못할 경우에는 강대국의 지위 유지도 곤란해지고, 결과적으로 국가안보에도 차질을 가져올 수 있다는 것이다. 폴 케네디는 1988년에 저술된 『강대국의 흥망』에서 역사상 존재했던 강대국의 사례들을 검토하면서 이 같은 견해를 설득력 있게 제시한 바 있다.

이상에서와 같이 현실주의자들이나 자유주의자들은 국가의 안전보장을 위해, 그리고 강대국의 지위 확보와 유지를 위해 하드 파워와 소프트 파워 같은 국력요소의 보유가 중요하다는 점을 강조하고 있다. 나아가 이 같은 국력 요소를 잘 결합하여 국가의 대외적 영향력으로 전환시키는 국가전략

---

17 Joseph S. Nye, Jr., *The Paradox of American Power* (New York: Oxford University Press, 2002).

의 보유 여하에 주목하고 있다.[18]

국력 요소가 국가안보 및 국가의 국제적 지위 결정에 결정적 요인 가운데 하나가 되고 있다는 점 때문에 국가들은 안보정책의 일환으로서 국력증진에 적지 않은 노력을 기울이고 있다. 경제력의 확보를 위해 전략산업 육성, 경제발전전략, 수출증진 등의 정책이 추진되기도 하고, 군사력 증진을 위해 방위산업 육성이나 군사력 증강 등의 정책이 추진되기도 한다. 또한 소프트파워 증진을 위해 문화산업 육성을 통한 국제적 이미지 증진을 도모하기도 하고, 국제기구나 국제평화활동에 대한 적극적 참여를 모색하기도 한다. 그리고 이 같은 다양한 국력요소를 균형 있게 증진하기 위해 국가재정의 확충 및 균형예산편성의 동시적 모색 등이 중요한 과제로 부각되기도 한다.

3. 정치안보, 경제안보, 사회안보

개별 국가가 대내외적 위협요인들에 대비하기 위해 안보 관련 제도와 법제를 잘 갖추고 군사력과 경제력 등 국력을 증진한다고 해도 정치세력 간의 상호 분열이나 혼란이 발생하고, 사회계층 간의 갈등과 대립이 조장된다고 하면, 국가 구성원들의 안전과 평화가 동요하게 될 것이다. 또한 국가로 유입되는 중요 에너지 자원의 공급 통로가 차단되거나, 여타의 요인들에 의해 국가 경제활동에 중요한 차질이 생길 경우에도 국민의 안전과 복지가 위태로워질 것이다. 따라서 정치적 안정성, 사회적 안정성, 경제적 안정성을 확보하는 것이 국력의 증진이나 국가 법률 제도의 정비 못지않게 중요한 국가안보의 과제가 된다.[19]

정치적 안정성을 확보하기 위해서는 국가가 추구하는 이념 및 가치에 대

---

18 국력요소를 잘 활용하여 국가의 영향력으로 전환시키는 것을 '권력전환(power conversion)'이라고 한다. 권력전환의 중요성에 대해서는 Joseph S. Nye, Jr., "The Changing Nature of World Power," *Political Science Quarterly*, vol.105, no.2 (1990), p. 178 참조.

19 Barry Buzan, 전게서, pp. 19-20; 황병무, 전게서, pp. 9-35.

해 국가 구성원들 간에 공감대가 형성되어야 한다. 그리고 그러한 이념과 가치에 위배되는 요인들에 대한 구성원들 간의 공동운명체적인 대응의식이 조성되어 있어야 한다. 또한 정파를 불문하고 그러한 가치와 이념을 수호하고 대변하는 정치세력에 대한 일정 이상의 지지가 국민 간에 형성되어 있어야 한다. 만일 이러한 정치안보의 기반이 불충분하다면, 국력의 증진 및 국가안보 관련 제도나 법률의 안정적 운영을 위한 국가적 노력도 충분한 효과를 거두기 힘들 것이다.

경제안보란 국가의 구성원들에게 경제활동과 복지를 차질 없이 제공하는 국가의 태세와 능력을 전제로 하는 것이다. 만일 국가의 경제활동에 필요한 에너지 자원의 수급이 여타의 요인에 의해 차질을 빚게 된다면, 개인의 일상생활이나 국가 차원의 경제생활에 큰 타격이 오게 될 것이다. 국가의 금융시장에 내외적 요인에 의해 교란요인이 발생한다면, 역시 국가의 경제체제 전체가 큰 타격을 입게 될 것이다. 따라서 금융, 노동, 자원, 외환 등 경제 분야에서 내외적 교란 요인이 적절하게 통제되도록 정부가 경제에 대한 감시와 관리체제를 운영할 필요가 있다.

사회안보란 국가구성원들이 언어, 종교, 관습, 문화 등의 요인에 의해 공동체적 동질감이 침해받지 않도록 하는 여건을 조성하는 것을 의미한다. 만일 국가 내에 종교적 혹은 문화적 요인에 의해 구성원들 간 분열과 대립의 씨앗이 발생하게 된다면, 국가가 아무리 국력자원을 갖추고 제도와 법제가 잘 정비되어 있다고 해도 국가의 안정과 질서에 큰 타격이 될 수 있다. 또한 세대 간 관습과 문화의 차이가 커서 극심한 세대 간 단절이 발생한다면 이 또한 사회의 안정과 원활한 기능 유지에 지장을 초래하게 될 것이다. 따라서 국가적 차원에서 문화, 관습, 교육, 언어, 종교 등의 분야에서 구성원 간 이질성이 지나치게 심화되지 않도록 정책적 노력을 기울이는 것이 필요하다.

제3절
안보딜레마론의 전개

국가는 자신의 안전을 확보하기 위해 군대 같은 제도를 정비하고, 안보 관련 법률을 강화하며, 군사력을 중심으로 한 국력 강화 노력을 경주한다. 특히 현실주의자들은 강력한 군사력에 의해 뒷받침되는 강력한 국가의 존재가 안보위기에 대응하는 유효한 수단임을 강조한다. 그러나 안전보장 태세 확립을 위한 개별 국가의 군사력 강화 정책이 오히려 상대 국가의 대응 조치를 가져와 해당 국가의 안전보장에도 기여하지 못할 뿐 아니라, 국제질서의 불안정도 가져온다는 관찰이 고대시대부터 행해져왔다. 고대 그리스 도시국가들의 전쟁을 관찰했던 투키디데스가 말한 소위 '투키디데스 함정', 그리고 이를 계승한 안보딜레마 이론이 그것이다.

1. 투키디데스의 함정(Thucydides' Trap)과 안보딜레마(security dilemma)

고대 그리스의 역사가 투키디데스는 페르시아 전쟁 시기에는 일치하여 페르시아 다리우스 대왕과 공동의 전쟁을 벌였던 아테네와 스파르타가 기원전 430년대에 이르러 서로 간에 펠로폰네소스 전쟁을 벌이게 된 이유를 『펠로폰네소스 전쟁사』 서두에서 서술하고 있다. 그에 의하면 페르시아 전쟁 이후 지속된 평화 기간에 "아테네의 힘이 강대해져서 라케다이몬(스파르타)인에게 공포심을 불러일으킨 것"이 필연적으로 전쟁을 일으키게 된 원인이었다고 지적한다.[20] 즉 해상무역과 해군력 증강, 그리고 동맹 체결로 국력을 축적한 아테네의 성장이 육군력 중심으로 국력을 증진하던 스파르타에게 공포심을 불러일으켰고, 이것이 양대 세력의 전쟁으로 귀결되었다는 것이다.

이같이 투키디데스는 국력 증강을 통해 자신의 안전보장 태세를 강화하고 국제적 위상을 증진하려는 개별 국가의 노력이 오히려 라이벌 관계에 있는 상대 국가의 동일한 대응을 초래하여 결과적으로 자국의 안보에 오히려 위기를 가하는 요인이 될 수 있음을 지적하고 있다. 투키디데스가 말한 전쟁 원인론은 '투키디데스 함정(Thucydides' Trap)'으로 요약되면서 일방적인 국력 증강의 위험성을 지적하는 경구로 이용되고 있다.

투키디데스의 관찰은 냉전기의 국제정치학자들에 의해 안보딜레마 이론으로 계승되었다. 1950년대에 국제정치학자 존 헤르츠(John Herz)는 개별 국가의 자구 노력(self-help)은 그 의도에도 불구하고 다른 국가의 불안을 초래하게 된다고 지적하면서 이것이 '안보딜레마(security dilemma)'라고 지적했다.[21] 헤르츠의 안보딜레마 이론은 미소 간의 냉전체제 대립이 절정에 달했던 1970년대 후반 로버트 저비스(Rober Jervis)에 의해 다시 부각되었다. 저비스는 자국의 안전보장을 확보하기 위한 조치들이 다른 국가들의 안보를 저해하게 되는 상황을 '안보딜레마'라고 명명하면서 냉전기 미국과 소련이 각기 자국의 안보를 보장하기 위해 취한 조치들이 결국 상대국의 안보에 위협을 가하게 되고, 이러한 확산이 냉전체제의 대립을 가져왔다는 점을 설명하고자 했다.[22]

---

20 투키디데스, 박광순 옮김, 『펠로폰네소스 전쟁사』(서울: 범우사, 1993), p. 36.

21 John H. Herz, "Idealist internationalism and the security dilemma," *World Politics* 2 (1950). Barry Buzan, 앞의 책에서 재인용.

22 Robert Jervis, "Cooperation under the security dilemma," *World Politics* 30-2 (1978). 이근욱, 「국제냉전질서의 국제정치이론과 한국」; 하영선 · 남궁곤 편, 『변환의 세계정치』(서울: 을유문화사, 2007)에서 재인용.

2. 후속 논의들과 정책 사례

투키디데스 함정이나 안보딜레마 이론은 냉전기와 탈냉전기를 거치면서 이론적으로나 정책적으로 더욱 발전되었다. 국제정치학자들은 이 이론들을 국가중심적 안보정책과 연구에 대한 문제점을 지적하는 논의로 받아들였다. 켄 부스(Ken Booth)와 스탠리 호프먼(Stanley Hoffman) 등은 국가중심적 전략연구 혹은 국가중심적 안보연구가 가진 위험성을 지적하면서 안전보장 연구는 세계질서의 양상을 고려하면서 진행되어야 한다고 지적했다.[23] 국가중심적 안보정책연구를 비판하는 입장에서 1980년대 이후는 후술하듯이 공동안보(common security) 혹은 협력안보(cooperative security) 개념도 등장하게 되었다. 즉, 국가안보는 개별 국가들의 자구 노력에 의해서가 아니라 잠재적 적대국가도 포함된 다수 국가들의 신뢰구축과 안보협력 확대 등 공동 노력에 의해 가능해질 것이라는 논의다.

투키디데스 함정론은 최근 미중관계의 향방을 유추하는 논거로도 사용되고 있다. 최근 미중관계의 향후 전망에 대한 관심이 높아지면서 일부에서는 양국 간 극단적인 대결 상태로까지 갈 가능성에 대한 우려가 제기되는 것이 사실이다. 그 같은 상황에서 미국 합참의장을 지낸 마틴 뎀프시(Martin Dempsey) 제독은 미국의 동향에 대해 중국이 공포심을 갖게 되면서 필연적으로 무력충돌의 수순을 선택하게 되는 투키디데스 함정 상황은 회피되어야 하며, 이를 위해 미중 간 전략대화와 안보대화가 필요하다고 강조한 바 있다.[24]

이 같은 안보딜레마론 혹은 투키디데스 함정론의 문제의식 속에서 국가안보를 위해서는 개별 국가를 넘어서 국제질서 혹은 국제정치 수준에서 집단안보와 공동안보 등을 위한 정책과 조치가 필요하다는 인식이 형성되고 발전되었다.

---

23 Barry Buzan, 전게서, pp. 13-14.

24 Clifford A. Kiracofe, "US, China must avoid Thucydides Trap," *Global Times*, July 11 (2013).

제4절
국제정치 수준과 국가안보

개별 국가의 노력만으로 대외적인 위협에 대응하여 국가안보가 달성되기 곤란할 경우, 국가들은 여타 국가들과 동맹을 체결하거나, 세력균형을 조성하거나, 혹은 다자간 안보협의체를 구성하여 위협을 배제하려는 정책을 선택할 수 있다. 현실주의자들은 대외적으로 국가안보를 위한 수단으로서 동맹 체결이나 세력균형 조성의 방식을 선호하는 반면, 자유주의자들은 다자적 안보협의체를 선호하는 경향을 보여준다.

1. 동맹

동맹(alliance)은 독자적으로 국가의 안보를 보장받기 어려운 상황에서 타국과 상호 방위 약정을 체결함으로써 국가의 안전과 주권을 보장받고자 하는 대외정책의 한 양식이다. 대외적 안보위기에 처한 국가들이 여타의 국가들과 동맹을 체결하여 위협세력과 세력균형을 달성함으로써 국가안보를 확보하려는 사례는 동서양을 막론하고 고대 시대부터 존재해왔다. 고대 그리스의 도시 국가들은 아테네를 중심으로 하는 델로스 동맹과 스파르타를 맹주로 하는 펠로폰네소스 동맹으로 나누어져 각각 안전을 보장받고자 했다.[25] 춘추전국시대 중국 내에 산재했던 10여 개의 제후 국가들은 위협적인 국가에 대항하여 다른 제후 국가들과 합종(合從) 혹은 연횡(連衡)의 대외관계를 추구하면서 안전을 보장받고자 했다. 기원전 320년대에 활약한 소진(蘇

25 투키디데스, 전게서 참조.

秦)은 당시의 최강국 진(秦)에 대항하여 약소국들이 생존과 안전을 보장받는 방법은 약소 제후국들이 힘을 합쳐 대응하는 합종(合從)이라고 주장했다. 소진과 동문수학했던 장의(張儀)는 이에 반대하며, 합종의 방법은 양떼들을 모아 맹호에 도전하는 것에 다름 아니라고 하면서 약소 제후국들의 안전을 유지하는 방식은 맹호인 진(秦)과 결맹하는 연횡(連衡)이라고 주장하며, 약소한 국가들을 주유하며 당시 최강대국 진(秦)과 화의를 맺는 대외관계 수립을 제안한 바 있다.[26] 이같이 동맹의 체결은 역사상 국가들이 생존을 보장받기 위해 선택해온 대외적 안보정책의 대표적 방식이다.

합종과 연횡의 대외정책방식은 현대 국제정치학자들이 말하는 밸런싱 및 밴드왜건의 개념과 매우 유사하다. 밸런싱(balancing)은 국가에 대한 대외로부터의 위협과 도전이 발생했을 때, 위협에 처한 국가가 그 위협을 배제하기 위해 위협이 적은 약한 측과 결합하여 동맹을 형성하는 경우를 말한다. 반면 밴드왜건(bandwagon)은 대외적 안보위협에 처해 강한 측과의 동맹에 합류하여 안전을 보장받는 방식이다.[27] 제1차 세계대전 시 일본은 프랑스 및 영국 등에 밴드왜건했고, 터키는 독일과 오스트리아 연합세력에 밴드왜건한 바 있다.

이러한 동맹에 관해 국제정치학자들은 그 체약국들의 공동목적, 상호관계, 그 형성과 해소 등에 대해 다양한 이론을 제시해왔다. 동맹 체약국들이 국제질서의 현상유지를 목표로 하는가, 혹은 현상변경을 목표로 하는가에 따라 동맹은 현상유지적 동맹(status quo alliance)과 현상변경적 동맹(revisionist alliance)으로 구별할 수 있다. 제2차 세계대전 직전 독일, 이탈리아, 일본 간에 체결된 동맹은 기존의 영국과 미국 주도의 국제질서에 도전하기 위한 현상변경적 동맹이었다. 반면 제2차 세계대전의 종전과 한국전쟁 직후 체결된

---

26 李成珪, 『史記: 중국 고대사회의 형성』(서울: 서울대학교 출판부, 1993), p. 130, 張儀 열전 참조.

27 ランドル・シュウェラー(Randall L. Schweller), 「同盟の概念」, 船橋洋一 編, 『同盟の比較研究』(日本評論社, 2001), pp. 268-272.

미일동맹과 한미동맹 등은 각각 동아시아와 한반도의 현상질서를 유지하기 위한 현상유지적 동맹이었다고 할 수 있다.

동맹 체결국 상호가 국력 수준 면에서 유사할 때는 대칭동맹이지만, 국력 수준 면에서 서로 상이한 강대국과 약소국일 경우에는 비대칭동맹으로 구분된다. 제2차 세계대전 종전 이후 초강대국 미국과 동맹을 맺은 한국, 일본, 호주 등의 경우는 정도의 차이는 있지만, 대체적으로 비대칭 동맹을 유지해 왔다고 볼 수 있다. 비대칭 동맹일 경우 약소국은 동맹 상대국인 강대국에 대해 자율권(autonomy)을 부여하고, 반면 강대국은 약소한 동맹상대국에 대해 안보(security)를 제공한다는 안보-자율 교환 이론이 제기된 바 있다. 글렌 스나이더는 비대칭동맹일 경우 동맹국 상호 간에 방기(abandonment)와 연루(entrapment)의 문제가 발생한다고 보았다.[28] 즉 약소국은 강대국 동맹 상대국의 정책관심에서 자신의 안보 문제가 방기(放棄)될 수 있다는 우려를 가짐과 동시에, 강대국이 수행하는 대외전쟁 등 안보정책에 자신들의 의사와 무관하게 연루(連累)될 수 있다는 불안도 갖는다는 것이다.

스티븐 월트는 어떤 경우에 동맹이 유지되고, 또 해소되는가에 관한 이론도 제시했다. 그에 의하면 동맹국 상호 간에 위협인식이 공유되고, 신뢰도가 유지되며, 정치세력 내에 동맹 유지로 인해 이익을 누리는 부분이 크고, 동맹 결성으로 인해 파생된 제도가 잘 정비되어 있다면 동맹은 계속 유지 · 발전되지만, 그렇지 못할 경우 동맹은 해소될 수 있다고 분석한다.[29]

실제적으로 국가들이 다른 국가들과 동맹을 체결했을 경우, 국가에 가해지는 안보위협을 방지하고 전쟁 발발의 위험성을 방지할 수 있었는가 여부에 대해서는 연구자들 간에 견해가 갈린다. 지난 60여 년간 한미동맹을 성공적으로 유지해온 우리 입장에서는 동맹의 존재가 북한으로부터의 도발 가

---

28 Glenn Snyder, "The Security Dilemma in Alliance Politics," *World Politics*, vol.36, no.4 (July 1984). Glenn Snyder, *Alliance Politics* 참조.

29 Stephen M. Walt, "Why Alliances Endure or Collapse," *Survival*, Vol.39, No.1. (Spring 1997).

능성을 억제하고 안보 불안정성을 방지하는 데 결정적인 기여를 했다고 생각한다. 반면 역사상 100여 건 이상의 동맹 체결의 사례를 비교분석한 연구들에 따르면, 동맹 체결 이후 5년 이내에 전쟁이 발발한 비율이 70%에 달했다는 연구 결과도 있다.[30] 요컨대 동맹은 국가의 대외적 안전보장을 위한 유효한 정책수단의 하나임에는 분명하지만, 동맹 체결로 인해 반드시 전쟁 발발이 방지되는 것은 아니다.

2. 국제정치체계의 극성(polarity)과 세력균형

현실주의 성향의 국제정치학자들은 국제질서 내에서 강대국을 중심으로 한 국가 간 힘 관계가 어떻게 구조화되는가에 따라 국제질서의 안정 및 국가안보에도 영향을 줄 수 있다는 관찰을 하고 있다. 즉 국제질서 내에서 유일 강대국이 존재하는 경우, 복수의 강대국이 상호 대립관계를 유지하거나 다국적 세력균형을 유지하는 경우 등 여러 상황에 따라 국제질서의 안정성 및 개별 국가의 안보가 영향을 받는다는 것이다. 그러나 어떤 극성을 가진 체제가 안정적이고 국가 간 대립을 방지할 수 있는가에 대해서는 학자들마다 견해가 일치하지는 않는다.

리처드 로즈크랜스는 역사상 국제질서가 앙시앵 레짐 체제, 유럽 협주체제(concert system), 제국주의적 영토 추구 체제, 국제연맹 체제 등으로 변화해 왔다고 주장하면서 다극체제일 경우에는 전쟁 빈도가 높지만, 양극체제일 경우에는 전쟁의 규모가 커지는 경향이 있다고 지적했다. 결론적으로 그는 2개의 강대국과 복수의 대국으로 구성되는 양극적 다극체제가 가장 안정성을 보장하는 국제질서라고 보았다.[31]

---

30 Jack Levy, "Alliance Formation and War Behavior," *Journal of Conflict Resolution*, Vol.25, No.4 (1981).

31 Richard N. Rosecrance, *Action and Reaction in World Politics: International Systems in Perspective* (Boston: Little, Brown and Company, 1963); Richard Rosecrance, "Bipolarity, Multipolarity and the Future," *Journal of Conflict Resolution*, Vol.10 (1966) 등을 참조.

이 문제를 가장 체계적으로 다룬 연구자는 케네스 월츠(Kenneth Waltz)일 것이다. 케네스 월츠는 국제정치는 개별 국가가 아닌 체제와 구조 수준에서 파악해야 한다는 입장을 제시하면서 국제체제가 제2차 세계대전 이전 시기와 같이 5~6개 정도 강대국이 존재하는 다극체제와 냉전기에서와 같은 양극체제, 그리고 탈냉전기 이후의 일극체제 등으로 구조적 변화를 거쳐왔다고 본다. 그에 의하면 모든 국가는 자국의 안전 확보를 최우선으로 생각하기 때문에 복수의 강대국이 존재하는 다극체제가 사실은 가장 불확실하고 개별 국가의 안보에도 불리한 구조라고 본다. 반면 양극체제는 강대국 사이의 불확실성이 적으며, 따라서 비교적 안정적인 체제라는 주장을 전개했다.[32] 방어적 현실주의를 제시한 월츠와 비교하여 공격적 현실주의자로 평가받는 미어셰이머도 국제정치의 극성에 대해서는 유사한 견해를 제시했다. 미어셰이머는 탈냉전기로 접어들면서 냉전기를 지배했던 미소 양극체제가 다극체제로 전환되고 있지만, 오히려 다극체제 하에서는 분쟁 당사국들이 많아지기 때문에 전쟁과 안보위기가 증대될 것으로 전망한 바 있다.[33]

그러나 양극체제가 오히려 안보 불안을 가중시키고, 다극체제가 국제질서의 안정을 가져올 것이라고 보는 견해도 존재한다. 데일 코프랜드(Dale Copeland)는 두 강대국이 대립관계에 있는 양극체제 하에서 어느 일방이 국익이 침해받았다고 인식할 때, 전쟁에 호소하거나 전쟁을 불사하는 강력한 정책을 전개할 수 있다고 보았다.[34] 자유주의 성향을 갖는 국제정치학자들도 복수의 강대국이 존재하는 다극체제가 양극체제에 비해 국제질서의 안정성이 높아진다고 보고 있다. 카를 도이치와 데이비드 싱거 등은 복수의 강대국이 존재하는 다극체제가 전쟁의 개연성을 줄이고, 국제질서의 평화와 안정

---

32 Kenneth Waltz, *Theory of International Politics* (1979), 이근욱, 전게서 참조.

33 John J. Mearsheimer, "Back to the Future: Instability in Europe after the Cold War," *International Security*, Vol.15, No.1 (Summer 1990).

34 Dale Copeland, *The Origins of Major Power War* (Ithaca: Cornell University Press, 2000); 山本吉宣,「安全保障概念と傳統的安全保障の再檢討」,『國際安全保障』第30卷第1-2合併號(國際安全保障學會, 2002年 9月), p. 22에서 재인용.

성을 높이게 된다고 주장한 바 있다.[35] 이 때문에 후술하듯이 자유주의 성향의 국제정치학자들은 공동안보 혹은 협력안보의 개념을 제기하며, 다자간 안보협의체의 대외정책을 옹호하는 경향을 강하게 보이고 있다.

3. 국제기구와 다자간 안보협의체

국내사회와 달리 불확실성이 가득하고 경찰 같은 치안조직이 존재하지 않는 국제사회에서 개별 국가들의 안전을 확보하고 국제사회의 안정을 유지하기 위해 복수의 국가들이 공동의 국제기구를 조직하여 안전과 평화를 도모하고자 하는 구상은 17~18세기 장 자크 루소나 임마누엘 칸트 같은 사상가들에 의해 선구적으로 제기된 바 있었다. 이러한 구상이 최초로 구체화된 것은 제1차 세계대전이 끝나고 전후 질서를 구축하기 위해 베르사유 강화회의에 참석한 윌슨 미국 대통령 등에 의해서였다. 자유주의 정치사상의 영향을 받은 윌슨 대통령의 주도에 의해 승전국들을 중심으로 국제연맹(League of Nations)이 결성되었다. 국제연맹 구성국들은 상호 간에 무력을 행사하지 않고 분쟁을 평화적으로 해결한다는 헌장을 채택했고, 만일 국가정책을 달성하기 위한 수단으로 무력을 행사하는 국가에 대해서는 다른 구성국들이 힘을 합해 군사력을 포함한 집단적 강제조치를 행할 수 있도록 했다. 이렇게 형성된 국제연맹은 복수의 국가들이 공동의 기구 내에서 무력분쟁을 도발하는 여타 국가에 제재를 가할 수 있게 한 집단안전보장체제의 효시였다.[36] 다만 국제연맹은 그 주도국이었던 미국이 국내 정치 사정으로 참가하지 못하면서 힘을 발휘할 수 없었고, 결국 독일과 일본이 1930년대에 이탈하면서 집단안보체제를 실질적으로 가동하는 데 한계를 보이면서 제2차 세계

---

35 Karl Deutsch and J. David Singer, "Multipolar Power-System and International Stability," *World Politics*, Vol.16 (1963~64); 武田康裕, 「戰爭と平和の理論」, 防衛大學校安全保障學研究會『安全保障學入門』(亞紀書房, 2003), p. 24에서 재인용.

36 神谷万丈, 전게서, p. 13.

대전을 맞게 되었다.

국제집단안보체제가 다시 한 번 제도화된 것은 제2차 세계대전 종전 이후 미국, 소련, 영국, 프랑스, 중국 등 전승국들을 중심으로 한 국제연합(United Nations)이었다. 국제연합은 이전의 국제연맹과 마찬가지로 그 헌장을 통해 가맹국들이 국제분쟁을 평화적으로 해결할 것을 규정하면서 만일 이를 위반할 시에는 5대 전승국으로 구성된 안전보장이사회의 의결로 침략국에 대한 무력 및 경제제재를 가할 수 있는 보다 강화된 집단안보체제를 구현했다. 이러한 국제연합이 1950년 발발한 한국전쟁 등에서 국제사회의 안정과 평화를 유지하기 위한 역할을 수행했음은 잘 알려진 사실이다.

그러나 국제연맹의 창설 이후인 1940년대 후반부터 국제사회가 자본주의 진영과 공산주의 진영으로 대립되면서 냉전적 · 군사적 대결 상태가 전개되자 UN 안보리의 기능은 원활히 수행되기 곤란해졌다. 동서대립의 냉전 상황을 타개하기 위해 1970년대와 1980년대에 걸쳐 유럽 지역에서는 자본주의 국가와 공산주의 국가가 다 함께 공동의 안보기구를 구성하고, 그 속에서 상호 간 신뢰구축을 도모하여 국제안보를 달성하자는 공동안보의 구상 및 제도가 나타나게 되었다. 1975년에 미국, 영국, 프랑스 등 자본주의 진영과 구소련 등 공산주의 진영 국가들이 망라된 유럽안전보장협력회의(CSCE)가 결성되었다. 그리고 1982년 UN이 조직한 군축과 안전보장에 관한 위원회(팔메위원회)는 '공동안보(Common Security)' 개념을 제창하면서 가상 적들이 망라된 이러한 안보협의체에서 상호 간에 군사정보 교환, 대규모 군사연습 등의 사전 통고 및 초빙, 그리고 핫라인 부설 등과 같은 조치를 통해 신뢰구축을 도모할 필요가 있다고 제언했다.[37]

이와 유사한 제안은 1990년 캐나다 찰스 클라크(Charles Joseph Clark) 외상에 의해서도 제기되었다. UN총회 연설에서 클라크 외상은 '협조안보(Cooperative Security)' 개념을 제창하면서 가상 적들이 망라된 다자간 안보기

37 西原正, 「アジア · 太平洋地域と多國間安全保障協力の枠組み: ASEAN地域フォーラムを中心に」, 『國際問題』 415 (1994), p. 63; 神谷万丈, 전게서, p. 14 참조.

구 내에서 구성국 상호 간에 다각적 대화, 토론, 협력, 타협을 발전시키면서 안보를 유지시킬 필요를 강조한 것이다.[38] 이 같은 '공동안보' 그리고 '협조안보'의 개념은 상호 적대적인 국가들을 공동의 기구에 포함시켜 그 속에서 신뢰구축과 상호 대화와 협력 축적을 통해 분쟁 가능성을 예방한다는 공통점을 갖고 있다. 그런 점에서 침략세력을 배타적으로 배제하려는 집단안보 개념과 구별되고 있다. '공동안보' 및 '협력안보' 개념은 1975년에 결성된 유럽안보협력회의의 구성과 운영에 적극적으로 반영되었고, 분쟁 가능성이 내포된 여타 지역에서 결성된 지역안보기구에도 적용되기 시작했다.

동아시아 지역에서 1993년 결성된 아세안지역포럼(ARF)은 구성국으로 한국, 미국, 일본, 동남아 국가들뿐 아니라 중국, 러시아, 북한까지 포함하고 있고, 상호 정례적인 대화와 협의를 지향하고 있다는 점에서 '협력안보' 및 '공동안보' 개념이 적용되고 있는 지역안보기구로서의 의미를 갖는다.[39]

개별 국가들의 배타적인 국가이익 추구 동기를 국제기구를 통해 제약할 수 있고, 그 결과 보다 안정된 국제질서를 구축할 수 있다고 보는 자유주의 성향의 국제정치학자들은 같은 이유에서 국제규범과 국제법이 같은 역할을 수행할 수 있다고 본다. 국제법학자들과 자유주의 성향의 국제정치학자들은 특히 분쟁을 방지하는 국제규범의 존재가 개별 국가들의 무력수단 사용을 제약하고, 보다 안정된 국제질서를 창출하는 데 기여할 것이라고 기대했다.

그런 관점에서 1899년 헤이그 제1차 국제평화회의에서 체약국들이 국제분쟁을 평화적으로 해결하는 데 노력을 기울여야 한다는 조약이 체결된 이래 육전규범과 해전규범 그리고 공중전규범 등이 제정되었고, 1928년에는 체약국들이 국제분쟁의 해결수단으로 전쟁에 호소하지 않는다는 부전조약

---

38 山本吉宣,「協調的安全保障とアジア太平洋」, 森本敏 編,『アジア太平洋の多國間安全保障』(日本國際問題研究所, 2003), p. 44.

39 山本吉宣, 전게서, p. 55; 홍규덕,「동북아 다자간 안보협력: 관련국들의 전략과 대응책」,『동북아 다자간 안보협력체제』(한국전략문제연구소, 1994) 참조.

등이 체결되었다.[40] 1982년에는 국가 간 해양분쟁을 해결하는 국제규범으로서 UN해양법협약이 제정되기도 했다. 이러한 국제규범과 국제법이 국가행동을 어느 정도 제약함으로써 국제분쟁을 방지하고 국제질서의 안정에 기여한다고 보는 낙관적인 견해도 존재하는 반면, 현실주의자들은 여전히 규범과 법률이 개별 국가들의 권력의지를 제약하는 데는 근본적인 한계가 있다는 반론을 제기하기도 한다.

40 이한기, 『국제법강의』(서울: 박영사, 1997, 2009), pp. 652-653.

제5절
국내 및 국제 수준 안보정책의 포괄적 결합

국가는 인간이 공동체 생활을 영위해가는 데 불가결한 최고권력의 제도다. 국가 이외의 다른 대안이 존재하지 않는 한 국가의 안전과 국민의 생명을 지키는 국가안보는 국가정책에 있어 가장 우선적인 분야라고 할 것이다. 전통시대에는 외부로부터의 군사적 침략이 국가에 대한 최대 안보위협이었으나, 보다 복잡해지고 상호 의존이 심화된 현대사회에는 이외에도 경제, 환경, 사회 그리고 비국가주체에 의한 군사적 공세 등의 다양한 측면에서 국가안보에 대한 위협이 가해지고 있다. 따라서 국가안보를 공고히 하기 위해 현대 국가들은 군사적 측면뿐만 아니라 비군사적 측면에서도, 또한 국가 내부 수준에서의 체제 강화뿐 아니라 대외적 수준에서의 태세 강화를 강구하지 않으면 안 되게 되었다.

이 책에서 검토한 바와 같이 국내정치 수준에서는 국가안보 관련 제도와 법제 구비, 군사력과 경제력을 포함한 국력의 증진, 정치 · 경제 · 사회 측면에서의 불안정성 해소 등이 국가안보를 위해 포괄적으로 고려되고 추진되어야 한다. 다만 국가안보를 위한 국내 수준에서의 국력증진과 제도 강화는 대외적으로 안보딜레마나 투키디데스 함정 문제를 야기할 수 있다. 따라서 국가안보를 위해서는 국제수준에서의 집단안보나 공동안보의 구조를 동시에 고려하지 않으면 안 된다. 앞에서 살펴본 동맹의 결성, 세력균형, 집단안보체제의 구축, 공동안보와 협력안보 체제의 구축 등이 그러한 차원에서 고려될 수 있는 대외정책들이다.

개별 국가들은 자신들의 국가정체성과 성향에 따라 국력증진이나 동맹체제 강화 등 현실주의적 성향의 정책들을 선택하거나, 공동안보와 협력안보 등 자유주의적 성향의 대안들을 선택하기도 한다. 국가가 처한 국제정치적 위상에 따라 강대국들은 군사력 등의 국력 증진, 동맹 체결 등의 현실주의적 성향의 정책들을 선택하는 경향이 강한 반면, 객관적인 국력 지표에 있어 강대국의 반열에 포함될 수 없는 중견국들이나 개발도상국들은 공동안보와 협력안보의 국제제도 구축, 혹은 국제기구나 국제법의 체제 강화 등을 통해 국제질서를 안정케 하는 정책들을 선호하는 경향이 있다.

한국은 북한 같은 위협적인 세력과 대치하고 있고, 주변 정세도 결코 안정되었다고 할 수 없는 지리적 여건에 위치해 있다. 그럴수록 국내 수준과 국제 수준의 여러 다양한 방책을 종합적으로 고려하면서 국가안보를 위한 대내외적 여건을 정비해나갈 필요가 있다.

제5장

세계화와 국가안보

탈냉전 이후 가속화되고 있는 세계화는 포괄안보 개념의 발전을 초래하는 등 국가안보에도 많은 영향을 미치고 있다. 이 장에서는 세계화의 개념과 특성을 알아보고, 세계화가 초래한 국제질서의 변화를 살펴본 다음 세계화의 안보적 함의에 관해 논하고자 한다.

김정기(金貞基)

육군사관학교를 졸업하고 미국 조지아주립대에서 정치학 박사 학위를 받았으며, 러시아 총참모대학원 2년 과정을 수료하였다. 육군사관학교 교수부, 국방부 정책실, 주러시아 한국대사관 등에서 근무하였다. 2006년 3월부터 대전대학교 군사학과 교수로 재직하고 있으며, 〈국방정책론〉, 〈국방조직론〉, 〈군사기획론〉, 〈전쟁과 문명〉, 〈미래전쟁〉, 〈국가위기관리론〉, 〈군비통제론〉 등을 강의하고 있다. 러시아군에 큰 관심을 갖고 있다.

제1절
세계화의 개념과 특성

1. 세계화의 개념

현대세계는 탈냉전 이후 다방면에 걸쳐 커다란 변화를 보이고 있다. 국가 간의 이데올로기적 대립과 갈등은 줄어들었으며, 세계 차원에서의 전쟁 가능성도 크게 감소되었다. 개인이나 국가들은 이데올로기적 · 군사적 장벽을 넘어 서로 교류하고 협력하는 개방적 국제사회를 지향하게 되었다. 하루에도 수많은 사람이 국경을 초월해서 서로 접촉하고 교류하며 살고 있다. 실로 글로벌 이동성이 급속도로 증가되고 있다. 그리고 대다수 국가들은 개방정책을 추구하면서 다른 국가들과 상호 의존성을 증대시키고 있다. 사람들은 이런 현상을 '세계화(globalization)'라고 부른다. 외형상으로는 세계화 현상을 어렵지 않게 이야기할 수 있지만, 실제로 그것이 의미하는 바를 체계적으로 정의내리기는 쉽지 않다.

일반적으로 세계화를 시장, 기업, 생산, 판매 및 국가재정체계가 세계적 수준에서 확대되고 통합되는 과정으로 규정하는 경향이 있다. 이것은 경제적 측면에서 세계화를 개념화한 것이다. 그러나 세계화는 경제적 측면에만 한정되는 것은 아니다. 정치적 혹은 문화적 측면에서도 세계화 현상이 점차 두드러지게 나타나고 있다. 지금까지 세계화 개념이 다양하게 규정되어왔음을 부정하기 어렵다. 그 이유는 관련된 세계화 영역들이 매우 다양하다는 데서 찾아볼 수 있다. 예를 들면 사회과학 분야에서 세계화 현상과 관련된 영역들은 어느 한 가지로 집약시킬 수 없다. 실제로 사회학이나 경제학, 역사학, 정치학 분야에서 각기 상이한 쟁점들이 제기되어왔으며, 그로 인해 세계화는 다양한 의미를 내포하게 되었다.

세계화의 개념을 이해하는 데는 세계화와 국제화의 개념적 차이를 비교해보는 것이 도움을 줄 수 있다. 국제화(internationalization)와 세계화(globalization) 개념의 구분점은 관념상 '국경'의 존재를 인정하는가 아닌가의 차이에 있다. 즉 국제화는 세계질서의 기본단위인 국민국가를 바탕으로 정치, 경제, 문화, 사회적인 접촉에 의한 교류가 증대되는 현상을 의미하는 반면, 세계화는 국민국가를 포함하여 국가단위를 초월한 초국적 행위자, 즉 국제기구, 다국적 기업 등을 포함한 비정부기구, 그리고 개별시민이 국경을 넘어 정치적 · 경제적 · 문화적으로 교환 · 교류하는 것을 의미한다. 세계화는 기존의 민족국가의 개념을 초월하여 전 인류, 전 지구적 수준에서 경쟁과 협력을 통해 통합이 이루어져가는 과정을 나타낸다고 볼 수 있다. 즉, 전 세계적으로 국가 간의 차이를 무시하고 일률적인 규격, 규범, 가치관을 통용시키는 것으로 경제적으로 강한 국가의 것이 전 세계인 표준으로 강요될 가능성이 농후하다. WTO(세계무역기구), 에스페란토, GCF(녹색기후기금) 등을 세계화의 예로 들 수 있다.

국제화가 국민국가를 기본으로 하는 데 비해 세계화는 보다 다양한 행위자를 기초로 하고 있어 국가주권, 국경 개념이 약화되어가는 현상을 포함하게 된다. 이는 국제화가 전통적인 민족국가를 전제로 한 현실주의적인 세계관에 입각하고 있는 데 반해 세계화는 다양한 국제적 행위자의 자유의지를 강조한 자유주의적 세계관에 입각하고 있기 때문이다. 다른 말로 표현하면 국제화가 우리의 각종 제도 · 관행을 국제규범에 접근시킴으로써 대외관계의 규모와 범위를 확대하는 것이라면, 세계화란 우리 기업 및 개인의 경제활동 영역을 지구촌 차원으로 확산시켜 그 속에서 동등한 자격을 가지고 지구촌의 변화에 대응하고 경쟁할 수 있도록 자기혁신을 계속 추구해나가는 것으로 볼 수 있다.[41]

---

41 이덕규, "세계화 시대 국가의 역할", 「OUGHTOPIA」 22(2007), pp. 105-133.

이와 같은 두 개념의 차이를 전제로 하여 세계화에 대한 의미를 좀 더 구체적으로 논의해보기로 하자. 세계화가 구체적으로 무엇을 의미하는지에 대한 정의는 학자들의 관심분야의 차이로 인해 강조점에 다소 편차를 보여주고 있기는 하지만, 이 모든 견해는 세계화현상을 설명하는 데 중요한 구성요소가 된다고 할 수 있다.

먼저 세계화현상이 가장 극명하게 나타나고 있는 경제적 영역에서는 세계화현상의 가장 기본적이고 중심적인 측면을 세계경제의 통합으로 보고 있고, 이러한 통합은 국가 간 무역의 증가, 초국적기업의 활동 증가, 세계금융시장의 거대화 및 통합 심화, 국경을 뛰어넘는 정보 · 통신 · 방송의 흐름 증대 등을 통해 이루어진다고 보고 있다.

한편 정치학자들은 주권국가들의 대내외관계에 일차적인 관심을 가지고 있기 때문에 대부분 세계화를 국가 간 상호 의존 심화로 정의한다. 세계정치(global politics)의 개념을 제안한 맥그루(A. McGrew)는 "세계화는 근대 세계체제를 형성하고 있는 국가들 및 사회들 사이에 존재하는 연계와 상호 연관의 많음을 가리킨다. 이것은 세계의 어느 한 지역에서 일어나는 사건들, 결정들, 행위들이 지구의 매우 먼 지역에 있는 개인들과 공동체들에 대해 중요한 결과를 갖게 되는 과정을 말한다"[42]고 했다. 이러한 인식은 기든스(A. Giddens)에서도 나타나는데, 그는 "세계화란 지방들 상호 간의 사회적 관계가 세계적으로 확대 · 심화되어 어느 한 지방에서 일어나는 일이 다른 지방에서 일어나는 일을 형성하고 형성받는 현상"[43]이라고 정의했다.

그 밖에도 사회적 · 인식적 측면에서 세계화 현상을 설명하는 학자들도 있는데, 예를 들어 로버트슨(Ronald Robertson)은 세계화를 '세계의 압축과 세계 전체에 대한 의식의 심화'를 통해 '세계의 유일성'으로 향하는 추세를 가

---

42 A. McGrew, "Conceptualizing Global Politics," in A. McGrew & Paul Lewis et al., *Global Politics: Globalization and the Nation State* (Cambridge: Polity Press, 1992), p. 23.

43 A. Giddens, *The Consequences of Modernity* (Stanford: Stanford University Press, 1990), p. 64.

리키는 것으로 정의했다.[44] 같은 시각에서 워터스(Malcolm Waters)도 "세계화란 사회적 · 문화적 관계에 대한 지리적 제약이 축소되고 사람들이 점차 이러한 사실을 인식하게 되는 사회적 과정"[45]으로 보았다.

이와 같이 세계화의 구체적 의미에 대한 인식과 정의는 논자의 관심분야에 따라 강조점을 달리하고 있는 것은 사실이지만, 이 모든 견해가 세계화현상의 각 부면적 특성을 잘 말해주고 있다고 할 수 있다. 따라서 우리는 어느 하나의 정의만 고집하기보다는 다양한 견해를 종합하여 세계화현상을 총체적으로 이해하는 것이 바람직하다고 하겠다.

2. 세계화의 촉진요인

다양한 요인이 복합적으로 작용하면서 세계화를 촉진시키고 있다. 이러한 요인 가운데 우선 국제정치적 측면에서 보면 냉전체제의 붕괴로 인해 하나의 세계가 이루어졌다는 사실을 지적할 수 있다. 냉전시대에는 미국을 중심으로 하는 자본주의 진영과 소련을 중심으로 하는 공산주의 진영이 세계를 양분하면서 대립과 갈등을 전개해왔으나, 1989년 베를린 장벽의 붕괴로 가시화되기 시작한 냉전의 종식은 소련 및 동구 공산권의 붕괴로 이어지면서 새로운 세계질서의 형성을 가능케 했다. 특히 공산주의 정권의 붕괴로 인한 개방경제의 지형은 자본주의의 범세계적인 확산을 초래하면서 세계가 하나의 시장경제체제로 통합되는 데 일조했다. 이미 주권국가가 설정한 국경이라는 장벽을 넘어 움직이던 자본은 이러한 탈냉전의 환경변화로 인해 자신의 활동영역을 본격적으로 확장할 수 있게 되었다.

다음으로 경제적인 측면에서 보면 오늘날의 '지구촌화'에는 자본주의의 동태성이 중요한 영향을 미치고 있음을 알 수 있다. 끊임없이 생산수단을 통

---

44 Ronald Robertson, *Globalization: Social Theory and Global Culture* (London: Sage Publishing Co., 1992), p. 8.

45 Malcolm Waters, *Globalization* (London: Routledge, 1995), p. 3.

합하려고 하는 자본주의의 속성이 세계경제를 하나의 경제권으로 통합하는 데 더욱 박차를 가하게 되었고 그 결과 자본 · 생산 · 경영 · 노동 · 정보 · 기술이 국경을 넘어 조직되고 있는 지구촌 경제시대가 도래하고 있다. 국민국가가 경제의 조직에 여전히 중요한 행위자임에는 틀림없으나 경제행위자들이 전 세계적으로 경쟁을 하고 있다. 정보통신혁명과 생산기술의 혁명은 민족국가를 단위로 진행되어온 세계 자본주의경제를 질적으로 변화시키고 있다. 이제 자본시장 · 생산시장 · 노동시장에서는 국경의 개념이 사라지고 있다.

세계화가 가속화되는 또 다른 요인으로서는 과학기술의 발달과 정보통신혁명을 지적할 수 있다. 로스노(J. Rosenau)는 세계화를 기술의 진보에 의한 것으로 분석한다. 기술과 그 변형적 능력이 세계화의 기초적 원인요인이며, 기술의 발전이 세계적 상호 연계를 심화시킨다고 주장한다. 지방과 국민 그리고 국제공동체를 연결시키고 상호 의존관계를 마련해주는 것이 기술이라는 것이다.[46]

이처럼 세계화를 가능하게 하는 기술은 공간이라는 물리적 거리의 장벽을 허무는 '공간조정기술(space-adjusting technology)'이다. 이러한 기술에 의해 '지리의 종말(end of geography)'이 도래하고 있다. 즉, 공간조정기술이 세계화라는 새로운 문명사의 물리적 기초를 제공하고 있는 셈이다. 전 지구적 상호 의존의 심화, 시간과 공간의 재구성이라는 새로운 문명사의 태동은 전 지구를 하나로 연결시킬 수 있는 커뮤니케이션의 네트워크 속에서 가능하다. 금세기 정보기술혁명 속에서 진행된 서비스 부문에서의 기술 발달, 특히 통신 · 전자 · 운송 분야에서의 첨단기술 발달은 시간과 공간의 의미를 새롭게 부여하는 토대가 되었다.

이와 같이 '지구촌 정보체계'의 등장으로 문화적 국경이 허물어지고 있다. 할리우드에서 제작된 영화가 통신위성을 통해 전 세계의 TV 시청자들에게

---

46 James Rosenau, *Turbulence in World Politics* (Bringtom: Harvester Wheatsheaf, 1990), p. 17.

직접 동시에 전달되고 있으며, 초국적 미디어 기업과 광고기업들은 전 세계인이 공유할 수 있는 소비욕구를 창조하고 수요를 동질화하는 데 성공하고 있다. 그뿐만 아니라 상품유통망의 활성화와 기업 간의 전략적 제휴 그리고 금융자본의 획기적인 이동성 등도 모두 이러한 지구촌 정보체계의 등장에 기인하는 것이다. 뉴욕의 주식시세를 런던과 파리에서 동시에 파악하여 주식의 매입과 매각을 결정할 수 있으며, 초고속인터넷을 통한 통신의 급속한 증대 등은 이제 우리가 '지구촌'에 살고 있다는 의미를 확인시켜주고 있다고 하겠다.

마지막으로 세계화를 촉진시키고 있는 또 하나의 요인으로서 오늘날의 세계는 전 지구적 차원에서 해결해야 할 문제들이 크게 증대되었다는 점을 지적할 수 있다. 즉 과거에는 인간안보 문제가 주로 개별 주권국가 차원에서 다루어졌으나, 이제는 전 지구적 차원에서 대처하지 않으면 안 되는 환경 · 마약 · 테러 · 질병 등과 같은 새로운 이슈들이 등장하고 있기 때문이다. 이들 문제는 국경을 초월하여 나타나고 있기 때문에 지구적 차원의 공동노력 없이는 해결하기가 어렵다.

3. 세계화의 주요 특성

세계화 과정이나 현상적 특징들을 몇 가지로 구분해서 살펴보면 다음과 같이 검토해볼 수 있다.[47]

1) 정치적 변화: 개방과 민주화

세계화는 개인들의 사적 생활에서나 공적 생활에서 또는 국가들 간의 관계에서 정치권력의 통제나 감시를 극소화시켜 자유화의 영역을 확대시키는 것으로 이해될 수 있다. 세계화는 국가나 정부보다 크고 강력한 시장의 형성

---

47 신정현,「세계화와 국가안보」(서울: 한국학술정보, 2011), pp. 23-41.

을 전제로 하고 있다. 이런 시장은 결과적으로 경제적 자유주의를 근간으로 하고 있으며, 따라서 정치적 역할의 변화를 함축하고 있다.

특히 세계화는 개방된 시장경제를 주축으로 하고 있기 때문에 국가들은 자신의 경쟁력을 증진시키기 위한 특별한 대책을 필요로 한다. 이에 따라 자본의 배분이나 생산력을 증대시키는 효율적인 정책수단이 마련되어야 하며, 이를 위한 정치적 역할이나 과정이 확보되어야 한다. 결국 세계화는 국가나 정부가 특별한 정책들을 채택하고 수행하는 결과로서 이해되기도 한다. 사실상 국경을 초월해서 이루어지는 대부분의 경제거래나 무역활동은 국가들의 정책변화에 기인한다. 국가는 확대된 세계시장에서 가능한 한 기업들이 많은 이윤을 획득할 수 있도록 이에 상응하는 정책대안을 마련해야 함과 동시에 그 결과를 국내에 거주하는 사람들에게 균등하면서도 공정하게 배분할 수 있는 능력을 갖추어야 한다.

또한 세계화 과정은 많은 개발도상국가들의 민주화를 수반하고 있다. 개발도상국가들에서는 1970년대 후반기부터 권위주의체제가 붕괴되고 민주화의 과정이 진행되기 시작했다. 예를 들면, 남유럽에서 권위주의적인 독재정권을 유지해오던 스페인, 포르투갈, 그리스 등이 민주주의로의 이행을 경험했으며, 이어 남아메리카와 아시아 지역 등에서도 비슷한 정치적 변화과정이 일어나게 되었다. 남아메리카 대부분 국가들에서는 군부권위주의가 민주주의로 이행되었으며 아시아 일부 지역인 필리핀, 한국, 타이완 등과 같은 국가들에서도 민주화 과정이 전개되었다. 이와 같이 많은 국가들에서 권위주의가 민주주의로 이행된 이유나 원인은 각기 상이하지만, 다 같이 권위주의체제에서 민주주의체제로 변화한 것은 매우 특이한 현상이었다. 더욱이 1980년대 후반부터 소련이 해체되고 난 후 동유럽 공산주의 국가들이 민주화 과정을 겪게 되었다. 과거 공산주의 국가들이 민주화 과정을 겪게 됨으로써 세계의 많은 국가들이 민주주의의 가치와 이념 및 제도를 받아들이게 된 것은 실로 놀라운 정치적 변화였다.

이러한 민주화 과정은 세계화와 밀접한 관계를 갖고 있다고 할 수 있다.

민주주의체제를 채택하고 있는 국가들은 대체로 개방정책과 시장경제를 허용하고 있기 때문에 결과적으로 세계화를 진전시키는 데 기여하고 있다. 또한 이들 국가는 다른 국가들과 자유무역을 증진시키는 데 관심을 가지고 있으며, 경제성장을 위해 상호 의존을 심화시키고 있다. 한편 세계화도 민주화를 증진시키는 데 기여하고 있다. 세계화는 국가들의 영토적 · 문화적 경계선을 허물어뜨림으로써 개인이나 집단들 간의 상호 교류와 접촉 그리고 커뮤니케이션을 확대하고 있다. 이는 개인들의 의식구조와 문화양식을 변화시킴과 동시에 인간의 보편적 가치인 자유, 인권, 개인주의, 참여 및 공동체 의식을 확산시키는 데 기여함으로써 권위주의체제를 붕괴시키는 데 일조하고 있다.

2) 경제활동의 확대: 세계경제의 통합

세계화는 경제적으로 국경선을 초월해서 생산과 판매가 이루어지는 글로벌경제를 형성시키고 있다. 이러한 현상은 기업의 활동이 국경을 초월하여 세계를 무대로 이루어지고 있다는 데서 잘 나타나고 있다. 이들 다국적 기업은 국경을 초월해서 생산과 판매 및 자원개발을 위해 한 지역이나 국가에 기업의 본부를 두고 많은 지역들에 자회사를 두면서 기업활동을 전개하고 있다. 국경선을 넘어서는 국제자본의 이동은 국가경제에 지대한 영향을 주기도 한다. 만약 그러한 자본이 어느 특정한 지역이나 국가들에 한정해서 집중적으로 투자될 때 그러한 지역과 국가들의 금융 및 재정체계는 거대한 영향을 받을 수밖에 없으며 전체적으로 국가경제는 그들에게 의존할 수밖에 없다.

금융 분야 또한 세계화가 극명하게 나타나는 분야 중 하나다. 명실공히 금융은 이제 국경을 넘어 세계적인 수준에서 이루어지고 있다. 국제금융거래가 양적으로 엄청나게 성장했고, 자본의 국제적 흐름이 가속화되고 있다. 자본의 국제적 이동의 폭발적 증가는 자본 이동에 대한 국가의 통제가 느슨해졌음을 보여준다. 이제 한국인 개인은 홍콩의 은행에 있는 자신의 계좌에서 돈을 찾은 후 영국의 증권시장에 보내 프랑스 기업에 투자할 수 있다. 이러한 현상들은 과거 자본의 이동이 국가에 의해 철저히 통제되던 것과 비교하면 혁명적인 변화다. 금융의 세계화에서 더욱 극적인 현상은 소위 초국적 자본이라고 일컬어지는 거대한 투기성 자본이 좀 더 높은 이윤을 찾아 전 세계를 돌아다니고 있는 것이다. 이러한 초국적 자본들은 1970년대 이후 세계 자본시장에 중대한 세력으로 떠올랐다. 특히 자본에 대한 국민국가의 통제가 점점 약화되면서 이러한 자본들은 높은 투자이윤을 얻을 수 있는 지역으로 빠르게 이동할 수 있게 되었다. 거대한 자본이 빠른 속도로 통제를 받지 않고 이동한다는 것은 대부분의 국가에게는 매우 심각한 위협이 될 수 있으며, 현재와 같이 국가와 국가가 금융거래를 통해 긴밀하게 연결되어 있는 현실에서는 전 세계의 금융위기로 확대될 수 있다.

경제적 측면에서의 세계화는 근본적으로 글로벌경제를 형성시키고 있지만, 몇 가지 문제점을 내포하고 있다.

첫째, 국가들 간의 경제체제가 서로 다르며 경제발전 수준 또한 상당한 차이를 그대로 내포한 채 글로벌경제가 형성되고 있다는 것이다. 이는 개별 국가들이 세계시장에서 경쟁을 통해 국가이익을 증진시키려고 할 때 여러 국가 간에 충돌이 일어날 수 있으며, 경우에 따라서는 자유주의보다는 보호주의 정책을 선호하게 된다는 것을 의미한다. 그리고 국가 간의 경제 발전 정도가 각기 다르기 때문에 시장에서의 공정한 거래와 이익의 균등한 분배가 이루어지기 힘들다.

둘째, 주목할 것은 세계화가 국가들 간의 문화적 차이를 그대로 남겨둔 채 진행되고 있다는 점이다.

셋째, 시장의 확대와 자본의 자유로운 이동으로 국가 내부의 계층 간 갈등이 증대되며 이것은 빈부계층 간의 양극화를 확대시킨다. 여기서 국가나 정부는 정치적으로 해결하기 힘든 갈등에 직면하게 되며 때로는 위기를 맞기도 한다. 시장은 기본적으로 자본의 자유로운 이동을 촉진시키지만 결과적으로 자본의 독점과 부의 집중화를 가져오는 반면, 빈곤의 심화현상을 피

할 수 없게 한다.[48]

3) 사회문화적 다양화: 융합과 분열

세계화는 국경의 개방과 시장의 확대를 특징으로 함과 동시에 국가 내의 사회문화적 변화에도 지대한 영향을 미치고 있다. 국경의 개방은 사회문화적으로 교류와 접촉을 증대시킨다. 우선 한 국가의 사회가 과거와 달리 다양하고 다층적으로 분화되고 전문화되는 경향을 보이고 있다. 경제적으로 시장의 확대는 불가피하게 계층 간의 갈등과 대립을 증대시키고 있다. 자유로운 경쟁을 원칙으로 하고 있는 시장경제에서는 자본을 많이 소유한 계층이 승자의 위치에 서게 되며 자본을 적게 가진 계층이 패자의 위치를 벗어나지 못하게 된다. 이로써 사회계층 간에는 분열성이 나타나며 대립과 투쟁의 양상이 노정되기도 한다. 노동자와 사용자 간의 대립과 분열현상이 계속되기도 한다.

한편, 국경개방과 시장의 자유화는 문화이동을 용이하게 하며 결과적으로 토착문화와 외래문화의 접촉을 늘린다. 이런 과정에서 두 가지 상충적인 현상이 일어나는데, 하나는 문화적 융합이고 다른 하나는 문화적 충돌이다. 국경을 넘어서는 문화이동은 대부분 특별한 장애요소들(종교적 차이 등)이 없는 한 쉽게 이루어진다. 특히 교통 및 통신수단이 발달함으로써 그러한 이동은 신속하고 광범위하게 이루어진다.

문제는 문화적 접촉이 집단들이나 인종들 간에 갈등과 충돌을 일으키는 데 있다. 특히 토착사회의 문화가 외래문화에 의해 일방적으로 침투되거나 지배되는 경우 문화적 갈등이 국가적 · 사회적으로 분열을 초래하는 경우도 있다. 다인종 · 다문화사회를 형성하고 있는 국가들에서 소수 인종들의 분리 · 독립운동이 일어나게 되는 경우도 볼 수 있다. 다문화사회에서 특정 인종들이 가치박탈을 느끼거나 소외되는 경우 정체성의 위기를 겪게 되고, 이러한 정체성 위기는 다시 과격한 정치적 운동을 불러일으키기도 한다. 큰 영

---

48 상게서, p. 33.

토를 가지고 있는 다인종 국가에서 인종분규나 물리적 테러행위가 일어나는 것은 정체성 위기와 관련이 있다. 티베트에서 집단적 분리운동이 일어나는 것이나 중국의 신장 지역에서 위구르인과 러시아에서 체첸인이 테러행위를 일으키는 이유는 그들이 가지고 있는 특수한 정체성이 영향을 미치고 있다고 할 수 있다.

4) 과학기술의 발달: 문명의 모순

세계화는 과학기술의 발달에 크게 기인한다. 현대과학기술이 발달하지 못했다면 현재와 같은 규모의 세계화 현상은 가능하지 못했을 것이다. 국가들 간의 관계나 개인들의 교류와 접촉의 증대는 이런 과학기술의 발달에서 비롯되었다. 과학기술의 발달은 무엇보다 교통과 통신의 발달을 가져왔다. 이로써 세계는 하나의 지구촌으로 변화하기 시작했다. 교통통신수단의 발달은 이른바 '시공의 압축현상'을 가져왔다. 아무리 먼 거리에 있는 국가나 사람들이라도 비행기를 이용할 경우 짧은 시간 내에 서로 접촉할 수 있게 되었다. 그리고 무역이나 국가 간 거래에도 비행기나 선박을 이용하여 시간을 크게 단축할 수 있게 되었다. 이런 변화는 경제적으로 비용을 절감하는 효과를 가져왔다. 현대과학과 기술은 경제활동에 소요되는 비용을 절감시킴으로써 국내적으로나 국제적으로 경제활동의 확대를 촉진시키는 데 많은 역할을 한다.

이와 같이 현대과학과 기술의 발달이 인류문명의 진보에 지대한 공헌을 하고 있음을 부인하기 어렵다. 그러나 그러한 진보가 무한적으로 추구됨으로써 인간의 미래는 새로운 도전에 직면하고 있는 것 또한 사실이다. 과학과 기술이 한편으로는 인간생활의 편리함과 풍요로움을 가져다주었지만, 다른 한편으로는 인간의 비인간화를 유발하고 있음도 부인할 수 없다. 시장경제의 경쟁체제 속에서 인간은 돈의 유혹에 쉽게 빠져들게 되며 결국 화폐의 노예로 전락하는 경우도 있다. 이런 현상은 현대사회가 물질만능 속에서 인간의 소외를 가중시키고 인간성을 상실시키는 결과를 초래한다.

4. 세계화를 바라보는 시각

1) 세계화를 옹호하는 시각

세계화를 옹호하는 학자들은 '과대세계화론자'라고도 불리는데, 이들은 세계화가 인류 역사상 새로운 시대를 정의하는 핵심 개념이며 모든 나라에 유익한 새로운 시대적 패러다임이라고 주장한다. 세계화는 단순한 문화적 표준화나 획일화가 아니라 혼종화(hybridization) 과정이 될 것이므로 세계화와 지방화의 타협이 일어나는 세방화(glocalization) 과정이라고 볼 수 있다는 것이다. 즉 지역문화, 사회, 경제, 정치체제들은 수동적으로 혹은 일방적으로 세계화를 수용하는 것이 아니라 위반하고 저항하고 변형하여 새로운 문화 형태들을 창조할 수 있다는 시각이다. 또한 이들은 세계화의 흐름을 통해 전개되는 세계는 국가단위를 뛰어넘어서 강력한 세계적 질서와 현장 속으로 변모해가서 궁극에는 전 세계적인 통합시대가 열리게 된다는 것이다. 이때 국가단위는 점차로 왜소해지게 되고 심지어는 존립 자체가 불가능한 단순한 상업단위로 전락할 수 있다고 주장한다.

이들의 주장은 문화의 상호 침투성에 근거하고 있는데, 실제로 세계화는 인터넷 등을 통해 전 지구적 공감과 인류적 동반자 감정을 촉발하는 긍정적인 효과도 보여주고 있다. 아울러 세계화를 통한 문화적 표준화 현상의 확산에 위협을 느끼는 지역적 문화, 언어, 관습 등 전통문화와 관련된 분야에서 정체성을 지키기 위한 지역적 저항의식도 일부 성장하고 있는 것이 사실이다. 현재 진행되는 세계화의 방식을 옹호하는 학자들은 점차 강화되는 세계시장의 개방 압력이나 미국 주도의 세계질서 등 세계화의 신자유주의적 진행방식을 피할 수 없는 것으로 인식하고 있다. 따라서 회피할 수 없는 세계화의 질서에 순응하는 국가만이 '생존'할 수 있다는 견해를 제시하고 있다. 이러한 시각에서는 국제적 차원이나 국내 차원에서 발생되는 문화적 영향력의 불균형 문제, 지역문화의 급격한 변형이나 소멸 같은 것은 세계화의 질서에 순응하여 얻는 가치에 비해 상대적으로 중요하지 않다고 인식된다.

2) 세계화를 부정하는 시각

세계화를 부정하는 학자들은 '회의론자'라고도 불리며, 세계화를 옹호하는 과대세계화론의 입장에 반대 견해를 표방한다. 이들은 과대세계화론의 세계화 개념이 지나치게 과장되었다고 보며, 극단적인 세계화는 신화라고 비판하고 세계화의 폐해도 주장한다.

이들은 세계화의 본질이 자본과 권력의 이해관계 관철을 위한 선동정치(demagoguism)의 산물이라고 주장한다. 즉, 현재의 문화적 세계화는 신자유주의에 근거한 문화제국주의 전략의 가면(mask)이라고 인식하는 것이다.

또한 이들은 세계화가 유독 현대사회에 탄생한 전유물이 아니며, 이미 역사적으로 있어왔던 것이 급속한 팽창과 발달양상으로 보이는 것이라고 주장한다. 역사적 실증 예를 통해 볼 때, 과대세계화론자들이 주장하는 완벽하게 통합된 세계화라기보다는 국제화가 급속하게 신장된 정도라고 분석평가하고 있다. 이들은 개별 국가체제가 세계화에 쉽사리 본체를 휘감길 정도로 약하지 않으며, 개별 국가의 정치체계는 세계화에 몰입돼버리는 수동적인 피해자가 아니라 오히려 이를 표방하여 새로운 국가체계를 이루어나가는 건설적 주체자라고 주장한다. 과대세계화론은 명시적으로든 암시적으로든 세계화에 따라 국민국가의 위상이 약화되고, 심지어 소멸될 것이라는 명제를 함축하고 있다. 하지만 "현재 세계화 과정에서 국민국가의 위상은 약화되기는커녕 도리어 강화되고 있다"라는 주장이 회의론자의 입장 중 하나다.[49]

3) 세계화의 위협과 기회를 인정하는 시각

이들은 '변환론자'라고도 불리며, 세계화란 기회와 위협을 동시에 제공하기 때문에 위협요인을 잘 제거하거나 통제하면 기회가 발생할 수 있다고 주장한다. 따라서 세계화를 근본적으로 반대하기보다는 '인간적인 세계화'가

---

49 김준호, "세계화: 이론적 재조망", 「인문학연구」 20(2012), p. 79.

이루어지도록 노력하자고 주장한다. 이들은 또한 세계화는 '사회, 경제, 정치 체제, 세계질서의 확연한 개혁'을 강력히 이끌어나가는 변환적인 힘을 가지고 있는 추동체임을 깨달아야 한다고 주장한다. 또한 세계화는 현재 지속적인 변화의 와중에 있으므로 작금의 세계화가 개별정부의 권력, 기능 및 권위 등을 재편 또는 재구성하고 있다고 판단한다. 즉, 세계화는 현시대를 강력히 변환시키는 추동체로 인식되어야 하고 개별 국가의 권력도 이 변환의 과정에 있으므로 국가 간의 상호 연결이 훨씬 강화되는 세계화의 지배과정 속에서 국가권력도 변환의 재구성을 모색하고 있는 복잡한 상황에 처해 있다고 본다.

이런 입장은 케인스주의 시각, 또는 개방주의적 입장에 있는 학자와 정치가들이 대변하고 있다. 세계은행의 수석 부총재였던 조지프 스티글리츠(Joseph E. Stiglitz)는 휴머니즘적 세계화 방안을 제안하고 있다.[50] 그는 시장만능주의를 악령과의 계약이라고 생각하면서도 세계화의 불가피성을 전제하고, 그에 대한 대안적 '인간화'의 여러 방안을 제안하고 있다. 세상을 하나의 큰 공동시장으로 재편하면 모두 잘 살게 될 것이라는 보수적 견해를 수용하면서도 현실에서 제기되는 문제점들을 극복하는 것이 인간적인 세계화라고 주장하고 있다. 로버트 라이시(Robert B. Reich) 역시 자신의 '슈퍼자본주의' 개념을 통해 세계화 구성원들 사이의 민주주의적 질서 회복이 가능하다면, 세계화 자체를 거부할 필요는 없다고 주장했다.[51] 이러한 시각을 갖는 학자들의 주장은 주로 대안적인 세계화의 모색이라고 볼 수 있다. 세계화의 기회와 위협을 인정하는 학자들은 현재의 국제적인 상황에서 세계화의 흐름을 거부할 수 없다면 자본주의적 세계화를 보완하는 여러 가지 제도적 장치를 만들어 오히려 국가적 · 지역적 기회상황으로 전환하자는 주장을 하고 있다. 그래서 옹호론자와는 다른 의미로 '세방화(glocalization)'라는 용어를 사용하

---

50 조지프 스티글리츠, 홍민경 옮김, 『인간의 얼굴을 한 세계화』(서울: 21세기북스, 2008).

51 로버트 라이시, 형선호 옮김, 『슈퍼자본주의』(서울: 김영사, 2008).

기도 한다. 이들이 사용하는 세방화의 개념은 세계화로 형성되는 새로운 문화시장에서 오히려 각국의 고유한 문화와 문화적 다양성이 국제적 경쟁력을 갖는 시대가 되었다는 것을 함축한다.

5. 세계화 과정의 양면성: 기회와 위험

1) 세계화의 기회와 가능성

세계화가 지구촌 시민에게 기회가 될 것인지 아니면 위험이 될 것인지 속단할 수는 없으나, 한 가지 분명한 것은 이 두 가지 가능성을 동시에 내포하고 있다는 사실이다. 따라서 우리는 양면성을 갖고 있는 세계화의 실제적 모습을 정확히 인식함으로써 세계화가 가져다주는 기회를 최대한 활용하면서 그에 수반하는 위험을 최소화시키기 위한 노력을 하지 않으면 안 된다.

그렇다면 신자유주의자들은 세계화의 의의와 가능성에 대해 어떻게 주장하고 있는가? 무엇보다도 이들은 단일한 세계시장이 지리적으로 동떨어진 국가들이 상호 교류해 각국의 욕구를 충족시키고 소비를 확대하고 산업을 증진시켜 모든 국가에게 상호 혜택이 될 것이고, 세계화가 민주주의를 더욱 확대 · 심화시킬 것이라고 주장한다. 이러한 주장의 근거로서 이들은 세계화가 경제적 비효율성과 정치적 억압의 근원이었던 국가주의를 지구촌으로부터 추방키시고 시민사회를 해방시킬 것이라는 점을 내세운다. 세계화는 보호지대와 기득권의 온상이 되어온 국경의 장벽을 해체함으로써 주어진 영토 내에서 물리적 폭력의 사용을 합법적으로 독점해온 국가의 권력을 잠식하고 국경의 보호하에 독점적 기득권을 누려온 이익집단의 영향력을 감소시키는 한편, 개인의 자유로운 선택권을 증대시킬 것이라고 주장한다.[52]

그뿐만 아니라 신자유주의자들은 시장경제가 경제적 풍요를 가져다줌으로써 민주주의를 번성케 한다고 주장한다. 시장경제는 경제적 부를 창출하

---

52 임혁백, “세계화와 민주화”, 김경원 · 임현진 편저, 『세계화의 도전과 한국의 대응』(서울: 나남, 1995), p. 112.

며, 그 결과 민주주의의 하부구조를 제공하는 평등한 소득분배를 창출한다는 것이다. 이처럼 경제적 풍요가 관용과 화해, 타협을 선호하는 민주적 정치문화의 형성에 비옥한 토양을 제공해줄 것으로 기대하고 있다.

또한 이들은 저개발국의 빈곤 문제가 세계화의 결과일 수도 있지만 세계경제가 세계화되지 않았다면 현재의 저개발국들이 더 성공적인 발전을 이룩했을 것이라는 근거는 없다고 주장한다. 빈곤국가의 상당수는 세계화 이외의 요인, 즉 정치적 부패, 낮은 교육 수준 등의 구조적 문제를 갖고 있다. 오히려 일정 수준 이상의 교육인력을 보유하고 있는 국가 중 북한, 쿠바 등은 지난 30여 년간 세계화에 역행하여 폐쇄적인 경제운용을 해왔지만 경제는 발전하지 못했고 결국은 세계화, 개방의 길을 모색하고 있는 실정이다.

한편, 세계화를 가능케 한 기본 동력인 정보통신 혁명은 정보의 획득과 처리에 있어 시간적 · 공간적 제약을 해제시킴으로써 중앙정부와 대기업에 의해 독점되어온 정보를 일반시민도 접근할 수 있는 기회를 획기적으로 증대시켜주고 있다. 세계화한 정보체계는 선진국과 후진국 간의 세계시간의 차이와 공간의 거리를 좁혀줄 것으로 기대되고 있으며, 지방의 도시가 세계의 각 지역을 대상으로 직접적인 커뮤니케이션을 할 수 있는 소위 '글로컬리제이션(glocalization: global localization)' 시대가 전개되고 있다. 세계화는 글로벌 시민사회를 창출하면서 다양한 공간에서 세계시민이 자신의 능력과 개성을 최대한 발휘할 수 있는 기회를 제공해주고 있다고 할 수 있다.

2) 세계화의 위험과 문제점

이상에서 살펴본 바와 같이 세계화는 상당한 가능성과 기회를 제공해주고 있지만, 또 한편 적지 않은 문제점과 위험도 내포하고 있다는 사실을 간과해서는 안 된다. 특히 선진국의 논리를 반영하고 있는 신자유주의적 세계화가 중견국인 우리에게 미칠 위험에 대한 인식과 그에 대한 대비는 아무리 강조해도 지나치지 않을 것이다.

세계화의 문제점에 대한 논의는 무엇보다도 세계화에 이론적 근거를 제공하는 신자유주의에 대한 비판으로부터 출발해야 한다. 길핀(R. Gilpin)은 세계화를 역사적 맥락에서 강대세력이 주도하는 특수한 조작물로 간주하는데, 그에 의하면 세계화란 자유주의 강대국들의 주도하에 추진되는 신자유주의적 이데올로기의 범세계적 확산에 불과하다는 것이다.[53] 따라서 신자유주의적 세계화는 강대국에게는 기회의 확대를 의미하지만, 약소국에게는 위험의 증대로 나타날 가능성이 매우 크다고 하겠다.

실제로 세계화 추세에도 불구하고 고전적인 남북 이데올로기 문제는 여전히 잔존하고 있으며, 개발도상국은 예나 지금이나 자신의 처지와 거리가 먼 국가들이 만들어놓은 세계상에 깊이 빠져 있는 실정이다. 세계화로 선·후진국의 소득격차가 급속히 증가했다. 세계화 과정에서 더욱 빈곤해진 국가들은 세계화를 재앙의 과정으로 인식하고 세계화와 자본의 이동에 대한 제재를 요구하기도 한다. 세계화되면서 상당수의 패배자들이 생겨난다. 경제적 세계화로 인한 혜택이 선진국과 제3세계의 약소국에게 불평등하게 분배되고 있다는 것이다. 국민경제의 (세계시장에의) 종속 및 시장 국가화가 추진되면서 세계경제와 연관된 금융 및 무역이익을 중심으로 경제가 재편되고, 국가는 민영화, 통화정책 등의 탈규제 정책을 추진하고 사회복지정책을 축소했다. 하지만 이러한 방향의 정책들은 각국의 자율적인 정치적 의사결정권을 크게 훼손하고 시민의 정치사회적 권리를 침해하는 결과를 낳았다. 더욱이 국제통화기금 그리고 세계은행 같은 국제재정기구는 선진국의 특수이익을 실현하기 위한 도구적 역할을 수행하고 시장경제의 혜택은 선진국에 집중되었다.

그런데 세계화시대에 있어 불평등의 구획은 과거와 같이 승자와 패자의 단위가 국가로만 구분되는 것이 아니라 보다 복잡한 성격을 띠고 있다는 사실에 주목할 필요가 있다. 세계화시대의 경쟁단위는 더 이상 국가에만 국한되지 않으며, 국가의 경계와 상관없이 지역 간, 부문 간, 사회집단 간 등으로

53 A. McGrew, "Conceptualizing Global Politics," in A McGrew & Paul Lewis et al., *Global Politics: Globalization and the Nation State* (Cambridge: Polity Press, 1992), p. 85.

광범하게 확산되고 있으며, 그 어느 경우에도 경쟁력이 없는 약자에게는 세계화 자체가 커다란 도전이 아닐 수 없다. 세계화시대에도 강자와 약자의 영향력 관계는 여전히 비대칭적이며, 경쟁력을 확보한 자에게는 더 큰 이익을 제공해줄 수 있으나 그렇지 못한 자에게는 생존 자체를 위협하게 된다.

한편 신자유주의적 경제의 세계화는 노동자들로 하여금 새로운 위험에 직면하게 하고 있다. 유연성 있는 생산체제의 확립이 시대적 구호로 등장하면서 기업 내에서 노동자들을 유연하게 재배치하려 할 뿐만 아니라, 파트타임 노동자의 고용 · 고용안전 규정의 폐기 등을 통해 노동자의 규모를 신축적으로 조정하고, 임금인상 양보와 성과급의 도입을 통해 임금을 신축적으로 조정하려 할 것이다. 또한 세계화시대의 생산방식은 컴퓨터에 의한 고도의 자동화를 가능케 함으로써 노동자들의 소외를 가속화시키고 노동강도를 강화시킬 위험성이 있다. 이러한 세계화 시대의 새로운 생산방식은 노동자들의 집단적 정체성 문제를 초래하고, 노동자들 간의 집단적 유대를 사라지게 할 위험도 있다.

이와 같이 세계화시대의 도래는 국제적 및 국내적 차원에서 반드시 정치적 민주화와 경제적 평등화를 보장하는 것은 아니며, 오히려 힘의 우열에 의한 수직적 계열화가 보다 심화될 가능성이 크다는 점에서 경쟁력이 약한 자들이 위험에 노출되고 위기에 빠질 수 있다는 점에 유의할 필요가 있다고 하겠다.

제2절
세계화와 국제관계 변화

1. 세계화시대의 국제관계

세계화시대의 국제관계는 정치 · 경제적 측면에서 과거와는 다른 양상을 보여주고 있는데, 대체로 다음 몇 가지로 요약할 수 있다.[54]

첫째, 국제체제의 구조적 변화로서 미 · 소 중심의 냉전적 '양극체제(bipolar system)'가 소련 및 동구권의 붕괴로 미국을 정점으로 하고 EU · 중국 · 일본 등이 부상하는 이른바 '단극-다극체제(uni-multipolar system)'의 성격을 띠게 되었다는 것이다.

둘째, 탈이념적이고 상호 의존적인 국제관계가 발전하고 있다는 점이다. 오늘날 정치적으로는 자유민주주의가 범세계적으로 확산되고 있으며, 경제적으로는 신자유주의적 시장경제가 확장 · 심화되고 있다. 이로 인해 탈이념적 · 경제적 실리 위주의 국제관계가 진전되고 있으며, 과학기술과 정보통신혁명은 국가 간의 상호 의존성을 더욱 심화시키고 있다.

셋째, 국제관계에 있어서 안보 개념이 광역화되었다. 과거 냉전시대의 전통적 안보 개념은 '군사안보' 위주였으나, 오늘날에는 세계화시대의 상호 의존을 촉진시킨 경제 · 환경 · 인권 · 테러 · 마약 등 비군사적 안보의제의 중요성이 증대됨에 따라 '포괄적 안보(comprehensive security)' 개념으로 변화했다.

넷째, 국제경제질서에 있어서는 다자주의(multilateralism)와 지역주의

---

54 변창구, 『세계화 시대의 국제관계』(서울: 대왕사, 2000), pp. 353-354.

(regionalism)가 강화되는 한편, 쌍무주의(bilateralism)가 나름대로 기능하고 있는 보다 복잡한 양상을 보여주고 있다는 사실이다. WTO의 출범과 같이 다자주의가 강력한 힘을 발휘하고 있으나, 동시에 EU의 단일통화 실시, NAFTA와 ASEAN의 경제적 결속 강화는 각국이 지역주의를 통한 실리 확보에도 지대한 관심을 갖고 있음을 보여준다.

마지막으로 국제평화의 관리방식에 있어서도 변화가 일어나고 있다는 사실이다. 경제에 있어서 다자주의가 선호되고 있듯이 국제평화와 안정의 유지에 있어서도 다자적 접근의 틀이 모색되고 있다. 유럽에서는 CSCE가 OSCE로 발전했으며, 아 · 태 지역에서는 최초의 다자안보대화체인 ARF가 아세안의 이니셔티브에 의해 1994년에 시작되는 등 다자적 관리방식에 의한 예방 및 협력외교가 활성화되고 있다.

이상과 같은 세계적 차원의 정치 및 경제관계에 있어서의 변화는 동북아 지역 차원의 국제관계에도 적지 않은 영향을 미쳤는데, 그 결과 한 · 소 및 한 · 중 수교가 이루어지고 다자간 경제 · 환경 · 안보협력이 모색되는 등 상당히 변화된 모습을 보여주고 있다. 그러나 동시에 우리는 세계적인 탈냉전에도 불구하고 여전히 냉전구조를 벗어나지 못하고 있는 한반도 문제를 간과해서는 안 된다. 따라서 우리는 세계적 추세의 보편성과 동북아 지역의 특수성을 함께 고려하면서 21세기 한국 안보의 진로를 모색할 필요가 있다 .

2. 세계화와 지역주의

오늘날의 국제정치상황의 특징 중 하나는 상호 모순되는 것처럼 보이는 세계화와 지역주의가 공존하고 있다는 사실이다. 즉, WTO 같은 다자주의적 자유무역질서가 있는 반면에 APEC, NAFTA, EU 같은 지역공동체도 존재하고 있다. 지역주의는 지역단위에서 초국가적 협력관계를 제도화하려고 하는 것인데, 이러한 주장은 오래전부터 존재해왔다. 그러나 냉전종결 이후 이러한 지역주의가 경제, 정치, 사회 그리고 안전보장 등 여러 분야에서 현저히 강화되고 있다. 이러한 경향의 배경에는 한 나라 단위로서는 오늘날 세계에서 분출되고 있는 문제들을 해결할 수 없는데, 그렇다고 지구 규모로 대처하기에도 부적합한 경우가 많다는 공통인식이 자리 잡고 있다. 따라서 앞으로 세계화의 추진과 함께 지역주의 움직임도 강화될 것으로 보인다.

다자주의와 지역주의의 병존 현상을 설명하는 견해는 두 가지가 있다. 하나는 지역주의가 세계화라는 거대한 변화에 대한 대응에서 나타났고 양자 관계는 갈등적인 관계라고 보는 견해다. 또 하나는 지역주의는 세계화 전략의 하나라고 보는 견해다.

첫 번째 견해는 세계화로 인한 경쟁의 심화가 유럽에서의 지역통합을 가속화시켰고, 유럽에서의 폐쇄적 경제블록의 탄생에 대응해 NAFTA가 결성되었다는 것이다. 따라서 지역경제블록의 등장은 세계화에 부정적으로 작용할 것으로 본다. 이 견해는 미국의 NAFTA 결성과 APEC 참여 등을 미국의 다자주의 정책에서 다자주의와 지역주의를 병행하려는 이중전략으로의 변화로 파악하거나, 아니면 다자주의적 정책이 성공을 거두지 못할 경우 지역주의 정책을 통해 자신의 이익을 확보하려는 정책으로 파악하고 있다.

두 번째 견해는 지역주의를 세계화가 추구하는 전 세계 자유시장에 도달하기 위한 중간 단계로 본다. 이들은 NAFTA를 확대시켜 중남미를 포함한 미주 지역 전역을 하나의 자유무역지대로 묶는 미주자유무역지대를 추진하고 있는 사실이 NAFTA가 결국은 전 세계 자유무역화의 디딤돌 역할을 할 수 있다는 것을 보여준다고 주장한다.

결국 세계화와 지역주의를 갈등적 관계로 보는 견해와 지역주의를 세계화로 가는 과도기적 성격으로 보는 견해가 모두 존재한다. 갈등적 관계로 보는 견해는 미국 헤게모니의 쇠퇴, 지구 수준의 경기 후퇴, 보호무역주의에 대한 방어전략의 필요성이 지역적 무역블록들의 확산을 가져오고, 이러한 성격의 지역주의는 자유무역질서 확립에 부정적 영향을 미칠 수밖에 없다고 주장한다. 그러나 APEC과 같이 개방적 지역주의를 표방하고 이를 통해 전 세계의 무역 자유화를 추구하는 지역주의는 세계화가 추구하는 다자주의적 무역질서로 가는 중간단계로 볼 수 있을 것이다. 미국은 APEC에 참여하면서 APEC의 출범 때부터 표방해온 개방적 지역주의[55]를 재천명했다.

그런데 현재 세계화를 주도적으로 추진하고 있는 나라가 미국이라면 지역주의를 가장 적극적으로 추진하고 있는 나라도 미국이다. 미국이 주도하는 WTO도 경제적 지역협력체들이 WTO가 추구하는 목적에 위배되지 않는 한 그 존재를 인정하고 있다. 따라서 현재의 미국이 주도하는 지역주의의 추세는 세계화로 가는 과도기에 나타나는 현상으로 볼 수 있을 것이다. 그리고 각 지역이 폐쇄적으로 블록화하여 자유무역주의에 기초한 상호 의존관계의 흐름을 중단시키지는 않을 것으로 보인다. 그런 의미에서 세계화와 지역주의는 상호 보완적인 관계라고 할 수 있을 것이다.[56]

55 개방적 지역주의는 참여국뿐만 아니라 비참여국들에 대해서도 지역주의에 의한 시장개방에 따른 혜택을 제공한다.

56 조순구, 『국제문제의 이해』(경기: 법문사, 2006), p. 115.

제3절
세계화의 안보적 함의

1. 세계화와 국제안보

세계화 추세는 세계평화에 어떠한 영향을 미칠 것인가? 우리는 이러한 문제를 상호 의존의 심화가 안보에 어떠한 영향을 미치는가에 대한 측면에서 분석해볼 수 있다. 우선, 세계화는 상호 의존의 심화를 가져오고 이것은 국제관계의 갈등요인을 완화해 국가 간 협력과 평화를 정착하는 데 기여할 것이라고 보는 낙관론이 있다. 낙관론자들은 국가 간의 경제적 관계가 증진되고 심화될수록 개방적 교역질서를 선호하는 세력과 이러한 경제관계에서 이익을 얻는 세력이 증가하게 된다고 본다. 이들은 갈등으로 인한 교역의 단절이 가져오는 경제적 손해를 피하려 하기 때문에 협상 같은 평화적 방법으로 갈등을 해결하려는 경향이 강해진다. 그리고 상호 의존의 진전 자체가 정치 · 군사적 측면에서의 호혜적이고 안정적인 국제관계를 필요로 한다. 상호 적대적인 국가들 사이에는 상호 의존이 심화될 수 없다. 그러므로 경제적 상호 의존의 심화와 정치 · 군사적 차원의 협력적 국제관계는 상호 보완적이고 서로를 강화해주는 방향으로 진전된다고 볼 수 있다.

이러한 견해는 첫째, 국가의 취약성이 경제적 자급능력의 결여로 생기기 때문에 군사적 수단보다는 경제적 수단이 국제관계에서 더욱 효과적이고 적절한 수단이 된다고 본다.

둘째, 복잡한 상호관계하에서는 국가가 무력을 사용할 경우 상대에게 미치는 영향 못지않게 자신도 피해를 입게 된다고 주장한다. 군사력 사용은 무역의 중단이나 투자의 중단 등을 유발해 공격 국가에게도 경제적 타격을 주기 때문에 제한된다는 것이다.

한편, 비관론자들은 이와는 완전히 상반된 주장을 편다.

첫째, 상호 의존의 심화는 국가 간의 접촉과 이해관계의 증가를 의미하며 이것은 결국 갈등의 소지가 더 커진다는 것을 뜻한다고 주장한다. 전혀 관계가 없는 나라와의 관계와 비교해볼 때 상호 의존이 심한 국가끼리는 갈등이 일어날 소지가 더욱 크다는 것이다.

둘째, 그들은 현실에서 상호 의존은 늘 불균형하게 일어난다고 말한다. 한 국가가 다른 국가에 의존하는 정도가 크고 반대의 의존이 적은 불평등한 상호 의존관계에서는 갈등의 소지가 크다. 미국과 일본의 무역관계를 예로 들어보면 미국에 대한 일본의 지나친 무역 흑자가 일본에 대한 미국의 적대감을 심화시켜 양국 간의 무역 분쟁, 나아가 외교 분쟁으로 발전된 것처럼 불평등한 상호 의존관계는 오히려 갈등을 일으키는 원인을 제공한다.

세계화의 결과로 나타난 상호 의존의 심화가 국제안보에 어떻게 기여하는가는 상당히 복잡한 문제다. 그러나 분명한 것은 세계화는 국제안보에도 새로운 기회이자 도전이 될 것이라는 사실이다.

2. 국가주권의 약화

세계화가 진행됨에 따라 국가주권과 관련하여 많은 논쟁이 전개되어왔는데, 이 논쟁에는 국가가 소멸할 것이라는 주장, 다만 정책의 자율성을 잃고 약화될 것이라는 주장, 국가는 오히려 더 강화될 것이라는 주장 등 다양한 주장이 있어왔다. 이러한 주장들은 기본적으로 경제의 세계화 본질이 무엇이냐에 관한 입장과 밀접히 관련되어 있다. 경제의 세계화에 관한 입장에는 크게 양적 변화일 뿐이라는 주장과 질적인 변화를 가져온다는 주장으로 구분된다. 첫째 주장은 세계화는 대외무역이나 해외투자의 확대로 인해 2개 이상의 국민경제 간의 '상호 의존의 심화'를 통해 경제적 상호 교류가 증대한다는 의미에서 단순히 양적인 변화일 뿐이라는 주장이다.

둘째 주장은 세계화는 진정으로 지구촌화된 경제체제로의 전환으로서 명실상부한 세계경제로의 질적인 변화를 포함하고 있다는 주장이다. 이 두 견해는 국제정치경제를 바라보는 기본적인 시각, 즉 자유주의, 중상주의, 급진주의 시각에 따라 차이가 있다.[57]

1) 자유주의자들의 견해

자유주의자들의 견해에 의하면 범지구적 차원에서 상호 의존의 심화는 국가가 담당했던 국경선 내부의 활동을 통제할 수 있게 해주던 정책수단을 감소시키고 국가를 무력화시키고 있기 때문에 어느 측면에서 보면 세계화는 확대 지향적인 시장 메커니즘의 작동과 이로 인한 자원 및 인력의 이동에 의해 근대국가의 속성인 영토성과 주권이 도전받고 그 의미가 희석되는 현상이다. 특히 초국적 자본의 이동은 전통적으로 국가경제를 운용하던 효과적인 수단인 외환정책, 물가정책 등에 대한 정부정책의 효과를 크게 감소시킨다.

자유주의자들의 견해는 다시 '국민국가 소멸론', '국민국가 약화론'으로 대별된다. 국민국가 소멸론은 세계화로 인해 국가 사이의 경계가 실질적으로 해소되어 국민국가가 소멸한 세계를 형성해나간다는 주장이다. 소멸론이 다국적기업이 국민국가를 꼼짝 못하게 만들었다고 주장하는 데 비해 약화론은 다국적기업의 세계적 자본축적으로 국민국가의 권위와 정당성이 도전받고 있다고 본다. 이들에 따르면 오늘날 다국적기업은 국민국가보다 훨씬 규모가 크며 전 세계적 네트워크를 가지고 국민국가의 범위를 넘어서 자본을 축적하기 때문에 '탈국가화'를 부추기고 있다. 이러한 탈국가화는 국민국가를 다국적기업의 세계적 자본축적의 전달벨트로 전락시켰으며, 이에 따라 국가의 역할은 서서히 약화되어 국민국가는 궁지에 몰리고 있다는 것이

---

57 조순구, 『국제문제의 이해』(경기: 법문사, 2006), p. 76.

다. 물론 주권의 쇠퇴와 함께 국가의 능력, 정향, 그리고 활동이 변했음에도 국가는 여전히 중요한 행위자인 것은 분명한 사실이다. 그러나 비록 국가의 중앙정부가 사회생활을 규제하는 데 여전히 핵심적 역할을 수행하고 있다고 하더라도 세계화가 주권국가를 위축시키고 있는 것은 분명하다.[58]

2) 중상주의자들의 견해

이에 비해 경제적 중상주의(정치적으로는 '현실주의')는 경제의 세계화의 내용은 물론 국민국가에 미칠 영향과 관련하여 경제적 자유주의의 분석에 매우 비판적이다. 중상주의는 지구촌 경제체제로의 질적인 변화의 발생, 즉 '세계화'라는 현상 자체의 존재를 믿지 않는다. 그 대신 경제의 세계화를 양적인 변화, 즉 국민경제체제들 간의 상호 의존이 심화되는 과정으로 인식한다.

중상주의는 경제적 세계화 과정에서 국민국가가 주권을 상실하기는커녕 경제적 세계화의 도전에 대응하기 위해 국민국가들의 능력이 신장되었다고 주장한다. 국경을 사라지게 하는 현상들은 영토국가에 대한 도전이지만, 국가는 아직도 세계경제의 변화에 적응하는 제도나 법규들을 만들어내는 등 여전히 지구촌의 중요한 정치단위로 남아 있다는 것이다. 비록 세계화가 주권의 손상을 가져왔다고 하더라도 국가 소멸을 초래하지는 않았다.

3) 네오마르크스주의자들의 견해

경제적 세계화에 대한 네오마르크스주의자들의 견해는 또 다르다. 이들에게 세계화는 특별히 새로운 것도 아니고 단지 국제 자본주의 발전의 최종 단계일 뿐이다. 세계화는 세계정치의 질적 전환을 나타내는 것이 아니고 단순히 국제 자본주의의 발전을 확장시키는 서구 주도의 현상이다. 네오마르크스주의자 콕스(Robert Cox)는 자유주의와 중상주의의 주장을 절충하여 경제적 세계화가 상호 의존의 심화와 지구촌 경제로의 질적인 변화라는 두 측

58 상게서, p. 115.

면을 모두 포함하고 있다고 주장한다. 그는 경제적 세계화 과정에서 국민국가들이 경제에 대해 상당히 힘을 상실하고, 비영토적 정치 · 경제적 세력에 비해 중요성도 크게 감소했다고 본다.[59]

콕스를 비롯한 네오마르크스주의자들은 경제적 세계화의 불공평성과 위계적인 본질을 강조한다. 그들은 지구촌 경제가 상호 의존보다는 종속으로 특징되고, 경제력은 선진 공업국들에게 더욱 집중된다고 주장한다. 세계화는 자본주의의 한 형태이며, 자본가계급의 지배와 전 세계의 빈민층에 대한 착취를 영구화시킬 것이라는 것이다. 네오마르크스주의자들은 경제적 세계화가 '상호 의존의 심화현상'에 의해 질적으로 상이한 '하나의 지구촌 경제'를 창출하는 측면도 있고, 국민국가들이 세계화의 중요한 규제자인 것은 사실이지만, 그들의 경제에 미치는 영향력은 축소되고 있다고 주장한다.

4) 평가

이상에서 살펴본 바와 같이 세계화가 국가주권에 미치는 영향에 관해 자유주의 경제이론은 국가주권의 쇠퇴를, 중상주의이론은 국가주권의 건재를 주장하고, 네오 마르크주의자들은 절충적인 견해를 제시하고 있다. 세계화는 가장 강력한 국가를 포함하여 모든 국가들에 대해 몇몇 새로운 제약을 가하고 있다. 그러나 세계화가 모든 국가의 주권을 똑같은 정도로 제약하는 것은 아니다. 특히 지구촌 자본시장의 등장으로 모든 국가들이 그들의 환율정책과 이자율의 채택에 있어서 매우 신중해야 한다. 그러나 다른 경제정책에 있어서 부유하고 강력한 국가들은 자유주의자들이 지적한 것보다는 세계화에 의해 덜 제약받는다. 또 국제수준에 있어서 그 체제 내의 좀 더 강력한 국가들은 새로운 지구촌 경제의 많은 규칙들을 제정하고 강제한다. 그러나 이 체제 내의 약소국가들은 다른 국가들에 의해 만들어진 규칙을 채택하

---

59 Robert W. Cox, "Towards a Post-Hegemonic Conceptualization of World Order," in James N. Rosenau & Enst-Otto Czempiel (eds.), *Governance without Government: Order and Change in World Politics* (Cambridge: Cambridge University Press, 1992). p. 144.

고 준수해야 할 뿐만 아니라 그들의 세계경제로의 통합을 관리할 수 있는 능력도 별로 없다. 이렇게 볼 때 국가주권이 제약당하는 정도는 국가마다 다르고 약소국의 경우 훨씬 더 크다고 볼 수 있다.

3. 비전통적 안보 이슈의 부상

월퍼스(Wolfers)에 의하면 안보란 "객관적 의미에서는 취득한 가치에 대한 위협의 부재를, 주관적 의미에서는 그러한 가치가 공격을 받을 것이라는 두려움의 부재"를 의미한다.[60] 한편, 볼드윈(Baldwin)은 이러한 월퍼스의 정의를 바탕으로 안보의 영역을 확장하고 있다. 이를테면 인위적 위험과 자연재해 등과 같은 비인위적 위협으로부터 인간의 제 가치를 보호하는 것을 안보의 개념으로 규정했다.[61]

안전보장은 국가에 대한 위협이 발생했을 때, 군사력을 어떻게 사용할지 여부에 초점을 두고 있는 것이 전통적인 개념화다. 냉전기간 동안에는 국가안보에 대한 군사적 위협이 모든 문제를 지배하는 이슈로 이해되었다. 그러나 탈냉전시대가 도래하고 세계화가 진척되면서 안보 개념은 월퍼스의 정의로부터 볼드윈의 정의로 이행되는 것으로 해석되고 있다. 즉, 국가안보의 개념이 군사적인 차원에서부터 정치 · 경제 · 사회 · 환경 등의 비군사적 차원으로 넓어지고 있다.

안보 개념의 변화를 추동하는 요소들을 살펴보면 다음과 같다.

첫째, '과연 누구를 위한 안전보장인가?'에 관한 문제다. 과거 전쟁은 통상적으로 국가를 주체로 하여 공격과 방어 등이 행해졌고, 따라서 안전보장 논의의 핵심은 국가에 대한 위협을 바탕으로 하여 전개되었다. 그런데 이제는

---

60 Arnold Wolfers, "National Security as an Ambiguous Symbol," *Political Science Quarterly* 62 (1952), p. 483.

61 David Baldwin, "The Concept of Security," *Review of International Studies* 23 (1997), pp. 5-6.

안전보장의 문제가 제기되었을 때 반드시 국가만이 그 주체로서 위협을 받는 존재로 여길 수는 없고, 개별 인간에게 가해지는 위협의 요소들도 중요하게 다루어야 한다는 것이다. 1990년대 중반부터 두각을 나타내기 시작한 '인간안보'의 개념이 이러한 추세에 추동력을 제공했다.

두 번째는 안전보장의 범주에 대한 문제제기가 이루어지고 있다. 위협의 실체가 군사적인 것에서부터 비군사적인 것으로 이전되고 있다. 실제로 냉전 이후 식량, 에너지, 환경 문제 등을 안전보장 문제와 결부시킨 이른바 비전통적 안보의 영역이 주요 안보담론으로 부각되었다. 이러한 사회 · 경제적 안보의 중요성이나 시급성은 결코 군사안보 못지않은 것으로 평가되고 있다. 비전통적 안보 이슈의 부상은 안보 대상의 국가 중심성으로부터 인간 중심성으로의 전이현상과도 맞물려 있다.

탈영토성을 특징으로 하는 비전통적 안보는 군사적 위협에 대처하는 전통적 안보와 달리 인간의 생존과 안전을 위협하는 모든 종류의 위협에 대처한다는 의미를 내포하고 있다. 이런 위협들은 세계화의 가속화에 따라 영토성에 기반을 둔 지리적 경계의 해체와 그에 따른 국가 행동에 영향을 미치는 환경 변화로 심화되고 있다.

한편 2001년 9월 11일 알카에다 조직원들이 미국의 국내선 항공기를 탈취하여 뉴욕의 세계무역센터와 워싱턴 D. C . 및 국방부 청사 등을 대상으로 자행한 테러는 미국의 안보전략에 큰 변화를 초래했다. 9.11테러는 테러위협에 대한 국제사회의 인식제고에 큰 영향을 미쳤고, 세계질서를 변화시키는 요인이 되고 있다. 또한 대량살상무기의 확산과 국제테러집단의 대량살상무기 보유 가능성은 전 인류에게 심각한 위협이 되고 있다. 게다가 기존 테러집단과는 성격이 다른 테러집단인 IS의 등장과 세력 확대는 국제사회에 새로운 위협을 제기하고 있다.

1) 초국가적 위협의 부상

안보적 차원에서 세계화는 테러, 대량살상무기, 사이버범죄, 종족분규, 마약 밀매, 전염병의 확산 등 초국가적 위협의 범위와 유형을 확대시키고 나아가 심화시키고 있다는 점이 지적된다. 우선 교통과 통신의 발달로 첨단과학기술과 지식이 순식간에 전 세계적으로 전파될 수 있게 되었으며, 이에 따라 불순한 의도를 가진 국가나 집단이 대량살상무기를 개발하는 것이 매우 쉬워졌다. 오늘날 통신, 전력, 교통, 에너지, 급수체계, 금융시스템 등 정보통신 기반구조는 운영체계의 효율성을 극대화하기 위해 중앙통제화되는 경향이 있고, 이로 인해 사이버 공격이나 해킹에 매우 취약하다. 온실효과, 수질오염, 공해, 산림훼손 등 갖가지 환경오염이나 파괴는 종종 국경을 넘어서서 심각한 피해를 야기한다. 세계화시대에는 국경을 초월하여 인적 교류가 활발해지는 만큼 악성 전염병이 순식간에 전 세계로 확산될 수 있다.

이처럼 세계화의 추세와 더불어 국제사회의 쟁점 현안으로 부각되고 있는 초국가적 안보위협들은 위협의 주체, 대상과 범위, 대응방식 등 여러 가지 측면에서 전통적인 국가 중심의 안보위협과는 다른 양상을 보여준다.

첫째, 초국가적 안보위협들은 개인, 국가 내 다양한 이익집단, 다국적 기업, 국제조직, 테러리스트 등 주로 비국가행위자(non-state actors)에 의해 주도되고 있다. 이러한 비국가행위자들이 국경을 초월하여 활동함에 따라 이들이 국제사회에서 차지하는 비중과 역할이 증대되게 되었다. 이에 따라 안보의 논의 대상이 국가 중심적인 사고를 벗어나게 되었으며, 안보위협의 영역 또한 국가의 영토에 한정되는 것이 아니라 지구적 차원으로 확대되었다. 무엇보다도 각종 국제기구, 인종 및 문화에 근거한 집단, 테러집단, 심지어 범죄조직에 이르기까지 비국가행위자들은 때로는 국가를 능가하는 수준의 무력을 갖추고 있어 국제사회에서 국가 이상의 심각한 안보위협 요인으로 부각되기도 한다.

둘째, 전통적으로 안보위협의 범위는 군사 분야에 한정되었지만, 세계화의 진전에 따라 위협의 대상과 범위가 비군사적 영역으로 확대되었다. 세계화는 때로 전 세계의 국가들에게 심각한 경제적인 위기와 충격을 야기함으로써 경제안보를 위협하는 요인으로 여겨진다. 이 밖에 환경오염으로 인한 오존층 파괴, 자원의 급속한 고갈, 전 세계적인 식량 위기 등은 단순히 국가 차원의 문제를 넘어서 지구촌에 거주하는 모든 인류를 위협하는 요인으로서 쟁점화되기에 이르렀다. 이에 따라 안보의 범위가 군사적 요소에서 경제, 자원, 환경, 생태 등을 포함하는 비군사적 요소들로 확대되었다.

셋째, 초국가적 안보 쟁점 또는 위협은 대응방식에 있어서도 전통적인 안보위협과는 다르다. 전쟁이나 군사적 위협 등 전통적인 안보위협에 대해서는 국가들 간의 동맹관계, 세력균형, 집단안보 조치 등에 초점을 두는 현실주의적 접근방법으로 어느 정도 해결이 가능했다. 그러나 국제범죄, 마약, 테러리즘, 환경오염 등 초국가적 안보 쟁점들은 현실주의적 인식 틀을 크게 벗어나 있다. 초국가적 안보 쟁점들은 대부분 국제관계 행위자들 간의 상호 의존성 확대 및 심화로 인해 발생하는 문제들인 만큼 그 해결책도 행위자들 간의 긴밀한 협조에 바탕을 두어야 한다. 따라서 행위자들 간의 상호 이해와 협력을 바탕으로 하는 공동안보 또는 협력안보 같은 접근방법을 활용하게 될 경우 보다 효과적으로 해결될 수 있다는 특징을 가진다.[62]

2) 국제테러리즘 확산

테러리즘이란 비국가행위자들이 정치적 또는 사회적 목적을 달성하기 위해 특정표적에 대해 직접적 폭력행사를 하거나 위협함으로써 공중에 대한 심리적 상징적 효과를 달성하고자 하는 조직적이고 계획적인 폭력활동이라고 할 수 있다.[63]

새로운 밀레니엄의 첫 해인 2001년 9월 11일 두 대의 미국 여객기가 뉴욕 무역센터 빌딩에 충돌하면서 시작된 전대미문의 테러공격은 미국은 물론 전 세계를 충격에 휩싸이게 했다. 국제정치적으로 9.11테러와 그 파장은 단지 미국만의 문제로 국한되지 않고 세계질서를 변화시키는 요인이 되고 있다.

---

62 김영호, "비전통적 안보위협과 군의 역할", 「평화연구」 17-2(2009), p. 164.

63 김응수, "테러리즘의 초국가성 확산과 대응전략에 관한 연구", 경남대학교 대학원 박사학위논문(2008), p. 16.

9.11테러 이후 테러는 '회색 전쟁', 문명 간 충돌, 포스트모던 전쟁 등으로 명명되면서 새로운 연구대상이 되고 있다. 21세기 대립과 갈등이 기존의 전면전 형태가 아닌 소수 정예에 의한 테러의 형태로, 그리고 문명 간 충돌이 새로운 분쟁 양상이 될 것으로 예상되고 있다. 오늘날 테러리즘은 더 이상 중동 및 유럽의 몇몇 국가에 국한된 문제가 아니라 전 세계 모든 국가가 직면하고 있는 심각한 문제다.

전통적 테러리즘은 소규모의 폭력성을 가지고 자신들의 정치적 목적을 성취하려는 시도가 주를 이루었으나, 오늘날 테러리즘은 새로운 양상을 보이고 있다. 냉전기였던 1980년대 말까지는 주로 적군파(일본), 붉은 여단(이탈리아) 등 공산주의를 신봉하는 극좌조직들의 테러가 많았지만, 냉전이 끝난 1990년대부터는 종교적 신념(주로 이슬람원리주의)을 바탕으로 한 중동 과격세력들이 국제테러리즘의 중심으로 떠올랐고, 케글리(Charles Kegley)가 주장한 바와 같이 "국제테러는 오늘날 국제정치를 규정하는 핵심 요인 중 하나"가 되었다.[64]

최근의 뉴테러리즘은 대규모 폭력성을 갖고, 무차별 대량살상을 시도하는 비이성적 행태를 보여주고 있다. 과거 테러리즘에서 보여준 최소한의 희생을 통한 목적의 달성이라는 도덕적 금지는 더 이상 유효하지 않으며, 테러의 파괴성과 살상의지만 남았다. 또한 오늘날 테러리즘의 살상 잠재력은 크게 증가했고, 이는 테러리즘의 본질을 변화시켜 잔혹한 테러와 대량살상의 반인륜적 형태로 나타나고 있다. 이제 테러리즘은 개인 또는 소수집단의 광신이나 망상에 의한 테러로 나아가고 있다.[65] 한편, 오늘날의 테러리즘은 폭력을 행사하는 잘 조직된 글로벌 네트워크를 특징으로 하며, 정치적 목적을 가진 초국적 테러 네트워크는 테러의 음모와 공격을 협력하기 위해 현대 커뮤니케이션 기술을 사용하고 있다.

---

64 Charles Kegley, Jr., "An Introduction," in *International Terrorism: Characteristics, Causes, and Controls* (New York: St. Martin's, 1990), p. 3.

65 김웅수, 전게서, p. 276.

이러한 테러리즘은 국제정치에 많은 변화를 야기하고 있는데, 우선 테러리즘은 전쟁 양상의 변화를 가져왔다. 장차전의 모습을 정확하게 예측하기는 어려우나 정규전보다는 테러리즘 같은 저강도 분쟁이 치열하게 전개될 것으로 예상된다.

둘째, 9.11테러에서 보듯이 테러리즘은 안보 개념에 중대한 변화를 가져왔다. 기존의 국제질서에서 안보에 가장 중대한 위협은 또 다른 주권국가였다. 그러나 9.11테러는 주권국가가 아닌 테러집단이 더욱더 심각한 위협이 될 수 있다는 것을 보여주었다.

3) 대량살상무기 확산

대량살상무기라 함은 핵폭탄 · 화학무기 · 생물무기와 같이 한 번 사용함으로써 전투원 · 비전투원을 구분하지 않고 무차별하게 다수의 인명을 살상할 수 있는 무기를 말한다. 제2차 세계대전 중 미국이 먼저 개발한 핵무기는 1964년까지 4개국이 추가로 핵무기를 보유하게 되어 핵보유국은 세계 5대 강국으로서 지위를 자리매김하게 된다. 그리고 이들은 1975년에 성립된 '핵무기비확산조약(NPT)'에서도 핵무기 원보유국으로 인정을 받게 되고, 이들 국가 이외에는 핵무기가 확산되지 않도록 하는 NPT 체제를 만들어 자신들의 지위를 완전히 차별화하는 데 성공했다.

그러나 NPT에 가입을 거부하고 있던 인도와 파키스탄이 1998년에 핵실험을 감행해 NPT 체제에 큰 충격을 가하면서 핵무기 보유국 대열에 동참하게 된다. 그리고 이스라엘과 남아공이 핵무기 개발에 성공한 것으로 간주되었고, 남아공은 이후 핵무기를 자진 폐기하게 된다.

이처럼 지난 60년간 핵무기가 다소 확산되었지만, 대량살상무기가 합리적인 사고를 하는 국가의 수중에 있을 때는 통제가 잘되어 이로 인해 오히려 분쟁발생을 예방하는 효과도 있었다는 점에서 순기능적인 측면도 있었다. 그러나 최근까지 북한이 4차에 걸쳐 핵실험을 실시했고, 이란도 핵무기의 보유를 주권적 사항으로 간주하고 핵개발을 추진하고 있는 것으로 알려져 있으며, 현재 이들 2개 국가 이외에도 핵무기 개발에 착수하면 단기간 내에 핵무기 보유가 가능한 수준의 기술력을 가진 '핵 임계국가(nuclear threshold country)'가 약 20여 개국에 이르는 것으로 추정되고 있다.[66]

이 같은 핵무기 확산이 이루어지는 데 영향을 미친 것은 구소련의 해체인데, 구소련은 해체 이전에 방대한 양의 핵무기와 더불어 10만 명의 핵기술 인력을 전 영토에 배치해두고 있었으나, 구소련의 붕괴로 핵무기 인프라가 다수의 신생 독립국으로 확산되는 현상이 발생했다. 물론 그 후 이들 신생독립국의 핵무기를 러시아로 이관하는 협정이 체결되어 핵무기는 확산이 덜 되었지만 핵 기술은 확산되어 앞으로도 핵 임계국가의 숫자가 늘어날 가능성은 얼마든지 있다. 게다가 더욱 문제가 되는 것은 구소련의 핵 인프라가 테러집단이나 인종집단, 범죄조직 등에도 넘어갈 가능성이 있다는 점이다. 이들 집단은 비합리적 사고를 하는데다가 상대방의 보복공격으로 인해 잃어야 할 것이 많지 않은 집단이므로 핵무기 사용의 유혹을 느낄 수 있다는 점에서 사태의 심각성이 있다. 게다가 테러나 범죄집단이 핵무기를 사용하는 경우에는 핵무기 사용 징후도 포착하기 어렵다는 문제가 있다.

이러한 맥락에서 핵무기의 수평적 확산, 특히 예측 불가능한 소수집단에 의한 핵무기 등 대량살상무기의 보유라는 사실은 핵무기에 대한 기존의 이론은 물론 국제 안보환경 자체를 근본적으로 변화시키고 있다. 수평적 핵확산이 이루어지면서 그것도 대량살상무기를 누가 보유하고 있는지도 모르는 상황이 발생하는 것은 국제안보 정세를 대단히 불투명하게 만들 뿐 아니라 혼란스럽게 만들게 되는 것이다.

이러한 새로운 상황의 도래에 대해 미국이 가장 먼저 민감한 반응을 보이며 대응조치를 취했는데, '억제이론' 대신 '선제공격이론'을, '비확산이론' 대신 '반확산이론'을 주장하게 된다. 그러나 대량살상무기의 확산은 미국만의 우려가 아니라 전 세계 인류에게 심각한 위협이 되고 있다.

---

66 이백순, 『신세계질서와 한국』(서울: 21세기북스, 2009), p. 329.

4) IS의 확대

'이슬람국가(IS, Islamic State)'는 칼리프 국가 건설이라는 기치를 내걸고, 소위 '지하드(성전)'라는 단어를 악용하며 다수의 민간인 학살, 인신매매, 인질 참수 등의 갖가지 테러수법과 잔혹성으로 매스컴을 통해 시선을 모으고, 사람들의 공포심을 유발하며 세계평화를 위협하고 있다. 2011년 이후 급격히 세력을 불린 IS는 현재 조직원 7~8만 명이 시리아 · 이라크 일대에서 한반도 면적의 3배에 이르는 62만 3,000㎢를 장악하고 있으며, 2014년부터는 미국 · 캐나다 · 호주 등 전 세계로 테러 범위를 넓히고 있다.

IS의 전신은 이슬람 수니파 무장단체 '유일신과 성전'이다. 이 단체는 이라크 전쟁 당시 미군에 체포 · 처형당한 사담 후세인 전 이라크 대통령의 추종세력을 광범위하게 모아 이라크의 대표적 반(反)정부 무장세력이 되었다. 특히 2010년 말 시작된 중동의 민주화 열풍인 '아랍의 봄'으로 독재 정권이 무너지면서 사회가 혼란해진 것이 힘을 키울 수 있는 배경이 되었다. 사담 후세인 정권 붕괴 이후 미군이 빠져나가면서 이라크가 정파 간 권력 투쟁으로 혼란해지고, 시리아가 내전으로 무정부 상태가 된 틈을 타 급속하게 세력을 불렸으며, 2013년 4월에는 ISIL, ISIS라는 이름으로 개명했다. 2014년 6월 무렵에는 이라크 · 시리아 영토 34%에 해당하는 지역으로 세를 넓혔으며, 2014년 6월 29일에는 자칭 '이슬람 국가(IS)'를 건설했다.

IS(이슬람국가)는 기존 테러조직과는 성격이 다른 조직이다. IS는 말 그대로 '국가'를 지향한다. 알카에다가 반미(反美)와 이슬람 근본주의로 뭉친 아랍 지역 테러 결사이고, 탈레반의 집권 목표가 아프가니스탄에 국한된 데 반해, IS는 유럽 · 아프리카 · 인도 일대까지 세력을 뻗쳤던 중세 이슬람 전성 시절의 '칼리프(이슬람 정치 · 종교 지도자) 제국'의 부활을 목표로 삼고 있다. IS는 중동 지역에 국한되지 않고 온라인을 통해 지구촌 전역에서 세력을 규합하고 있다. SNS 선동을 통해 전 세계의 사회 부적응 · 불만세력 등을 자극해 자생 테러리스트로 키우고 있다. IHS 제인스 테러반란센터가 2015년 10월 22일에 발표한 보고서에 의하면 IS는 2015년 7~9월 동안 1,086회의 공격을 감행해 2,978명의 목숨을 빼앗은 것으로 나타났다.

특히 IS는 인질을 참수하고 산 채로 불사르거나 폭사시키는 장면을 근접 촬영해 영화처럼 편집한 동영상을 SNS에 유포하며 서방세계의 공포감을 극대화시켜 존재감을 키웠다. 점령 지역에서는 나름의 입법 · 사법 · 행정 체계를 갖추고 영문 월간지(「다비크」)까지 정기 발행하는 것도 이전 테러단체와는 다른 모습이다.

IS가 이슬람 국가를 선포한 지 1년 반이 되는 현재 미국 주도의 연합군이 공중공습을 지속하고 있으나, 지형지물에 익숙한 IS 대원을 제거하기엔 역부족으로 드러나면서 전황은 교착된 상태다.

2015년 9월에는 러시아가 IS 척결을 명분으로 시리아에 대한 군사적 개입을 확대함으로써 시리아 반군을 지원하는 미국과 사우디아라비아, 터키 동맹과 충돌하고 있다. 미국과 러시아 측 모두 시리아 IS 척결을 명분으로 내세우고 있지만, 미국 주도의 동맹국들은 바샤르 알 아사드 시리아 대통령의 축출을 원하고, 러시아는 그의 유임을 지지하고 있어 반목은 지속되고 있다.

4. 포괄안보 개념의 발전

냉전의 종식과 세계화의 진전은 안보적 차원에서 대량살상무기, 사이버 범죄, 종족 분규, 마약 밀매, 환경 파괴, 전염병의 확산 등 초국가적 위협의 범위와 유형을 확대 · 심화시켜왔으며, 이에 따라 새로운 안보위협에 대처하기 위해 포괄안보(comprehensive security) 개념이 발전되었다.

1970년대 초반까지는 한 국가나 진영의 안보는 다른 국가나 진영의 안보를 희생시켜야만 달성되는 것으로 인식된 군사안보를 지칭하는 절대안보 개념에 기초했다. 그러나 이러한 절대안보 개념은 국가 간에 과도한 군비경쟁의 악순환을 초래했다. 마침내 핵무기의 개발로 인한 상호 공멸의 공포가 국가 간의 전쟁억제와 군비경쟁 지양을 초래했다. 그 결과 적대세력 간의 평화공존을 모색하는 의식이 대두됐는데, 이로 인해 상호안보, 공동안보, 협력안보, 포괄안보라는 새로운 안보 개념이 나타나게 되었다.

상호안보(mutual security)와 공동안보(common security)는 1980년대 후반기 미·소 간의 적대관계를 청산하려는 노력 속에서 등장했다. 상호안보는 각자가 상대방의 안보를 감소시키거나 저해함으로써 자국의 안보를 증진시킨다고 하는 개념에 반대되는 개념으로서, 결국 자국이나 자기 진영의 안보는 타국이나 타 진영의 안보를 똑같이 인정하는 바탕 위에서 공동으로 추구되어야 한다는 것을 의미한다. 또한 공동안보는 어떤 국가도 그 자신의 군사력에 의한 일방적 결정, 즉 군비증강에 의한 억지만으로 국가의 안보와 평화를 달성할 수 없으며, 오직 상대 국가들과의 공존(joint survival)·공영을 통해서만 국가안보를 달성할 수 있다는 것이다. 한편 한 발 더 나아간 협력안보는 냉전의 종식과 세계화로 인한 탈냉전기 안보환경에 대응하기 위해 등장한 개념이다. 협력안보는 독일의 통일과 구소련의 붕괴로 인해 1990년대 등장한 개념으로서, 이것은 각 국가의 군사체제 간의 대립관계를 청산하고 협력적 관계의 설정을 추구함으로써 근본적으로 상호 양립 가능한 안보목적을 달성하는 것을 의미한다.[67]

포괄안보의 개념은 학문적으로는 1990년대 아세안국가연합(ASEAN)의 협력방식에 적용되면서 정착되기 시작했다. 아세안 국가들은 안보에 있어 군사적 문제보다는 정치적 대화, 경제적 협력, 상호 의존성의 증대, 국가들의 통치능력에 초점을 맞추면서 국가들 간의 협력증진을 도모했다. 이러한 성공경험을 토대로 아세안 국가들은 1994년 아세안지역포럼(ASEAN Regional Forum: ARF)을 발족하면서 ARF를 포괄안보 개념에 기초하여 발전시켜나갈 것을 천명했다. 1995년 제2차 외무장관회의에서 "ARF는 군사문제(military aspect)뿐만 아니라 정치·경제·사회 및 여타의 문제들을 포함하여 다루는 포괄안보 개념(concept of comprehensive security)에 입각함"을 확인했다.[68]

---

67 이원우, "안보협력 개념들의 의미 분화와 적용: 안보연구와 정책에 주는 함의", 「국제정치논총」 51(1), p. 49.

68 김진항, "포괄안보시대의 한국국가위기관리 시스템 구축에 관한 연구", 경기대학교 정치전문

또한, 1998년 제5차 외무장관회의에서는 "ARF가 포괄적 방식(comprehensive manner)에 입각한 안보문제 접근을 지속해왔으며, 핵심적인 군사 및 방위 관련 문제에 초점을 맞추는 한편, 지역안보에 중요한 영향을 미치는 비군사적 문제들도 다루기로 하고 해양안보, 해양에서의 법과 질서, 해양환경의 보호와 보존이 포괄안보 규칙하에서 검토되어야 한다"고 강조했다. 2002년 제9차 외무장관회의에서도 '포괄적인 방식으로(in a comprehensive manner)' 안보문제를 해결해야 한다고 재확인했다.[69]

따라서 아세안 국가들이 가정한 포괄안보는 비군사적 분야에서 출발하여 군사적 협력의 접근을 시도한 것으로 볼 수 있으며, 이러한 아세안식 포괄적 안보협력 접근방식의 포괄안보 개념은 처음에는 군사적 문제를 배제시키고 비군사적 분야의 협력을 강조했으나, 이제는 군사적 · 비군사적 분야를 모두 다루는 안보 개념으로 발전하고 있다고 할 수 있다. 이때까지도 포괄안보에 대한 논의는 안보의 대상을 국가에 두고 그 구현방법과 수단을 비군사적 수단까지 망라한다는 차원에서 전통적 안보의 아류로 인식된다.

1989년 베를린 장벽의 붕괴를 시작으로 한 탈냉전과 세계화는 전통적 안보의 중요성을 약화시켰다. 이에 반해 기후변화 등 자연현상의 극심한 변화에 따른 자연재난과 도시화로 인한 인적재난 증가, 그리고 변종 바이러스 등장으로 인한 질병으로부터 보호, IT문명의 발전으로 인한 사이버 공격 및 환율조작, 금융위기로부터 보호 등의 요구는 점증하고 있는 상황이었다. 이러한 상황은 포괄안보의 개념을 새로운 패러다임으로 변환시켰다. 이전의 포괄안보 개념은 안보의 수혜 대상을 국가로 하고 그 구현방법과 수단 면에서 포괄적이라고 명명한 데 반해 현재의 포괄안보 개념은 안보의 위해요인이 포괄적이라는 차원에서 포괄안보로 인식한다. 즉, 포괄안보 개념은 전통적인 군사적 안보와 오늘날 새롭게 등장한 테러, 재난, 전염병 등 비군사적 안

대학원 박사학위논문(2010). p. 15.

69 상게서. p. 15.

보를 통칭하는 안보 개념으로 인식되고 있다.

1994년 UN은 인간개발보고서에서 '인간안보'라는 개념을 제시함으로써 포괄안보 개념의 발전에 일조했다.[70] 인간안보는 냉전종식 이후 인간개발의 중요성, 소위 실패한 국가들에서 국내분쟁의 증가, 테러나 전염병 등 초국가적 위험의 확산, 그리고 인권 및 인도주의적 개입 상황과 결부되면서 부각되었다. 그동안의 안보논의가 국가를 중심으로 한 '공포로부터의 자유'를 근간으로 하면서 주로 전쟁과 관련한 폭력을 다루어왔다면, 인간안보는 개념의 적용범위를 대폭 확대하여 빈곤, 저개발, 질병 등과 같은 '결핍으로부터의 자유'를 주요 관심대상으로 삼는다는 점에서 차이를 보인다. 그러므로 인간안보는 안보영역에 있어서 가장 광범위하고 포괄적인 개념으로 정치안보, 군사안보, 경제안보, 사회안보, 환경안보 모두를 포함하고 있기 때문에 사실상의 포괄안보로 볼 수 있다.[71]

국가안보는 국가의 주권과 영토적 통합을 유지하는 데 목표를 두고 있는 반면, 인간안보는 사람들을 보호하는 데 관한 것이다. 국가는 강력한 군사력을 유지하여 외적을 막는 한편 자국의 영토 내 국민을 보호할 의무도 함께 가진다. 이와 함께 UN '인간안보위원회'의 보고서를 살펴보면 "인간안보는 인권을 증진시키고 인간발전을 강화함과 동시에 국가안보를 보완하는 역할을 수행한다"라고 기술하여 인간안보가 국가안보와 상호 보완적인 관계임을 밝히고 있다.[72]

국가가 타국의 지배하에 놓이게 되면 국민의 생명과 자유가 무참하게 침해되고 인권이 유린되는 상황에 처하게 될 것이다. 그런 점에서 맥린(George Maclean)을 비롯한 많은 학자들이 국가안보(state security)와 인간안보는 상호 보완적이라는 점을 강조한다. 국가안보가 자동적으로 인간안보를 보장해주

70 전웅, "국가안보와 인간안보", 「국제정치논총」 44 (2004), p. 33.

71 이수형, "비전통적 안보 개념의 등장 배경과 유형 및 속성", 「한국국제정치학회 하계학술회의 발표 논문집」(2009), p. 41.

72 전웅, 상게서, p. 40.

는 것은 아니다. 그러나 국가안보는 인간안보 실현을 위한 필요조건이다. 외부의 침입으로부터 영토와 주권이 안정적으로 유지되지 않으면 자국 내 국민의 복지와 안전이 보장될 수 없다. 역으로 자국의 국민에게 최저 생계보장과 물리적 안정 유지 등 국가로서의 의무를 이행하지 않고서는 국가안보를 유지하기 어렵다.[73]

따라서 인간안보는 국민을 대상으로 하는 안보라고 할 수 있다. 그러므로 포괄안보란 국민 생존에 위협을 가하는 다양한 위협과 위험으로부터 위협이 없는 상태 또는 안전한 상태를 의미한다고 할 수 있으며, 포괄안보의 영역은 정치, 외교, 군사, 경제, 사회문화, 과학기술, 환경 등의 분야를 포함하는 것으로 규정할 수 있다.[74]

---

73 상게서, pp. 40-42.

74 국방대학교 편, 『국가안보론』(서울: 국방대학교, 2009).

제Ⅲ부

국가안보의 영역

제6장

전통적 안보

이 장에서는 안보의 포괄적인 범위 중에서도 전통적 안보 개념에 대해 기술하고자 한다. 그중 군사력과 국가안보의 관계에 대해 알아보고, 군비경쟁과의 상호관계를 고찰하며 군사위기와 분쟁, 전쟁의 스펙트럼에 대해 조명한다.

전통적으로 국제정치에서 '안보'라는 개념은 군사안보와 동일하게 사용되어 왔다. 1648년 웨스트팔리아 조약 이후 국제사회의 주요 행위자로 주권국가가 등장했고, 각 주권국가는 자신을 보호해줄 수 있는 상위 권위체가 존재하지 않는 국제사회에서 스스로의 생존을 책임져야 했다. 그 결과 국가는 주권과 영토를 보존하기 위해 군사력을 증진하게 되었고, 안보 논의는 군사안보를 중심으로 전개되었다.

하지만 탈냉전으로 인한 새로운 국제질서가 시작되면서 안보의 범위와 영역이 크게 확대되었다. 이제 국가안보라는 용어는 국가 차원의 현상이지만 개인, 지역, 체계와 밀접히 연계되며, 정치와 군사뿐만 아니라 사회, 경제, 환경 등 각 분야에서 일어나고 있는 역동적인 변화를 포괄하지 않고서는 제대로 이해할 수 없는 개념이 된 것이다. 그래서 안보를 어느 특정 차원이나 분야에 국한시켜 취급하는 것은 안보 개념에 대한 이해를 심각히 왜곡시키게 된다.

이 장에서는 안보의 포괄적인 범위 중에서도 전통적 안보 개념에 대해 기술하고자 한다.

이종호(李鍾浩)

육군사관학교를 졸업하고 대대장, 연대장, 육군본부 교육훈련지원과장을 역임하고 대령으로 전역하였다. 고려대학교에서 정치학 석사 학위, 충남대학교에서 군사학 박사 학위를 취득하고, 현재 건양대학교 군사학과 교수, 군사경찰행정대학원장으로 재직 중이다. 한국동북아학회 이사, 미래군사학회 부회장, 충남 국방산업발전협의회 위원으로 활동하고 있으며, 주요 저서로는 『군사혁신론』, 『전쟁철학』(공저), 『군사학개론』(공저), 『전쟁론』(공저) 등이 있다.

제1절
군사력과 국가안보

1. 국력과 군사력

모든 주권국가들 간에는 서로가 어떠한 형태로든 관계를 맺고 있는데, 이것을 국제사회에서는 '국제관계'라고 한다. 국제관계 유지의 궁극적인 목적은 자국의 독립과 안전을 유지하고 국가 이익을 추구하여 지속적인 번영을 누리는 것이다.

자국의 이익을 추구하기 위한 국제관계에서는 현재적이든 잠재적이든 힘(power), 즉 국력이 작용하는데 국력의 강약에 따라 각국은 그들이 추구하는 이익을 많이 혹은 적게 획득하게 된다.

현대사회에서 국력을 바라보는 기준은 다양하지만 대체로 "국제관계에서 한 국가가 갖고 있는 또는 동원할 수 있는 인적 · 물적 자원과 기타 자원들을 실제로 행동에 옮겨 다른 국가의 행동이나 정책을 변화시킬 수 있는 국가의 능력"이라는 의미로 정의할 수 있다.[1]

어떻게 정의하든지 간에 국력은 현실을 분석하고 미래를 예측하는 데 가장 기반이 되는 자료다. 국가 간에 일어나는 거의 모든 관계가 힘을 기초로 하고 있으며, 그렇기 때문에 국가들이 힘을 수단으로 삼고 있는 것만은 부정할 수 없다.

국력이 강하면 자국의 번영과 안정을 유지할 수 있고 국제관계에서도 자

---

1 조영갑, 『국가안보론』(경기: 선학사, 2015), pp. 35-36.

국의 생존은 물론 발언권도 강화되기 마련이다. 따라서 국력은 국내·외적인 면에서 그 중요성이 대단히 크다고 할 수 있다.

국력은 여러 가지 요소에 의해 구성되어 있으며, 이러한 구성요소를 통해 각 국가 간에 상호 강약을 비교할 수 있다. 그러나 구성요소에 대해 많은 학자들이 다양한 주장을 하고 있어서 일관성 있게 통일되어 있는 것은 아니지만 대체로 영토, 인구, 군사력, 경제력, 정치력(정부의 능력), 기타 무형요소(도덕성, 국민성, 사기, 애국심, 리더십 등)가 그 범주 안에 들어갈 수 있다.[2]

2. 군사력의 역할과 기능

군사력은 국력의 구성요소 중에서 가장 크고 중요한 부분이며, 전통적으로 국가를 유지시키고 확장시키는 가장 기본적인 수단이었다. 즉, 영토와 인구 그리고 경제력을 한꺼번에 얻는 방법이 바로 군사력에 있었다. 산업혁명 이전의 영토 확장은 인력과 자원, 식량의 공급원 및 시장에 대한 통제를 의미했다. 전통국가는 더 많은 인구와 더 확실한 천연자원과 식량을 얻기 위해 무력을 이용하여 주변국의 영토를 침략했다. 이러한 침략으로부터 보호하는 수단도 바로 군사력이다.

군사력은 분쟁이 발생했을 때 공격 또는 방어를 할 수 있는 능력을 의미하기도 하지만, 아예 적대국가가 침략을 할 수 없도록 억제하는 역할도 담당한다.

군사력의 사용 목적은 타국의 정책방침, 역할, 의도, 행위에 영향을 줌으로써 국가의 목표를 달성하는 데 있다. 군사력의 사용 목적을 달성하는 방법에는 두 가지가 있다. 첫째는 적국에 심대한 손실을 가해 설정한 목표를 성취하거나 방어하는 방법이며, 둘째는 군사력을 과시함으로써 외교협상의 우위를 확보하거나 잠재적 적국에게 자신의 의지를 전달함으로써 자신의 목

---

2 Ray S. Cline, 국방대학원 안보문제연구소 역, 『국력분석론』(서울: 국방대학원 안보문제연구소, 1981), pp. 92-103.

적을 성취하거나 자신의 목적을 방어하는 방법이다.

군사력의 유형은 육군력, 해군력, 항공력 등으로 구분하는데, 과거에는 해군력이 특히 중요했다. 18세기 영국은 육군력에서 프랑스에 뒤처졌지만, 해군의 선박 수에서는 프랑스를 앞질렀다. 영국이 당시 세계 최대 강국이 될 수 있었던 것은 섬나라라는 조건과 해군력이 뛰어났다는 사실이다. 강대국이 되기 위해서는 기본적으로 힘을 국외로 투사할 수 있는 능력이 필요하다.

시비어스키(Seversky) 같은 사람은 공중세력의 우위성, 즉 하늘의 패권을 강조했다. 그는 결정적 지역(Area of Decision: 북극을 중심으로 북아메리카 및 유라시아의 대부분 지역)의 상공을 지배하는 쪽이 세계 상공을 지배하고 그로부터 세계무대의 강자로 발전할 수 있다고 주장했다. 오늘날 군사적으로도 항공력의 상대적 우위는 초강국으로 발전하기 위한 국가적 과제가 되고 있다.

군사력 중에서 육군력은 과거로부터 현대에 이르기까지 국력의 중요한 지표가 되어왔다. 존 미어셰이머(John J. Mearsheimer)는 현대세계에서 가장 압도적인 형태의 군사력은 육군력이며, 국가의 힘은 주로 공군과 해군에 의해 보조되는 그 나라의 육군력에 근거한다고 주장한다. 군사력의 유형별 중요성은 나름대로의 의미가 있으나 오늘날에는 육 · 해 · 공군의 통합성을 강조하고 있고 군사력의 발전도 통합성의 강화라는 방향으로 나아가고 있다.

이러한 군사력은 다양한 기능을 갖고 있다. 많은 학자들의 견해를 종합해 보면 대체로 군사력의 기능은 공격, 방어, 억제, 강압, 과시 등으로 종합해볼 수 있다.

첫째, 공격은 적국의 군사력을 파괴하는 행위를 의미하며, 이는 직접적으로 군사력을 사용하는 것으로 현상 변경을 목표로 군사력을 투사하는 기능이다.

둘째, 방어는 적의 공격을 격퇴시키고 피해를 최소화하기 위한 기능이다. 방어는 대부분 공격에 대한 대응의 형태로 작동한다.

셋째, 억제는 자국이 원하지 않는 것을 적이 하지 못하도록 하는 것으로 만약 적이 그러한 행위를 한다면 감당하지 못할 정도의 응징을 가할 것이라고 위협함으로써 전쟁을 방지하는 기능이다. 억제는 『손자병법』에서 주장하는 "전쟁을 하지 않으면서 적을 굴복시킨다(不戰而 屈人之兵)"와 같은 개념이다.

넷째, 강압은 군사력의 직간접적인 사용에 의해 자국의 의지를 적국에 강요하고 적의 행동을 변화시켜 국가이익을 달성하는 기능이다. 전쟁은 불확실성이 너무 크고 비용도 과다하다. 그러므로 대부분의 국가들은 전쟁으로 가기 전에 문제를 해소하고자 한다. 이때 '강압'이라는 방법을 사용하게 되는데, 실제 군사력을 전개시키기도 하고 대규모 군사력을 동원할 수도 있다는 것을 상대방이 믿게 만들기도 한다. 즉, 전면전도 불사하겠다는 협박을 하여 상대국의 정책을 변경시키도록 하는 것이다.

다섯째, 과시는 군사연습, 군사 퍼레이드, 최신무기의 구입 등을 통해 자국을 보다 더 강력한 국가로 보이도록 하여 국가적 위상을 높이는 기능이다. 과시는 국가 이미지 쇄신, 국민의 자존심, 통치세력의 위신 등을 만족시키는 데 그 목적이 있다.[3]

3. 군사력이 국가안보에 미치는 영향

국내정치에서는 정당한 무력사용권을 독점한 정부가 사적인 무력행사를 저지하며, 국가의 구성원을 보호한다. 그러나 국제정치에서는 가치를 권위적으로 배분할 수 있는 강제적인 법의 집행기구가 존재하지 않기 때문에 국가 간의 관계는 자연 상태에 놓이게 된다.

즉 국제체제의 무정부성(anarchy)이라는 특징 때문에 국제사회에서 최소한의 갈등 없이 관계를 맺기란 불가능하며, 갈등을 관리하고 조절할 주체가 없는 상태에서 타국의 폭력을 회피하는 것은 현실적으로 불가능하게 된다.

갈등을 조정하는 상위 권위체의 부재에 의해 국제정치에서는 자국의 생

3 황진환 외 공저, 『新 국가안보론』(서울: 박영사, 2014), pp. 54-58.

존과 안보를 스스로 책임져야 하는 자력구제(self-help)가 국가 행위의 원칙이 된다. 무정부 상태에서 국가는 전쟁을 피할 수 없다. 그러므로 전쟁 같은 외부의 위협으로부터 자기 방어와 생존을 위해 최소한 타국과 대등하거나 또는 우세한 수준의 군사력을 유지하는 것만이 국가안보를 달성할 수 있는 최선의 방안으로 고려된다. 만약 다른 국가와의 전쟁에서 패배하게 되면 국가는 영토, 주권, 국민 등 모든 것을 보호할 수 없기 때문에 어떤 가치보다도 우선적으로 군사력을 추구하게 된다.

그러나 국가가 군사력을 건설하여 자주국방을 추구하고자 할 때 두 가지 딜레마에 직면하게 된다.

즉, 안보딜레마와 국방의 딜레마이다. 타국의 위협으로부터 자국의 안보를 유지하기 위해 군사력을 건설하지만 인접국가는 이것을 오히려 자국에 대한 위협으로 간주하고 군사력을 증강함으로써 위협이 더 증가하게 되는 현상이 발생하게 된다. 이것을 '안보딜레마'라고 한다. 군사력 건설은 국방의 딜레마를 유발하기도 한다. 국가자원을 군사력 건설에 과다하게 할당하다 보면 국가경제와 사회복지 분야에 투자가 제한됨으로써 사회불안이 조성되고 정치적으로 불안정하게 되어 국가안보가 더욱 취약해질 수 있다. 국가안보에 대한 위협은 외부보다 내부에서 발생할 때 더 위험해진다.[4]

물론 국가안보 달성을 위해 군사력 증강만이 유일한 대안은 아니다. 국가안보에 대해 공통의 위협을 받거나 이해관계를 가진 국가들끼리 연합하여 공동으로 대응하는 동맹정책도 훌륭한 안보정책이다. 특히 약소국의 경우 상대적인 국력의 차이로 인해 자국의 안보를 유지할 수 없는데, 강대국에 대한 편승이나 같은 약소국끼리의 동맹 등을 통해 안보를 증진시킬 수도 있다.

하지만 국가가 군사력을 강화하고 동맹정책을 잘 유지한다고 하더라도 무정부적인 국제체제에서는 긴장을 늦출 수 없다. 왜냐하면 국가 간 잠재력과 힘의 성장속도는 상대적으로 차이가 발생하기 때문에 힘의 격차는 언제

4 김열수, 『新국가안보 – 위협과 취약성의 딜레마』(경기: 법문사, 2015), pp. 176-178.

든지 바뀔 수 있으며, 동맹이 배신을 하더라도 그것을 막을 수 있는 수단이 존재하지 않기 때문이다. 따라서 국가는 국가안보를 위하여 군사력을 중심으로 힘을 추구해야 하며, 이는 안보 논의가 군사안보 중심으로 이루어지게 되는 원인이 되고 있다.

제2절
군비경쟁

1. 군비경쟁의 개념

세계는 냉전체제가 붕괴된 1991년 이후 급격한 변화의 시대를 맞고 있다. 특히 세계적인 안보환경의 변화는 '신국제질서'를 창출하고 있으며, 우리나라가 위치하고 있는 동북아의 지역국제질서도 미 · 일 · 중 · 러 등 4강의 세력경쟁이 본격화되고 있다.

이는 각국의 국방비 증가와 집중적인 군비증강에서 가시적으로 확인되고 있으나 이를 제어할 마땅한 통제 시스템이 없기 때문에 또다시 상호작용을 통해 각국의 군비증강을 더욱 가속화시키고 있는 것으로 보인다. 이 장에서는 국가안보에 있어서 군비경쟁의 의미를 살펴보고자 한다.

1) 군비경쟁의 정의

군비(軍備)란 국가이익을 지키기 위해 준비된 군사설비로서 무기, 장비, 시설 등을 망라한 의미다. 국가가 자국의 이익을 지키고 생존해나가기 위해서는 어느 정도 규모의 군비를 갖추어야 할 것인가는 대단히 중요한 과제가 된다. 군비를 결정하는 요소는 학자에 따라 다양한 주장이 있을 수 있으나 그 내용을 종합해보면 지리적 요소, 자연자원의 요소, 산업능력 및 기술의 요소, 군대의 수와 질의 요소, 군 간부 지휘능력의 요소, 국민의 수와 질의 요소 등 여섯 가지 요소를 고려할 수 있다.[5]

---

5 송대성, 『한반도 군비통제』(서울: 신태양사, 2005), pp. 4-10.

두 적대국 간의 군비보유에 있어 상호 반응에 의해 나타나는 현상은 크게 두 가지로 분류할 수 있다. 하나는 두 나라 공히 군비증강으로 반응하는 경우이고, 다른 하나는 이와 반대로 군비감소 방향으로 반응하는 경우다. 전자의 경우를 '군비경쟁(軍備競爭, arms race)'이라 하고, 후자의 경우를 '군비감축(軍備減縮, arms reduction)'이라고 한다.

군비경쟁의 개념은 매우 다양하게 정의되고 있다.

〈표 6-1〉 대표적인 학자와 한국 합동참모본부의 군비경쟁 정의

학자 및 기관	정의
새뮤얼 헌팅턴	군비경쟁이란 두 개의 국가 혹은 국가군이 갈등적 목표추구나 상호 공포로 인해 평화 시에 군사력을 점진적이고 경쟁적으로 증강시키는 것이다.
마이클 월리스	군비경쟁이란 상호 적대적인 관계에 있는 국가들 간 또는 어떤 지역 내에서 패권 다툼을 하고 있는 국가들 간에 일정한 기간 이상 쌍방이 경쟁의식 속에서 군사비를 증대시키면서 군사력을 증강시키는 행위다.
찰스 앤더튼	군비경쟁이란 둘 혹은 그 이상의 당사자들이 상대방의 과거, 현재, 미래의 양적 혹은 질적 군사력 증강에 대한 반응으로서 자신의 양적 혹은 질적 군사력을 변화시키는 상황이다.
한국 합동참모본부	군비경쟁이란 둘 혹은 그 이상의 적대국 중 일방이 그들의 국가안보 내지 우위를 보장할 수 있는 방법이 군사력이라는 확신하에 군대를 증강하거나 무기의 파괴력을 향상시키고 무기의 양을 경쟁적으로 증강시키는 일련의 행위다.[6]

이와 같은 다양한 정의들을 종합해보면 군비경쟁이란 "적대관계나 잠재적 적대관계에 있는 둘 이상의 국가나 국가군이 갈등적 목표추구에 의해 형성된 군사적 적대감 속에서 각자의 국가이익과 국가안보를 수호하거나 증진시키기 위해 상대 국가의 과거, 현재의 양적 및 질적인 군비증강에 대응하여 자국의 군사력을 현저하게 증강시키는 상호작용 과정"이라고 할 수 있다.

6 합동참모본부, 『합동 · 연합작전 군사용어사전』, 합동참고교범 10-2(서울: 합동참모본부, 2010), p. 54.

2) 군비경쟁의 동기

한 국가나 국가군이 군비경쟁을 추구하는 동기는 각국이 처한 대내외적인 상황에 따라 상이할 수 있다. 일반적으로 군비경쟁을 통해 달성하고자 하는 목표로서의 동기는 크게 전쟁의 방지, 전쟁의 준비, 협상역량의 강화, 국제적 위신의 추구 등을 들 수 있다.

이와 같은 동기들은 복합적으로 작용할 수 있으며, 명목적 동기와 실질적 동기 간에 차이가 날 수도 있다. 더 나아가 군비경쟁 당사자들은 상대방의 동기를 정확히 인식할 수도 있지만, 때에 따라서는 잘못 인식할 수도 있다. 이러한 군비경쟁의 동기가 어떠한 것이냐에 따라, 또한 상대방을 어떻게 인식하느냐에 따라 군비경쟁의 양상과 그 결과에 커다란 차이가 있을 수 있다.

2. 군비경쟁의 유형

1) 양적 군비경쟁과 질적 군비경쟁

양적인 군비경쟁은 기존 군사력에서의 수적인 능력의 증강으로 나타난다. 즉 군사비, 각종 무기, 장비, 병력, 부대의 숫자 등이다.

질적인 군비경쟁은 신무기와 장비의 도입, 병력과 부대의 전투수행능력 향상을 위한 각종 교육훈련 강화 현상으로 나타난다. 대부분의 군비경쟁은 양적인 것과 질적인 것이 병행하여 나타난다.

2) 재래식 군비경쟁과 비재래식 군비경쟁

재래식 군비경쟁은 대포, 전차 및 장갑차, 전투기, 구축함, 미사일 등 재래식 무기분야에 있어서 군사력 증강이 경쟁적으로 나타나는 것을 의미하고, 비재래식 군비경쟁은 대량 살상력을 갖는 핵무기, 생화학무기와 이들을 전달하는 운반체로서의 각종 미사일 분야의 군비경쟁을 의미한다. 군사기술 혁신이 계속됨에 따라 향후 비재래식 군비경쟁이 촉발될 수 있다.

3) 대칭적 군비경쟁과 비대칭적 군비경쟁

대칭적 군비경쟁은 양측이 서로 유사한 방식으로 유사한 무기나 장비를 중심으로 군비경쟁이 일어나는 것을 의미하고, 비대칭적 군비경쟁은 양측이 서로 다른 양상으로 서로 상이한 무기나 장비에 초점을 맞추면서 이루어지는 군비경쟁을 의미한다.

즉 일방이 전차를 증강시키면 상대방은 해군력을 증강시킨다든지, 일방은 군사력의 양적 증가에 치중하는 반면 상대방은 군사력의 질적 향상에 치중하는 등 군비경쟁을 통해 상대방에 비해 일정한 부분에 대한 우세를 확보하는 데 치중하는 것이 비대칭적 군비경쟁이라고 볼 수 있다.

3. 군비경쟁의 요인

특정국가 간에 전개되는 군비경쟁에 영향을 주는 요인들로는 크게 해당 국가의 국제적 요인들인 대외 요인과 국내적 요인들인 대내 요인의 두 가지로 분류된다. 통상 대외 요인들은 적대국과의 관계, 군사동맹관계, 국제정치적 환경 등이 포함되며, 대내 요인들은 크게 정치지도자의 리더십 특성, 경제적인 요인, 사회적인 요인 등이 포함된다.

1) 대외 요인

루이스 리처드슨(Lewis F. Richardson)은 상대방에 대한 정치적 두려움 때문에 군비를 증강시키며, 다른 국가에서도 이러한 군비증강에 두려움을 느끼게 되기 때문에 다시 군비증강을 하는 그러한 상호작용들에 의해 군비경쟁이 발생한다고 보았다.

또 다른 대외 요인으로는 동맹으로서의 역할수행을 위해 군비증강을 하는 경우다. 원칙적으로 동맹국은 공동의 이익의 몫과 동맹의무 수행에 따른 부담을 계산하여 이익의 크기를 초과하지 않는 범위 내에서 군사역할 및 군비투자 등 부담에 나선다. 따라서 군비증강이 반드시 동맹을 위해 이루어지는 것은 아니지만, 동맹의 요구가 군비증강의 정당성을 대내외에 주장할 수 있는 구실을 제공함으로써 군비증강을 촉진시킬 수 있다.

2) 대내 요인

젱하스(Dieter Senghaas)는 국가 내의 이익집단들이 군비증강을 선호하기 때문에 군비경쟁이 발생한다고 주장했다. 즉, 군비증강은 외부 요인보다 내부 요인이 더 크게 작용하고 있다고 보았다.

군비경쟁을 촉발하는 내부 요인으로는 군산복합체, 군사과학기술, 무기체계 개발을 위한 조직 내부의 명령체계 등을 들 수 있다. 군대가 제도적으로 민간, 군, 행정, 연구개발 실험실, 무기 생산공장 등과 유기적으로 관계를 맺어왔기 때문에 이러한 분야의 이익구조가 유기적으로 조직되고 제도화되어 군비증강을 유도할 수 있다.

3) 대내 · 대외 복합요인

군비경쟁의 요인으로서 대외 요인을 강조할 경우에는 외부로부터의 자극이나 압력 또는 환경변화에 반응하는 공통적인 국가행동과 그 역동성을 설명할 수 있고 그런 결과로서 나타나는 공통현상을 개별 국가에 적용하여 대응행동을 예측해볼 수 있는 장점이 있다.

반면에 개별 국가의 특성 또는 대외 요인이 개별 국가 내에서 영향력을 행사하는 통로나 과정을 관찰하는 데 소홀하여 각 국가가 서로 다른 형태로 대응하는 현상을 식별해내지 못한다는 단점이 있다.

대내 요인을 중시하다 보면 대외 대응에 있어 국가 간의 차이점을 비교할 수 있는 장점은 있으나 국내체제의 정태적 측면만을 강조하는 타성에서 벗어나지 못하는 단점이 있다.

따라서 군비경쟁의 발생요인을 대외 요인 또는 대내 요인으로 구분하는 것보다는 내 · 외부 요인이 복합적으로 작용하고 있다고 보는 것이 타당할 것이다.

제3절
군사위기, 분쟁, 전쟁

1. 군사위기, 분쟁, 전쟁의 스펙트럼

국제사회에서 국가 간에는 정치, 경제, 군사, 사회 그리고 지리적 이해관계 때문에 분쟁은 피할 수 없는 것이 되고 있다.

국가 간의 분쟁은 주로 협상과 조정 또는 꾸준한 인내로서 평화적인 방법으로 해결된다. 그러나 어떠한 분쟁 요인 중 일부는 근본적으로 양립할 수 없는 것이 있을 수 있다. 이러한 문제는 한 국가가 유리한 이익을 확보하기 위해 힘을 사용하게 하는 요인이 된다.

일단 분쟁이 군사적으로 문제화되면 효과적인 국가위기관리를 통해 최초의 충돌은 협상 또는 대화로 해결이 가능하지만, 때로는 폭력의 상승작용에 의해 분쟁이 더욱 가열해질 수도 있다. 이럴 경우 분쟁은 여러 가지 복합적인 요인에 의해 전쟁으로 변환되기도 한다.

국가 간에 전쟁이 발생하게 되면 어려운 문제를 해결하기 위해 새로운 동적인 힘들이 수많은 역할을 복합적으로 수행하게 된다. 국가 간의 전쟁은 결국 종료되며, 정치, 경제, 군사, 사회 및 지리적인 조건들이 몇 가지 방법에 의해 모두 변경된다.

다음 〈그림 6-1〉은 평시 위기로부터 전쟁으로 변화되는 모습을 도표로 설명하고 있다.

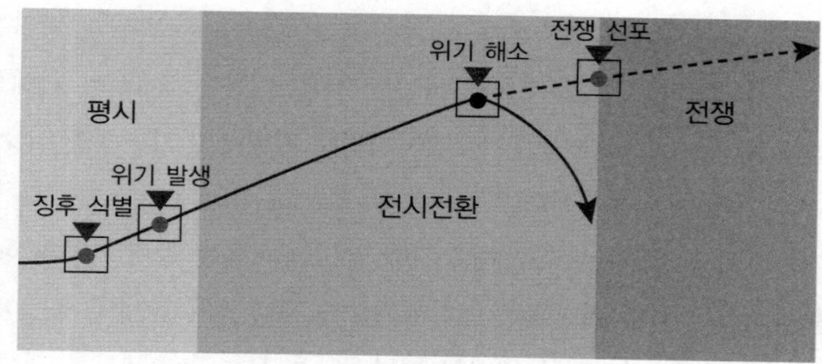

〈그림 6-1〉 위기로부터 전쟁으로 변화되는 모습

2. 위기관리로부터 전쟁억제 및 수행

1) 위기관리 대응

국가의 위기관리는 관련기관들 간의 연계성을 통해 대응시스템이 작동하게 된다. 국가위기를 대응하는 과정은 위기의 시간대별로 진행과정을 중심으로 크게 위기발생 전의 예방단계와 대비단계, 위기발생 후의 대응단계와 복구단계 등으로 구분하여 수행되며, 이 과정들은 서로 독립적이라기보다는 유기적이며 순환적인 관계를 갖는다.[7]

첫 번째, 예방단계는 위기관리단계 중에서 철저한 준비와 노력을 통해 피해를 예방하고 최소화시키는 역할을 수행하는 가장 중요한 단계다. 예방단계에서는 과거의 경험과 각종 위기사례에서 도출된 정보분석을 바탕으로 발생 가능한 유발요인을 사전에 제거하거나 감소시킴으로써 위기발생 자체를 억제하거나 방지하기 위한 일련의 활동을 전개한다.

두 번째, 대비단계는 예상되는 각종 위기상황을 가정하여 수행해야 할 제반 조치사항을 사전에 계획 및 준비하고 교육과 훈련을 실시함으로써 위기관리 대응능력을 제고시키는 단계다. 대비단계에서는 위기상황 발생 시 즉각 대응태세를 강화시키는 활동이 가장 중요하다.

---

7 조영갑, 전게서, p. 67.

세 번째, 대응단계는 위기발생 시 국가의 가용한 모든 자원과 역량을 효율적으로 활용하여 신속하게 대처하는 단계다. 대응단계에서는 피해를 최소화하고 확산을 방지하며, 추가로 2차적인 위기발생의 가능성을 감소시키는 실제적인 활동이 전개된다.

네 번째, 복구단계는 국가위기로 인해 발생한 피해를 발생 이전의 상태로 원상회복시키기 위한 제반활동이 시행되는 단계다. 복구단계에서는 상황평가를 통해 발생한 위기의 문제점과 취약요인을 분석하여 제도를 개선하고 운영체계를 발전시켜 동일한 유형의 위기가 발생되지 않도록 방지하며, 위기관리 능력을 제고하기 위한 보완적 활동이 전개된다.

2) 분쟁의 방지

국가 간의 분쟁이 발생할 경우 분쟁을 해결하는 가장 전통적인 수단은 무력사용, 즉 전쟁이었다. 그러나 제1, 2차 세계대전을 통해 대규모 전쟁의 참담함을 목격한 이후 국제사회는 전쟁을 불법화하고 국가 간의 분쟁을 평화적으로 해결할 수단을 마련하는 데 큰 노력을 기울였다.

이렇게 갖추어진 분쟁의 평화적 해결수단은 크게 분쟁 당사국 간의 양자협상과 제3자 개입으로 구분할 수 있다. 그중에서 제3자 개입은 다시 비구속적 3자 개입, 구속적 3자 개입으로 나뉜다. 전자는 흔히 외교적 분쟁해결 수단이라고도 분류된다. 분쟁해결 결과에 분쟁 당사국에 대한 구속력이 없고 단지 권유에 불과하기 때문이다.

외교적 분쟁해결 수단은 주선, 중개, 심사, 다자협상 등이 있다. 후자는 법적 분쟁해결 수단이라고도 분류된다. 한번 분쟁해결에 대한 결론이 내려지면 이는 국제법에 의한 법적 구속력이 있기 때문이다. 법적 분쟁해결 수단에는 중재재판, 국제법원의 재판 등이 있다.

3) 전쟁억제 및 수행

국가 간의 분쟁이 전쟁으로 확대되지 않도록 하기 위해서는 억제

(deterrence)를 시행해야 한다. 억제는 일반적으로 "한 국가가 다른 국가로 하여금 현상을 변화시키려는 시도를 하지 못하도록 하는 행위"로 정의된다. 좀 더 구체적으로는 "상대국으로 하여금 보복이나 응징의 가능성을 보여줌으로써 특정행위를 하지 못하도록 하는 것"을 의미한다.

억제는 억제자와 피억제자, 위협, 공약, 설득의 요소로 구성된다. 억제자가 피억제자에게 위협과 공약을 통해 특정행위를 하지 못하도록 설득하는 것이 억제이기 때문이다.

또 억제가 가능하기 위한 조건으로서 정책표명, 신빙성, 합리성, 대안이 있다. 위협이 전달되기 위해서는 어떤 방법으로든 정책표명이 이루어져야 하고 그것이 피억제자에게 전달되어야 한다. 피억제자 입장에서는 억제자의 위협이 신빙성 있는 것임을 믿을 때에야 억제될 수 있으며, 그런 면에서 억제자의 능력, 의도는 신빙성을 구성하는 핵심요인이 된다.

피억제자가 합리적으로 자신의 행동이 야기할 이해득실을 계산할 수 있어야 억제자의 위협이 위협으로서 작용할 수 있기 때문이다. 피억제자에게 다른 행동의 여지가 없는 경우에는 행동을 강행할 수밖에 없기 때문에 억제는 실패하게 된다는 면에서 대안은 억제가 작용하기 위한 중요한 조건이 된다.

억제는 세 가지 유형, 즉 일반적 억제, 확장된 억제, 그리고 확장된 긴급억제로 나누어진다. 일반적 억제란 상대 국가가 세력균형 변화를 시도하려 할 때 이를 억제하는 것을 말한다. 확장된 억제란 제3자에게까지 대상이 확대된 개념으로, 상대국이 제3국을 위협하지 못하도록 억제하는 것을 말한다. 이 경우 동맹은 억제의 주요 수단이 된다.

마지막으로 확장된 긴급억제는 피억제국의 제3국에 대한 무력사용 직전에 이를 억제하는 것으로, 확장된 억제가 피억제국이 제3국을 위협하는 것 자체를 억제하는 것인 반면에 확장된 긴급억제는 피억제국의 위협요소가 실제 제3국에 행사되는 것을 억제하는 것을 말한다.

국가는 억제 실패에 대비하여 전쟁 수행 준비가 되어 있어야 한다. 억제가 실제로 무의미하게 되었을 때 적대국과의 전쟁이 개시될 수 있다. 전쟁은 전후의 더 나은 평화를 위해 수행되어야 한다. 그러므로 전쟁의 전개에 따라 국가는 전쟁에서 승리하고 국가이익과 합리적인 행위모델에 기반을 두어 전쟁종결을 이끌어내야 한다.

전쟁의 종결은 전쟁의 수행만큼이나 중요한 문제이다. 국가전략적 수준에서는 전쟁을 통해 달성하고자 하는 정치적 목적과 연계되어야 하고, 군사전략적 수준에서는 전쟁수행 목적 및 목표를 면밀히 고려해야 한다. 따라서 전쟁을 어떻게 종결할 것인가의 문제는 정치지도자와 군사지도자 간의 긴밀한 협의를 통해 사전에 구체적으로 수립할 필요가 있다.

제7장

비전통적 안보

과거 냉전시대에 안보의 핵심은 국가 외부의 정치-군사적인 위협에 대비하여 국가의 안전을 보장하는 것이었다. 그러나 냉전체제가 해체됨에 따라 현대의 국제관계는 국가 간의 상호 의존성이 심화되었으며, 이에 따라 국가안보의 영역이 전통적 안보에 더하여 비전통적 안보분야로 확대되었다.

이 장에서는 비전통적 안보분야 중 정치안보, 경제안보 그리고 사회안보에 대한 개념, 위협과 취약성 그리고 분야별 정책의 유용성과 한계에 대해 살펴보고자 한다.

자유진영과 공산진영으로 분리되어 정치 · 군사적으로 첨예하게 대치하던 냉전시대에 국가안보는 외부로부터 군사적 위협을 주요 안보위협으로 상정하고, 군사전략 위주로 대응책을 마련했다. 그러나 냉전시대의 종식과 함께 미국과 소련을 중심으로 한 군사적 대결구도가 해체되고, 국가 간 상호 의존성이 심화되면서 세계 각국의 안보적 관심 역시 군사 영역에서 정치 · 경제 · 사회 등 비군사적인 영역으로 확대되었다. 이와 같이 안보의 관심분야가 확대된 배경을 살펴보면 다음과 같다. 첫째, 국제안보정세 면에서 냉전시대와 구분되는 탈냉전적 안보환경 상황이 도래했다. 과거 적대관계였던 국가 간에도 경제 · 문화적 교류가 매우 활성화되었다.

둘째, 세계화 현상이 가속화되면서 국가안보를 유지하는 데 군사부문 외의 안보상황이 중요하다는 인식이 확대되었다. 지역별 FTA 체결의 증가로 경제안보의 중요성이 부각되고 있다. 또한 세계적으로 교통과 이동의 규모와 빈도가 증가하면서 국가 고유의 정체성 유지 혹은 강화 등 사회부문에 새로운 정책이 필요하다는 생각을 갖게 되었다.

마지막으로 경제, 인권, 테러, 질병 그리고 환경 등의 문제도 단일국가의 노력만으로는 해결이 불가능하고 지구촌 차원에서 관심과 노력을 함께 기울여야 해결이 가능하다. 이상과 같이 국가안보를 위협하는 다양한 요인은 군사중심의 안보이론만으로는 충분하지 않다고 판단된다. 따라서 확대된 국가안보 개념을 유지해야만 현재 우리가 직면한 다양한 위협요인에 대한 대비가 가능하다.

이에 이 장에서는 비전통적 안보분야 중 정치안보, 경제안보 그리고 사회안보에 대한 개념, 위협과 취약성 그리고 분야별 정책의 유용성과 한계에 대해 살펴보고자 한다.

김연준(金鍊隼)

육군사관학교를 졸업하고, 국방대학교에서 국방관리 석사 학위를, 용인대학교에서 경호학 박사 학위를 받았다. 임관 이후 야전부대와 국방부 등 정책부서에서 근무하다가, 2011년부터 용인대학교 군사학과 교수로 재직 중이다. 주요 논문으로는 "한국적 민간군사기업 도입방안에 대한 연구", "미래 한국군 군사력 건설방향에 대한 연구", "북한 핵테러 위협 대비방안 연구", "사이버테러 대응방안에 대한 연구" 등이 있으며, 주요 저서로는『군사사상론』(공저),『전쟁론』(공저) 등이 있다. 관심 분야는 한반도 위협, 군사력 건설 · 운용 등이다.

제1절
정치안보

1. 정치안보의 개념: 기능 · 대상 · 안보행위자

20세기 후반 소련의 해체는 국제체제를 냉전에서 탈냉전시대로 극적인 전환을 초래했다. 현대의 국가들은 국가 상위의 어떠한 주권도 인정하지 않는 무정부적(anarchy) 체계하에서 세계화 · 문명화의 영향으로 상호 의존성이 심화되고 있다. 상호 의존성의 심화로 각 국가는 협력과 갈등을 병행하면서 생존과 번영을 추구하고 있다. 이에 개별 국가의 존속과 발전을 위해 국가의 존립은 필수적인 조건이 된다.

정치안보의 핵심은 국가존립 요소의 안정을 통해 정치적 안정과 국가의 정통성을 유지하는 것이다. 부잔(Barry Buzan)은 국가 존립의 구성요소를 ① 국가의 정통성을 구성원의 마음에 심어줄 수 있는 이념과 국가를 다른 사회로부터 구별해주는 주권, ② 국가를 통치하기 위한 정부 조직과 제도, 그리고 ③ 인구와 영토 등 물리적 기반이라고 한다.[8] 따라서 정치안보의 대상은 당연히 국가존립 요소인 국가이념, 통치조직, 물리적 기반과 주권이다. 그런데 국가이념은 구성원(통상 민족)과 조직 이데올로기로, 국가의 물리적 기반은 인구와 영토로 구성된다. 이에 '국가 존립'을 구성하는 요소들이 정치적 안정과 국가의 정통성에 미치는 상호관계를 살펴보면 다음과 같다.

---

8 Barry Buzan, *People, States and Fear: An Agenda for In the International Security Studies in the Post-Cold War Era*, 2nd edition (London: Harvester Wheatsheaf, 1991): 김태현 역, 『세계화시대의 국가안보』(서울: 나남출판, 1995), pp. 95-120.

국가의 이념은 국가의 일체성과 목적을 유지하며, 국민으로 하여금 국가의 권위를 인정할 수 있도록 설득하는 메커니즘이다. 국가의 이념을 구성하는 주요 근원으로 민족과 조직이념을 든 이유는 두 가지다.

첫째, 국가안보(national security)라는 용어 중 national이라는 의미는 안보의 주체가 민족이며, 이는 인종적 · 문화적으로 공동운명체라는 의미를 강하게 풍긴다. 역사적으로 민족을 변수로 국가를 형성한 경우는 다양한 형태로 존재한다. ① 민족이 국가를 형성하는 경우(이탈리아, 일본), ② 국가가 민족을 형성하는 경우(미국, 호주), ③ 민족이 국가를 형성하지 못하고 국가별로 분리된 경우(쿠르드족, 팔레스타인족), ④ 단일 민족이 둘 이상의 국가로 분리된 경우(한국, 통일 이전 동 · 서독 등) 등이다. 민족-국가 간의 결합은 민족 동질성의 차이로 인해 정치안보를 포함한 각 분야의 안보에 다양한 동인(動因)으로 작용한다. 단일민족으로 구성된 국가가 자주적인 주권을 행사하는 경우에는 단합된 국가이념을 구현하기에 최상의 조건이 된다.

국제 무정부 상태하에서 다양한 정치사상이 조직이념으로 대립해왔다. 역사적으로 볼 때 19세기에는 군주정과 공화정이 대립했다. 20세기에는 자유민주주의, 파시즘, 공산주의 그리고 최근에는 이슬람원리주의 등 다양한 조직이념을 제공한 정치사상이 대립했다. 이에 국가의 이념은 그 구성원인 민족의 동질성과 조직 이념이 결합되어 형성된다. 따라서 단일민족으로 국가를 구성하고 민족자치를 하는 국가는 축복받은 국가다. 국가가 '민족과 국민'[9] 모두의 튼튼한 기반이라는 국가이념을 공유할 때 정치적 안정성과 국가의 정통성을 유지할 수 있다.

다음으로 국가 제도는 입법, 행정, 사법부를 망라한 정부의 통치조직과 이의 운영에 기초가 되는 법률, 절차, 규범 등 통치이념을 포괄하는 국가의 통치조직 · 제도(정부)를 의미한다. 국가의 통치조직은 국가이념보다 구체적인

---

9 민족과 국민은 구분하여 이해할 수 있다. 민족이라는 개념은 인종, 역사, 언어, 종교 등 다양한 분야에서 문화공동체인 반면에, 국민이라는 개념은 국가의 시민으로서 법적인 의미로 다민족 국가인 경우 다른 민족인 경우라도 동일한 국민이 될 수 있다.

안보의 대상이 된다. 국가의 통치조직은 폭력이나 다른 제도 유형을 지지하는 이념에 기반을 둔 정치적 행위에 대해 취약하다. 한편 국내적으로 국가와 그 국가로부터 통치행위를 위임받은 정부와는 별개로 분리될 수 있다. 정상적인 경우 국가는 그 구성원인 국민과의 정치적 합의를 전제조건으로 하여 국가의 통치조직인 정부(정권)가 통치행위를 위임받아 시행하여 정부와 국민 간에 심각한 갈등이 존재하지 않는 '강건한 국가(Strong State)'로 존재한다. 반면에 정부가 국민의 합의에 반하는 통치행위를 추진할 경우에는 국가와 그 구성원인 국민은 정치적 · 사회적으로 심각하게 분열되어 정치적 갈등과 위협이 치유되지 않는 '허약한 국가(Weak State)'로 구분할 수 있다. 이는 정부가 국민을 위한 진정한 '국가안보'와 단지 정권을 보존하는 데 급급하여 국가가 국민을 위협하는 '정부안보'와는 구분하여 이해해야 한다.

국가의 물리적 기반은 인구와 영토다. 인구와 영토는 국가안보의 주요 대상이다. 추상적이고 무형적인 국가의 이념과 조직에 대한 위협에 비해 유형적인 영토와 인구에 대한 위협은 식별이 용이하다. 국가의 영토는 국경에 의해 명확히 정의된다. 역사적으로 상당한 기간 동안 민족국가의 경우에도 이주와 정복이 가능한 이상 영원한 국경은 존재하지 않는다. 그러나 20세기에 들어서 국가 간에 상호 영토적 승인을 하는 관행이 늘어 비교적 잘 정의된 영토가 국가의 일체성을 가지기 시작할 것이라는 주장도 가능하다.[10] 일국의 영토는 점령, 손상 및 병합, 분리에 의해 위협을 받는다. 점령과 손상의 위협은 군사적 수단에 의해 행해지기 때문에 군사안보의 대상이지만, 병합은 영토에 대한 주권을 가진 국가를 상대로 할 때 국가 주권 소멸의 위협을 제기하므로 이는 정치 · 외교 안보의 대상이 된다. 분리는 분리주의자들이 폭력적 · 비폭력적 행동에 의해 자행되는 경우(중국의 티베트족, 신장위구르족의 분리독립운동) 정치안보의 대상이 된다. 영토는 경계선 획정이나 소유권을 둘러싸고 정치 · 외교적인 국제분쟁의 대상이 된다. 영토에 대한 위협은 인구에 대한

---

10 김태현(1995), 전게서, pp. 121-122.

위협으로 연결된다. 병합과 파괴의 위협은 대개 영토와 인구를 동시에 목표로 한다. 이러한 위협은 1차적으로 군사적 위협이지만, 이로 인해 정치적 · 심리적 위협이 발생하게 된다.

주권은 국가 상위의 어떤 정치적 권위도 거부하는 동시에 주어진 영토와 국민에 대해서는 최고의 정책결정 권위를 국가가 합법적으로 가지는 것을 의미한다.[11] 따라서 국가는 대내적 주권과 대외적 주권을 동시에 가지고 있다. 그런데 국가의 이념과 국민의 이념이 다를 경우, 인접한 국가가 자국(自國)과 다른 이념을 채택한 경우, 국제기구나 국제레짐[UN 및 WTO 등 국제기구의 가입, 핵비확산조약(NPT)과 생물학무기금지조약(BWC) 등]의 가입 여부와 외국과 동맹체결 여부 등은 서로 간에 위협이 되어 정치적 안정과 국가의 정통성을 위협할 수 있다.

안보행위자(Securitization Actors)는 안보대상의 존립이 위협받음을 선언함으로써 이슈를 안보쟁점화하는 행위자다.[12] 정치 분야에서 안보행위자는 각 사회주체들(개인, 사회단체, 국가, 국제체제 등)이 될 수 있다. 즉 개인수준에서는 정치지도자와 관료, 사회수준에서는 정부, 정당, 언론, 로비스트, 압력단체 등이다. 국제체제수준에서는 국제기구와 국제레짐 등이 있다. 기능적 행위자(Functional Actors)는 보호 대상이나 안보행위자도 아니면서 안보분야 결정에 영향을 미치는 행위자들이다. 그러한 기능적 행위자로는 시민단체, 로비스트, 매스컴 그리고 압력단체 등이 존재한다. 그럼에도 불구하고 국제무정부와 상호 의존이라는 조건하에서 가장 중요한 정치안보의 주체와 대상은 국가로 대표된다.

2. 정치안보의 위협 · 취약성

정치적인 갈등은 국가의 이념, 국가 통치제도와 인구 · 영토를 대상으로

11 김열수, 『국가안보: 위협과 취약성의 딜레마』(경기: 법문사, 2010), p. 94.

12 황병무, 『한국안보의 영역 · 쟁점 · 정책』(서울: 봉명, 2004), p. 19.

하여 정치적인 갈등을 야기하고 국가의 존속을 위협한다. 즉 정치적 위협은 민족, 정부, 영토 · 인구와 주권에 대한 직접적인 혹은 간접적인 형태로 제시된다.

민족과 국가가 일치하지 않을 경우 잠재적인 불안이 존재한다. 만일 주민의 일부가 자기 자신의 국가를 구성하기를 원한다면 분리 형식을 취할 수 있고 동 · 서독처럼 흡수통합의 형식을 택할 수도 있다. 국내적으로 이념적인 분열이 있는 경우, 외국의 개입 혹은 간섭에 대한 두려움이 있을 수 있다. 냉전 당시 제3세계 국가들 대부분이 이런 위협에서 자유롭지 못했다. 또한 세계적인 정치질서가 민주주의나 인권 등의 원칙을 증진하기 위해 이에 반하는 특정한 국가 정치질서를 증진시키는 방향으로 발전된다면, 특정한 국가 입장에서는 이 또한 세계적인 정치질서 혹은 국제사회로부터의 보다 구조적인 위협에 직면할 수 있다.

냉전 종식 이후 국제사회는 민주주의와 시장경제라는 비교적 높은 수준의 동질성을 유지하고 있다. 여기에 더하여 인권, 대량살상무기의 확산 금지, 대테러리즘 등에 대한 공감대가 시대정신으로 확산되고 있다. 그러나 이런 시대정신에 부응하지 못하고 국가 주권의 틀 속에 있는 국가들은 위협을 느낄 수 있다. 예를 들어 한 국가에서 대량학살과 인권침해 등의 반인륜적인 사태가 발생할 경우 국제사회는 UN의 안전보장이사회 결의에 따라 이에 합법적으로 개입할 수 있다. 그런데 피개입 국가 입장에서는 주권침해라고 주장하면서 이를 직접적인 정치적 위협으로 인식할 수 있다.

국가 이념과 통치 조직 등에 대한 대변환은 혁명적인 혹은 점진적인 방식과 기간에 의해 모두 가능하다. 폭력을 동반한 혁명적인 방법에 의해 국가제도를 변경한 예로는 러시아, 중국, 이란 등을 들 수 있다. 반면에 영국의 경우는 평화적이고 장기간에 걸쳐 점진적인 방식으로 왕권국가에서 의회민주주의로 발전해왔다. 국가 제도는 국가의 연속성을 해치지 않고도 바뀔 수 있다. 이러한 근본적인 차이점은 무엇일까? 국가 외부의 위협에 대응하는 국가 내부의 사회 · 정치적 응집력 수준에 따라 '강건한 국가(Strong State)'와 '허약한 국가(Weak State)'의 차이로 이해할 수 있다.

강건한 국가는 사회 · 정치적으로 취약하지 않기 때문에 국내에서 분리주의 운동이나 반체제 운동이 극단적인 형태로 악화되어 진행되지 않는다. 또한 외부 행위자들도 강건한 국가의 안정성이나 정통성을 위협할 명분과 이유가 거의 없다. 그럼에도 불구하고 강건한 국가가 정치적 위협을 받고 있다고 생각할 수 있다. 냉전시기에 미국은 미국식 민주주의와 자본주의가 소련으로부터 심대한 위협을 받는다고 인식하면서 그들의 존재가치를 반공(反共)으로 규정하기까지 했다. 또한 강건한 국가도 초국가적인 통합이 시행되면 이를 주권의 위협이자 정치적 위협으로 인식할 수 있다. 이는 1993년 경제 · 정치적 통합을 기치로 출범한 유럽연합(EU)의 경우에도 회원국가 개별적인 입장이 상이함을 통해 살펴볼 수 있다. 영국은 유로화 대신 여전히 파운드화를 자국 화폐로 사용하고 있으며, 프랑스와 네덜란드에서는 2005년 유럽헌법 채택이 국민투표로 부결되었다. 또한 개정된 유럽헌법에 대해 아일랜드는 국민투표에서 이를 부결시켰으며 체코도 마지막 순간까지 반대했다. 마침내 유럽 헌법에 해당하는 리스본 조약은 2009년 12월 1일부로 발효되었으며, 이로 인해 유럽연합은 유럽 합중국을 지향하고 있다. 그럼에도 불구하고 유럽인은 주권이 유럽연합에 너무 많이 이양되었다는 의구심을 가지고 있다.

개별 국가의 민족, 정치, 이념적 그리고 주권 차원에서 위협과 취약성을 정리하면 다음과 같다.[13]

첫째, 국가-민족이 분리된 국가에 대한 국제적 위협이다. 국가와 민족의 일치를 주장하는 분리주의가 등장할 가능성이 있다. 루마니아의 트란실바니아에 거주하고 있는 헝가리인에 대한 헝가리의 관심, 우크라이나에 거주하고 있는 러시아인에 대한 관심, 벨기에 프랑스인에 대한 프랑스의 관심, 북아일랜드를 회복하고자 하는 아일랜드의 관심, 키프로스 터키인에 대한

13 김열수(2010), 전게서, pp. 167-169 재정리.

터키의 관심 등 이러한 사례는 쉽게 발견된다. 국가를 수립하고자 하는 쿠르드족, 서로 통일의 주체가 되고자 하는 남북한 서로에 대한 국제적 위협이다.

둘째, 국가-민족이 분리된 국가에서의 비고의적 단위체 수준의 위협이다. 여기서 '비고의적'이라는 의미는 강제적 요소보다는 심리적 요소가 많음을 의미한다. 국가와 민족이 불일치되어 있는 국가에서 소수민족이 느끼는 비고의적인 위협은 많다. 에스토니아인이라는 정의는 여기에 살고 있는 러시아인에게는 하나의 위협이 된다. 크로아티아인에 대한 정의도 그 속에서 살고 있는 세르비아인에게는 하나의 위협으로 인식된다. 중국에서 대다수의 한족(漢族)과 55개 소수민족과의 관계도 상호 위협이 될 수 있다.

셋째, 정치-이념적 기반이 취약한 국가에 대한 의도적 위협이다. 이 위협은 체제 운영의 기반이 되는 국가의 이념이 국민 사이에 광범위하게 수용되지 않는 경우에 발생한다. 냉전시대에 미국이 민주주의 정권을 지원하거나 또는 공산정권을 전복시키기 위해 반군을 지원했으며, 소련은 공산주의 정권을 지원하거나 민주정권을 전복시키기 위해 반군을 지원했다. 정치적 이념이 사라진 냉전 후에는 이에 대한 위협은 상대적으로 줄어들었다. 체제의 합법성에 대해 이를 직접적으로 위협하는 경우는 드물어졌기 때문이다.

넷째, 정치적-이념적 차원에서의 구조적인 위협이다. 이는 특정 행위자 간에 의도적 행위에 의해 발생하는 것이 아니라 상황의 본질에서 초래되는 위협을 의미한다. 개별 국가가 추구하는 이념적 · 제도적 원칙이 국제체계의 수준과 상이할 경우에 발생하는 위협이다. 20세기의 보편적인 시대정신은 1당 독재체제 유지, 남아프리카공화국의 흑백분리정책, 이슬람원리주의 등이 왜곡된 정치적 가치관임을 제시하고 있으며, 해당 국가들은 이를 정치적 위협으로 인식하고 있다.

다섯째, 초민족적 · 지역적 통합에 따른 위협이다. 역사적으로 국가는 그 자체의 전진관성으로 인해 외연을 확장해왔고, 최근에 세계화의 추세는 이를 더욱 가속화할 것으로 예상된다. 이러한 사례는 현존하고 있는 유럽연합

(EU)과 독립국가연합(CIS) 등에서 확인할 수 있다. 초민족적 · 지역적인 통합은 개별 국가의 주권침해 위협으로 인식될 수 있다. 특히 정책결정 과정에서 1국 1표제가 아닐 경우, 또는 특정 국가에 의해 이런 기구나 운동 등이 주도될 경우 주도적인 입장에 있지 못한 국가는 이를 더 위협적인 것으로 인식하게 된다. 구소련이나 구 유고슬로비아의 해체, 유럽연합의 헌법에 대한 회원국가의 국민투표 부결 등은 이러한 불안에 대한 정치적 반응으로 볼 수 있다.

여섯째, 초민족적 · 초국가적인 운동에 의한 위협이다. 민족 혹은 국가를 초월하여 그 구성원들을 단일체로 결속시키려는 시도는 개별 국가의 안보를 위협할 수 있다. 과거 공산주의 혁명이 그러한 예다. 또한 이슬람주의는 이슬람 세속주의 국가들에 대한 위협은 물론 세계안보에도 심각한 위협을 제기한다. 이슬람국가(IS)는 칼리프에 의한 신정정치를 주장하면서 중동 지역의 평화를 거부함은 물론 세계안보에도 중대한 위협을 제기하고 있다.

마지막으로, 주권에 대한 직접적인 위협이다. 위의 유형들도 크게 보면 모두 주권의 위협에 해당한다. 그러나 주권을 겨냥한 보다 직접적인 위협들도 있다. 레짐(Regime)의 가입 여부는 국가의 주권에 해당한다. 따라서 핵확산금지조약(NPT), 화학무기금지협정(CWC), 테러리즘 관련 각종 국제 조약과 국가안보와 관련된 다양한 기구와 레짐의 가입 여부는 국가가 결정한다. 그럼에도 이러한 국제기구 혹은 레짐에 가입하지 않을 경우, 국제사회로부터 가입을 독려받거나 위험국가로 지목받게 된다. 대상국가 입장에서는 정치적 위협으로 인식된다.

3. 정치안보 정책의 유용성과 한계

위협이란 항상 특정 국가를 대상으로 하기 때문에 제반 안보정책은 국가 외부에서 야기되는 위협만이 아니라 해당 국가 내부의 취약성에 대비할 수 있도록 해야 한다. 국가 구성원들에 대한 민족적 이질감을 해소하는 것은 어려운 문제임에 틀림없다. 다수의 민족으로 구성된 단일국가(제1차 세계대전 이전의 오스트리아-헝가리 제국, 구 소련연방 등)의 경우 국가이념은 지배적인 민족이 그 지배를 유지할 수 있는 국가의 능력에 달려 있다. 그 능력이 외부적 위협 혹은 내부적 취약성에 의해 약화될 경우 국가체계는 분리주의 위협에 직면하거나 붕괴될 수 있다.[14] 특정한 민족에 대한 차별 정책이나 정부 차원에서 다수의 민족을 강압적으로 통합하려는 정책은 분리독립의 요구를 자극할 수 있다. 이러한 상황이 악화될 경우 표적국가는 주변국가의 간섭이나 개입을 초래할 수 있다. 민족적 갈등은 인종차별 금지, 소수민족에 대한 배려 등을 통해 국가존재의 필요성에 대해 공감할 수 있도록 정치적으로 배려되어야 해소할 수 있다.

초국가적 · 초민족적인 통합 추진은 위협의 근원을 근본적으로 해소하거나 약화시킬 수 있다. 그런데 이러한 세계 차원에서의 통합은 국가 권위를 약화시키거나 국가의 해체를 초래할 수 있다. 그럼에도 불구하고 국가의 주권이 유지되는 가운데 통합이 가져다주는 이익과 손해에 대해 국가이익을 기준으로 판단하여 유리한 경우 통합이 반드시 나쁘지는 않을 수 있다. 역사적으로 볼 때 국가가 분리되거나 해체된 경험만 했다. 이에 유럽연합(EU)은 미래 국가발전모델을 위한 시금석이 될 수 있다.

한편 정치 분야 이외의 요인도 위협요인으로 작용한다. 군사적으로 민 · 군 관계의 악화, 군의 획득과 군사외교가 정부정책 수행과정에서 정부와 의견이 불일치하는 경우에 갈등과 긴장을 초래한다. 경제적으로 경제력 집중, 소득불균형, 물가불안정 등은 국민의 상대적 박탈감을 심화시키고 정부정책에 불신을 가중시켜 국민저항으로 발전할 수 있다. 사회적으로 계층 간 갈등, 지역갈등, 노사갈등 등도 사회불안을 야기하고, 이는 정치적 불안을 초래한다. 환경적으로 국내외 환경 문제에 대한 인식차이, 원자력발전소와 대형혐오시설 등의 설치에 관련된 문제로 정치적 불안을 조성하기도 한다. 국

14 김태현(1995), 전게서, pp. 108-109.

가안보정책의 각 분야는 별개로 작동하는 것이 아니라 강력한 연계망으로 긴밀히 연결되어 있다. 개별 안보정책은 해당 분야의 중점과 우선순위를 선정하지만, 국가안보라는 종합적인 관점하에서 조정과 통합을 통해 시행해야 한다.

국가의 대내외에서 발생하는 다양한 정치적 불안으로부터 안정과 정통성을 유지할 수 있는 방법은 무엇일까? 그 해답은 정치 · 사회적으로 '강건한 국가'를 건설하는 노력이다. 정치적 결속력이 강한 국가는 정부가 높은 수준의 정치력을 발휘하여 정부와 국민 사이의 균열을 끊임없이 치유함으로써 국가가 정치적으로 안정되어 있는 국가를 의미한다. 또한 사회적으로 응집력이 강하여 국민 스스로 높은 연대감을 지닐 수 있다.

제2절
경제 · 에너지안보

1. 경제 · 에너지안보의 개념: 기능 · 대상 · 안보행위자

경제안보는 일반적으로 국가의 경쟁력과 국민 생활수준을 유지하고 향상시키기 위해 필요한 시장, 금융과 자원의 접근에 관련된다. 이를 위해서는 국내적으로 경제적 취약성을 극복하고 대외적으로 경쟁력을 확보해야 한다. 국가의 경제력은 군사력 건설과 국민 복지를 달성하기 위한 주요 수단이 된다. 경제력이 튼튼한 국가는 상당한 수준의 군사력 건설과 국민 복지에 대한 다양한 욕구를 충족시킬 수 있다. 이에 경제적으로 풍요로운 국가는 대외적으로 국가의 지위를 확고히 하고, 대내적으로 구성원 간에 사회 · 정치적 응집력을 향상시켜 국제사회에서 강건한 국가로 존재할 수 있는 필요조건이 된다.

20세기 후반 냉전체제의 해체는 경제적인 면에서 두 가지 중요한 의미를 시사한다. 하나는 냉전시대가 종식되면서 전통적으로 국가이익을 위협한 군사적 · 정치적 위협이 현저하게 감소했으며, 이에 국가이익에 대한 주된 위협이 일반적으로 경제적 요인으로부터 비롯되는 것으로 인식하게 되었다. 다음으로 소련을 중심으로 하는 공산주의 진영의 경제개발 방식인 '중앙집권계획경제' 실험이 실패했음을 의미한다. 중앙집권 계획경제와 자본주의 시장경제의 차이점은 '시장기구'에 대한 접근방식에 차이가 있다. 시장기구는 각 경제주체들이 경제적 효율성을 달성하기 위한 경쟁을 기본으로 한다. 또한 시장기구는 국가 간의 영역을 초월하여 국제사회로 그 영역을 확대하고 있다. 즉 세계화와 문명화 추세는 인구의 증가, 기술적 · 조직적 · 재정적 능력의 증가, 그리고 행동 동기의 증가 등을 동인(動因)으로 하여 상호 의존성이 심화되어 경제적으로 생산, 판매, 투자에서 세계는 단일시장이 되어 가고 있다. 그런데 중앙집권 계획경제(보호무역)는 시장기구에 유입되는 국가 외부의 경쟁을 인위적으로 제한하여 국가경제의 자립도를 높이는 데 중점을 두는 방식이다. 반면에 자본주의 시장경제(자유무역)는 시장으로 무역, 자본, 기술, 정보 등의 자유로운 진출입을 허용하고 이를 통해 규모의 경제와 특화전략의 장점을 향유할 수 있다. 그러나 자본주의 시장경제는 주기적인 경제침체와 중심부-주변부로 구분되는 불균형 성장을 초래하는 난점도 있다. 불균형 성장은 역설적으로 주변부도 시장기구를 통한 경쟁력을 키워서 중심부가 될 수 있는 여건이 된다. 자본주의에서 경쟁은 필수적인 조건이 된다.

시장에서 경쟁은 부(富)와 빈(貧), 성공과 실패, 중심부와 주변부 등 취약-비용 효율성, 안보와 상호 의존 간의 선택을 회피할 수 없다. 즉, 안보와 경제는 상호 모순적인 개념이 된다. '자본주의 시장경제'는 많은 논란에도 불구하고 각 경제주체들이 성장과 복지를 달성하기 위한 매력적인 대안으로 폭넓게 수용되고 있다. 경제안보를 논할 때 첫 번째 문제는 경제 상태의 안보가 군사안보 혹은 정치안보와는 성질이 다르다는 것이다. 시장은 비효율적인 경제주체에 도산과 파산의 위협을 가하여 경제적으로 효율적인 생산, 분배, 성장을 촉진하는 제도이다. 따라서 시장에서 경제주체는 항상 안전하지 않은 상태에 있다. 만약 경제적인 경쟁에서 자유로워지는 경우는 시장에서 독점적인 지배가 필요하고 이를 위해 인위적으로 독과점지위를 획득한다면 인플레이션과 디플레이션 등이 발생하여 시장의 실패를 초래한다. 이에 더하여 국가 간에 경제적으로 상호 의존이 심화됨에 따라 어떠한 국가도 세계경제와 단절하고 자급자족을 달성하는 것은 실질적으로 곤란하다. 따라서 경제안보가 경제(위협)로부터 완전한 안전을 달성하는 것은 불가능하다.

두 번째로 경제적으로 필연적인 경쟁의 개념을 안보상 위협으로 간주할 수 있는가에 관한 점이다. 경제안보의 위협요인은 시장의 내·외부에 의도적이 아닌 통상적인 흐름일 경우가 된다. 무역, 투자, 금융의 정상적인 흐름을 저해하는 외부적 요인과 시장 내부에서 경제활동을 저해하는 내부요인이 그것이다. 또한 메르스, 신종 인플루엔자 등의 폭발적인 감염과 대규모 자연재해 등 의도되지는 않았으나 심대한 경제적 위협요인이 된다. 한편 세계적으로 상호 의존이 심화되면서 경제적 갈등은 국가안보 전 분야에 대한 위협으로 확대된다. 일례로 각국의 공업화가 진전되어 경쟁이 치열해짐에 따라 무역 갈등은 정치쟁점으로 발전하고, 이에 대해 상대 국가에서는 보호무역정책을 선호하여 시장의 실패를 초래할 수 있다. 따라서 무역에 대한 의존도가 높고 세계경제 변화에 대한 이해와 조정능력이 낮은 국가일수록 시장에서의 변화를 위협으로 인식하는 정도가 높아진다. 이에 일상적인 경제활동에서 파생되는 비의도적인 위협을 안보에 대한 위협으로 규정할 때는 신중함이 요구된다.

전통적으로 에너지원을 포함한 천연자원은 국가가 보유한 부(富)의 주요한 원천이며 영토 분쟁 혹은 전쟁의 원인이 될 수도 있다는 점에서 군사안보의 과제로 인식되었다. 현대에 들어와 각 국가는 산업화의 진전과 생활수준의 향상되어 석유, 석탄 등 화석에너지 활용은 일상생활에서 중요한 수단이 되었다. 그런데 지난 1970년대 석유생산주체인 OPEC와 이란 등이 주도하여 일방적인 산유량 감축과 가격인상으로 인한 두 차례의 석유파동을 거치면서 에너지원의 안정적인 확보가 중요한 문제로 부각되었다. 이에 주요 국가의 에너지 안보 목표는 경제성장과 국민생활에 필요한 에너지원의 안정적인 공급과 적정가격의 유지에 두게 되었다.

경제·에너지안보의 주체와 대상은 개인(가계), 기업, 국가(정부) 등을 들 수 있다. 개인 차원에서는 생활에 필요한 의식주를 충족하는 것이며, 기업은 이윤창출을 목표로 한다. 또한 국가는 시장에서 총수요관리정책을 통해 개인-기업-세계시장 간에 경제효율성을 달성할 수 있는 조정자 역할을 한다. 한편 경제·에너지안보의 기능적 행위자는 기업, 경제단체, 노동단체 그리고 매스컴 등이 그 역할을 한다.

2. 경제 · 에너지안보의 위협 · 취약성

시장에서 경제주체들이 직면하게 되는 위협과 취약성은 개인, 기업, 국가 나아가 세계시장 차원에 이르기까지 거의 모든 차원에서 반복적으로 일어난다. 먼저 개인 차원에서 경제안보란 바로 의식주라는 인간의 기본적인 필요를 충족할 수 있는 수단을 확보하는 것을 말한다. 이는 개인의 고용과 임금 문제, 그리고 복지라는 정치적인 이슈와 관계된다. 개인의 경제안보라는 것이 생존을 위한 기본적인 조건으로 한정되어야 할 것인가, 아니면 일정 정도의 생활수준을 유지하는 것으로 상향 조정되어야 할 것인가? 만일 고용의 권리라든가 최저임금의 권리라는 것이 경제안보의 최소 조건이라면 결국 시장의 원활한 작동에 중요한 저해요인이 된다. 만일 이로 인해 경제적 효율성이 지나치게 잠식된다면 그 결과는 소련식으로 개인의 안보가 사회 전체적으로 낮은 수준의 생활수준에서만 달성되거나, 영국과 같이 상대적 쇠퇴를 가져와 완전 고용과 적정수준의 성장을 유지하기조차 어려운 결과를 초래할 것이다. 여기서 개인은 경제적으로 소비자이면서 생산자라는 이중성으로 인해 모순이 야기된다. '소비자로서 개인'은 최저가격으로 최대의 효용성을 얻을 수 있는 시장을 선호할 것이다. 반면에 '생산자로서 개인'은 만일 시장의 작동이 기본임금의 대폭적인 인상이나 구조조정 제한 등의 위협에 처한다면 시장을 반대할 것이다. 따라서 개인의 경제안보는 이러한 극단을 회피함으로써 상대적 안보를 보장해주는 것이다. 개인이 자신의 경제적 취약성을 줄이려고 애쓸수록 그들을 유지해주는 전체 경제의 효율성을 해칠 우려가 있다.

다음으로 기업의 경제안보를 살펴보자. 기업은 순수한 경제적 행위자여서 경제안보의 대상으로는 근본적인 모순관계에 있다. 기업이 안보를 유지하는 방법은 우월한 적응력과 혁신력으로 제품경쟁력을 확보하여 시장의 경쟁을 극복하거나 국가의 특혜를 받아 독과점(獨寡占)을 달성하는 방법이 있다. 국가와 달리 기업은 항상 실패하고 해체되고 합병당할 수 있다. 기업이 시장에서 실패는 비록 피고용인에 대한 영향은 있겠지만, 경제체계에 교란을 가져오는 것은 아니다. 따라서 기업에 대한 경제안보의 선택은 지속적인 경제적 비효율성 그리고 시장 환경에 적응하는 데 필요한 구조조정에 소요되는 예상비용과의 선택이라는 형식으로 나타난다. 그러나 기업이 독점이나 보호를 통해 안보를 추구할 경우, 기업의 편의에 의한 안보 필요와 소비자를 위한 복지의 필요 사이에 갈등이 일어날 가능성이 높다. 정치적 논리에 따른 기업의 독점과 보호는 소비자가격을 높이고, 특히 보호는 세금을 통한 보조금 지급을 필요로 한다. 한편 국가에 필요한 유치(幼稚)산업은 해당 기업을 시장경쟁으로부터 보호에 따르는 생산원가 상승과 품질 저하 간의 기회비용을 비교해야 한다.[15]

기능적 행위자인 계급에 대한 경제안보를 고려해야 한다. 시장에서 경제활동의 본질은 경쟁이다. 시장에서 경쟁은 성공과 실패, 풍요와 빈곤 그리고 가진 자와 못 가진 자 등 필연적으로 구분되어 경제엘리트와 대중으로 구분되는 계급을 창출한다. 계급은 정책을 가질 정도의 조직적 일체감을 가지기도 어려워 자신의 안보를 보장할 수 있는 행위자로 평가되기도 어렵다. 그러나 이러한 계급 내부의 경쟁과정에서 무력의 사용 또한 배제하지 않는다. 이러한 예로 2011년 미국에서 발생한 '월가시위(Occupy Wall Street)'를 들 수 있다.[16] 실체도 불분명한 미국인 99%가 주도하여 1%의 부자를 대상으로 한 시

15 유치산업이란 국가 산업 중 성장잠재력은 있지만 초기단계에 있어 국제경쟁력을 갖추지 못했거나 금융적인 곤란을 받고 있는 미발달된 산업을 의미한다. 이에 관세정책으로 그 산업에 대한 보호기간을 부여함으로써 유예기간 동안 그 산업은 규모의 경제와 기술적 효율을 이룩할 수 있어 생산비용을 절감하고, 그 결과 외국의 산업 및 상품과의 경쟁력을 배양할 수 있다. 또한 유치산업의 보호가 성공하기 위해서는 다음 두 가지 조건이 충족되어야 한다. 첫째, 보호기간이 한시적이며 점진적으로 관세율을 낮추어야 하며, 둘째, 유치산업의 업종선택이 매우 중요하여 장차 국제비교우위가 가능한 업종을 선택해야 한다.

16 '월가시위'는 2011년 빈부격차 심화와 금융기관의 부도덕성에 반발하면서 미국 월가에서 일어난 시위다. 이 시위는 미국 전역으로 확산됐으나, 뚜렷한 시위목표를 제시하지 못한 한계를

위가 발생하여 빈부격차 해소와 금융기관의 도덕적 해이 등을 고발하기도 했다. 그런데 경제적 계급은 고정되어 영속되는 것이 아니다. 예를 들어 개인이 경제효율성을 달성한다면 대중에서 경제엘리트로 진입이 가능하다는 것이다. 시장경제의 결과 필연적인 현상으로 야기되는 계급 간의 문제는 바로 국가가 해결해야 하는 것이다. 국가안보란 국가와 계급의 이익을 포괄하는 것이지 양자의 어느 하나에 의해 결정되는 것이 아니라고 보아야 한다.[17] 따라서 강건한 국가는 경제적으로도 계급 간에 갈등을 해소하고 대안을 제시할 수 있어야 한다.

국가의 경제안보란 국가가 생존을 위해 필요한 경제적 조건을 유지하는 것이다. 국가가 생존하기 위해서는 두 가지 조건이 필요하다. 첫째, 개인과 마찬가지로 국가도 생존에 필요한 수단을 확보해야 한다. 그러나 개인과 달리 국가는 전 국민을 먹일 수 있는 농업생산, 전 산업에 공급할 수 있는 자원 확보라는 측면에서 자급자족의 필요가 더 강하다. 일국이 보유한 자원이 불충분할 경우 무역을 통한 확보가 경제안보의 목표가 된다. 이러한 상황에서 자원 공급체계의 교란은 국력, 복지 그리고 정치적 안정 등까지도 위협하게 된다. 따라서 경제안보 정책은 필요한 자원을 포함하도록 영토를 확장하거나 안전한 무역체계를 개발함으로써 공급을 계속하고, 전략비축물자의 비축을 통해 취약성을 줄이는 것이다. 둘째, 국가의 경제적인 비효율성을 제거하고 환경변화에 성공적으로 적응할 수 있는 자유무역-보호무역의 양 극단 또는 혼합형의 경제체계를 유지하는 것이다. 자유무역론자는 생산 가능성을 극대화하길 원하며 효율과 풍요를 위해 취약성을 감수할 의도가 있다. 반면에 보호무역론자는 자급자족을 위해 효율을 희생할 의향이 있다. 자유주의적 주장에 내포된 안보의 요소는 시장의 자유로운 작동이 자원과 발전의 많은 문제를 해결하거나 아예 제거한다는 주장에 있다.

남기며 73일 만에 막을 내리게 되었다. 그러나 빈부격차가 심화되고 있는 신자본주의의 문제점과 금융기관들의 부도덕성에 대해 경종을 울렸다는 점에서 그 의의가 있다.

17 김태현(1995), 전게서, p. 275.

자유무역론자는 자본, 기술과 혁신적 사고 등의 이동을 극대화하여 후진국으로 하여금 선진국의 기준과 관행에 적응할 수 있는 기회를 제공할 수 있다고 주장한다. 이들은 경제적 효율성에 따르는 거시적인 이득이 시장의 작동에 불가피하게 가져오는 불평등과 구조조정에 소요되는 비용보다 크다고 확신한다. 이는 냉전체계 해체의 원인이자 결과로, 실패한 보호무역체계(중앙집권 계획경제)에 대한 현실적인 대안으로 자유무역체계(자본주의 시장경제)의 우위성이 확인되었다.

에너지안보에 대한 위협은 두 가지 유형을 고려할 수 있다. 하나는 지난 1970년대 석유파동과 같이 자원을 보유한 지역이나 국가에서 석유의 수출과 수입을 금지하는 경우이고, 다른 하나는 자연재해나 내전 등이 발생하여 공급 지역이나 국가가 사회 · 정치적으로 불안정한 상황에 처한 경우다. 이러한 상황은 적정수준의 에너지 공급량과 구매가격이 조작되어 국가경제 전반에 악영향을 초래하므로 사전 예방과 사태가 발생한 경우로 구분하여 동시에 대응할 수 있도록 다각적인 방안이 강구돼야 한다.[18]

3. 경제 · 에너지안보 정책의 유용성과 한계

경제 분야에서 국가(정부)의 역할은 당시의 시대적 상황과 경제이론을 반영하며 변모해왔다. 경제학이 창시된 18세기에 고전주의 경제학자들은 자본주의 시장경제를 추구하면서 '값싼 정부(Cheap Government)'를 선호했다. 즉 자원의 배분과정에서 국가의 개입을 가능한 적게 하되, 그 역할을 '보이지 않는 손(=시장기구)'에 맡길 것을 주장했다. 그런데 제2차 세계대전 이후 참혹한 전쟁피해로부터 개인의 기초생활을 보장하고 국가재건을 추진하는 과정에서 시장 기능만으로는 회복이 불가능했다. 이에 케인스(J. N. Keynes, 1852~1949)는 경제활동에 국가의 주도적인 역할을 강조하는 '총수요관리정

---

18 국방대국가안보문제연구소, 『안보총서 115: 안전보장학 입문』(서울: 국방대학원, 2013), p. 260.

책'을 제안했고, 이에 경제 문제는 국가의 기본적인 책무로 인식되었다.[19]

자유무역체계는 국가 주도하에 상호 의존을 심화시키며 시장의 영역을 확장시켰다. 시장은 국가 영역을 초월하여 세계적인 범위로 성장했고, 국가의 통제를 벗어나 자체의 경제적인 논리에 따라 작동하고 있다. 세계시장이 갖고 있는 이점은 바로 '경제적 효율성'이라는 개념이다. 시장에 참여하는 자는 누구든지 쉽게 국내에서보다 대량의 생산, 판매, 자본의 획득이 가능하다. 이를 통해 보호무역체계에서는 규모의 경제와 특화전략을 향유할 수 있다. 정상적으로 기능하는 세계적 수준의 시장에서 국가는 그들의 비교우위를 충분히 활용할 수 있다. 이에 세계적 수준의 시장은 국가에 경제적인 풍요와 안전보장을 제공한다. 국가의 경제적인 풍요는 시장과 자원에 대한 직접적인 통제가 아니라 시장을 통해 풍요로움을 획득하는 것이기에 영토분쟁을 포함한 군사적인 충돌은 불필요하다. 그러나 시장이 보유한 단점은 그 자체의 역동성에서 유래한다. 시장기구의 역동성에 영향을 미치는 '화폐와 신용의 공급', '치열한 경쟁', '불가피한 불균등 성장'과 '에너지원의 안정적 공급대책' 등에 대해 경제안보정책의 유용성과 한계를 살펴보면 다음과 같다.

첫 번째로, 화폐와 신용의 공급에 대한 문제다. 선진화된 금융체계는 경제운용에 성장, 유연성, 유동성 그리고 자유라는 많은 이점을 부여하지만, 동시에 불안정, 불평등, 정치적 목적에 의한 오용, 그리고 때로 체계 자체의 붕괴라는 위험도 발생 가능하다. 선진 금융체계의 장점 중 하나는 신용의 공급을 통한 지역적인 자원의 제약으로부터 탈피할 수 있다는 데 있다. 문제는 금융체계가 버틸 수 있는 최적 규모의 신용을 발견해야 한다는 데 있다. 신용잠재력을 모두 활용하지 못할 경우 운이 좋아야 복지와 성장, 힘의 가능성

19 현대에도 국가는 경제의 핵심적인 안보행위자다. 그런데 지난 1970년대 들어 경제성장률이 저하됨에도 불구하고 인플레이션 현상이 지속되는 '스태그플레이션(stagflation)'을 경험하면서 정부의 규제완화를 통해 시장기능의 활성화를 도모하는 신자유주의 경제이론이 부각되었다. 그럼에도 불구하고 경제 문제에서 국가의 역할은 중요하다.

을 극대화하지 못하는 아쉬움 정도에 그치고, 운이 나쁘면 경기침체와 불황이 초래된다. 신용잠재력을 수준 이상으로 사용할 경우에는 체계의 관리능력에 부담을 주고 대규모의 치명적인 신용훼손, 즉 급격한 환율변동 그리고 국가부도 사태 등의 위험이 있다. 복잡한 금융체계에서는 최적수준의 신용이나 체계의 관리능력 어느 것도 정확히 알 수 없다. 양자 모두 주기적인 부침이 있지만, 성장하는 경제는 그 규모와 한도를 팽창하는 경향이 있다. 다만 신용잠재력을 미활용할 경우에 따른 정치적 · 경제적 부담 때문에 이를 극한까지 활용하려는 경향이 있다. 그 한계라는 것은 이미 상처를 입은 다음에야 나타난다. 세계경제하에서 국가는 세계시장 참여에 따른 이득과 그로 인해 발생할 수 있는 손실과 자국 경제의 취약성 등을 비교하여 자국의 경제안보 중점과 우선순위를 판단해야 한다.

두 번째로, 치열해지는 세계시장에서 경쟁에 대비하는 문제다. 경쟁은 시장의 효율성을 보장해주는 것이라는 점에서 귀중한 자극제다. 시장의 경쟁이 치열해지면 경쟁의 대가가 치솟고 성공의 전망이 낮아져서 시장에 참여하는 것 자체가 매력을 잃게 된다. 또한 세계시장에 많은 산업국가가 등장하면서 기술발달이 한계에 이르게 되며 잉여 생산시설을 초래하게 된다. 이에 따라 고액의 조정비용이 요구되며, 경쟁이 치열해짐에 따라 국가는 끊임없이 국내경제의 구조를 조정해야 한다. 이러한 과정에서 실업이나 국가복지의 전반적인 하락 등의 대가를 치르게 된다. 또한 경쟁이 치열해지면서 투자로부터 오는 이윤이 감소하고, 갈수록 고부가가치시장에 새로이 진입하기가 어려워진다. 따라서 경쟁이 치열해지면 무역관계는 정치쟁점화되고, 보호무역주의자들은 정치세력으로 등장한다. 산업화의 확산이 계속되는 한 이 문제는 악화일로를 걸을 수밖에 없고, 시장의 자유로운 작동에 대한 제한 압력은 더욱 강해진다. 이러한 경쟁적인 환경하에서 기술적 우위를 확보한 다국적기업의 육성은 효과적인 대안이 될 수 있다.

세 번째로, 시장참여의 결과 경기변동에 따른 불균등 성장에 따른 문제다. 불균등 성장이란 시장의 부를, 그리고 보다 넓게는 발전을 체계 전체에 불균등하게 분배하는 것을 이른다. 시장의 작동은 원래 부와 빈, 유리와 불리, 성장과 정체의 패턴을 창출한다. 국가 내부에서 이 문제는 복지와 재분배 메커니즘에 의해 때로는 세금 등 법적인 장치에 의해 해결된다. 국가 간의 관계에서 복지와 재분배 메커니즘은 훨씬 더 약하고 폭력의 사용은 매우 위험하며 값비싼 대가를 치러야 한다. 불균등 성장에 의해 초래되는 국제적 긴장은 두 가지 방법으로 스스로를 규제한다. ① 유리한 지역은 그 자체로 불리한 지역에 비해 힘이 세기 때문에 질서를 유지할 수 있다. ② 시장이 성공적으로 작동하면 유리한 지역이 유동한다. 중심부의 유동성은 경제적으로 가난한 국가도 풍요로운 국가가 될 수 있음을 의미한다. 중심부가 이동하기 때문에 주변부의 최저에 위치한 국가들도 자국의 지위를 향상시키기를 꿈꿀 수 있다. 즉, 가난한 국가일지라도 세계시장에 참여하여 경제적인 호황을 누릴 수 있는 가능성이 열려 있다. 그런데 국가가 세계시장 참여할 경우에 국내적으로 인플레이션 혹은 디플레이션 등 경기변동의 불황은 피할 수 없는 현상이다. 이러한 경기변동으로 인해 국가는 장기적인 경제적 체질개선보다는 단기적인 경제적 성과에 집착하기도 한다. 심지어는 2015년 그리스 사태와 같이 채무불이행인 '디폴트(Default)' 선언 혹은 지불유예인 '모라토리엄(Moratorium)' 선언 등과 같이 경제적 조정비용을 외국에 부담시키려 하기도 한다.[20] 또한, 정부가 선거에서 살아남기 위해 자국의 경제적 능력을 초과하는 포퓰리즘적인 공약을 남발함으로써 재정 부담을 가중시킬 수 있다.

국제적으로 힘의 이동은 국가 간의 경쟁을 초래하며 그 자체로 체계 내 선두국가가 그 지위를 영원히 누릴 수 없음을 의미한다. 선도 패권국들은 불가피하게 쇠퇴의 위기를 겪게 되고, 체계 전체는 새로운 힘의 개편에 따라 끊임없이 적응해나가야 한다. 과거에 그 같은 적응이 큰 전쟁의 원인이 되었

---

20 그리스는 2015년 6월 30일까지 국제통화기금(IMF)에서 빌린 약 16억 유로에 대한 부채를 상환해야 했으나, 디폴트(Default) 선언으로 채무불이행을 선언했다. 디폴트가 선언되면 해당 국가는 대외자금을 지원받는 것이 제한되어 국민생활에 경제적 어려움이 가중된다. 대외적으로는 해당 국가의 국채가격이 폭락하여 채권에 투자한 주변국가도 대규모 손실을 입게 되고, 이러한 현상은 세계경제에 영향을 초래하게 된다.

다. 그러나 세계화와 문명화의 심화로 야기되는 상호 의존성의 증대는 전쟁에서 얻을 수 있는 이득보다 손해가 클 수밖에 없다. 또한 국가는 세계시장을 자국에 유리하도록 만들려는 유혹을 뿌리치기 어려울 것이다. 이러한 결과 순수한 의미에서 경제를 위한 안보가 아니라 시장질서를 왜곡하는 외국자본에 대한 정치적 증오감을 인위적으로 조장하는 등의 방식으로 경제안보를 추구할 수 있다. 이상과 같은 어려움에도 불구하고 국가는 자국의 사회와 경제를 세계시장의 변화 요구에 부응하여 선제적으로 재편함으로써 경제적 불균등 성장의 한계를 극복할 수 있다.

마지막으로, 에너지안보는 ① 위기발생을 사전에 방지하는 대책, ② 위기발생 후에 피해를 최소화하는 대책을 동시에 고려해야 한다. 사전방지 대책으로는 원자력 발전 같은 대체에너지 자원으로의 전환, 자급능력 향상과 국내소비량 축소 등이 가능하다. 그러나 이러한 대외의존도 감소에는 막대한 비용을 동반하기 때문에 국가안보에 부담으로 작용할 수 있다. 그래서 에너지수출국과 협력관계를 강화하거나 해상 교통로의 안전 확보, 에너지수출국의 정치적 안정 등이 중요시된다. 후자의 대책으로는 비축물량을 확대하거나 위기발생 시 긴급조치 매뉴얼의 사전 준비 등이 해당된다.

한편 경제 분야 이외의 요인도 위협요인으로 작용한다. 군사부문에서 군비경쟁을 들 수 있다. 국제적인 군비경쟁은 국방의 딜레마를 야기함으로써 정부의 투자재원을 압박하여 국제경쟁력을 약화시킨다. 이에 민군 겸용의 기술 개발과 도입은 국가경쟁력 강화의 대안으로 효용성이 있다. 정치적 위협요인으로 정경유착의 폐해를 들 수 있다. 이러한 관행은 정상적인 경제질서를 왜곡시키고 국가경제의 자립성을 저해한다. 사회분야에서는 도시 지역의 인구 과밀집중이 사회간접자본 투자의 효율성을 저해하고 궁극적으로 국제경쟁력 상실의 요인으로 작용한다. 이와 같이 경제안보는 타 분야 안보와도 연결되어 있다. 따라서 종합적인 국가안보정책의 기조하에서 타 분야 안보정책과 조화를 이루어야 한다.

제3절
사회안보

1. 사회안보의 개념: 기능 · 대상 · 안보행위자

'사회안보(Societal Security)'의 개념을 이해하기 위해서는 먼저 사회가 무엇을 의미하는지 살펴보아야 한다. 사회를 넓은 의미로 해석하여 "인간 집단의 삶이 이루어지는 장"으로 정의하면, 군사 · 정치 · 경제 등 일상생활의 모든 영역이 사회에 포함된다. 그렇다면 군사안보, 정치안보, 경제안보 등 국가안보(정책)가 달성되면 '사회안보'는 자연스럽게 달성되는 것으로 볼 수 있다. 하지만 사회안보는 다른 안보 개념과 확연히 구분되는 별개의 개념이다. 사회안보에서 의미하는 '사회'는 공동체의 구성원 사이에 존재하는 동질성을 토대로 하는 '집단 정체성(Collective Identity)'의 유지, 즉 집단 구성원 사이의 사회적 관계에 초점을 맞추고 있다.[21]

부잔(B. Buzan)은 사회안보의 기능을 "진화에 따른 자연적인 변화의 범위 안에서 언어, 문화 그리고 종교적 · 민족적 동질성과 관습의 전통적인 패턴을 유지하는 것"이라고 한다.[22] 그렇다면 언어, 문화 그리고 종교, 민족의 정체성과 관습을 유지하는 것이 왜 중요한가? 사회 구성원 전체가 민족적 · 문화적 동질감으로 서로 결속되어 있는 사회는 그렇지 못한 사회와 비교했을 때 '집합 행동의 딜레마(Collective Action Problem)'를 보다 쉽게 극복할 수 있

---

21 Buzan, Barry. Ole Wæver, and Jaap de Wilde, *Security: A New Framework for Analysis*, 2nd edition (London: Harvester Wheatsheaf, 1998), p. 23.

22 김태현(1995), 전게서, p. 49.

다. 집합 행동의 딜레마는 공유자원을 생산하기 위한 활동에 참여하기를 거부하면서 그 혜택만을 누리려고 하는 무임승차(free-rider) 행위 때문에 발생한다. 예를 들면 주민이 마을 축제에 사용하기 위해 커다란 술독에 자발적으로 술을 모으기로 했다고 하자. 그런데 마을 주민은 (그들 간에 동질성 혹은 정체성이 부족할 경우) 다른 사람들이 술을 가져올 것으로 믿고 자신은 술 대신 물을 가져갈 것이다. 이러한 결과, 마을의 술독은 물로 가득 찰 것이고 마을 축제는 서로에 대한 불신과 비난의 장이 될 것이다. 그러나 이 마을 사람들이 문화, 종교 그리고 민족적 연대를 기반으로 하는 '집단 정체성'이 존재할 경우, 술 대신 물을 가져가는 행위를 감시하고 통제할 수 있는 효과적인 제재가 가능해진다. 이상과 같이 사회안보는 '사회'와 언어 · 종교 · 민족 등을 포괄할 수 있는 '문화'라는 관계 속에서 존재한다. 사회란 '우리(we)'를 경계지우는 틀이며, 문화는 그 경계 속에 있는 구성원이 갖고 있는 전형적인 '삶의 양식(way of Life)'이다. 경계를 달리하는 집단이나 생활양식을 달리하는 집단은 서로 간에 다른 '집단 정체성'을 갖는 것이 보통이다.

따라서 사회안보의 대상은 '집단 정체성(Collective Identity)'이다. 특정 상황 전개나 잠재세력이 공동체의 생존을 위협하게 되면 사회 구성원들이 불안감을 느낀다. 따라서 사회안보를 '집단의 정체성 안보'라고도 한다. '사회안보(Societal Security)'는 '사회 보장(Social Security)'과는 구분된다. 사회보장은 개인 및 경제적인 문제와 관련된 것으로 보건, 복지, 보험 등과 관련된다. 이에 반해 사회안보는 특정 집단과 그들의 정체성 보호에 관한 것이다.

그런데 사회안보는 특정 집단, 즉 사회의 범위를 어떻게 규정할 것인가에 따라 안보위협요소가 달라질 수 있다. 예를 들어 어느 국가가 단일민족으로 구성되어 있는 경우, 소수의 외국인이 그 국가의 국민으로 편입될 때 사회안보의 위협요인이 될 수 있다. 반대로 유럽통합의 경우와 같이 유럽연합(EU)은 개별 국가를 넘어서 어떻게 '유럽인'이라는 공통의 정체성을 창출할 것인가 하는 문제에 직면했다. 이 과정에서 개별 국가 고유의 정체성은 통합사회 건설을 위한 위협요인으로 작용했다. 결국 사회는 국가의 일부분이라고 단정지어 말할 수 없다. 사회가 국가에 포함되는 부분도 있지만 국가를 벗어나는 부분도 존재한다. 따라서 사회안보는 국가안보의 하위부분으로서의 기능과 국가안보와 동등한 수준에서 대안적인 개념을 동시에 고려해야 한다. 이를 통해 사회안보는 지역화 혹은 세계화의 역동성을 의미 있게 인식하게 한다.

사회안보의 대상을 '집단 정체성'으로 규정함으로써 정치안보와 사회안보가 다른 것으로 인식되고 별도로 분석함으로써 효과적인 정책시행이 가능하다.[23] 정치안보는 국가, 정부시스템, 그리고 정부나 국가에 정당성을 부여해주는 이념의 안정성에 관련된 것이다. 국가와 사회의 경계가 구별될 수 있기에 사회안보를 분리하여 다룰 필요가 생긴다. 예를 들면 '지역감정 해소'는 정치안보 문제인가, 사회안보 문제인가? 지역감정을 정체성의 문제라고 보면, 이는 사회안보에 해당하는 사안이 된다. 이러한 관점에서 정치안보 위협과 구분되는 사회안보 위협을 식별할 수 있고, 사회안보를 확보하기 위한 의미 있는 정책을 개발하거나 평가를 할 수 있다.

사회안보의 주체는 국가일 수도 있고 집단 정체성을 대표하는 지도자일 수도 있다. 국가가 주체가 될 경우 주요 행위자는 정치지도자, 정부 등이 될 것이다. 기능적 행위자는 시민사회, 즉 집단의 지도자(종교 지도자, 소수민족 지도자 등), NGO, 매스컴 등이 될 것이다. 특히 매스컴은 상황을 단순화하여 대중에게 전달하는 기능을 수행하며, 이를 통해 '우리'와 '그들'을 차별화시켜 정체성 유지에 강력한 영향력을 행사한다.

2. 사회안보의 위협 · 취약성

뒤르켐(Durkhiem)은 집단 정체성의 근원이 되는 '기계적 연대(Mechanical Solidarity)'와 구성원들의 역할분담을 통한 '유기적 연대(Organic Consciousness)'

---

23 김석용, 『국가안보의 한국화』(서울: 오름, 2011), p. 204.

를 통해 사회가 유지된다고 한다.[24] 먼저 '기계적 연대'는 그 구성원들이 공통의 조상, 공통의 역사, 공통의 신화, 공통의 종교, 같은 생김새, 공통의 문화 등 유사성을 통해 집단 정체성을 형성한다. 다음으로 '유기적 연대'는 사회 구성원의 분업을 통한 기능적인 보완성이 사회로 하여금 분리되지 않고 하나의 공동체로 유지하게 한다. 그런데 현대사회로 오면서 그 구성원의 태생적인 공통점이 점점 줄어들어 기계적 연대는 감소하는 반면에, 유기적 연대는 증대되어 구성원들이 분업방식의 역할분담을 통해 새로운 공동체가 형성되고 강화된다. 즉 구성원들이 기능적 보완을 통해 공동체를 유지할 수 있다는 것은 분업의 과정에서 '서로 다름'을 중요하다고 인식하고, 새로운 공동체를 형성하기 위해 새로운 '우리'를 지향하게 한다.

그럼에도 불구하고 사회안보의 위협과 취약성은 전통적인 '기계적 연대'와 분업 개념에 따른 '유기적 연대'를 위한 이주(移住), 수직적 경쟁, 수평적 경쟁의 과정에서 나타날 수 있다. 먼저 이주는 ① 국가 외부에서의 이민, ② 국가 내에서의 이주로 구분할 수 있다.[25] 국가 외부에서 이민은 축복인 동시에 위협이 된다. 그럼에도 불구하고 이민은 국가 내의 주민으로 하여금 인종적 · 문화적 동질성을 위협할 수 있다. 대표적인 국가가 미국이다. 유럽인을 국민의 기반으로 건설된 미국은 멕시코 등 히스패닉의 불법이민으로 정체성의 위협을 느끼고 있다. 특히 미국 남부 지역은 거주주민의 40~20%가 히스패닉 인구로 구성되어 있다. 미국 내 히스패닉 인구는 현재 4,000만여 명 수준이며, 그들의 지속되는 불법이민과 높은 출산율로 인해 2080년에는 1억 6,000만여 명에 이를 것으로 예상하고 있다. 이러한 현상에 대해 미국에서는 인종 비율의 변화와 언어 정체성에 대한 중대한 위협으로 인식하고 있다. 미국은 불법이민 차단의 한계, 영어 사용 강요 불가, 출산율 통제 불가 등으로 미국 주류사회가 미국인이라는 정체성에 대한 위협을 인식하고 있음에도

24 김석용, 상게서, pp. 217-218.

25 김열수, 전게서, pp. 148-150.

불구하고 이에 적절히 대응할 수 없다는 취약성이 존재한다. 히스패닉은 영어보다 스페인어를 더 많이 사용하고 있어 많은 스페인어 방송국과 신문사가 운영되고 있다. 이에 히스패닉이라는 정체성은 위협받지 않고 있지만, 미국인이라는 정체성은 위협받고 있는 셈이다. 히스패닉은 정체성을 위협받을 일이 별로 없으나 미국이라는 국가의 정체성은 와해될 수 있다. 이민이 합법적으로 이루어지고, 이민자들이 유입국의 정체성에 동화될 경우 사회안보 문제는 발생하지 않는다. 문제는 불법이민이 많을 경우와 이민자들이 유입국의 정체성에 동화되지 않는다는 점이다. 따라서 현대의 많은 국가들은 사회안보를 위해 이민 요건을 강화하여 자국의 수용수준을 초과하는 이민을 간접적으로 통제하고 있고 불법이민을 엄격하게 단속하고 있다.

국가 내에서의 이주(移住)도 다민족 국가인 경우에는 주류 주민의 정체성을 위협할 수 있다. 중국의 경우 티베트나 신장위구르자치구로 이주하는 한족(漢族) 중국인은 민족을 정체성으로 하는 소수민족인 그 지역의 주민의 정체성에 심대한 위협이 된다. 또한 소련 시절 각 공화국으로 이주한 러시아인은 그 지역에 살고 있는 주민에게는 위협이었다. 주거 이전의 자유가 있는 국가 내의 이주는 국가적 차원에서는 오히려 국가의 정체성을 향상시킨다는 차원에서 이를 방조하는 측면도 있을 수 있다. 그러나 그 지역에 거주하는 소수민족 입장에서 보면 심각한 위협이 될 수 있으며, 이는 사회안보의 위협요인으로 작동하게 된다. 경제적으로나 정치적으로 어려운 나라 혹은 지역의 사람들은 갈수록 보다 나은 삶을 찾아 이주하고자 하는 욕구가 증가할 것이다. 이들이 경제적 · 문화적 자산으로 환영을 받을지 아니면 민족동질성에 대한 위협으로 탄압을 받을지는 그 나라 혹은 지방의 조건에 달려 있다.

다음으로 사회안보의 현실적인 위협은 수직적 경쟁으로부터 발생한다. 사회안보를 유지하기 위해 강한 집단 정체성이 필요하지만, 특정 집단이 강한 집단 정체성을 유지할수록 사회 내부에 존재하는 다른 집단도 대응하여 자신의 정체성을 강화하고, 이로 인해 상황이 내란(Civil War) 상태로 악화될 수 있다. 위로부터의 국가 형성과정은 국가 하부의 특정 집단을 억압하거나 최소한 동일화시키는 과정을 포함한다. 즉, 국가가 국민을 강제로 통합하려 하거나 집단이 분리주의적인 행동을 취할 경우 심각한 안보위협을 초래한다. 수직적 경쟁과정에서 국가 내의 특정 집단을 대상으로 하는 사회안보위협의 대표적인 사례는 사회적 불평등을 초래하는 인종청소와 문화청소를 들 수 있다. '인종청소(Genocide)'는 국가가 특정한 집단을 대상으로 학살, 특정한 지역으로 강제이주 그리고 산아제한 등을 강요하는 것이다. '문화청소(Cultural Cleansing)'는 고등 교육 기회의 박탈, 특정한 언어의 사용 금지 그리고 개종을 강요하는 등의 방식이 있다.

대표적인 사례로 제2차 세계대전 기간 중에 유럽의 많은 국가에서는 유대인 등 소수민족에 대한 학살을 자행하거나 방조했다. 또한 르완다 내전은 인종청소와 문화청소가 결합되어 나타난 사례다. 르완다를 지배한 벨기에는 투치(Tutsis)족과 후투(Hutu)족 중 소수 집단이었던 투치족에게만 고등교육을 허용하고 관료로 채용했다. 이에 따라 벨기에의 식민통치 기간 동안 후투족에 대한 투치족의 지배가 이루어졌다. 1962년 르완다가 벨기에로부터 독립하자 다수 집단인 후투족이 정권을 잡고 투치족에 대한 보복을 시작했다. 5년 동안의 내전 동안 2만 명의 투치족이 학살당하고, 30만 명이 우간다로 이주했다. 우간다에 거주하던 투치족은 우간다 정부의 지원 아래 '르완다 애국전선(RPF: Rwanda Patriotic Front)'을 결성하고 1991년 르완다 정부를 공격하여 정권을 장악했다. 이러한 현상은 주로 '허약한 국가(Weak State)'에서 많이 관찰되며, 국가의 안보가 아니라 정권의 안보를 추구하는 과정에서 전형적으로 나타난다. 그런데 사회구성원 사이에 위협인식이 다르고 위협에 대한 대응방식 견해가 다른 것은 매우 발전된 '강건한 국가(Strong State)'에서도 나타날 수 있는 보편적인 현상이다. 허약한 국가와 비교하면 질적 · 양적 차이가 있을 수 있겠지만, 강건한 국가라고 해도 정권안보적 측면을 부인할 수 없다.

마지막으로 수평적 경쟁은 이민으로 인한 유입이나 유출은 없지만 이웃

하는 국가로부터 전이된 문화 혹은 언어 등으로 인해 삶의 방식이 바뀔 수 있으며, 이로 인해 사회적 · 문화적 정체성이 왜곡될 수 있다. 주로 언어, 문화, 종교 등의 정체성이 문제가 될 수 있다. 그러한 예로는 중동 지역에서 아랍 민족주의와 이슬람교는 지역 국가들이 정치, 경제, 사회, 문화, 군사 등 다양한 방면의 공동이익을 위해 협력하면서 초국가적 정치세력으로 성장할 수 있도록 매개체 역할을 추구한다. 반면에 다른 지역에 침투한 이슬람 문화는 크고 작은 사회적 갈등을 불러일으키고 있다. 프랑스에서는 과거 식민지였던 알제리 무슬림이 프랑스로 대거 이주하면서 무슬림 인구가 증가하고 있다. 이에 따라 프랑스의 사회적 전통과 무슬림 문화가 서로 충돌하고 있다. 또한 프랑스어를 사용하는 캐나다의 퀘벡 주 주민은 영어 침투를 불안하게 생각한다.

프랑스는 2004년 '종교적 상징물 착용 금지법'을 통과시켰다. 이 조치는 공립학교에서 무슬림 여성이 가리개인 히잡을 착용하는 것을 금지하기 위한 것이었다. 프랑스가 이러한 조치를 취한 이유는 히잡 착용이 무슬림의 정체성을 강화시켜 다른 종교를 믿는 프랑스인과 하나로 섞이는 것을 막을 수 있기 때문이었다. 이처럼 한 사회의 문화적 동질성에 부정적 영향을 미칠 수 있는 외부 문화의 유입과 확산은 사회안보에 심각한 위협이 된다.

3. 사회안보 정책의 유용성과 한계

사회안보를 넓은 범위, 즉 국가안보와 동등한 수준에서 대안적 개념으로 고려하면, 위협요인을 해소할 수 있는 궁극적인 해법은 초국가적인 차원에서 통합을 추진하는 것이다. 이러한 관점에서 사회안보의 위협요소는 위협의 발원지가 국가 내부인가 아니면 국가 외부인가에 따라 구분할 수 있다. 그리고 위협의 형태가 즉각적으로 나타나는지 아니면 현재는 큰 위협이 아니지만 장차 사회안보를 위협하는 요인이 될 가능성이 있는지에 따라 구분할 수 있다. 이런 기준에 따라 위협 요소를 유형화하면 다음 도표와 같다.

〈표 7-1〉 사회안보 위협요소 분류

구분		위협의 형태	
		현재적(manifest)	잠재적(latent)
위협의 발원지	내부	• 사회구성원 간 일체감 상실 (불평등 심화, 지역갈등 등) • 현존 사회체제 불인정	• 가치관의 타락(가족관, 사회관, 국가관 등) • 구성원 재생산의 위기(출산율 저하, 마약 등)
	외부	• 불법이민자의 대량 유입 • 기존의 사회체제를 부정하는 외부 이념의 도입(다양한 근본주의 등)	• 외국 문화의 무분별한 도입 • 기존 사회체제에서 통제하기 힘든 위험요인 도입(국제범죄 등)

출처: 김병조, "사회안보 이론의 한국적 적용", 『국가안보의 한국화』(서울: 오름, 2011), p. 225.

광의의 사회안보 개념은 냉전체제 해체 이후 유럽 지역에서 서유럽의 유럽연합(EU) 건설, 그리고 같은 시기에 동유럽 국가의 국가해체과정 같이 상반된 경험을 통해 이론화되었으며, 사회안보의 달성지표 등이 구체화되지 못한 실정이다. 그러나 한국적 상황에서 국가안보와 분리된 사회안보를 상정하거나 국가를 초월한 사회안보 개념을 수용하기는 어렵다. 그러한 한국적 상황은 세 가지로 요약될 수 있다.

첫째, 한국인으로 집단정체성을 유지 · 발전시키기 위해서는 독립된 국가가 존재하는 것이 선행요건이 된다. 일제의 민족말살정책은 독립된 국가가 없는 상태에서 한국인이 안정적인 집단정체성을 유지할 수 없다는 점을 분명히 각인시켰다.

둘째, 현재 한국인의 집단정체성 유지에 가장 큰 위협요인은 북한과의 정통성 경쟁에서 온다고 할 수 있다. 한국이 북한과 정치 · 군사적으로 대립하는 한, 국가안보의 범위를 벗어난 별도의 사회안보를 생각할 수 없다.

마지막으로 문화적인 측면에서 한국에 한국인이라는 정체성과 대립해서 존재하는 경쟁적인 정체성이 존재하지 않는다. 외국인이 증가하고 있지만, 한국인은 수적으로 압도적인 다수를 점하고, 정치 · 경제적으로도 지배적인 집단이다. 민족과 국가는 분명히 구분되는 범주이지만, 현실적으로 국가구성원으로서 '한국(國)인'과 민족구성원으로서 '한(韓)국인'은 서로 분리될 수 없는 범주이기도 하다. 따라서 사회안보는 국가안보의 하위부분으로서 기능과 국가안보와 동등한 수준에서 대안적인 개념을 동시에 고려하여 관련 정책을 개발 · 시행하고 평가해야 한다.

김병조는 다양한 위협으로부터 사회안보가 확립된 상태를 사회통합, 문화발전 그리고 소프트 파워의 관점에서 평가할 수 있다고 한다.[26]

첫째, 특정사회의 사회통합 정도가 높을 때 사회안보가 이루어졌다고 할 수 있다. 즉, 구성원이 내부적으로 유사한 핵심 정체성을 확보한 상태에서 생활에 만족감을 느끼는 경우 사회안보가 이루어졌다고 말한다. 예를 들어 국가나 민족에 대한 자의식과 자부심을 보유한 상태에서 생활만족도가 높을 때, 해당 사회는 사회안보가 강하게 확립되어 있다고 할 수 있다.

둘째, 특정사회의 문화가 이질적인 타 문화에 대한 수용능력이 클 때 사회안보가 이루어졌다고 할 수 있다. 타 문화를 자신의 문화 속에 흡수하거나, 타 문화를 활용하여 새로운 문화를 창출하는 등 문화발전이 활발하게 이루어지는 사회는 사회안보 수준이 높은 사회다.

셋째, 위의 두 번째와 방향은 반대이지만, 특정사회가 갖고 있는 문화의 '소프트 파워(Soft Power)'가 큰 경우도 사회안보가 높은 경우다. 특정 사회의 문화가 갖는 매력이 크다면, 타 정체성을 가진 집단이 해당 집단의 정체성을 인정하거나, 특정 사회의 정체성과 유사하게 자신의 정체성을 변화시킬 것이다. 한국문화를 지칭하는 '한류(Han Wave)'가 주변국을 비롯해서 세계로 전파된다면, 한국의 사회안보 수준은 높다고 할 수 있다. 이상과 같이 사회안보는 위 세 가지 관점에서 종합적인 판단과 조정이 필요하다.

마지막으로 사회안보 이외 분야의 위협도 사회안보 차원에서 고려해야

---

26 유럽에서 정립된 사회안보는 정체성을 유지할 수 있는 능력이라고 정의했지만, 실제 사회안보가 확보된 상태와 관련되는 구체적인 변수와 지표 등에 대한 이론적 · 경험적 연구가 미진한 상태다.

한다. 이러한 군사적 위협요소는 민 · 군 관계 악화를 들 수 있다. 민군관계 악화는 국가사회를 군부엘리트와 시민사회로 분리하여 국가정체성에 대한 혼란을 초래한다. 정치적 위협요소로는 지역별 차별, 부정부패 만연 등으로 지역갈등의 심화, 상대적 박탈감 등이 강화되어 국민적 연대가 위기에 처할 수 있다. 경제적 위협요소는 소득불균형, 자산불균형, 매점 · 매석 등으로, 이러한 문제가 궁극적으로 사회적 갈등의 원인이 된다. 국가안보 차원에서 각 분야별 안보정책의 연관성을 고려하여 종합적인 관점에서 시행되어야 한다.

제8장

새로운 위협과 국가안보

9.11테러 이후 국제테러리즘에 대한 대처를 포함하여 사이버안보 등 군사적 수단만으로 대처할 수 없는 여러 국가안보 과제로서 그 중요성을 더해가고 있다.

이에 인간안보의 개념과 유형 및 대비전략을 알아보고, 환경안보의 위협과 대비책 사이버안보의 위협과 유형, 북한의 대남사이버공격체계 및 특징과 대응책에 대해 살펴보며, 테러리즘의 개념과 유형 및 대응전략에 대해 고찰했다.

박효선(朴孝善)

성균관대학교 산업공학과를 졸업하고, 학군 21기로 임관하여 전후방에서 주요 지휘관과 참모를 역임했다. 육군본부 교육계획 및 인적자원개발, 능력계발정책과 국방부 평생학습 및 인적자원개발 정책을 담당하였으며, 한국군의 인적자원개발 정책수립과 평생학습 정책을 기획해 국가 정책화에 기여했다. 중앙대학교에서 HRD정책학 박사학위를 취득하고, 현재 청주대학교 군사학과 교수로 재직 중이다. 주요 저서와 논문으로는 『한국군의 평생교육』, 『한국군의 인적자원개발』, 『군사교육학의 이론과 실제』, "군 인적자원개발 정책결정과정에 관한 연구", "군 복무경험의 평가인정 방안", "군사학 졸업인증제에 대한 효과분석" 등이 있으며, 관심 분야는 군 인적자원개발, 평생교육, 전직지원교육 등이다.

제1절
인간안보

1. 국제안보환경의 변화

현대국가의 안보환경은 군사적 차원의 전통적 국가안보에서 테러 · 대량살상무기 · 마약 및 범죄, 재해 및 재난, 경제적 가난과 인권침해 등 비군사적 차원의 인간안보로 확대 변환되고 있다. 세계 각지에서 영토, 종교, 인종 문제 등 뿌리 깊은 갈등요인으로 인해 국지분쟁이 감소하기보다 오히려 증가하고 있는 실정이다. 또한 초국가적 위협의 확산으로 안보위협은 더욱 다양해지고, 국제사회의 안보 불확실성은 더욱 커지고 있다. 2014년 국방백서를 토대로 국제안보환경을 살펴보면 다음과 같다.[27]

첫째, 핵 및 장거리 탄도미사일을 지속적으로 개발하면서 세계 평화를 위협하는 세력의 존재다. 북한은 한국전쟁 직후부터 핵무기 개발을 지속적으로 추진해왔으나, 그 개발 의도는 북한이 1993년 국제원자력기구(IAEA: International Atomic Energy Agency)의 특별사찰 요구를 수용하지 않음으로써 노출되었다. 특별사찰이 진행될 경우 자신들의 핵무기 개발 의도가 드러날 것을 우려한 북한은 이를 거부했을 뿐만 아니라 아예 핵무기확산금지조약(NPT: Nuclear nor-Proliferation Treaty)을 탈퇴했다. 이로써 북한의 핵개발은 국제적 문제로 격상되었고, 이를 저지하기 위한 외교적 노력이 대대적으로 전개되어 6자회담이 구성되었다. 그러나 이러한 노력에도 불구하고 북한은 핵

27 국방부, 『2014 국방백서』(서울: 국방부, 2014), pp. 10-12.

무기를 계속하여 개발했고, 2006년, 2009년, 2013년 세 차례에 걸쳐 핵실험을 실시했다. 북한이 2006년 실시한 제1차 핵실험 규모는 1*kt* 이하에 불과하여 수준이 미흡했지만, 2009년 5월 25일 실시한 제2차 핵실험에서는 4*kt*의 위력을 달성했고, 이로써 초보적인 핵무기 개발에 성공한 것으로 판단된다. 북한은 그때까지 총 40~50*kg* 정도의 플루토늄을 추출한 것으로 판단되고 있다.[28] 또한 북한은 2013년 2월 12일 제3차 핵실험을 실시한 후 "소형화 · 경량화된 원자탄을 사용했고……"라고 주장했으며, 2014년에 북한은 "전술핵을 탑재하기 위한" '신형 전술미사일'을 수차례 시험 발사하기도 했다. 북한은 핵무기를 잠수함에서 발사할 수 있는 잠수함 발사 탄도미사일(SLBM: Submarine Launched Ballistic Missile)도 개발하는 것으로 보도된 바 있다.[29]

UN 안전보장이사회는 북한의 장거리 미사일 발사와 3차 핵실험에 대한 고강도 제재 조치를 담은 결의안 제2087호[30]와 제2094호[31]를 채택하고 이를 이행하고 있다. 더불어 이란의 핵개발을 저지하기 위한 국제사회의 노력도 계속되고 있다. 2013년 11월에 '안전보장이사회 상임이사국 5개국 및 독일(P5+1)'과 이란은 고농축 우라늄 제조를 중지하는 대신 경제제재 일부를 해제하는 데 합의하고, 2014년 2월부터 협상을 진행해왔다. 결국 2015년 4월 2일 이란 핵협상이 타결됨으로써 중동 지역의 평화와 안정을 강화하는 데 기여했다는 반응과 이스라엘은 오히려 이란의 핵무장을 막을 수 없다는 입장이다.

둘째, 최근 수년간 중동, 북아프리카, 서남아시아 지역의 정세 불안으로

---

28 김진무, "북한의 핵전략 분석과 평가", 백승주 외, 『한국의 안보와 국방』(서울: 한국국방연구원, 2010), p. 334.

29 『중앙일보』(2014년 9월 23일), p. A10.

30 UN 안전보장이사회가 북한의 장거리 미사일 발사 직후인 2013년 1월에 대북제재를 확대 · 강화하는 내용을 담아 채택한 결의로, 북한이 추가 도발 시 안전보장이사회가 중대한 조치를 취하도록 하는 조항을 포함하고 있다.

31 UN 안전보장이사회가 북한의 3차 핵실험 직후인 2013년 3월에 채택한 결의로, 북한 은행의 신규 해외 활동 금지 및 다량의 현금 밀반입 단속, 대량살상무기 전용 우려 물품 이동의 전면 차단 등이 핵심내용이다.

테러 건수가 급증하고 있다는 점이다. 2001년 9월 11일 전 세계를 경악케 한 9.11테러가 발생했다. 냉전 이후 지구 상에서 유일한 패권국가의 지위를 향유하던 미국이 받은 충격은 상상을 초월한 것이었다. 그 대응으로 미국은 아프가니스탄에 대한 보복공격을 시작했고, 연이어 이라크를 침공했다.

9.11테러 이후 미국의 독주체제와 더불어 UN안보리 상임이사국의 이해관계 충돌은 국제평화와 안전에 대한 1차적 책임을 지는 기관인 안전보장이사회의 고유한 기능을 훼손했고, 심지어 UN 자체의 무용론이 대두되고 있는 상황이다.[32] 2014년 4월에 발표된 미 국무부의 「2013년 테러보고서」에 따르면 2013년 테러발생 건수는 9,700여 건으로 전년 대비 43%나 급증했다. 특히 테러리즘이 대량살상무기와 연계될 경우 국제안보를 크게 위협할 수 있어 테러에 대비하기 위한 개별 국가의 노력과 국제공조의 필요성이 한층 높아지고 있다.

셋째, 해적 행위로부터 해상교통로 안전을 확보하는 문제도 국제사회의 안보 현안이 되고 있다. 국제사회는 '소말리아해적퇴치연락그룹(CGPCS)[33]을 창설하여 해적퇴치를 위한 공조를 강화하고 있다. 현재 20여 개국이 소말리아 해역 및 아덴 만에 함정을 파견 중이며, 우리 정부도 2009년 3월부터 소말리아 해역에 청해부대를 파견하여 해상교통로의 안전을 확보하는 데 기여하고 있다. 국제상공회의소 산하 국제해사국(IMB)에 따르면 전 세계적으로 해적행위가 2012년 297건에서 2013년 264건으로 감소된 것으로 나타났다.

넷째, 지진, 쓰나미 등 대규모 자연재해와 에볼라바이러스 같은 감염병도

---

32 황해륙, "인간안보의 국제법적 실현에 관한 연구", 경북대학교 대학원 박사학위 논문(2011). p. 16.

33 UN 안전보장이사회 결의 제1851호에 의거 2009년 1월에 해적 퇴치를 위해 창설되었으며, 소말리아를 비롯한 인근 국가(케냐, 예멘, 세이셸, 탄자니아)와 주요 이해국(한국, 미국, 중국, 일본, 영국, 러시아, 프랑스)등 60개 국가가 참가하고 있다. 또한 UN, 유럽연합, 국제해사기구, 북대서양조약기구 등 30개 국제기구 및 해운협회가 동참하고 있다(CGPGS: the Contact Group on Piracy off the Coast of Somalia).

국제사회가 공동으로 대응해야 할 새로운 안보 현안으로 부상했다. 특히 우리나라는 2015년 새로운 변종 코로나바이러스(MERS-CoV) 감염으로 인한 중증급성호흡기질환의 발생으로 큰 충격을 겪기도 했다. 메르스는 2012년부터 중동 지역 아라비아 반도를 중심으로 나타났으며, 2015년까지 천 명 이상의 감염자와 400명 이상의 사망자가 발생했다. 또 다른 변종 코로나바이러스가 원인인 사스(SARS)보다 전염성은 떨어지며, 치사율은 30~40%로 사스(약 9.6%)보다 높다. 2015년 5월 20일 한국에서 메르스 최초 감염자가 확인되었다. 7월 28일 첫 환자가 발생한 지 68일 만에 정부는 국무회의에서 메르스가 사실상 종식되었음을 선언했다. 다만 아직 치료 중인 환자가 있어 세계보건기구(WHO) 기준으로는 종식 시점이 남은 상태다. 이번 메르스 사태로 감염된 사람은 총 186명이며, 그중 36명이 사망해 치사율은 19.4%로 기록됐다.[34]

2013년 11월 태풍 하이옌으로 필리핀에 막대한 피해가 발생함에 따라 국제사회는 구조팀을 파견하고 구호물자를 지원하는 등 피해복구를 위해 공동으로 노력했다. 우리나라도 아라우부대를 필리핀에 파견해 건물복구와 의료지원 등 재건활동을 적극 수행했다. 또한 라이베리아, 시에라리온, 기니 등 서아프리카 국가들은 에볼라바이러스로 인해 막대한 피해를 입고 있다. 에볼라바이러스는 사람뿐만 아니라 영장류에서도 발생하는데, 심한 고열과 발진, 심한 출혈 증상이 나타나며 치사율은 50~90%에 이른다. 이 바이러스의 이름은 1976년 이 병이 처음으로 발생한 지역인 자이르(지금의 콩고민주공화국) 북부의 에볼라 강에서 유래되었다. 그해에 자이르와 수단에서 발생한 에볼라는 수백 명의 사망자를 낳았으며, 1995년에도 자이르에서 수백 명이 사망했다. 세계보건기구에 따르면 2014년 12월 기준으로 1만 9,000여 명이 감염되었고 7,500명이 사망했다.

이와 같이 세계화와 정보화의 진전에 따라 상호 의존성이 증대되면서 국

34 『동아일보』(2015년 9월 2일), p. A16.

가 간 협력 가능성이 높아지는 반면에 마찰과 갈등의 많아졌다. 지역별 · 국가별로 경제개발 불균형 현상이 심화되고, 이러한 세계경제의 불안정성은 빈곤 문제, 자원고갈, 테러리즘, 기후변화, 환경오염, 대규모재해 등과 결합하여 개별 국가의 안보에도 영향을 미치고 있다. 따라서 사람을 안보의 대상으로 바라보는 인간안보의 중요성은 더욱 강조되고 있다. 사람의 안전, 즉 사람의 육체적 안전(physical safety)뿐만 아니라 경제적 · 사회적 복지, 인간의 존엄과 가치의 존중, 인권과 기본적 자유의 보호를 포함하여 공포로부터의 자유와 결핍으로부터의 자유를 추구하고자 한다.[35]

2. 인간안보(human security)의 개념과 특징

인간안보가 무엇인가에 대한 다양한 개념정의가 난립하고 있으며, 이와 같은 개념정의의 난립과 혼란은 인간안보 자체의 유용성에 대한 의문에서 기인한다고 본다.[36] 인간안보는 국제질서 내에서 국가에 비해 상대적으로 저평가되어온 인간 그 자체에 대한 안전보장을 의미하며, 궁극적으로 인간의 기본적 자유, 즉 공포로부터의 자유와 결핍으로부터의 자유를 추구하는 가치 중심적 개념이다. 또한 인간안보는 국가안보와 주권을 강조하는 국가 중심적 체계(framework)가 아니라 인간의 생활을 위한 기본적 욕구를 충족하는 가운데 존엄과 안전을 인정하는 인간중심적 체계이다.[37] 다시 말하면, 인간안보는 국익(national interest)보다는 공통의 가치(common values)에 기반을 두는 개념이다.

---

35 International Commission on Intervention and State Sovereignty (이하 'ICISS'라 한다), The Responsibility To Protect; Report of the International Commission on Intervention and State Sovereignty, International Development Research Centre (2001), p. 15.

36 전웅, "국가안보와 인간안보", 「국제정치논총」 제44집 1호, 한국국제정치학회(2004), pp. 25-29.

37 Alice Edwards · Carla Frestman (eds.), Human Security and Non-Citizens: Law, Policy and International Affairs, Cambridge University Press (2010), p. xix.

인간안보의 핵심적 요소인 '결핍으로부터의 자유(freedom from want)'와 '공포로부터의 자유(freedom from fear)'는 프랭클린 루스벨트(Franklin D. Roosevelt)가 제안한 네 가지 자유(The Four Freedoms)에 기원을 두고 있다. 루스벨트는 1941년 1월 6일 의회에 보낸 연두교서에서 인간의 기본적 자유로 '언론의 자유, 신앙의 자유, 결핍으로부터의 자유, 공포로부터의 자유'를 언급하면서 민주국가를 하나로 뭉쳐 이 네 가지 자유가 실현되는 세계를 이루어야 한다고 역설했다.

특히 현대 국제사회는 군사적 · 국가적 위협이나 비군사적 · 초국가적 위협에서 그 최대의 피해자는 전쟁을 수행하고 있는 전방 지역의 군인이 아니라 후방 지역의 민간인이라는 문제 때문에 인간안보가 대두되었다.[38] 1994년 국제연합개발계획(UNDP)이 새로운 안보 개념으로 제시했다. 군사감축이나 군비축소 외에도 인권, 환경보호, 사회안정, 민주주의 등이 기본적으로 보장되어야만 진정한 세계평화가 가능하다는 생각에서 출발한 개념이다.

전통적으로 안보는 국가 또는 국제사회 등 집단적인 실체를 대상으로 외부로부터의 군사적 침입에 대응하는 개념이었지만, 1970년대 이후 사회경제적 문제가 전쟁의 원인으로 대두되면서 이 개념이 나오게 되었다. 국제연합개발계획은 인간안보의 요소로 평화와 안보, 경제발전 및 복지, 인권존중, 환경보존, 사회정의, 민주화, 군축, 법치, 좋은 정치 등을 포함시켰다. 따라서 정치적 자유, 사회적 안정, 환경권, 경제적 풍요, 문화권 등 다양한 개념을 포함하는 포괄적 개념이다.[39]

또한 개인의 안보를 국가안보보다 우선시한다는 개념이기 때문에 인간의 평화를 해칠 수 있는 모든 요소를 안보위협의 요인으로 보며, 여기에는 군사적인 위협뿐만 아니라 경제적 고통으로부터의 자유, 삶의 질, 자유와 인권보장 등이 포함된다.

---

38 조영갑, 『세계전쟁과 테러』(서울: 선학사, 2011), p. 415.

39 홍기준, "인간중심주의적 안보 개념의 모색", 「안보학술논집」 제15집 제2호, 국방대학교 안보문제연구소(2004), pp. 164-165.

이를 종합해보면 인간안보의 정의는 협의와 광의의 개념으로 나누어볼 수 있다. 협의의 인간안보는 공공연한 갈등이나 전쟁 같은 전통적 안보론에 입각하여 직접적인 신체적 위협을 인간안보의 위협요소로 바라보며 삶, 보건, 생계, 개인안전과 인간의 존엄성을 해치는 위협으로부터 국민의 안전을 보장하는 것이다.[40] 광의의 인간안보는 개인의 선택권을 안전하고 자유롭게 행사할 수 있고, 나아가 오늘의 선택 기회가 장래에 상실되지 않을 것이라는 확신을 가지는 것으로서 기아, 질병, 억압(repression) 등 만성적인 위협으로부터의 안전(safety)과 가정, 직장, 공동체 내에서의 생활양식의 급격하고 유해한 파괴로부터의 보호받는 것이다.[41] 이와 같이 인간안보의 의미는 전통적인 안보인 국민의 보호와 영토의 수호라는 개념에서 발전하여 개별적 인간의 삶의 질을 높이는 인간안보로 확대해석되고 있다.

인간안보는 인간에 대한 위협요소에 대해 국제적인 관심을 높이고, 국제적 상황 변화에 따라 다음과 같이 7가지 측면에서 더욱 적절성을 갖는 개념으로 상호 연관성이 있다.

〈표 8-1〉 인간안보와의 상호 연계성을 갖는 요소

구분	주요 내용	인간안보와 관계
경제적 안보	개인소득보장(빈곤, 취업난 등)	결핍으로부터 자유
식량안보	식량수급	
보건안보	질병, 건강(의료환경, 건강보험)	
환경안보	자연환경 파괴/고갈, 대기오염, 지구온난화	결핍과 공포로부터 자유
개인적 안보	폭력(고문), 범죄와 아동학대	공포로부터 자유
공동체안보	지구촌 공동체라는 새로운 시각	결핍과 공포로부터 자유
정치적 안보	국제기구, 외교적 노력	

40 ICISS, supra note 28, p. 15.

41 UNDP, supra note 30, p. 23.

이와 같이 인간안보는 경제안보, 환경안보, 식량안보, 개인안보 등 새롭게 대두되는 개념들을 포괄할 수 있으면서 다음과 같은 특징을 지니고 있다.

첫째, 보편성으로서 전 세계 어느 나라 사람에게나 보편적인 문제를 다루고 있다.

둘째, 상호 의존성으로서 전 세계적으로 상호 의존적이며 인간안보의 위협 요소는 국경 안에 국한된 것이 아니며 전 세계적인 문제다.

셋째, 예방성으로서 인간안보는 사후적 대처보다 사전적 예방이 더욱 효과적인 개념이다.

넷째, 인간중심적이라는 점이다. 기존의 국가안보라는 국가의 특권적 개념을 넘어 개인 차원의 안보, 즉 인간중심적 개념이다.

다섯째, 대상 과제의 다양성이다. 앞에서 살펴본 바와 같이 UNDP는 7가지 안보분야를 인간안보의 과제로 설정하고 있으며, 이는 인간안보가 인간의 생활 전반을 대상으로 하고 있다는 점을 잘 보여준다.

3. 인간안보와 군사활동

인간안보는 대상의 다양성에도 불구하고 국가안보와는 상호 보완적 관계를 지니고 있다. 국가안보란 군사·비군사에 걸친 대내외의 모든 위협으로부터 국가의 생존 및 주권 보호, 번영과 발전, 대외적 국가위상 제고 등 국가의 핵심가치와 개인의 생명과 재산이라는 시민의 핵심가치를 보전·향상하기 위해 제반조치를 취하는 것이다. 따라서 국가안보의 강화는 UN의 인간안보위원회에서 명시하고 있는 "인권을 증진시키고 인간 발전을 강화함과 동시에 국가안보를 보완하는 역할"을 수행한다.[42]

또한 군은 폭력으로 인한 인간안보의 침해를 막을 수 있는 물리적 힘을 가지고 있기 때문에 인간안보의 핵심적 역할을 수행할 수 있을 것이다. 그러

42 Commission on Human Security, "Commission on Human Security," Communications Development Incorporated in Washington, D. C. (2003).

나 군의 존재 목적은 외부로부터의 위협에 대비하여 국가를 군사적으로 방어하는 것이므로 단순히 국민의 보호가 우선시된다는 것은 아니다. 따라서 최근에는 군의 역할에 대해 포괄적이면서도 다양한 위협으로부터의 대응하는 측면으로 확대되고 있다.

인간안보 차원의 군의 활동은 제네바조약에도 민간인에 대한 보호가 포함되어 있듯이 지속적으로 이어져왔다고 볼 수 있다. 최근에는 평화유지 활동과 평시지원활동, 현지 안정화 작전지원 등 광범위한 인도주의적 역할을 수행하고 있다. 이러한 인간안보에서의 군의 주요 역할은 다음과 같다.

첫째, 군의 인도적 지원 역할이다. 군이 대테러전을 수행하면서 기존의 평화유지 활동은 물론 인도적 지원의 역할을 요구받고 있는데, 이는 삼면전쟁(Three Block War)[43]에서 제시된 것이다. 이러한 전쟁의 새로운 모델은 군이 인도적 지원의 제공자로서 아프가니스탄에서의 지방재건팀(Provincial Reconstruction Team)이나 NATO의 국제안보원조군(International Security Assistance Force) 등의 사례에서 잘 나타내고 있다.

둘째, 군의 재난지원 활동이다. 군은 인간안보를 위협하는 질병이나 환경재난과 같이 결핍으로부터의 자유를 지원하는 역할을 수행하고 있다. 이러한 인간의 복지와 관련한 차원에서도 군이 재난으로부터 민간인을 보호하는 역할을 통해 인간증진자로서 임무를 수행한다. 캐나다의 재난지원대응팀(DART: Disaster Assistance Response Team)은 1996년 인도적 지원을 위해 만들어진 이후 189명의 인원이 전 세계 어디라도 48시간 내에 도착할 능력을 보유하고 있다.[44]

셋째, 군이 인간안보 증진을 통한 국제사회의 기여다. 군은 다목적, 전투

---

43 삼면전쟁(Three Block War)은 미국 해병사령관 찰스 크룰락(Charles Krulak) 장군에 의해 1990년대 후반에 제시된 개념이다. 현대전쟁에서 병사들이 직면하게 되는 복잡한 도전을 군사작전, 평화유지작전, 그리고 인도적 지원을 제공하거나 인도적 원조활동 지원을 동시에 수행하는 전쟁모델이다.

44 유현석, "군과 인간안보: 이론, 사례, 한국적 함의", 「한국정치학회보」 제45권 제5호(2011), pp. 221-241.

수행가능 병력이 UN, NATO 등과의 다자적 작전과 평화유지활동 그리고 인도적 지원을 포함하는 해외에서의 자국의 이익을 추구하는 역할을 수행한다.

대한민국은 과거 국제사회의 지원을 받아 국난을 극복하고, 현재는 국제사회의 책임 있는 일원으로 성장한 소중한 경험을 갖고 있다. 이와 같이 '원조를 받는 나라에서 원조를 주는 나라'로 발전한 만큼 군도 국제 평화유지활동에 적극 참여하여 세계의 평화유지활동에 기여하고 있다.[45] 따라서 새로운 군의 역할에 대한 수요가 증가함에 따라 전통적인 역할뿐만 아니라 인도적 지원이나 구호활동, 민간인 보호 임무 등을 수행할 수 있는 군사작전의 개념과 교리 및 훈련 프로그램이 개발되어야 할 것이다.

45 박효선 외, "해외재난 구호지원 결정고정에 관한 연구, 남수단임무단(UNMISS) 파병 사례를 중심으로", 「한국위기관리논집」 제10권 제1호(2014), pp. 65-80.

제2절
환경안보

1. 환경생태계의 변화와 위기

일반적으로 환경이란 자연 상태인 자연환경과 인간이나 동식물 따위의 생존이나 생활에 영향을 미치는 자연적 조건이나 상태를 의미하기 때문에[46] 인간은 환경을 떠나서 생존할 수 없으며, 환경의 변화에 민감할 수밖에 없다.

현재 우리가 살고 있는 지구의 환경은 인간 물질문명의 발달과 더불어 초래된 산업화의 영향으로 여러 가지 문제를 야기하고 있으며, 이러한 문제들은 인간의 생존, 즉 안전 문제와 매우 민감하게 반응하고 있다. 최근 언론을 통해 보도된 「사이언스 어드밴시스」 최신호(6월 19일자)에 실린 연구결과는 환경 문제가 인간을 포함한 지구생명체에 얼마나 큰 영향을 미치는지 잘 보여주고 있다.[47] 이 연구에서 미국의 스탠퍼드대와 프린스턴대, UC버클리대 및 멕시코 국립자치대(NAU) 등 국제 공동연구진은 20세기 척추동물들의 멸종률이 6,600만 년 전 '공룡 대멸종' 이후 가장 높은 것으로 나타났다고 했으며, 그 이유는 인간의 주거지와 농경지의 개발, 무분별한 벌채에 있다고 했다. 인구 증가에 따른 지구 멸망 가능성을 다룬 『인구 폭탄』의 공동저자인 제라르도 세발로스 NAU 교수는 "아무리 보수적으로 잡아도 20세기 동물

46 김광렬 · 권문선, 『인간과 환경』(서울: 동화기술, 2009).

47 세계일보, "지구 6번째 동물 대멸종 시기 진입, 인간도 포함될 수 있어"(2015. 6. 21).

멸종률은 공룡 멸종 이후 평균보다 110배 더 빠르다"며 "지구는 이미 여섯 번째 동물 대멸종 시기에 접어들었으며, 멸종 대상에서 인간도 예외는 아니다"라고 경고할 정도로 환경 문제는 인간생활은 물론 자연생태계에 치명적인 문제를 야기하고 있다.

특히, 지구환경 문제의 대표격인 지구온난화 문제는 특단의 조치가 없는 한 앞으로 더욱 심화될 전망이다. 미국 국립해양대기청(NOAA)에 의하면 주요 온실가스인 이산화탄소(CO_2) 농도는 산업혁명 전 약 280ppm에서 2001년 기준 약 368ppm으로 증가되었고, 2015년 3월 400ppm을 돌파하면서 사상 최고치를 기록했다.[48] 또한 과거 100년 동안 지구상의 평균온도는 0.3~0.6℃ 상승했으며, 기후변화로 지구 곳곳에서 대홍수, 가뭄, 폭설 등 기상재해가 발생하고 있다.

또한 세계자원연구소(WRI, 2002)도 해양오염, 산림파괴 그리고 사막화 현상 등으로 매년 열대우림 생물의 0.5% 정도가 멸종하고 있으며, 2100년에는 전체 생물의 33%가 멸종될 것이라고 경고하면서 범지구적으로 대기 중의 CO_2 양은 연간 40억 톤씩 증가하고 있으며, 이 중 약 30%는 열대우림의 손실에 의해 발생되는 것으로 추정했다. 아울러 강 유역에 거주하는 10명 중 4명은 물 부족을 경험하고 있으며, 지구 상에 있는 물 중 겨우 1%만이 인간이 쓸 수 있는 깨끗한 물이라고 보고하고, 현재의 추세가 계속될 경우 2025년까지 세계인구의 절반 정도가 물 부족 상태에 직면할 것으로 예측했다.

이상의 현상들을 종합해볼 때, 인간의 물질문명 발달과 함께 촉발된 환경오염은 환경 문제를 야기했고, 이는 인간의 생존에 직간접적으로 악영향을 미치고 있다. 따라서 환경으로부터 인간생활의 보전을 추구하는 환경안보라는 측면에서 볼 때, 환경 문제는 인간생존에 있어서 매우 심각한 위협으로 다가오고 있는 실정이다.

---

48 연합뉴스, "지구 이산화탄소 농도 사상 최고치 기록…… 400ppm 돌파"(2015. 5. 7., http://www.yonhapnews.co.kr/bulletin/2015/05/07)

2. 환경안보와 국제적 대비노력

2015년 대한민국은 '메르스'라는 거대한 공포로 인해 온 국민이 불안에 떨었던 기억이 있다. 6월 말 기준으로 대형마트의 매출액이 9% 가까이 감소하고, 요우커[49]를 중심으로 12만 명 이상의 관광객이 대한민국 방문을 취소하는 등 국가경제가 어려워지기도 했다. 중동호흡기증후군이라 불리는 '메르스'는 중동 지역에서 낙타 등의 동물과의 접촉을 통해 발병하는 것으로 알려져 있다. 중동 지역에서 유행하던 질병이 우리나라에 큰 타격을 줄 정도로 퍼지게 된 것은 메르스에 걸린 환자에 대한 초기방역 실패에 기인하고 있는 것으로 밝혀졌다. 특히, 초기에 정부와 의료진의 체계적이지 못하고 안일한 대책이 질병의 확산을 가져온 것으로 평가되고 있다. 만일 최초 환자의 발견과 격리가 보다 적극적이고 규모 있게 실시되었다면 현재와 같은 대란은 발생하지 않았을 것으로 보인다.

최근에 발생하고 있는 질병이나 여타의 문제들은 매우 사소한 문제들이 국가 전체를 흔들 정도로 파급효과가 커지고 있는데, 환경 문제들도 이와 같은 양상을 보이고 있다. 이를테면 중국의 경제성장으로 인해 발생한 동부해안지대의 대기오염물은 편서풍을 타고 한국과 일본 등 동아시아 국가의 대기오염에 직간접적인 오염을 일으키고, 봄철 대규모 호흡기 질환을 야기하고 있다. 또한 중국의 해양오염과 어민들의 무분별한 어류 남획은 중국해 인근의 어획고 감소로 이어지고 불법조업을 야기하여 우리나라와 마찰을 빚고 있다. 심지어는 중국을 벗어나 주변국에 합법 또는 불법으로 조업하는 중국 어선들의 싹쓸이 조업은 주변국의 수산자원 감소에 영향을 미치고 있다.

이와 같이 환경 문제는 개별 국가의 문제로 끝나지 않고 주변국의 환경과 자원에도 영향을 미치며 국제분쟁화하는 경향이 있으며, 장기적으로 볼 때 인류 전체의 생존 문제에도 연결될 정도로 심각성이 날로 더해가고 있다. 특

49 중국여행객.

히, 환경 중에서도 기후와 관련된 문제는 그 심각성이 날로 더해가고 있다. 기후변화에 관한 정부 간 패널인 IPCC[50]에 따르면 지구의 온도가 2℃만 오르게 되어도 열대지방의 농작물이 크게 감소해 5억 명의 사람들이 굶주릴 위기에 처하고, 최대 6,000만 명이 말라리아에 걸릴 수 있다고 한다. 또한 북극지방에서는 빙하와 얼음이 녹아버려 북극곰 같은 생물이 멸종하고, 33%에 달하는 생물이 멸종 위기에 처하게 된다. 이뿐 아니라 전 세계의 해수면이 빠르게 상승할 것이다. 해수면이 1m 높아질 경우 네덜란드는 국토의 6%, 방글라데시는 국토의 17.5%가 물속에 잠길 것이라고 한다.[51] 이는 지나친 산업화에 따른 부작용으로, 이산화탄소를 비롯한 온실가스 배출이 지구의 환경보전과 인간의 생존에 얼마나 큰 영향을 미치게 되는지를 잘 보여주고 있다.

따라서 국제사회는 환경, 특히 지구온난화에 따른 기상이변으로부터 인간의 안전을 지키고자 노력하게 되었고 그 대안으로 기후변화협약이 만들어지게 되었다. 지난 1979년 제1차 국제기후총회에서 세계 여러 나라를 대표하는 기후학자들이 한자리에 모여 기후변화 문제의 심각성을 논의한 이래 세계기상기구(WMO)와 UN환경계획(UNEP)은 기후변화가 전 세계 곳곳에 사는 사람들에게 어떤 영향을 미치는지에 대해 연구했고, 그 결과 지구환경에 대한 대응 방안을 마련하기 위해 1988년 정부 간 패널인 IPCC가 설립되었다. 이후 IPCC를 설립한 UN은 온실가스의 증가로 지구가 온난화되고 기상 이변이 일어나자 이를 방지하기 위해 1992년 기후변화협약을 채택했다. 하지만 2000년까지 선진국들의 온실가스를 1990년 수준으로 감축하기로 한 약속에 대해 실행이 뒤따르지 못하자 협약 당사국들은 1997년 12월 일본

50 세계기상기구와 국제연합환경계획이 설립한 기후 변화에 관한 정부 간 패널. IPCC는 세계의 기후변화 현황과 미래의 모습을 예측하여 보고서를 발표하고 있으며, IPCC 보고서는 여러 나라가 환경정책을 수립하는 데 중요한 근거가 된다. 온실가스 규제 같은 국가 간 협력이 필요한 사안들은 교토의정서 같은 국제협약을 통해 관리하기도 한다.

51 아토미: 에너지 톡, "기후변화에 대한 국제적 대응, 어디까지 왔나"(2015, http://blog.naver.com/energyplanet)

교토에 모여 구체적인 교토의정서(온실가스 규제 규약)[52]를 채택하고 2005년 발효시켰다. 주요 선진국들의 참여 보류로 어렵게 출범한 교토의정서는 미국, 중국 등 주요 이산화탄소 배출국들의 불참으로 반쪽에 머물고 말았다는 평가를 받았다.

다행히 '신 기후체제'에 대한 협상타결 시한을 1년쯤 앞둔 2014년 12월 페루 리마에서 열린 당사국총회(COP20)에서는 국가별 온실가스 감축 기여방안의 제출 절차와 일정을 규정하고 기여방안에 반드시 포함돼야 할 정보 등에 대한 '리마 선언(Lima Call for Climate Action)'이 채택되었다. 이로써 2015년 11월 프랑스 파리에서 개최되는 제21차 당사국총회(COP21)에서 신(新) 기후협상이 타결되기 위한 기반이 마련되었다. 이로써 2014년 IPCC 보고서 승인과 당사국총회 이후 형성된 '2020년 이후의 신 기후체제'에 따라 각국의 온실가스 감축계획(INDC)이 하나 둘 구체화되고 있다. 특히, 교토의정서에 불참했던 미국이 2014년 3월 31일, 러시아와 함께 온실가스 감축계획을 발표함으로써 실효성을 담보하게 되었다. 세계 GDP의 52%를 차지하고 있는 유럽연합의 28개국과 스위스, 노르웨이, 멕시코, 미국, 러시아가 온실가스 감축에 적극적인 동참을 표명함으로써 향후 관련 산업계가 새로운 국면에 접어들 것으로 보인다. 개도국으로서 자율적 참여국가로 분류된 중국 역시 2014년 말 미국과 온실가스 감축 협약을 맺은 바 있어 사실상 거의 모든 국가가 온실가스 감축에 참여할 전망이다. 미국과 중국 간 협약에 따르면 중국은 2030년을 전후하여 온실가스 배출량을 더 이상 늘리지 않는 한편, 미국은 2025년까지 2005년 수준에서 26~28%의 온실가스를 감축할 예정이다.

한편 교토의정서를 비준하고 기후체제에 적극 참여 중인 우리 정부도 지난 2015년 6월 11일, 2020년 이후 '신 기후체제'와 관련한 '2030년 온실가스

---

52 교토의정서는 선진국들(선진 38개국: 미국, EU, 일본, 러시아, 뉴질랜드 등)이 2008~2012년 동안 이산화탄소, 프레온가스, 메탄 등 지구온난화를 유발하는 여섯 종류의 온실가스 배출량을 1990년 보다 평균 5.2% 줄이는 내용을 담고 있다. 즉 미국은 7%, 유럽연합은 8% 등 나라별로 정해진 목표량을 지키지 못하면 벌칙을 받아야 한다. 반면 개발도상국들은 의무량을 따로 정하지 않고 자발적으로 온실가스를 줄이기로 되어 있다.

장기감축목표'를 제시했다. 감축목표는 네 가지 시나리오로 구성되어 있는데, 2030년 온실가스 배출전망치(BAU)를 기준으로 14.7%(1안), 19.2%(2안), 25.7%(3안), 31.3%(4안) 감소하는 것이다.[53] 어떤 안이 선정되더라도 우리 산업계와 환경에 미치는 영향이 매우 클 수밖에 없다. 물론, 환경단체와 기구들은 이것도 부족하다고 하지만, 이미 경영계를 중심으로 국내 산업과 경제 전반에 미치는 영향이 크다며 반발기류가 확산되고 있다. 하지만 앞서 메르스 사태 초기, 컨트롤타워로서 정부가 제 기능을 수행하지 못해 국가적 혼란을 야기한 사례에서 보듯이 국가의 적극적인 정보공개와 공청회 등을 통한 산업계에 대한 이해와 동참요구, 국민에 대한 지지와 참여를 적극 호소해야 할 것이다. 메르스 같은 전염병 대처가 국가안보라면 기후변화는 지구안보이기 때문이다.

아울러 녹색성장을 주창했던 이명박 정부와 달리 환경복지를 환경 관련 어젠다로 선정하고 있는 박근혜 정부의 환경정책은 환경안보라는 측면에서 더욱 적극성을 띨 수밖에 없다. 따라서 현 정부의 환경정책에 대해 좀 더 자세히 살펴보겠다.

3. 환경안보와 한국의 정책 방향[54]

1) 환경정책의 변화

한국 정부의 환경정책 흐름은 제3 · 4공화국의 태동기, 전두환, 노태우 정부의 정비기, 김영삼 정부의 확산기, 김대중 정부의 지속가능발전관심기, 노무현 정부의 지속가능발전진입기, 이명박 정부의 저탄소녹색성장기, 박근혜 정부의 환경복지기로 크게 대별된다.[55]

---

53 전의찬, "[EE칼럼] '메르스 사태'에서 우리나라 '기후변화 대응'을 읽다", 에너지경제(2015. 6. 29).

54 박효선, "환경안보를 위한 군 환경교육 강화방안" Crisisonomy(위기관리 이론과 실천), 제12권 제6호, pp. 33-51.

55 문태훈, "새정부 환경정책의 과제와 환경정책의 발전방향", 「한국사회와 행정연구」 제24권 제

이러한 정부의 환경정책은 환경오염 발생과 국민여론이라는 현실적인 문제와도 직결되지만, 국제적인 환경논의의 흐름과도 무관하지 않는 특징을 갖고 있으며, 주기적으로 수립되는 정부정책에 다양한 방법으로 제시되어왔다. 예를 들어 1995년에 작성되어 2005년까지 시행된 '환경비전 21', 그 후속으로 수립된 '국가환경 종합계획'과 같이 기간이 10년 이상 되는 장기계획, 5년을 주기로 수립되는 '환경보전중기종합계획', 매년 수립되는 환경관련 연도예산 및 연두업무보고 등이 있다.

한편 정부는 1999년 이후 3차에 걸친 '기후변화 대책'을 수립하여 추진했으나 그 성과가 미흡했다. 이에 이명박 정부 시절인 2008년 9월 19일 범정부적으로 환경정책, 산업정책, 국제협상 등을 포괄하는 '기후변화 대응 종합대책'을 수립하여 추진하게 되었다. 이 정책의 비전은 범지구적 기후변화 대응 노력에 동참하여 저탄소 녹색사회를 구현하는 데 있었다. 이에 따라 당시 정부는 환경정책의 목표를 ① 저탄소 녹색산업을 신성장 동력으로 육성, ② 국민의 삶의 질 제고와 환경개선, ③ 기후변화 대처를 위한 국제사회 노력선도에 두었다. 추진기구로는 대통령 직속 '녹색성장위원회'와 관련 부서별 별도의 팀을 신설하여 국가적 사업으로 추진했다.

주요 핵심과제는 푸른 한반도(Green Korea) 만들기, 깨끗하고 안전한 물 공급체계 구축, 환경성 질환 대응 및 화학물질 관리 선진화, 기후변화 대응역량 강화, 기상예보의 과학화 및 선진화 등이었다. 특히, 4대강 개발사업 등을 통해 친수공간 조성과 수자원의 확보를 통해 지속성장 가능한 환경을 조성하고자 정책을 추진했다.

하지만 이명박 정부에서 수행한 녹색성장 정책에 대해서는 공과가 존재한다. 먼저, 긍정적인 면은 녹색성장 정책이 화석에너지 의존 경제구조 극복을 새로운 성장 동력으로 삼는 발전전략을 택했고, 지속 가능 발전의 추상성과 광범위성을 정책실현 가능성 면에서 보완했다고 본다. 그뿐만 아니라 녹

2호(2013), p. 673.

색의제를 국정의 핵심과제로 격상시켰고, 녹색경제 분야의 국제위상을 확보했으며, 기후변화 대응기반을 조성하고 투자를 확대했다고 평가된다.

반면 부정적인 측면에서는 개발전략과 사업을 녹색으로 포장하여 환경의제를 상대적으로 위축시켰고, 에너지 수입 의존도는 2008년 96.4%에서 2010년 96.5%로 오히려 높아지고 온실가스배출량도 재임기간 중 지속적으로 증가했다.[56] 또한 국민적 공감대가 부족했다. 특히 시민단체들은 이명박 정부의 녹색성장 정책 5년간 환경부는 4대강사업, 그린벨트해제, 전력수급계획수립 등 경제정책과 국책사업을 정당화하면서 제자리에 있지 못했다고 비판받고 있다.[57]

따라서 이명박 정부에 이어서 출범한 박근혜 정부는 환경 분야에 있어서 이전 정부와의 차별성을 두는 데 방점을 두었고, 이것은 사회적 약자에 대한 환경서비스를 강화하는 환경복지라는 형태로 나타났다.

2) 박근혜 정부의 환경정책

박근혜 정부는 '미래를 준비하고 국민행복을 완성하는 환경복지실현' 환경분야 정책비전을 제시했다. 그리고 이를 달성하기 위해 ① 유해물질사고 고강도 책임을 묻는다. ② 국민 모두가 행복해지는 환경 서비스를 제공한다. ③ 다시 쓰는 자원순환형 지속가능사회를 만든다. ④ 환경은 보존하고 일자리는 늘린다는 국정과제를 제시했다.[58]

2015년 1월에 이루어진 환경부 대통령 업무보고서에 따르면 환경 분야의 비전은 '고품위 환경복지 구현'에 두고 있다. 이를 달성하기 위한 주요 과제

---

56 2008년 세계 9위 수준이었던 우리나라의 온실가스 배출량은 2009년 세계 8위, 2010년 세계 7위로 증가했으며, 2011년에는 총 배출량이 6억 1,000만 톤으로 국민 1인당 12.6톤에 달한다. (출처: 염형철, "환경정책의 정상화와 거버넌스의 복원", 「새정부 환경정책의 과제와 방향」, 한국 환경정책평가연구원(2013), p. 16.)

57 문태훈, "새정부 환경정책의 과제와 환경정책의 발전방향", 「한국사회와 행정연구」, 제24권 제2호(2013).

58 환경부, "미래를 준비하고 국민행복을 완성하는 환경복지 실현"(2013. 4. 4).

〈표 8-2〉 2015년 환경부 주요 업무 추진과제

구분	세부과제	비고
1. 깨끗하고 안심되는 환경	① 생활환경 문제의 최우선적 해결 ② 찾아가는 환경서비스 확대 ③ 저비용·고효율 환경관리로의 전환	
2. 미래가치를 창출하는 환경	④ 온실가스 감축 내실화 ⑤ 새로운 환경가치 창출 ⑥ 환경과 기업, 모두 웃는 환경규제 개혁	

는 깨끗하고 안심되는 환경과 미래가치를 창출하는 환경이라는 큰 카테고리 속에 여섯 가지 세부과제로 나누어서 추진되고 있다.[59]

한편, 정부출범 이후 추진된 그간의 정책에 대해 환경부는 자체 보고서를 통해 그 성과를 다음과 같이 제시하고 있다.[60]

첫째, 모든 국민에게 양질의 환경서비스를 제공하게 되었다. 즉, 좋은 물 달성 비율은 총인의 허용기준치 이내 달성비율이 정부출범 이전인 2012년 76%에서 2014년 81%로 높아졌으며, 농어촌 상수도 보급률이 62%에 71%로 상승했고, 미세먼지 예보 정확도도 73%에서 83%로 10%의 상승률을 보였다.

둘째, 화학물질 및 환경피해에 대한 안전망 확충으로서 화학물질 위해 관리체계의 선진화 및 화학사고 예방 대응역량이 확충되었으며, 환경오염 피해 구제제도 법제화(2014년 12월)로 환경안전사회 기틀을 마련하게 되었다.

셋째, 지속가능사회로의 이행 기반 강화로서 배출권거래제 시행을 완비하고, 제2차 자동차 온실가스 기준(2016~2020년)을 확정했으며, 대형폐가전 수거실적이 2.4배 증가했으며, 강원도 홍천에 친환경에너지타운 건설 착공을 했다.

넷째, 과학적 환경규제 시행으로 18조 원에 달하는 기업투자 실현을 지

59 환경부, 「2015년 주요업무추진계획」(2015. 1. 22)

60 환경부, 상게서.

원하게 되었다.

하지만 이러한 성과에도 불구하고 분명히 정책적 한계가 존재하고 있었음을 시인하고 있다.

첫째, 국민의 기대수준에 미달하는 생활환경 서비스 제공으로서 서울의 연간 미세먼지 농도는 44㎍/㎥로 WHO 권고기준(20㎍/㎥)의 2배를 상회하고 있으며, 여전히 국민의 68%가 "유해화학물질 유출"에 불안하다고 응답하고 있다.[61]

둘째, 저탄소사회로의 속도감 있는 전환이 필요한 것으로 평가되었다. 이는 미 · 중 기후변화 공동선언(2014년 11월) 등 국제사회의 기후논의가 행동으로 전환되고 있는 중인데, 우리나라의 온실가스 배출량은 그 증가율이 GDP 성장률에 비해서는 둔화되고 있으나 여전히 증가추세가 지속되고 있다.

현 정부가 제시하고 있는 '고품격 환경복지 실현'은 시대적 변화를 읽고 시의적절하게 반영했으며, 환경안보를 달성함에 있어서 매우 적합한 정책이라고 판단된다. 특히, 국민의 환경안보와 직결되는 화학물질사고에 대한 책임을 강화하고 지속 가능한 환경서비스 제공 등은 꼭 필요한 정책과제라고 할 수 있다. 하지만 최근 논란이 되고 있는 4대강 수질오염 문제와 같이 국민의 생활과 직결되고 가시적으로 나타나는 문제들에 대해서는 단순히 문제없다 식으로 회피하기보다는 국회와 대화를 하고, 국민에게 정보를 제공하는 등 적극적인 소통을 통해 문제를 해결해나가야 할 것으로 판단된다.

---

61 2014년 11월에 이루어진 통계청 전국 사회조사에 따르면 "유해화학물질 유출"에 대해 68%에 달하는 국민이 불안하다고 응답하여 빈발하고 있는 유해화학물질 유출사고에 대해 심각하게 생각하고 있음을 알 수 있다. 실제로 지난 2012년 9월 27일 발생한 "구미 불산 누출사고"의 경우 5명이 사망하고 1만여 명이 치료를 받아 정부가 특별재난 지역으로 선포할 정도로 유해화학물질 유출 사고는 그 피해와 위험성이 매우 심각한 것으로 나타났다.

제3절
사이버안보

1. 사이버안보(cyber security)의 위협과 유형

1) 사이버테러리즘의 위협

전쟁에서 심리전이나 통신방해는 오래전부터 있던 정보전의 한 가지 수단이다. 미국 통합참모본부는 "적의 정보기반에 영향을 끼치고 스스로 정보기반을 방호하며, 정보우위를 달성"하는 것으로 개념화하고 있다. 이러한 정보전쟁은 구체적으로 지휘통신 시스템의 물리적 파괴, 컴퓨터 네트워크에 대한 공격, 정밀유도병기에 의한 전선의 무인화 등이 포함되고 있다.[62]

최근에는 사이버공간과 공격능력을 가진 국가나 집단, 개인이 증가하면서 사이버테러리즘(cyber terrorism) 위협이 현실화되어가고 있다. 이와 같은 사이버범죄는 꾸준히 증가하고 있으며, 그 피해 역시 계속해서 증가하고 있다. 특히 사이버테러는 기술지배적인 특징을 가지고 있기 때문에 기술이 발전함에 따라 사이버테러도 함께 진화하는 형국을 띠고 있다. 사이버테러리즘은 "일반적으로 컴퓨터 네트워크를 통해 각국의 국방, 치안 등을 비롯하여 각종 분야의 컴퓨터 시스템에 침입하여 데이터를 파괴, 고치는 수단 등으로 국가 또는 사회의 중요한 기반을 사용불능 상태로 빠지게 하는 테러행위"[63]라고 규정하고 있다.

---

62 다케다 야스히로, 가미아 마타케(김준섭 외 역), 『안전보장학 입문』(서울: 국방대학교 국가안전보장문제연구소, 2013), p. 125.

63 일본 경찰청, 『サイバーテロの威脅に』(警察定策學界資料第7号, 平城12年 6月), p. 12.

사이버테러의 사례로는 2007년 4월 러시아 해커들에 의한 에스토니아 공격으로, 한 달에 걸쳐 대규모 사이버 공격(Dos 공격 등 10종류)으로 정부기관은 물론 은행, 통신망, 방송망 등의 업무가 마비되었다. NATO는 이를 "국가의 정보기반 기술을 전면 공격한 최초의 경우"로 판단했다. 이어 2008년 8월의 러시아와 그루지야 간 무력충돌 제2차 전선에서도 사이버 공격이 시도되었다.[64]

한국의 사이버테러 사례는 2003년 1월 '슬래머 웜 바이러스'에 의한 인터넷 대란이 발생했으며, 2004년 4월 국회 · 해양경찰청 · 원자력연구소 등 24개 주요 국가공공기관 PC가 마비된 사건과 2007년 7월 Daum 회원 7,000명과 2008년 2월 옥션 해킹으로 수백만 개의 개인정보가 유출되는 일이 있었다. 그리고 2011년 4월 농협전산망, 특히 최근 2015년에는 대형마트에서 사기성 경품행사로 고객정보가 유출되는 일이 있었으며, 국민의 85%인 4,400만 명의 의료정보가 불법으로 거래되어 해외로 유출되었다는 충격적인 사실이 드러나기도 했다.

2) 사이버테러리즘의 유형

사이버테러 분류는 사이버범죄에 대해 해킹, 악성프로그램 같은 사이버 공격형과 그 외 일반 사이버범죄형으로 구분하고 있다. 사이버 공격 유형 중 해킹은 해커(hacker)가 다른 사람의 컴퓨터에 접속하여 정보를 빼오거나 파일삭제, 전산망 마비 등의 악의적인 행위를 말한다. 또한 악성프로그램은 정보통신망 이용촉진 및 정보보호 등에 관한 법률(이하 정보통신망법) 제48조 2항에서 "누구든지 정당한 사유 없이 정보통신시스템, 데이터 또는 프로그램 등을 훼손 · 멸실 · 변경 · 위조하거나 그 운용을 방해할 수 있는 프로그램"이라고 정의한다. 악성프로그램의 종류로는 컴퓨터 바이러스(virus), 트로이 목마(trojan), 웜(worm) 등이 있으며 특히 웜 바이러스는 컴퓨터의 파일만 감염

---

64 Miller, Robert A. and Kuehl T., "Cyberspace and the 'First Battle' in 21st-century War," Defence Horizons. No. 68 (Sep, 2009). p. 3.

혹은 손상시키는 바이러스와 달리 스스로 전달 가능하여 네트워크를 손상시키는 치명적인 위험성을 가지고 있다.

〈표 8-3〉 사이버범죄 분류

사이버 공격	일반 사이버범죄	
• 해킹(단순침입, 사용자 도용, 파일삭제 및 변경, 자료유출, 폭탄일, 서비스 거부 공격) • 악성프로그램	• 사기(통신, 게임) • 불법·유해사이트 • 개인정보침해 • 사이버성폭력 • 협박·공갈	• 불법복제(음란물, 프로그램) • 명예훼손 • 사이버스토킹

출처: 신충근, "北韓의 對南 사이버 공격 戰略 分析 및 對應 方案에 關한 考察", 고려대학교 석사학위논문 (2013), p. 5.

최근 사이버 공격은 해킹형과 악성프로그램형이 복합적으로 이루어지고 있으며, 특히 최근 인터넷장비와 관련 소프트웨어의 급속한 발전 등 IT 관련 첨단기술력의 향상으로 사이버 공격의 기법이 다양화 · 정교화됨에 따라 사이버공간에서의 공격활동은 더욱 가중될 것으로 전망된다.

2. 북한의 대남 사이버 공격 체계 및 특징

북한의 사이버전력은 평상시에도 효과적으로 활용할 수 있다. 지금 시점에서 지난 연평도 포격 사태 같은 물리적인 군사력을 행사하기에는 매우 위험부담이 크다. 전시를 위해 엄청난 전력이 최남단에 배치되어 있어도 평상시에 큰 효과가 떨어지는 것을 감안할 때, 사이버전력의 효과는 크게 작용한다. 물리적인 힘을 가하지 않아도 관영매체를 통한 선전선동, 해커들을 이용한 사이버 공격 등 북한은 향후 더 진보된 사이버 역량을 동원해 좀 더 치밀한 대남 공작을 추진할 것으로 보인다.

북한의 해커 양성은 크게 3단계로 이뤄진다. 기초과정인 1단계 교육은 금성 제2고등중학교에서 이루어진다. 15세의 청소년들에게 3년간 컴퓨터 관련

교육만 진행한다, 보통 한 기수에 50명 정도 졸업하는데, 과정을 수료한 학생들은 해커 양성 과정이 있는 대학에 진학하게 된다. 금성 제2고등중학교 외에도 북한의 영재학교인 제1고등중학교에서 컴퓨터에 재능이 있음이 인정되면 해커 관련 대학에 들어갈 수 있다.[65] 북한은 수십 년 전부터 국가정책의 일환으로 사이버 공격 인재를 양성해왔으며, 이렇게 선출한 해커들을 외국에 침투시켜 대남 사이버 공격을 주도하게 된다.

북한은 이 과정에서 해당 교육생이 성장할 수 없다는 판단이 들면 보안 유지를 위해 상급학교에 진급시키지 않고 있다. 최고의 해커를 양성하기 위해 기초수준부터 전문가 수준까지 분업화된 교육을 진행하는 것이다.

이렇게 해서 이곳을 졸업한 정예학생들은 사이버공작 전문양성기관인 김일성군사대학, 지휘자동화대학(일명 미림대학, 현 김일정치군사대학), 모란봉대학 등에 소속되어 전문적인 양성과정을 거치게 된다.[66]

〈표 8-4〉 북한의 사이버부대 양성 및 연구부서

기능	부서	주요 임무
사이버요원 양성 및 연구	김일성군사대학	• 1986년 개설, 5년제 전산과정 • 1,000여 명의 사이버전사 양성
	김일정치군사대학	• 1986년 미림대학, 지휘자동화대학 • 전자전연구 및 사이버전사 양성
	정찰총국 모란봉대학	• 정찰총국 작전국 소속 • 사이버전 대비 전문가 양성

출처: 유동열, 『사이버공간과 국가안보』(서울: 북앤피플, 2012), p. 55.

첫째, 김일성군사종합대학은 1986년 대학 내 5년제 전산과정을 실시하고 매년 1,000여 명의 사이버전사를 양성한다. 이 대학은 북한군 총참모부 소

65 하태경, 『삐라에서 디도스까지』(서울: 글통, 2013), p. 80.

66 유동열, 『사이버공간과 국가안보』(서울: 북앤피플, 2012), p. 49.

속의 북한군 고급 장교 양성을 위한 군사교육기관으로, 소련군의 지원을 바탕으로 1952년 10월 개교한 고급군사학교를 모태로 하여 1956년 10월 25일 설립되었는데, 약칭하여 '김일성군사대'로 호칭한다. 학교의 위치는 평양의 만경대구역이다.[67]

둘째, 김일정치군사대학(구 지휘자동화대학, 일명 미림대학)은 북한군 총참모부 소속으로 1986년 김정일 지시로 평양 미림동에 설립되어 일명 '미림대학'이라고 불린다. 2000년 '조선인민군 지휘자동화대학'에서 '김일정치군사대학'으로 명칭을 변경했다. 기본과정인 학부는 5년제이며 해마다 120여 명의 졸업생을 배출한다. 정규과정은 전기공학 · 지휘자동화 · 프로그래밍 · 기술정찰 · 컴퓨터공학 등 5개 전문 분과로 이뤄져 있다. 특히 지휘자동화과정에서는 남한의 조기경보 시스템을 교란할 해킹 기술을 집중적으로 가르친다. 대학원에 해당하는 연구 과정은 3년제로 운영된다. 학생들은 졸업 후 총참모부 정찰총국 산하 해킹 전문부대인 '121소' 등에 배치된다. 121소는 평양고사포사령부의 컴퓨터 명령체계와 적군 전파교란 등의 연구를 수행했고, 1988년부터는 해킹과 사이버전을 전담하고 있으며, 1,000여 명의 사이버전사들이 2개의 전자전 여단에 소속돼 해킹 프로그램 개발과 연구 및 사이버작전수행을 담당한다.[68]

셋째, 모란봉대학은 노동당 작전부 산하에서 전산 정보처리 · 암호해독 · 해킹 등의 전문가를 양성하는 사이버공작 양성부서다. 모란봉대학은 북한 최고 영재교육기관으로 알려진 평양제1중학교를 비롯, 평양시와 각 도 '제1중학교' 졸업생 중에서 신입생을 뽑는다. 학제는 5년제이며 해마다 30명의 신입생을 선발, 입학 시기부터 인민군 '중위' 계급을 부여하고 전원 합숙생활을 한다. 2학년 과정까지는 무술, 사격 등 특수훈련이 병행되며 3학년부터 프로그램언어 습득, 통신감청, 암호해독, 해킹을 통한 정보획득 등의 훈련을

67 http://www.kplibrary.com/nkterm/read.aspx?num=277(검색일 2014. 10. 25)

68 유동열, 전게서, p. 51.

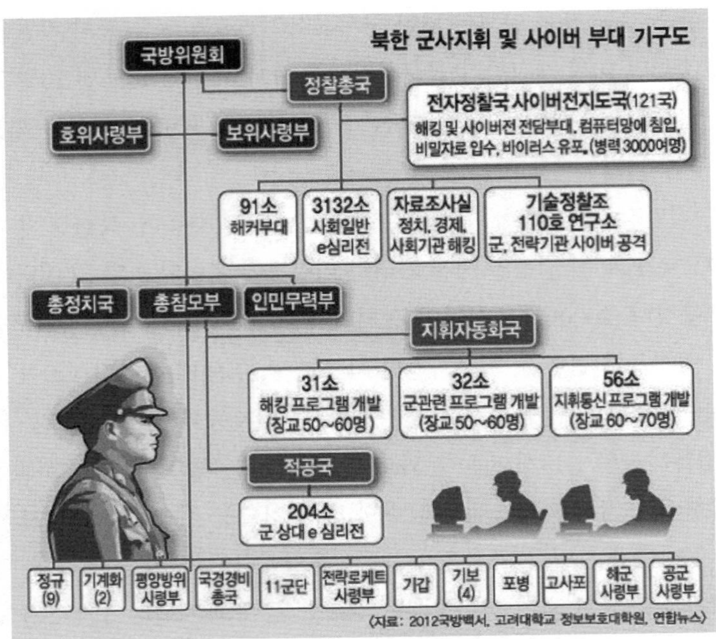

〈그림 8-1〉 북한의 군사지휘 및 사이버부대 기구도

출처: 「서울신문」(2013. 4. 11)

받는다. 졸업생들은 전원 노동당 작전부 본부나 각 지역 대남연락소에 배치돼 한 · 미 · 일 · 중 등 주변 국가 정보기관과 군대를 대상으로 정보 수집 및 프로그램 파괴 등 '작전'을 담당한다고 알려져 있다.[69]

북한의 사이버 공격 담당 기구는 〈그림 8-1〉에서 보듯이 주요 부서들의 소속으로 총참모부 정찰국 산하 110호 해커부대, 121소 해커부대와 적공국 산하 204소 사이버 심리전 부대를 운영 중에 있으며, 이들은 중국 등 외부에 머물면서 적극적인 대남 사이버 공격을 전개하고 있다고 한다.

국방위원회 직속 정찰총국 내 사이버전담부서로는 전자정찰국 사이버전지도국(121국), 기술정찰조 110호 연구소 등이 있다. 이들 부서는 남한의 정치, 경제, 군사, 문화 등 다양한 영역에서의 전략정보를 수집하고 국가기관,

69 "北 최정예 해커 교육기관 '모란봉대학' 주목", 「데일리 NK」(2009. 7. 11)

공공망에 대한 디도스 공격 등 사이버 공격, 사이버간첩 교신 등의 실행을 전담하고 있다. 특히 북한의 사이버부대요원들은 은폐성을 위해 중국의 흑룡강성, 산동성, 요령성 및 북경 등에 사이버공작 전진기지를 구축하고 대남 사이버 공격을 실시하고 있다.

〈표 8-5〉 북한의 대남 사이버부대 기구

기능	부서		주요 임무
사이버 공작 실행	총참모부	지휘자동화국	• 군 지휘통신 교란 등 전자전 수행 • 31소, 32소, 56소 운영
		적공국 204소	• 한국군 대상 사이버심리전 전개 • 역정보, 허위정보 유출
		작전국 413, 128 연락소	• 한국 및 해외정보 수집, 해킹 • 전담요원 해외파견, 사이버 공격
		기술국 100연구소	• 구 기술정찰조(121+100) 확대 • 한국 주요 정보 수집, 해킹 • 사이버 공격(디도스 공격)
		해외정보국 자료조사실	• 한국 전략정보 수집, 해킹 전담 • 사이버전담요원 해외주재
	225국	-	• 한국 전략정보 수집, 해킹 전담 • 사이버전담요원 해외주재
	당	통일전선부	• 대남 사이버심리전 전담 • 120여 개 친북 사이트 운영 • 트위터, 유튜브 등 SNS 공작 • 여론조작 댓글팀 가동 • 남남갈등, 사회교란 시도

출처: 유동열, 『사이버공간과 국가안보』(서울: 북앤피플, 2012), p. 55.

조선인민군 총참모부는 지휘자동화국(31소, 32소, 56소)과 적공국(204소) 등이 있다. 이 부서에서는 한국군에 대한 정보수집을 위한 해킹, 한국군에 대한 역정보, 허위정보 확산 등 사이버심리전 전개, 군 지휘통신체계 교란 및

무력화 등 사이버전을 전문적으로 연구 · 실행한다.[70]

통일전선부는 '작전처'라는 사이버전담부서를 운영하며, 〈구국전선〉과 〈우리민족끼리〉 등 외국에 서버를 둔 130여 개의 친북 사이트를 통해 국내 종북 좌파세력과 연대하여 대남 사이버심리전을 대대적으로 전개하고 있다. 통일전선부 사이버전담부서에는 이른바 '댓글부대'를 운용하며 국내에서 입수한 개인정보를 활용, 국내 포털사이트 등에 회원으로 가입하여 조작된 정보와 여론 등 유언비어와 흑색선전을 확산시켜 국론분열과 사회교란을 부추기고 있다. 또한 트위터, 페이스북 등과 같은 SNS(소셜네트워크서비스)를 활용한 심리전도 전개하고 있다.

사이버 공격도 그 수행 주체가 조직화되고 개인과 기업을 넘어 국가를 공격대상으로 하는 등 위협의 강도가 높아지면서 국제사회의 공동대처가 절실해지고 있다. 2013년 10월에는 서울에서 '제3차 세계 사이버페이스 총회'가 개최되어 87개 국가, 18개 국제기구가 참가했다. 이 회의에서 사이버안보에 대한 국가 간 협력 방안을 논의하는 등 사이버 위협에 대한 국제적 공조체제를 강화했다. 이러한 북한의 대남 사이버공작의 특징은 다음과 같다.

첫째, 소수로 이루어지는 타 해커들과는 달리 사이버심리전, 해킹을 통한 정보수집, 사이버 공격 등을 국가적 차원에서 실시하고 장려한다. 그러다 보니 북한의 사이버 역량은 세계적 수준으로 평가되고 있다.

둘째, 북한에서는 저수준의 어셈블리어, C언어에 의한 프로그램 작성을 장려하고 있는바 이러한 프로그램기법은 매우 짧은 코드로 컴퓨터나 인터넷자원들을 효과적으로 활용 및 제어할 수 있어 해킹이나 공격용 코드를 만드는 데 있어서 최적의 기술이라고 볼 수 있다.

셋째, 북한은 사이버전담부서를 독립적 · 기능별로 운영함으로써 사이버 기술 개발, 사이버 전술 개발 및 실행이 세분화 · 전문화 · 다각화되는 장점을 가지고 있다. 또한 북한 사이버 공격의 공격원점을 식별하는 데도 상당한

---

70 유동열, 『사이버공간과 국가안보』(서울: 북앤피플, 2012), pp. 52-53.

어려움이 따른다고 분석했다.

넷째, 북한은 중국, 일본, 동남아 등 해외 서버를 우회하여 원천적으로 추적을 어렵게 하고 있다. 북한은 2009년 사이버 공격 시 61개국에 있는 435대 서버를 이용해 공격명령을 지령하여 총 35개 사이트를 공격한 77 사이버대란을 일으켰다.

이렇듯 북한은 자국만이 가진 사이버전력의 이점으로 기승을 부리고 있다. 재래식 무기를 통한 대남 도발은 국가적으로 보았을 때 비판을 받아 눈치를 볼 수밖에 없는 입장이지만, 사이버전력을 이용한 대남 도발은 어느 면으로 보나 효과적이라고 할 수 있다. 세계가 인터넷을 통해 점점 하나의 지구촌이 되어가고 있지만, 세계 속에서 점점 고립되어가는 현 북한의 실태는 이러한 사이버 공격에 더욱 박차를 가하게 될 것이다.

3. 사이버안보의 문제점 및 대응방안

행정안정부에서 밝힌 한국의 사이버 보안지수는 16위라고 한다. 흔히 IT 분야는 세계 1위라고 하지만 보안지수는 왜 16위에 머물고 있을까? 우리나라의 사이버안보의 문제점은 다음과 같다.

첫째, 국민의 사이버 안보의식이 부족하다. 농협 전산망 해킹 사건에서도 볼 수 있듯이, 농협이 외주를 맡긴 외부 전산망 유지보수업체 직원의 비밀번호 관리가 무척 소홀했다는 것을 알 수 있다. 농협의 시스템 관리용 노트북이 외부로부터 반출 · 입되었고, 최고 관리자 비밀번호가 유지보수업체 직원에게 유출되었으며, 이에 대한 적절한 관리감독이 되지 않았다. 일반 사회뿐만 아니라 군에서도 사이버 상에서의 보안 문제 등을 강조하고 있지만 매번 큰 사건이 일어나고 있는 현실이다. 국민의 사이버 보안의식이 부족한 이유는 무엇일까? 21세기는 정보화 시대다. 앞으로의 무기는 재래식 무기보다 효과가 좋은 사이버전력이 주가 될 것이다. 따라서 국민의 사이버 안보의식 제고가 필요하다.

둘째, 사이버 공격 대응체계의 비효율성이 드러난다. 우리나라의 사이버 보안은 크게 국정원, 방통위, 기무사의 3체계로 나누어져 있다. 국정원과 군은 사이버 안전 관리대상 PC에 모니터링 프로그램을 설치하고, 공적기구에서 직접 관리하는 방식을 도입하고 있다. 하지만 방통위가 관리하는 사이버 체계에서는 이러한 방법을 사용할 수 없다. 방송통신위원회는 민간분야이기 때문에 사전예방과 신속한 사후 조치에 주력하고 있다. 문제는 국회, 헌법재판소, 선관위 등은 독립기관이어서 사이버보안의 사각지대로 남을 가능성이 있다. 물론 정부는 만일의 사태에 대비해 24시간 통합관제체계, 정기적인 보호조치를 통해 만반의 준비를 하고 있다. 특히 선관위는 개표 관련 내부 전산망이 인터넷과 분리되어 운영되기 때문에 외부로부터의 침입이 완벽하게 차단되어 있다고 자신했지만, 앞에서 설명한 농협 전산망 해킹 사건에서 이에 대한 문제가 여실히 드러났다.[71]

셋째, 사이버 공격 등에 대한 체계적이고 효율적인 업무 수행이 부족하다. 대표적 사례로 농협 전산망 해킹 사건을 들 수 있다. 3,000만 고객을 둔 대형 금융회사인 농협은 전산시스템을 통째로 외주업체에 맡기는 등 효율성만 강조한 채 보안은 외면했다. 농협의 전산장애가 사흘째가 되도록 완전히 복구되지 않고 원인도 밝혀지지 않았으며, 말도 안 되는 전산사고에 농협 회장은 "장애 복구에 최선을 다하겠다"고 말했지만 재발 방지를 위해 무엇을 하겠다는 약속은 어디에도 없었다고 한다. 금융회사를 비롯한 각 기관들은 IT 보안 전문 인력을 확충하고, 정부는 금융보안과 관련된 법적 · 제도적 장치를 시급히 마련해야 한다.[72]

사이버공간에서 유통되는 정보의 양과 질이 높아지면서 정보를 습득하고 탈취하기 위한 해킹 등의 사이버테러는 물론 정보를 차단하거나 교란하는 바이러스 유포, 분산서비스 공격 등은 경제활동을 위축시켜 경제적 손실을

---

71 하태경, 『삐라에서 디도스까지』(서울: 글통, 2012), p. 89.

72 "효율성만 강조 '돈 들어가는' 보안은 외면…… 예견된 人災," 「미디어 다음」(2011. 4. 15)

가져오게 되고 아울러 교육 · 복지에 있어서 혼란을 야기할 수 있는 등 국방뿐 아니라 정치 · 경제 · 사회 등 국가 전 분야에 걸쳐 심대한 위협요소로 등장하게 되었다.[73] 이에 대한 사이버안보의 대응방안은 다음과 같다.

첫째, 점차 증가하고 있는 사이버 위협의 증대로 인해 국가 위기가 발생할 가능성이 있는 만큼 사이버 안보의식 함양 제고가 필요하다. 시대가 변한 만큼 최근의 전쟁 사례에서는 사이버 공격의 파괴성을 여실히 증명하고 있다. 그러나 아직도 일부에서는 사이버공간과 사이버 공격을 전쟁의 보조수단으로만 인식하고 있다. 급속히 변화하고 있는 사이버 시대에 민 · 관 · 군이 합동하여 사이버 상에서 안보위해활동의 심각성과 폐해를 신속하게 알려줄 효율적인 홍보와 교육을 구축하고, 기술적 측면에서의 발전이 필요하다. 북한은 한국에 구축해놓은 좀비 PC군단을 통해 해커들이 내리는 명령에 따라 언제든지 특정 기관 서버공격에 동원될 채비를 갖추고 있다는 점을 잊어서는 안 된다.

둘째, 지속적으로 증강되고 있는 북한의 사이버 공격과 공격에 종합적으로 대처하기 위한 민 · 관 · 군 합동의 컨트롤타워를 구축하는 것이다. 현재는 국정원과 경찰청이 양쪽에서 일정한 영역들을 분담하여 한국을 겨냥한 사이버 공격을 모니터링하고 사이버범죄들에 대해 대응하는 구도를 형성하고 있다. 이러한 분권형 관리체계는 업무한계가 모호하여 적시의 위기관리가 어렵고, 권한과 책임이 분산된다는 점과 통합적으로 관리하기 어렵기 때문에 공격의 사전예방보다는 언제나 공격당한 후 사후 복구에 임할 수밖에 없는 한계점을 가지고 있다. 이제는 국정원, 경찰과 함께 군과 민간기구가 두루 망라하여 협력적 컨트롤타워를 구축하고 여기서 현재의 사이버보안 상황을 점검하고 허점을 보완하며, 북한군의 사이버 공격을 모니터링하고 전략적인 대응책을 마련해가는 것이 무엇보다 중요하다고 본다.

셋째, 전문 인력을 적극적으로 확충 및 양성해야 한다. 우리 군은 각처에

73 권혁기, "북한의 사이버심리전 위협에 대한 우리 군의 대응전략," 상지대학교 석사학위논문 (2013), pp. 64-65.

서 수요되는 사이버 보안인력들을 체계적으로 육성하기 위한 정보보호전문 인력 교육에 지대한 관심을 돌려야 한다. 현재 우리나라는 정보화를 위한 인력양성에만 치중하고 있으며, 정보보호를 위한 전문 인력 양성과 조직편성에는 매우 소홀한 편이다. 북한의 사이버 공격 부대와 기술에 대한 지속적 연구, 전문요원에 대한 교육훈련 프로그램 개발 및 전문교육, 해외연수 등을 통해 정예화된 사이버 인력을 양성해야 한다. 보호 전문분야별 인력을 구분하고 조직을 체계화하여 유사 단체 간 합병과 협조체계를 강구함으로써 사이버테러리즘 공격 시 전문가들을 활용토록 해야 할 것이다. 또한 우리 군은 독자적인 사이버 공격 교육체계를 내부적으로 발전시켜 고급의 인간요소를 양성해야 한다. 국가, 민간, 학계의 교육체계를 활용하여 효율성을 높이고 정보전, 심리전, 사이버전 등과 관련성이 큰 정책부서 근무자를 대상으로 보수교육 과정에 사이버 공격을 하나의 필수적인 소양과목으로 반영해야 한다. 또한 기무나 정보, 정훈 병과 장교뿐만 아니라 정책부서 근무자들을 위한 교육은 국방대학교의 직무연수부에서 국가 및 군 차원의 종합적인 교육 프로그램을 개발하여 고급 인간요소 양성 체계를 구축해야 한다.

넷째, 법적 · 제도적 장치의 보완이 필요하다. 사이버 공격의 위협에는 무엇보다 법적 장치가 마련되어 있어야 한다. 우리나라는 현재 불법적인 해킹 행위에 대해 정보통신망 이용촉진 등에 관한 법률로, 컴퓨터 바이러스는 형법 제314조에 의거 형사처벌할 수 있도록 하고 있으나 아직 사이버 공격으로부터 국가정보기반을 보호하기 위한 단일 법적 장치가 마련되어 있지 않다.[74] 이러한 허점을 노린 북한은 우리 사회에 뿌리 깊이 박혀 있는 간첩과 종북세력을 이용하여 대남 사이버 도발을 일으킬 가능성이 농후하다. 따라서 사이버 공격에 효율적으로 대처하기 위해서는 별도의 법규가 제정되어야 할 것이다.

다섯째, 사이버 보안기술의 개발이 필요하다. 날로 정교화되고 있는 사이

---

74 송재경, "북한의 對南공격에 대한 대응방안 硏究", 조선대학교 석사학위논문(2003), p. 85.

버 안보위협 수단과 기술을 차단할 수 있는 사이버 공학적 측면에서 상당 수준의 보안망 개발 및 구축이 요망된다.[75] 국가 주요 기반구조 보호를 위해서는 취약성을 보완하고, 피해를 최소화하며, 공격을 탐지하여 차단하고, 필요한 정보를 공유하며, 기반구조의 핵심을 즉각적으로 복구하는 기술을 개발해야 한다. 결론적으로 사이버 공격을 예방하려면 더 높은 수준의 네트워크 보호 및 복구 기술발전과 시스템 보호기술이 필요하다.

---

75 유동열, 『사이버공간과 국가안보』(서울: 북앤피플, 2012), pp. 175-176.

〈표 8-6〉 일본 정보보호의 구체적 조치(예)

<table>
<tr><th>분류</th><th>조치</th><th>내용</th></tr>
<tr><td rowspan="2">대규모
사이버 공격에
대한 대비</td><td>대응준비조직</td><td>• 대규모 사이버 공격에 대한 정부의 초기 대응 준비
• 공공부문과 민간부문의 협력
• 사이버 공격에 대한 보호 강화
• 사이버범죄 단속
• 사이버 공격에 대한 국제협력 강화</td></tr>
<tr><td>일일 사이버 공격
정보 수집 및 공유
시스템 구축과 강화</td><td>• 통신시스템 강화
• 각국과 정보공유 시스템 구축 및 강화</td></tr>
<tr><td rowspan="5">정보안보환경의
변화에 적합한
정보 안보정책
강화</td><td>국민생활을
보호하는 정보 안보
기초시설</td><td>• 정부 기초시설 통합
• 핵심 기초시설 강화
• 기타 기초시설 강화
• 국가정보시큐리티센터의 기능향상</td></tr>
<tr><td>국민 사용자
보호 강화</td><td>• 정보안보 활동추진
• 정보안보보안지원서비스 설립 제안
• 개인정보보호 증진
• 사이버범죄 단속 강화</td></tr>
<tr><td>국제 협력 강화</td><td>• 미국, ASAEN, EU 국가들의 협력강화
• 시스템구축연락처로서의 NISC의 기능 향상</td></tr>
<tr><td>기술 전략 촉진 등</td><td>• 정보안보 R&D 전략적 촉진
• 정보안보 인력 배양
• 정보안보 관리 수집
• 정보안보 관련 법률 시스템 조직</td></tr>
<tr><td>정보 안보 관련
법률 시스템 조직</td><td>• 사이버공간 안전 및 신뢰성
• 향상을 위한 조치 식별
• 각국과 정보안보 법률 시스템 비교</td></tr>
</table>

출처: 이강규, "세계 각국의 사이버 안보 전략과 우리의 정책 방향—미국을 중심으로", 「방송통신정책」 제23권 16호(2011), p. 17.

제4절
테러리즘

1. 테러의 정의와 유형

1) 테러의 정의

테러리즘은 '비전통적 위협'의 대표적인 예로 열거되고 있다. 요인암살이나 인질은 테러의 대표적인 형태인데, 그것은 기원전부터 기록된 것이며, 테러행위를 통해 주위 사람들에게 공포와 불안을 조성하며, 존재와 대의를 알리는 테러의 본질은 예전부터 변하지 않았다.[76]

본래 테러란 라틴어 'terror'에서 기원한 것으로 공포, 공포조성, 큰 공포 또는 '죽음의 심리적 상태' 등을 뜻한다. 테러리즘이라는 말이 처음 등장한 것은 1798년 프랑스 한림원이 발간한 사전에서다. 프랑스 혁명 말기 왕권복귀를 꾀하는 왕당파에 대한 자코뱅당의 '공포정치'를 의미했다.[77] 이러한 테러와 테러리즘을 다른 개념으로 이해하기도 하고, 동일한 의미로 사용하기도 한다. 한국에서는 테러리즘과 테러를 구분하지 않고 같은 의미로 혼용하고 있다. 외국의 경우 주로 공식문서에서는 테러리즘을 사용하고 비공식문서에서는 테러를 사용하는 경향이 있으며, 미국이나 영국의 대테러 관련법, 조직명칭, 보고서 등에는 반드시 '테러리즘'이라는 표현을 사용하고 있지만, 시사 잡지나 신문 등에서는 테러리즘과 테러를 혼용하여 사용하고 있다.

---

76 다케다 야스히로(武田康裕) 외, 김준섭 역, 『안전보장학 입문』(서울: 국방대학교 국가안전보장연구소, 2013), p. 277.

77 조영갑, 『세계전쟁과 테러』(서울: 선학사, 2011), p. 189.

또한 심리학자들에 의하면 테러란 "특정한 위협이나 공포로 인해 모든 인간이 심적으로 느끼게 되는 극단적인 두려움의 근원이 되는 것"이라고 규정하고 있다. 극단적인 두려움은 엄청난 인명과 재산상의 피해를 입히는 홍수, 폭설, 지진, 화산폭발 같은 자연재해나 대형사고, 그리고 빈번히 발생하고 있는 강력 살인사건 등을 목격하거나 뉴스를 통해 알게 됨으로써 경험하기도 한다. 이처럼 테러란 발생 원인이 무엇이건 간에 극도로 불안한 심리적 상태를 말하며 자연적인 현상으로 보고 있지만, 군사학적 용어에 의한 테러란 "특정 목적을 가진 개인 또는 단체가 살인, 납치, 유괴, 저격, 약탈 등 다양한 방법의 폭력을 행사하여 사회적 공포 상태를 일으키는 행위"로 보고 있다.[78]

테러는 오늘날 국제사회가 당면한 가장 심각한 문제 중의 하나임에도 불구하고 지금까지 테러에 대한 보편적인 정의가 존재하지 않고 있다. 1937년 국제연맹에서 테러의 예방과 처벌을 위한 협약(Convention for Prevention and Punishment of Terrorism)을 통해 최초로 테러에 대한 정의 도출이 시도된 이후 지금까지 테러에 관한 많은 정의가 시도되었지만, 보편적인 정의가 받아들여진 것이 없고 오히려 혼란을 가중시키는 원인이 되고 있다. 그만큼 테러의 주체와 수단이 다양하고 빠르게 변화되고 있기 때문이다.

또한 보는 관점에 따라 테러로 규정하기도 하고, 단순한 일반 범죄로 취급하기도 하며, 애국적인 행위로 평가하기도 한다. 한 예로 영국 정부는 아일랜드공화군(IRA)의 모든 공격을 '테러'로, 그리고 IRA 요원들을 '테러리스트'로 규정하고 있다. 반면에 IRA를 추종하는 사람들이나 리비아 등 IRA를 직접 혹은 간접적인 방법으로 지원하고 있는 국가들은 IRA의 행위를 '민족주의 해방운동'으로 그리고 IRA 요원들을 '자유투사'로 규정하고 있는 실정이다. 따라서 보는 관점에 따라 테러의 정의도 다르게 내려진다.

미국 국무부는 "테러는 준국가단체 혹은 국가의 비밀요원이 다수의 대중

78 최진태, 『테러, 테러리스트 & 테러리즘』(서울: 대영문화사, 1997), p. 19.

에게 영향력을 행사하기 위해 비전투원을 공격대상으로 하는 사전에 치밀하게 준비된 정치적 폭력"이라고 정의하고 있다.[79] 미국 중앙정보국은 "테러는 개인 혹은 단체가 기존의 정부에 대항하거나 혹은 대항하기 위해서든지 간에 직접적인 희생자들보다 더욱 광범위한 대중에게 심리적 충격 혹은 위협을 가함으로써 정치적 목적을 달성하기 위해 폭력을 사용하거나 혹은 폭력의 사용에 대한 협박을 행하는 것"이라고 정의하고 있다.[80]

테러의 정의에 있어서 가장 중요한 요소로 지적되어왔으며, 단순한 범죄와 구별 짓는 기준이 되어온 것은 정치적 목적의 유무였다. 따라서 이러한 모든 측면을 포괄하여 테러에 대한 정의를 내리면 다음과 같다.[81] 테러는 주권국가 혹은 특정 단체가 정치, 사회, 종교, 민족주의적인 목표달성을 위해 조직적이고 지속적인 폭력의 사용 혹은 폭력의 사용에 대한 협박으로 광범위한 공포 분위기를 조성하는 행위로서 "폭력을 행사하여 사회적 공포 상태를 일으키는 행위를 말하며 살인, 납치, 유괴, 저격, 약탈 등 다양한 방법이 포함"[82]되는 것의 총칭이다.

2) 테러의 유형

테러리즘의 목적은 ① 집단의 목적제시를 위한 대중적 관심 촉구, ② 집단의 능력과시, ③ 현 정부 혹은 테러 대상의 취약점 노출, ④ 복수심 고양 및 갈등 조장, ⑤ 지원세력 및 자원획득, ⑥ 대정부 또는 테러대상의 과잉반응 유도 등을 달성하는 것이다.

이러한 목적을 구현하기 위한 테러의 유형은 일반적으로 세 가지로 구분한다.

첫째, 국가지원을 받지 않는 테러집단으로서 자치적으로 작전을 수행하

---

79 조영갑, 전게서, p. 191.

80 김석용, 『국제테러리즘의 변화추이와 대응』(서울: 국방대학교, 1995), p. 5.

81 정정석, "국제테러리즘 전망과 대응방안에 관한 연구", 경기대학교 석사학위논문(2005), p. 8.

82 합동참모본부, 『합동 · 연합작전 군사용어 사전』(서울: 합동참모본부, 2010), p. 405.

는 테러조직이다.

둘째, 국가의 지원을 받으면서 독립적으로 작전을 수행하는 테러집단이다.

셋째, 국가의 지시를 받으면서 국가의 후견인이나 다른 국가로부터 실질적인 정보, 지원물자 및 작전지원을 받으면서 작전을 수행하는 테러조직이다. 또한 테러의 유형은 보편적인 분류체계인 수단과 방법으로 볼 때 요인암살, 인질납치, 자살폭탄 및 폭파, 항공기 납치 및 폭파, 해상선박납치 및 폭파, 사이버테러, 대량살상무기 테러 등으로 구분된다.

〈표 8-7〉 테러의 유형과 사례

유형	수단과 방법	주요 사례
요인암살 테러	특정인물을 은밀한 방법으로 살해	• 오스트리아 황태자 암살(제1차 세계대전 도화선) • 1995년 이스라엘 라빈 총리 암살
인질납치 테러	인질을 납치 및 볼모로 정치·군사·물질적 양보 유도	• 1976년 우간다 엔테베 팔레스타인 게릴라 납치사건 • 2015년 파리테러 인질납치 사건
자살폭탄 및 폭파 테러	자폭하는 자살폭탄테러와 국가의 주요 시설과 자원을 폭파 또는 방화	• 2015년 터키 수도 앙카라 자살폭탄테러 • 2015년 방콕 폭탄테러
항공기납치 폭파테러	민간여객기를 납치하여 승객을 인질로 하거나 폭파	• 1970년 팔레스타인 항공기 3대 납치 사건 • 1969년 대한항공 납북사건
해상선박납치 및 폭파테러	해상 선박의 납치 및 폭파, 선박시설 파괴	• 2011년 소말리아 해적 해상선박 납치
사이버테러	첨단통신기기기술을 이용해 개인이나 기업, 공공기관을 무차별 공격	• 2009년 북한의 청와대·국회 사이버테러 • 이스라엘·팔레스타인 해킹

2. 테러 발생의 원인과 활동의 요인

1) 테러 발생의 원인

테러리즘의 발생 원인은 일반적으로 박탈감 이론, 동일시 이론, 국제정치체제 이론, 현대 사회구조 이론 등으로 구분되고 있다.

첫째, 사회 · 심리적 측면에서 테러의 상대적 박탈감 이론(Relative Deprivation) 또는 좌절-공격 이론(Frustration-aggression Theory)이다. 이 이론은 개인이나 집단 사이에서 발생하는 기대와 이익 간의 괴리 또는 가치기대와 가치능력 간의 차이가 테러를 유발한다는 것이다. 박탈감의 유형으로는 열망적 박탈감, 점각적 박탈감, 점진적 박탈감 등이 있다.

둘째, 특정인이나 다른 사람의 행위에 영향을 미치는 영향력을 설명하는데 사용되는 사회 · 심리학적 용어인 동일시 이론이다. 즉 하나는 다른 개인이나 단체와 함께 존재하거나 똑같이 되려는 희망이며, 다른 하나는 자신과 동일시 대상 간에 존재하는 유사성을 인정하려는 것이다. 테러분자들은 국민이 자신들에 대해 동일시를 느끼도록 유도하며, 이를 통해 자신들의 목적을 강화시킬 수 있기 때문에 테러를 선택원인으로 작용한다.

셋째, 국제정치체제에서 테러가 일부 주권국가들에는 정당한 수단으로서 수용될 수도 있으며, 특히 정치적 · 경제적 · 군사적 측면에서 상대적으로 힘이 약한 국가의 테러는 목적달성을 위한 최선의 선택으로 선택되기도 한다.

넷째, 현대사회의 구조적 상황들이 정치목적이나 특정목적 달성을 위해 테러 사용을 쉽고 용이하게 만들어주고 있다는 것이다. 테러 발생을 유도하는 현대사회의 환경적 특징으로는 고도의 도시집중화 현상, 기술발전에 따른 고도의 교통체계와 대중전달매체의 발달, 과학기술의 발달 및 무기체계의 현대화 등이다.[83]

2) 테러활동의 요인

테러리즘은 '비전통적 위협'의 대표적인 예로 열거되고 있다. 요인암살이나 인질은 테러의 대표적인 형태인데, 그것은 기원전부터 기록된 것이며, 테러행위를 통해 주위의 사람들에게 공포와 불안을 조성하며, 존재와 대의를 알리는 테러의 본질은 예전부터 변하지 않았다.[84]

오늘날 테러활동을 활발하게 하는 요인으로는 다음의 두 가지 사항을 고려할 수 있다.

첫째, 첨단정보기술의 발달과 인터넷의 보급이다. 초고속 정보망은 테러리스트들에게 연락, 선전, 정보수집 비용을 아끼는 이점을 가져다주었다. 2015년 11월 파리를 동시 테러로 몰아넣은 IS는 언뜻 우리에게 생소한 테러세력으로 보이지만, 사실은 한국과 관련이 있다. 2004년 6월 이라크에서 한국인 김선일 씨를 납치 · 살해한 조직이 바로 이 조직의 전신인 '유일신과 성전'이기 때문이다. 요르단 출신 아부 무사브 알자르카위가 1999년에 세운 이 테러조직은 2003년 이라크 전쟁 이후 각종 테러를 통해 급성장했다. 알자르카위는 여러 세력을 모아 2004년 10월 조직명을 '이라크 알카에다'로 바꿨다. 그는 2006년 사망 직전 더 많은 무장세력을 통합해 '무자히딘 의회'를 구성했다. 이들은 진화한 21세기형 테러의 전형이다. 가독성 높은 영어 게시물을 세련되게 편집한 고화질 동영상과 함께 인터넷에 올린다. 페이스북 · 트위터 · 인스타그램 · 킥 · 애스크닷에프엠 · 브이케이 등 인기 있는 인터넷 및 소셜네트워크서비스(SNS) 네트워크를 통해 전 세계 수백만 명의 청소년에게 자신들의 주장을 직접 전파한다. 슈어스폿 등 암호화한 메신저 등을 통해 정보기관의 추적도 따돌린다. 한국인 김모 군을 포함해 80여 개국 청소년들이 이 덫에 걸리기도 했다.[85]

둘째, 대량의 인구 이동이 테러활동에 유리한 영향을 끼치고 있다. 난민과 피난민이 캠프에 체류한 채 귀환할 가능성이 낮아질수록 테러리스트들의 리

---

83 조영갑, 전게서, pp. 194-196.

84 다케다 야스히로(武田康裕) 외, 김준섭 역, 『안전보장학 입문』(서울: 국방대학교 국가안전보장연구소, 2013). p. 277.

85 중앙일보, "IS는 한국을 공격대상 목록에 올려놓았다", 중앙일보 시론(2015. 11. 16).

쿠르트의 온상이 될지도 모른다. 또한 유럽 각국에서의 무슬림 인구가 증가한다고 예상되는 만큼 역으로 배외주의를 선동하는 우익테러의 기반이 강화되는 현상이 초래할 것으로 판단된다. 2015년 유럽은 시리아 난민 문제로 매우 복잡한 형국이다. 이러한 난민의 직접적 원인은 "실패한 국가"들의 국내 정치 갈등과 내전에 있다. 시리아 내전은 2011년 '아랍의 봄' 여파로 발발했고, 그로 인해 수많은 난민이 생겨났다. 물론 UN 안보리의 리스트(알카에다 · 탈레반 제재위원회의 consolidated list)나 각국의 지정리스트에 테러리스트로서 제재되거나 범죄자로서 지명수배받고 있다면 실명으로 출입국은 쉽지 않다. 그러나 대량의 난민이 유입되는 과정에서 이들을 가려내기는 매우 어려운 상황이다.

3. 북한의 테러전략과 대응방안

1) 북한의 테러 사례와 향후 전망

북한의 대남 테러는 1950년대 말 대한항공기 납치 사건으로부터 본격적으로 시작되어 주요 인사와 민간인 납치, 그리고 국가 주요시설 파괴 등 다양한 형태의 테러를 자행하여 전쟁에 버금가는 위기상황을 조성해왔다. 정전 이후 북한의 각종 테러 유형과 특징을 알아보기 위해 요인 암살 테러, 항공 테러, 인질 납치 테러, 사이버테러로 나누어 살펴보고자 한다.

북한은 1960년대 후반 남한이 급속한 경제발전으로 국력이 강해지자 요인 암살 테러라는 극단적인 방법을 동원하기 시작했다. 여기에는 청와대 기습 암살 테러, 국립묘지 현충문 폭파사건, 8.15 광복절 대통령 저격사건, 해외순방 중인 대통령을 암살하기 위한 아웅산국립묘지 폭파사건 등이 있다. 북한이 이러한 테러 수법을 사용한 것은 남한의 대통령을 암살 및 저격함으로써 일시에 남한 정부 및 사회를 극도의 혼란에 빠뜨려 그들의 목적을 손쉽게 달성하기 위함이었다.

북한의 사이버테러는 정예 해킹부대를 운영하면서 우리 측 국가기관 및 연구기관의 정보를 해킹으로 수집하고 있는 등 사이버테러 능력을 강화하고 있고, 매년 많은 수의 전문해커를 양성함으로써 북한의 컴퓨터 해킹능력은 미국 중앙정보국(CIA)과 맞먹을 정도로 우수한 것으로 판단되고 있다.[86]

북한에 의한 항공 테러는 1980년대를 기점으로 크게 변했다. 1980년대 이전에는 단순한 항공기 납치 등 항공기를 이용한 테러였으나, 1980년대부터는 그 수법이 항공기 폭파라는 반인류적 · 반문명적 형태로 나타났다. 또한 그 목적도 인질 납치 및 항공기 억류에서 대량 인명 살상 등을 통한 남한의 불안한 상황을 세계에 알려 고립시키고, 나아가 한반도의 긴장을 조성하려는 것으로 변했다. 특히 국제행사인 서울올림픽을 앞두고 북한이 행한 1987년 대한항공 858기 공중 폭파사건은 서울올림픽을 방해할 목적으로 자행한 대표적 사례다.

북한의 한국인에 대한 납치사건 중 대표적인 사례 중 하나는 1969년 12월 대한항공소속 YS-11기 공중 납치사건이다. 북한은 당시 고정간첩 조창희를 시켜 강릉 대관령 상공에서 승객과 승무원 총 51명을 태운 KAL기를 공중 납치했다. 후에 북한은 39명만 판문점을 통해 귀환시키고 승무원 3명과 8명의 승객은 강제로 억류했다. 북한은 한국인뿐만 아니라 전 세계 외국인에 대해서도 납치를 자행했고, 아직까지 수많은 인질을 억류하고 있는 세계적인 납치 테러국으로 통하고 있다.

북한이 이처럼 국제적 비난을 무릅쓰고 납치 테러를 벌이는 목적은 첩보를 수집하고 해외공작 지도원으로 활용하기 위해 또는 납치한 한국인에 대해 세뇌교육 및 간첩교육을 시켜 한국에 남파시켜 파괴공작에 활용하기 위한 것이다.

북한은 노동당 산하 대남 담당비서 지휘하에 통일전선부, 연락부, 조사부, 대외정보조사부를 두고 테러 활동의 역량을 강화하고 있으며, 국제 조직에 의한 대규모 테러 활동을 통해 국제행사를 방해하거나 대미 압력수단

86 박종훈, "하이테크 테러위협 요인에 대한 고찰", 「대테러정책」 연구논총 제6호(2009), p. 347.

으로 이용하여 국내 주요 미국 군가시설 및 외국인 시설물, 요인 등 불특정 다수를 대상으로 자행하는 형태가 나타날 수 있다. 만약 북한이 테러를 자행한다면 그 유형은 다음의 세 가지로 예상할 수 있다.

첫째, 북한이 자체의 특수 공작요원을 이용한 테러다. 북한 자체 내에서 고도의 훈련을 받은 특수 공작요원들을 이용한 대남 테러가 발생 가능하다. 하지만 북한은 9.11테러사건 직후에 외무성 대변인을 통해 "북한은 UN회원국으로서 모든 형태의 테러, 그리고 테러에 대한 어떤 지원도 반대하며, 이 같은 입장은 변하지 않을 것"이라는 성명을 밝힌 바 있고, 북미관계 개선으로 체제 보장의 희망을 가지고 있는 북한에 걸림돌로 작용하고 있는 테러 지원국 명단에서 제외되기 위한 시도들을 부분적으로 하고 있으며, 9.11테러 사건 이후 형성된 반테러의 국제적 분위기와 여론을 감안할 때 테러를 그들의 전략 · 전술로 활용하는 데는 신중해질 것으로 판단된다.

둘째, 국제 테러 조직과 연계한 테러다. 북한은 과거 제3세계 국가들에게 테러리스트 훈련단 및 고문관을 파견하여 테러 기법에 관한 교육을 지원했으며, 아울러 테러리스트 단체들에게 무기와 자금을 지원한 것으로 알려져 있다. 따라서 북한이 가지고 있는 테러리스트 네트워크를 활용하여 대리전 양상의 테러를 자행할 수도 있다고 판단된다.

셋째, 국내 좌경세력들을 이용한 테러다. 급진 좌경세력들은 폭력에 의한 비판여론과 정부의 강력한 대처로 고립되어가고 있다. 그러나 이러한 좌경세력들의 뿌리가 아직도 완전히 제거된 것이 아니라 지하세력을 형성하고 있기 때문에 한국 내에서 '국가보안법' 폐지 찬반 논쟁에 따른 전 국민적인 국론분열 현상은 향후 국내에 있는 좌경세력들을 이용한 테러 가능성을 완전히 배제할 수 없게 만들고 있다.

2) 한국군 테러 대응체계 및 발전방안

1982년 서울올림픽 개최 결정을 계기로 제정된 '국가대테러활동지침'이 한국의 대테러 활동의 근간이 돼왔다. 하지만 정부기관 간의 역할 분담을 규정한 내부 지침에 불과한 훈령으로는 한 치 앞을 내다볼 수 없는 국제 테러 상황 속에서 범정부 차원의 종합적이고 체계적인 대테러 활동을 기대하기는 어렵다. 새로운 형태의 국가안보 위협에 적절하게 대응할 수 없다는 문제가 인식됨에 따라 '테러방지법'이 제기됐고, 2016년 "국민보호와 공공안전을 위한 테러방지법안"이 제정되었다.

법안의 주요 내용은 테러의 예방 및 대응활동 등에 관하여 필요한 사항과 테러로 인한 피해보전 등을 규정함으로써 테러로부터 국민의 생명과 재산을 보호하고 국가 및 공공의 안전을 확보하는 것을 목적으로 하고 있다.

국가안보 및 위기관리 차원에서 총력 대응체계를 갖추기 위해 대테러 관련 법규를 제정 · 보완하고 전담기구와 기능을 강화하는 영국과 미국의 사례를 보면, 영국은 영구입법으로 테러단체들이 영국을 본거지로 삼아 해외에서 테러활동을 벌이는 것을 막기 위한 해외테러금지법을 2001년 2월 19일 발효시켰다. 이 법안은 영국 법원에서 재판을 받게 되며, 테러리스트의 개념도 개정, 폭력행위를 자행하겠다고 위협하거나 공공 안전에 심대한 위험이 되는 사람들까지 포함시키도록 확대했으며, 이들과 관련한 경찰의 재산 압류 및 체포권을 강화했다.

현 테러 대응체계의 문제점을 개선하기 위해서는 첫째, 실질적 테러예방을 위해 구속력이 있는 대테러 법안이 정비되어야 한다. 둘째, 통합적 테러 대응체계를 구축해야 한다. 각 조직의 기능을 통합운영할 수 있는 실질적인 테러 대응 중심 기관을 설치하여 전문성 있는 대테러 활동이 가능토록 해야 할 것이다. 셋째, 민 · 관 협력 시스템을 구축해야 한다. 공공 · 민간 분야에서의 전문 인력의 확보와 전문성을 향상시켜야 할 것이다. 구체적인 방안은 다음과 같다.

첫째, 현재의 '국가대테러활동지침'은 〈표 8-8〉과 같이 대국민 구속력이 없어 대테러 법안 정비는 실질적 테러예방을 위한 제도적 장치로서 미흡한 실정이다. 테러범들의 활동을 최소화하기 위해 여행규제 · 입국규제 · 강제출국 · 테러자금 추적 · 동향관찰 · 감청 등의 방법이 필요하나 관련 법적 근거가 미흡해 인권침해 논란이 야기될 수 있다.

이와 관련하여 몇 년 전부터 한국인에 대한 테러가 발생함에 따라 테러방지에 대한 입법적 논의가 제기되었으나 인권침해 문제로 실질적인 입법화를 이루지 못했다. 그러나 2016년 3월 2일 통과된 법안에는 국가정보원장 소속의 테러통합대응센터에서 국내외 테러 관련 정보의 수집과 분석 등을 담당한다. 테러통합대응센터의 장은 테러단체 구성원이나 테러를 일으킬 것으로 의심되는 자에 대해 정보를 수집하거나 조사할 수 있으며 테러 우려 인물에 대해 출입국 규제와 외국환거래 정지 요청, 통신 이용 관련 정보를 수집할

〈표 8-8〉 국가대테러활동지침의 테러대책기구 업무

테러대책기구	업무
테러대책회의	• 국가 대테러 정책 심의·결정
테러대책 상임위원회	• 테러사건의 사전예방·대응대책 및 사후처리 방안 결정 • 국가 대테러업무의 수행실태 평가 및 관계기관의 협의·조정 • 대테러 관련 법령 및 지침 제정 및 개정 관련 협의
테러정보 통합센터	• 국내외 테러 관련 정보의 통합관리 및 24시간 상황처리체계 유지 • 정보의 수집·분석·작성 및 배포 • 테러대책회의·상임위원회의 운영에 대한 지원 • 테러 관련 위기평가·경보발령 및 대국민 홍보 • 테러혐의자 관련 첩보의 검증 • 상임위원회의 결정사항에 대한 이행점검
지역테러 대책협의회	• 테러대책회의 또는 상임위원회의 결정사항에 대한 시행방안 협의 • 당해 지역의 관계기관 간 대테러업무의 협조·조정 • 당해 지역 대테러업무 수행실태 분석·평가 및 발전방안 강구
공항·항만 테러·보안 대책협의회	• 테러혐의자 잠입 및 테러물품의 밀반입에 대한 저지 대책 • 공항 또는 항만 내의 시설 및 장비에 대한 보호대책 • 항공기·선박의 피랍 및 폭파예방·저지를 위한 탑승자와 수하물 검사대책 • 공항 또는 항만 내에서의 항공기·선박의 피랍 또는 폭파사건에 대한 초동 비상처리 대책 • 주요 인사의 출입국에 따른 공항 또는 항만 내의 경비·경비대책 • 공항 또는 항만 관련 테러첩보의 입수·분석·전파 및 처리대책

출처: 이삼기, "포괄적 안보시대의 뉴테러리즘에 대비한 한국의 대응전략", 용인대학교 박사학위논문(2014), pp. 91–92.

수 있다. 국가정보원장은 테러통합대응센터를 통해 국방부나 법무부, 행정안전부 등에 규제 및 지원을 요청할 수 있다.

둘째, 통합적 테러 대응체계 구축이다. 미국은 9.11테러 사건 발생 후 사건처리과정에서 각 부처 간에 협조체제의 문제점을 인식하고 국가안보회의(NSE) 수준의 국토안보회의를 신설했다. 이 기구는 대테러 전반에 걸쳐 대통령에게 조언과 보좌를 하고 정부기관과 유관기관 간의 업무조정 및 정책개발을 시행한다. 이로써 미국은 9.11테러 사건을 계기로 대테러 종합조정 체계를 갖추었다. 이에 반해 현 한국 정부의 테러 대응체계는 테러의 유형별로 분산대응 형식을 취하고 있다. 이러한 분산형 시스템이 지속된다면 관련부서 간의 이해관계 다툼으로 과거에 발생한 테러사건들과 같이 신속한 대응을 어렵게 만든다. 즉, 공통적으로 유사한 업무가 중첩되어 실행되는 경우 관계기관 간의 이익다툼으로 이어질 수 있기 때문에 이러한 상황들을 고려하여 각 조직의 기능을 통합운영할 수 있는 실질적인 테러대응 중심 기관을 설치하여 전문성 있는 대테러 활동이 가능토록 해야 할 것이다.

셋째, 민 · 관 협력 시스템 구축이 요구된다. 테러에 관한 위기는 다양한 요인에 의해 발생하고, 대처 수준에 따라 전개과정이 변화하기 때문에 테러 위기의 예방과 대처를 위해 공공 · 민간 분야에서의 전문 인력의 확보와 전문성 향상이 핵심요소다. 국가는 재난 위기와 국가핵심기반 테러 위기를 관리하는 데 필요한 전문 인력 양성 방안을 마련해야 한다. 국가가 직접 위기관리 전문교육 기관을 설립하는 방안도 있으나, 권역별 대학이나 연구소 또는 정부가 인정하는 기관을 교육기관으로 지정하거나 협약을 통해 전문 인력의 양성이 가능하도록 할 수 있다. 이를 통해 각급 대학으로 하여금 대테러 활동의 중요성을 인식하게 하는 계기가 됨은 물론 많은 시민단체, 기업, 자치단체 등의 공무원들이 대테러 위기관리의 중요성과 참여의 필요성을 인식하게 만들 수 있다.

제IV부

국가안보의 모색

제9장

세력균형과 동맹

국제체제에서 자국의 주권과 독립성을 보전하고 나아가 국가이익을 달성하기 위한 방법으로서, 그리고 국제사회의 평화와 안전을 유지하는 수단으로서 세력균형과 동맹이 자연스럽게 구축되기도 하고, 정책적으로 활용되기도 한다. 이 장에서는 이러한 세력균형과 동맹의 개념, 유형 그리고 관련 이론들에 대해 새롭게 제시하기보다는 기존 저서들로부터 핵심적인 내용을 직접 및 재인용하여 정리하고자 한다.

김종열(金鍾烈)

육사를 졸업하고 주로 무기체계 획득과 관련된 정책부서에서 근무하였으며, 주미 군수무관을 역임하였다. 미 해군대학원에서 무기체계공학 석사 학위를, 미 플로리다대학에서 재료공학 박사 학위를 취득하였다. 현재는 영남대학교 군사학과 교수로 제직 중이다. 주요 논문은 "중국의 무기수출 증가 현상에 대한 분석" 외 다수이며, 연구 관심 분야는 국방획득체계, 군사과학기술, 방산 수출입과 국제정치 등이다.

제1절
세력균형

1. 세력균형의 개념[1]

세력균형(balance of power) 이론은 국가들이 독립적 실체로서 생존과 파워(힘, 권력, 세력)을 추구한다는 관념에 기초하고 있다. 파워가 없는 국가들은 타자의 의지에 비굴해지거나 자신들의 안보와 번영을 잃게 된다. 각 국가는 그들의 파워를 증가시키도록 요구받고 있는데, 그 이유는 안보와 물리적 생존이 파워의 극대화와 분리될 수 없기 때문이다. 그 결과 파워를 획득하기 위한 경쟁은 국제정치에 있어서 자연적인 국가의 과업이 되고 만다. 만약, 언젠가 특정한 국가가 파워의 우세를 획득하게 되면 결국 그의 의지를 타자에게 강요하고자 시도할 것이다. 파워가 약한 국가들은 안전을 잃을 수 있고, 심지어 소멸할 수도 있다. 이런 결과를 막기 위해 국가들은 충분한 세력을 결집하여 지배적인 국가와 파워의 균형(balance of power)을 맞추려고 노력한다. 이것이 국제정치학에서 현실주의자들이 주장하는 세력균형에 대한 개념이다.[2]

세력균형의 보편적인 개념은 평형(equilibrium), 즉 여러 개의 독립된 세력으로 구성되어 있는 체제에서의 안정성을 의미하며, 이러한 평형이 외부의 충격으로 파괴되는 경우 본래의 평형 상태로 되돌아가거나 새로운 평형 상

---

1 박재영, 『국제정치 패러다임』(경기: 법문사, 2010), pp. 194-196 직접 및 재인용.

2 김열수, 『국가안보, 위협과 취약성의 딜레마』(경기: 법문사, 2010), p. 245 직접 및 재인용.

태로 전이함을 의미한다. 세력균형론은 국제체제에서도 이러한 원리가 그대로 작동한다고 본다. 즉, 국제체제에서도 평형이 존재하며 현존하는 평형을 유지하려는 세력과 타파하려는 세력 간의 대립관계가 어느 우월한 세력에 의해 파괴될 때, 이를 '전쟁'이라 한다. 파괴된 세력균형은 궁극적으로 이전의 균형 상태 혹은 새로운 균형 상태로 복귀한다는 데서 국제체제에 균형의 원리가 작동하고 있음을 알 수 있다. 그러나 국제정치이론이나 실제에 있어서 세력균형이란 다의적으로 사용된다.

하스(Ernst Has)는 세력균형이라는 개념이 힘의 배분(distribution of power), 평형(equilibrium), 패권(hegemony), 안정과 평화(stability and peace), 불안정과 전쟁(insability and war), 역사의 보편적인 법칙(universal law of history), 그리고 정책결정에의 체계와 지침(system and guide to policy making) 같은 여러 가지 다른 의미로 쓰임을 지적하고 있다.

클로드(Inis L. Claude)는 세력균형이란 다음과 같은 세 가지 의미로 사용된다고 분류하고 있다.

첫째, 상황 묘사로서의 세력균형(balance of power as a description). 이는 특정한 시점에서의 균형이든 아니든 어떠한 힘의 배분 상태를 묘사하는 용어로 쓰이는 경우다. 때로는 국가들 혹은 국가 집단 간의 권력 관계가 정확하게 혹은 개략적으로 동등한 평형을 이루고 있는 상황을 지칭하기도 하고, 때로는 견제세력 간의 권력이 한쪽으로 기울어져 있는 것을 의미하기도 한다. 예컨대 프랑스의 정치가들에게 세력균형은 주로 프랑스가 우위에 서 있는 세력균형을 의미했다. 한반도에서 미군이 철수하면 한반도의 세력균형이 깨질 것이라고 했을 때, 이는 기존의 권력 분포가 어떻든 이러한 분포에 변화가 올 것이라는 의미로서 사용되는 경우다.

둘째, 정책으로서의 세력균형(balance of power as a policy). 국가가 추구하는 정책으로서의 세력균형은 보통 다음의 세 가지 중 하나다. 일반적으로 국가 간의 혹은 국가들 연합 간의 동등한 권력의 배분을 조성하는 정책이라는 의미로 쓰인다. 때때로 많은 정치가에게 용인되는 세력균형으로서 자신에게 유리한 균형을 조성하는 정책을 의미하기도 한다. 때에 따라 과거 영국이 취한 것 같은 세력의 균형자(balancer)가 되는 정책을 의미하는 경우도 있다.

셋째, 통계적인 경향으로서의 세력균형(balance of power as a statistical tendency). 이는 세력균형을 역사의 기본적인 법칙 혹은 통계학적인 경향으로 인식하는 경우로서, 어떠한 국가이든 상관없이 패권을 추구할 경우 적대적인 연합의 형성을 야기한다는 의미다.

2. 세력균형의 역사[3]

국제정치학 현실주의자들은 지난 수백 년간의 국제정치를 적절하게 설명할 수 있게 해주는 것이 세력균형이라는 개념이라고 본다. 현실주의자들은 세력균형이 역사적으로 반복되어온 보편성 있는 개념이라는 것을 다음과 같은 실질적인 역사적인 예를 통해 설명한다.

30년 전쟁이 끝나고 1648년 웨스트팔리아 조약이 체결되면서 보편적인 기독교 공동체라는 사고방식에 종말이 왔고, 정치적 세속화와 더불어 세계는 민족국가로 분리되어 이들을 단위로 하는 국제정치체제가 등장했다. 즉, 중세 봉건제의 지주 역할을 담당하고 있던 로마 교황과 신성로마제국 황제의 보편적인 권위가 배제된 중앙집권적 절대주의 국가가 등장함에 따라 근대 민족국가가 출발하게 되고 주권국가가 국제정치의 주된 행위자가 되었다.

이후 1945년까지 3세기 동안 유럽에서는 다극적 세력균형이 존재했다고 본다. 이는 영국, 프랑스, 프러시아, 오스트리아-헝가리, 러시아 그리고 이탈리아와 오토만 제국에 의해 이루어진 세력균형을 일컫는다. 구체적으로 국가 간의 유동적이고 경쟁적인 동맹관계를 통해 형성되는 세력균형 장치가 존재함으로써 1648년부터 1945년까지 3세기 동안 어떤 한 강대국 혹은 하

---

3 박재영, 전게서, p. 193 직접 인용.

나의 연합이 유럽을 지배하는 것을 성공적으로 저지했다고 본다.

특히 1800년부터 1945년까지의 약 150년을 살펴보면, 1800년부터 1815년까지의 기간 중 프랑스가 위협국가로 등장하자 영국, 러시아, 오스트리아 그리고 프러시아가 연합하여 나폴레옹을 패퇴시켰으며, 1856년 러시아가 위협국가로 등장하자 영국, 프랑스 그리고 터키가 연합하여 크리미아 전쟁에서 러시아를 패배시켰다.

1914년과 1918년 사이에는 독일, 오스트리아, 터키가 위협국가로 등장하자 영국, 프랑스, 러시아 그리고 미국이 이에 대응하여 제1차 세계대전에서 독일과 그의 동맹국을 패배시켰고, 1939년과 1945년 사이에 독일, 이탈리아, 일본이 위협국가로 등장하자 영국, 프랑스, 소련, 미국이 제2차 세계대전에서 독일 등의 추축국을 패배시킨 것으로 본다. 이러한 다극적 세력균형 체제가 제1차 세계대전을 계기로 흔들리기 시작하여 제2차 세계대전 후에 붕괴된 다음, 미국과 소련 간에 양극적 세력균형이 존재했다고 본다.

3. 세력균형화의 과정[4]

1) 의도적인 산물

키신저(Henry A. Kissinger), 스피크먼(Nicholas Spykman) 같은 학자는 세력균형을 지도자들의 의식적인 노력의 산물로 본다. 예컨대 키신저는 메테르니히의 세력균형을 위한 노력을 조작(manipulation), 책략, 계산, 그리고 외교적인 기민성 같은 용어로 설명하고 있다. 스피크먼은 세력균형이란 신의 선물이 아니라 인간의 적극적인 관여에 의해 달성되는 것으로 본다. 그는 만약 국가들이 생존을 원한다면 세력균형이 발생할 때까지 기다려서는 안 되고, 점차 강대해지고 있는 패권 가능국에 저항하여 균형을 유지하기 위해서는 기꺼이 전쟁에 돌입하려고 해야 한다는 것을 강조한다.

---

4 박재영, 전게서, pp. 196-197 직접 및 재인용.

2) 자동적인 생성물

월츠(Kenneth N. Waltz)는 인간의 의지와는 상관없이 국제정치체제의 구조적인 특징에 의해 이루어진다고 본다. 즉, 국가들이 세력균형을 유지하려는 의도로 행동하든 전반적인 지배를 목적으로 행동하든 간에 세력균형은 형성된다는 입장이다. 다시 말해 세력균형은 이기적인 개개 국가의 행동이 가져오는 의도되지 않은 결과물(unintended product)로 본다. 이는 자동적인 균형화 과정을 강조하는 입장으로, 경제체제에서 일컫는 자유방임적 질서와 유사하다.

3) 절충적인 입장

모겐소의 경우 절충적인 입장을 지니고 있다. 모겐소는 세력균형이란 국가뿐 아니라 여타의 사회에 있어서도 구성요소의 자율성을 확보하기 위한 수단으로서 작동하는 일반적인 사회원칙이며, 국제사회에 있어서도 의식적인 정책 여부에 관계없이 발생하는 불가피한 국제사회의 안정화 요인으로 간주함으로써 세력균형의 자동성을 강조한다. 아울러 모겐소는 세력균형을 무시하는 정책결정자는 세계를 정복하든지, 아니면 소멸의 길을 가든지 두 가지 대안을 가질 수밖에 없다고 보고, 세력균형은 정책결정자가 의식적으로 추구해야 할 정책임을 강조한다.

4) 기타 환경적인 요인설

세력균형은 문화적인 동질성을 위시한 특별한 조건하에 가능하다는 시각이 존재한다. 예컨대 러셀(Greg Russell)은 과거 18, 19세기의 다극적 세력균형이 성공적일 수 있었던 요인들을 역사적인 사례로부터 추출한 후, 이러한 요인들이 냉전시대에도 여전히 존재하는가를 살펴보았다. 러셀이 밝히고 있는 다극적 세력균형의 원활한 작동조건으로는 국제적 · 국내적 정치, 경제, 이념적 가치, 문화 등의 특별한 환경을 들고 있다.

4. 세력균형의 기본 형태[5]

모겐소는 세력균형의 기본형의 하나로서 우선 직접적 대립형(pattern of direct opposition)을 들고 있다. 이는 두 국가 혹은 두 개의 국가군이 직접 대립함으로써 형성되는 세력균형 상태를 의미한다. 제1차 세계대전 전의 삼국동맹과 삼국협상 간의 대립, 1931년과 1941년 사이에 중국과 일본 간의 대립, 제2차 세계대전 직전 연합국과 주축국 간의 대립, 그리고 제2차 세계대전 후 1950년대 미 · 소 간의 범세계적인 규모에서의 대립을 그 예로 들 수 있다.

두 번째 유형은 경쟁형(pattern of competition)이다. 이는 세 국가 혹은 세 개의 국가군 사이에 형성되는 균형관계를 의미한다. 과거 이란을 사이에 둔 영국과 제정러시아의 대립, 동남아를 사이에 둔 미국과 중국의 대립, 한국을 사이에 둔 청나라와 일본의 대립을 그 예로 들 수 있다. 이러한 예에서 보듯이, 경쟁형은 세 국가 혹은 세 개의 국가군 중에서 하나의 국가가 약소국일 때 이러한 약소국을 사이에 두고 많이 발생하는 간접적 대립의 경우다. 약소국 c를 지배하려는 국가 a의 힘이 국가 b의 힘에 의해 균형을 이루어 약소국 c를 사이에 둔 두 개의 국가(군)가 세력이 균형을 이루는 경우가 있다. 이때 약소국 c의 독립이 보장된다. 제2차 세계대전까지 벨기에와 발칸국가들이 독립을 유지할 수 있었던 것은 이러한 세력균형에 의해서였다.

세 번째 유형은 세력균형자(balancer)가 존재하는 세력균형이다. 이는 거의 동등한 힘을 지니고 있는 세 국가 혹은 세 개의 국가군 가운데 국가 a와 국가 b가 대립할 경우, 국가 c가 힘이 약한 쪽에 합류하여 균형자로서의 역할을 함으로써 국가 a와 국가 b 사이의 균형을 가져오는 경우다.

5. 세력균형화의 방법[6]

세력균형의 방법으로는 자신의 세력을 상대적으로 강화하는 적극적 방법

5 박재영, 전게서, pp. 199-200 직접 및 재인용.

과 상대방의 세력약화를 통해 자국세력의 상대적인 강화를 꾀하는 소극적인 방법이 존재한다. 구체적인 방법으로는 다음과 같은 것들이 존재한다.

첫째, 과거 프랑스의 대독정책에서 보듯이 적대국, 잠재적인 적대국, 혹은 경쟁국을 분할 · 약화시켜 자국의 세력을 강화하는 방법인 소위 분할과 지배다.

둘째, 과거 세 번에 걸친 폴란드의 분할에서 보듯이 대립하고 있는 국가 중 일방이 새로운 영토를 획득하는 것 같은 방법으로 권력의 구성요소에서 어떠한 형태로든 증가가 있을 경우, 타방에도 일정한 정도의 영토를 취득하게 함으로써 필적하게 하는 방법인 보상(compensation)이다.

셋째, 대립하고 있는 국가 간에 동등한 국력을 유지하기 위해 약한 국가가 취하는 방법인 군비확충(armament)과 이러한 군비경쟁이 가져올 위험으로부터 벗어나 보다 안전하게 세력의 균형을 이루고자 하는 방법으로서 상호 간의 군비축소(disarmament)가 있다. 제1차 세계대전 직전 독일과 영국의 해군력 경쟁이 군비 경쟁의 예이고, 1922년의 해군력 감축을 위한 워싱턴조약이 군비축소의 예다.

넷째, 역사상 가장 효율적인 세력균형 방법으로서 공동의 이해관계를 지니고 있는 국가 간, 특히 공동의 적에 의해 위협을 받고 있는 국가 간에 세력균형을 위해 결성되는 동맹과 반동맹(alliance and counter-alliance)이다.

다섯째, 대립하는 국가들 사이에 완충국을 설치하거나, 19세기의 영국처럼 막강한 독자적인 힘을 보유하고 평상시 고립해 있다가 세력균형이 파괴될 때 약한 쪽을 도움으로써 균형을 회복시킬 수 있는 균형자를 두는 방법이다.

이 밖에 영향권(spheres of influence)의 확보나 축소, 개입(intervention), 외교적 흥정(diplomatic bargaining), 분쟁의 법적 해결, 무기판매, 우주전쟁, 전쟁 등을 통해 세력균형을 이룰 수 있다.

---

6 박재영, 전게서, pp. 199-200 직접 인용.

6. 세력균형의 개념 확대[7]

균형화(balancing)의 목적은 특정 강대국이 패권을 가지는 것을 방지하는 것이다. 이것이 성공하면 그 결과로 세력균형이 나타난다. 국제정치 현실주의자들은 국가 간 군사력 균형에만 초점을 맞추었다. 비록 그것이 유용하다고 하더라도 융통성은 별로 없다. 따라서 국가들이 사용하는 다양한 전략을 설명하기 위해 균형화의 개념이 확대되어야 하는데, 균형화는 세 가지 형태, 즉 강성균형화(hard balancing), 연성균형화(soft balancing) 그리고 비대칭적 균형화(asymmetric balancing)로 나타난다.

강성균형은 전통적인 현실주의의 접근을 취하고 있는데, 이들은 강대국과 균형을 유지하기 위해 군사동맹이나 군사력 건설을 통한 내외적 균형화를 주장한다.

군사력에 초점을 맞춘 강성균형과는 달리 연성균형은 부상하거나 또는 잠재적으로 위협하고 있는 국가를 중립화시키기 위해 은밀하게 비공세적 제휴를 구축하는 데 초점을 맞춘다. 때로는 잠재적 패권국이 다른 국가들에 위협을 가하지 않을 수도 있지만 균형화를 위한 대응을 하지 않는다면 그 국가는 불안의 핵심 근거지로 부상할 수도 있다. 국가들은 연성균형에 관여하기 위해 다양한 수단을 채택한다. 즉 은밀한 양해(tacit understanding)나 협상(entente), 일시적 제휴의 형성, 그리고 위협국가의 힘을 한정시키기 위한 국제제도의 사용 등이 이러한 수단에 속한다. 러시아와 균형을 맞추기 위한 동유럽의 NATO와의 협력, 중국과의 균형을 맞추기 위한 미국과 인도의 협력, 미국과 균형을 맞추기 위한 러시아와 중국의 협력 등이 이런 사례에 속한다. 또한, 프랑스, 독일, 러시아는 UN 안보리에서 미국의 이라크 침공을 방지하기 위해 서로 협력하기도 했다. 이런 것들은 공식적인 공개 동맹이 아니라 한정된 안보 협력 이해에 바탕을 두고 있다. EU도 군사력을 발휘할 수

---

7 김열수, 전게서, pp. 257-259 직접 인용.

있는 정치적 실체로 전환하지 못했는데, 그 이유는 참여 국가들이 어떤 직접적인 군사적 위협도 인식하지 못하고 다른 강대국에 의해 그들의 존재에 대한 도전도 인식하지 못하기 때문이다. 그들은 군사적이 아니라 정치적 · 경제적 · 외교적 수단이 미국에 영향을 미치기 위한 좋은 방법이라고 인식하고 있다.

비대칭적 균형은 핵심 국가에 대해 전통적 군사력이나 전략을 사용하여 도전할 수 없는 테러 집단 같은 하부국가 행위자들에 의해 부과되는 간접적 위협에 대해 국가가 균형을 맞추거나 이를 봉쇄하려는 노력을 말한다. 또한 비대칭적 균형은 정반대의 의미도 있다. 국가 하부 행위자와 그들의 국가 후원자들이 테러리즘 같은 비대칭적 수단을 사용함으로써 기존의 국가에 도전하고 이들의 힘을 악화시키는 노력도 비대칭적 균형에 해당하기 때문이다.

제2절
동맹

1. 동맹 개념[8]

동맹(alliance)이란 둘 이상의 국가가 공동의 위협에 대해 군사적으로 대응하기 위해 조약체결을 통해 일정한 상호 군사지원을 약속하는 안보 공동체를 의미한다. 이러한 동맹은 다양하게 정의될 수 있다. 스나이더(Glenn H. Snyder)는 동맹을 "특수한 상황하에서 동맹국 이외의 국가에 대해 군사력을 행사하기 위한 국가 간의 공식적인 제휴"로 보았다. 또한 월트(Walt)는 "둘 또는 그 이상의 주권국가들 사이에 안보협력을 위해 맺은 공식적 또는 비공식적 합의"로 정의했으며, 부스(Ken Booth)는 동맹을 "공개적인 조약이나 비밀조약으로 관계를 맺는 정식절차 및 군사 문제에 초점을 둔 상호 노력"이라고 정의했다. 한편, 홀스티(Ole R. Holsti)는 "두 개 국가 또는 그 이상의 국가들 사이에 국가안보 문제에 대해 협력하기로 하는 공식적인 합의"로 규정했다. 이러한 정의들에는 공통점이 존재한다. 동맹을 맺기 위한 둘 이상의 국가가 있어야 하며, 동맹에 대항하는 공동의 위협이 존재한다. 그리고 이에 공동으로 대항한다는 약속 또는 계약이 필요하다.

이러한 동맹의 의미는 그 주체와 영역을 통해 명확히 할 수 있다. 먼저, 동맹의 주체는 국가다. 아직 분리운동 중이어서 주권이 제대로 확립되지 않은 준국가, 내전 상황에서 전투를 수행 중인 반정부세력 등도 일정 수준의 군사

8 황진환 외 공저, 『신 국가안보론』(서울: 박영사, 2014), pp. 83-84 직접 및 재인용.

력을 보유할 수 있으며, 이러한 존재들이 다른 국가들과 상호 군사지원에 대해 합의할 수도 있다. 이러한 경우 군사동맹과 유사하다고 할 수는 있지만, 엄격한 학문적 의미의 군사동맹이라고 보기는 어렵다. 일반적으로 국가들은 동맹을 군사영역에 최우선적으로 한정시킨다. 따라서 동맹은 명백한 적대국이나 잠재위협을 상정하지 않는 다른 협력체와는 다르며, 경제 및 사회 문제를 다루는 국가들의 연합과도 구분된다.

2. 동맹의 체결 형태[9]

동맹이란 "두 개 이상의 자주국가들 간의 안보협력을 위한 공식적 또는 비공식적 협정"이다. 이 정의에 의하면 동맹은 방위조약뿐만 아니라 중립, 불가침 협정, 협상 그리고 제휴 등도 포함된다.

군사동맹이란 "외부의 위협에 대항하여 군사력의 균형을 유지하거나 또는 공동의 적에 대항하기 위한 것"으로, "2개 국가나 그 이상의 복수 국가 간의 합의에 의해 성립되는 집단적 방위의 방식으로서 군사적 공동행위를 맹약하는 제도적 장치 또는 사실적 관계"를 말한다. 군사동맹은 방위조약(defense pact)의 형태로 나타나는데, 한 국가가 적대국에게 침략을 당했을 경우, 다른 모든 서명국이 공동으로 전쟁에 참여하기를 약속하는 형식이다. 한미동맹, 미일동맹 등이 2개국 간의 군사동맹이라고 한다면, NATO와 과거의 WTO는 복수국가들 간의 군사동맹이라고 할 수 있다.

중립은 중립조약(neutrality pact)에 의해 성립된다. 중립조약이란 "특정국가가 전쟁을 하지 않을 것을 약속함과 동시에 다른 체약국들이 그 국가의 독립과 영토의 보전을 존중할 것을 약속하며, 만약 이것이 침해될 경우에는 다른 체약국들이 원조할 것을 보장하는 조약"을 말한다. 1815년 비엔나 회의의 결과로 대표되는 범유럽적인 근대적 국제질서와의 연관 속에 이루어

9 김열수, 전게서, pp. 210-212 직접 인용.

진 스위스의 중립화 사례가 그 대표적이다. 국가들 간에 조약으로 체결되지는 않았지만 중립을 표방한 사례들도 있다. 미국이 유럽 문제에 관여하지 않겠다고 선언한 먼로 대통령의 고립주의도 일종의 중립주의라고 할 수 있다. 1955년 인도네시아 반둥에서 태동한 비동맹운동도 중립의 한 유형이라고 할 수 있다.

불가침조약(nonaggression pact)이란 "체약국들 간에 서로 침략하지 않을 것을 약속하거나 서명국 중 어느 한쪽이 제3국으로부터 침공을 받았을 때 서명국들은 서로 간에 전쟁을 선포하지 않겠다고 서약"하는 것이다. 비록 전쟁 발발 시 서로를 원조하겠다는 약속은 아니지만 서로에 대해 침략하지 않겠다는 약속인 관계로 네거티브(-)적 성격을 지닌 동맹이라고 할 수 있다. 1939년 독소 불가침 조약이 그 대표적인 사례다.

협상(entente)이란 "서명국들 중 어느 한 국가가 제3국으로부터 침략을 당했을 경우 서명국들 간에 서로 공조체제를 유지할 것인지 등에 관한 차후의 대책을 서로 협의할 것에 동의하는 관계"를 말한다. 1881년, 독일 · 오스트리아 · 이탈리아 간 삼국동맹에 공동대처하기 위해 프랑스와 러시아 간에 체결된 1891년과 1894년의 프 · 러 협상, 1904년의 영 · 프 협상, 그리고 1907년의 영 · 러 협상 등이 이러한 사례에 속한다.

제휴(coalition)란 "공동의 목표를 달성하기 위해 일시적으로 동맹을 형성하는 관계"를 말한다. 군사 분야에 있어서 제휴란 비교적 최근에 등장한 개념이다. 제휴란 여기에 참여하는 국가들끼리 협정을 체결하는 것이 아니라 '의지의 동맹(alliance of willing)'에 참여하는 것을 말한다. 다국적군이 이런 유형의 동맹에 속한다. 의지의 동맹은 어떤 목표를 달성하고 나면 자동적으로 해체된다. 의지의 동맹에 속한 국가들은 자국 군인이 예상 이상으로 희생되는 등 여러 가지 이유로 인해 목표를 달성하기 전에 탈퇴할 수도 있다. 수십 개 국가들이 걸프전, 동티모르 독립전쟁, 보스니아-헤르체코비나전, 이라크전, 아프가니스탄전 등에 의지의 동맹국으로 참여했다.

3. 동맹의 분류[10]

동맹은 지리적 범위에 의해 범세계적 동맹과 지역적 동맹으로 구분된다. 미국과 구소련이 전 세계를 대상으로 맺은 동맹이 범세계적 동맹이다. 지역적 동맹이란 지역 단위의 동맹으로, 북대서양조약기구(NATO)와 바르샤바조약기구(WTO) 등이 대표적이다.

동맹 참가자에 의해 구분하자면 양자동맹과 다자동맹으로 분류된다. 양자동맹이란 두 국가 간의 동맹으로 한미동맹, 미일동맹 등이 대표적이다. 다자동맹이란 다수의 국가들이 동맹을 체결하는 것으로, NATO와 WTO가 대표적이다.

이익의 성격에 의해서는 동종이익동맹과 이종이익동맹으로 구분된다. 동종이익동맹이란 동맹 참가자가 동맹으로부터 받는 혜택 혹은 동맹형성의 목적이 같은 종류의 것일 때를 의미한다. 영미동맹이 대표적인 사례다. 이때 동맹은 물질적인 것일 수도 있고 정치, 사상적인 것일 수도 있다. 이종이익동맹이란 동맹 참가자가 동맹으로부터 받는 혜택이 다른 종류의 것일 때를 의미한다. 통상 상호 보완관계가 많다. 한미동맹이 대표적인 사례인데, 한국은 국가안보를 위해, 그리고 미국은 한국 안보에 대한 책임과 함께 미군의 전진배치를 통한 동아시아 세력균형과 일본 방위를 위한 이익이 있다.

동맹 참가자의 국력을 기준으로 구분하면 대칭적 동맹과 비대칭적 동맹으로 분류할 수 있다. 국력이 비슷한 국가들 간에 체결된 동맹이 대칭적 동맹 또는 국력결집 동맹이고, 국력이 비슷하지 하지 않은 국가들 간의 동맹은 비대칭적 동맹 또는 자율성-안보 교환 동맹이라고 할 수 있다. 후자의 경우 강대국이 약소국에 안보를 지원해주는 대신 약소국은 강대국에게 자율성을 제약당하는 동맹이다.

---

10 김열수, 전게서, pp. 210-212 직접 인용.

4. 동맹의 활용[11]

1) 편승

국가들이 약한 쪽에 합류하여 세력이나 위협의 균형을 추구한다는 것과는 반대로, 보다 더 강한 쪽에 합류하는 것을 '편승(bandwagoning)'이라고 한다. 슈웰러(Randall Schweller)는 국가들은 이득을 얻을 수 있을 것이라는 전망에 의해 약자가 아닌 강자 편에 합류하게 된다고 주장한다. 편승은 균형(balancing)과는 대조적으로 강자가 보다 많은 힘을 얻어 국가들의 안보를 위협하게 될 수 있다. 월트(Walt)는 대개 균형을 추구하는 경향이 보다 일반적이며, 특별한 조건하에서만 편승경향이 일어난다고 본다. 월트는 편승이 일어날 수 있는 조건으로서 일반적으로 국가가 약하면 약할수록 균형보다는 편승을 선호할 것으로 본다. 약한 국가는 방어적인 연합에 가담한다고 해도 힘이 약하기 때문에 거의 보탬이 되지 않으며, 가담으로 인해 위협적인 국가의 분노를 살 수 있기 때문에 이기는 쪽에 합류한다고 본다.

군사력이 약한 국가는 가장 강력한 국가를 억제하기 위한 군사동맹에 가입하여 힘의 균형이나 위협의 균형을 선택하지 않고, 오히려 가장 강력한 국가와 동맹을 맺음으로써 자신의 국가안보를 보호받음은 물론 필요에 따라 비군사적인 혜택도 얻으려는 편승을 모색할 수 있다. 약소국은 강대국에의 편승동맹을 통해 보다 확실한 안전보장을 제공받을 수도 있겠지만, 그 대가로 강대국으로부터의 다양한 요구와 압력에 직면하는 위험성도 있을 수 있다.

2) 무임승차

군사동맹이 제공하는 안보효과의 비배타성과 비경쟁성으로 인해 모든 참가국들의 안보를 보장해주는 공공재 역할을 수행할 수 있음을 활용한다. 어

---

11 황진환 외 공저, 전게서, pp. 86-89 직접 및 재인용.

떠한 참가국이 낮은 군사비 지출 등과 같이 동맹 유지의 부담은 적게 하면서도 자국의 안보는 보장받으려 하는 것을 의미한다. 무임승차(free-riding)는 가장 강력한 국가를 억제하기 위한 군사동맹이든 아니면 그 국가에 편승하는 것이든 간에 가능할 수 있다. 그렇지만 무임승차를 과도하게 할 경우 그만큼 동맹 유지 부담을 더 많이 떠안게 된 다른 동맹국에 의해 쉽게 포기될 위험성이 있다. 냉전시대에 영국이나 프랑스, 중국이 스스로 핵무장국이 된 것은 초강대국인 미국이나 소련에의 무임승차가 가져올 안보상의 부정적 영향을 우려했기 때문이다.

3) 패권안정과 전쟁 승리

어떠한 강대국이 적대세력으로부터의 심각한 안보위협에 의해서라기보다는 자신에게 유리한 국지적 · 지역적 · 세계적 안보질서를 지속적으로 유지 또는 확대하는 패권안정(hegemonic stability)을 추구하면서 군사동맹을 결성하고 참가국들을 계속 확대시킬 수 있다. 이러한 목적은 전쟁을 억제 또는 방지하는 범위 내에서의 군사동맹 활용이라고 볼 수 있다. 이와는 달리 전쟁을 일으켜 기존 질서를 타파하고 승리함으로써 다른 국가의 항복이나 정복을 달성해 국가이익을 공세적으로 확대하기 위해 전쟁 발발 이전에 전쟁 승리 목적을 갖고 군사동맹을 결성할 수도 있다. 아니면 다른 적대세력이 먼저 전쟁을 도발한 상황에서 전쟁 승리를 위해 전시에 군사동맹을 맺을 수도 있다.

이외에도 군사동맹은 어떠한 참가국으로 하여금 일정 수준 이상의 군비증강을 하지 않도록 유도하려는 목적에 의해, 혹은 참가국이 스스로의 판단에 의해 군비증강보다 다른 분야에 국가재원을 좀 더 투자할 수 있는 여건을 조성하기 위해 선택될 수도 있다. 즉, 군비증강의 대체를 위해 군사동맹을 모색할 수도 있다. 그뿐만 아니라 어떠한 국가는 자신에 대한 외부의 안보위협이 심각하지 않아 군사동맹이 꼭 필요하지는 않으나, 특정한 국가와 군사동맹을 맺는 것 자체가 국내의 정정불안을 해소하고 저항세력을 약화시키는 등 국내적 안정에 기여할 수 있다고 판단하여 동맹을 활용할 수도 있다.

5. 동맹의 유지와 붕괴[12]

스몰(Melvin Small)과 싱어(J. David Singer)는 1816년부터 1965년까지 동맹의 유형을 연구했다. 먼저, 동맹의 체결건수를 보면 1816~1965년까지 148개의 군사동맹이 체결되었고, 그중 73개는 방위조약, 39개는 중립조약, 36개는 협상 형태였다. 동맹의 유형을 19세기와 20세기로 나누어보면 다음과 같다. 방위조약은 19세기에는 22개가 체결되었으며, 20세기에는 51개가 체결되었다. 중립조약은 19세기에는 5개, 그리고 20세기에는 34개가 체결되었다. 협상은 19세기에는 9개, 그리고 20세기에는 27개가 체결되었다. 수명을 살펴보면, 방위조약의 평균수명은 115개월, 중립조약은 94개월, 협상은 68개월이었다. 이는 동맹조약의 내용이 강하면 강할수록 수명이 길다는 것을 보여준다.

월트(Walt)는 형성된 동맹의 지속 요인과 붕괴 요인에 대해 분석을 시도했다. 형성된 동맹은 일정한 시간이 경과되면 필연적으로 변화되거나 소멸되는데, 월트는 어떤 요인들에 의해 기존의 동맹이 붕괴되는지, 그리고 이런 변화 요인에도 불구하고 어떤 요인들에 의해 기존의 동맹이 지속되는지를 분석했다. 월트는 동맹의 붕괴 요인을 세 가지로 제시한다.

첫째, 위협인식의 변화 요인이다. 동맹은 주로 외부의 위협에 대한 대항으로 형성된다. 따라서 동맹국들이 외부 위협에 대해 인식이 변화되거나 달라진다면, 기존의 동맹관계는 약화되거나 와해될 수 있다.

둘째, 신뢰성의 감소 요인이다. 동맹은 동맹국들의 안보를 제고하기 위해 형성되었기 때문에 이러한 목적을 위한 동맹국의 능력에 대한 의문이 생기면 동맹국들은 동맹을 다시 생각해보게 된다. 비록 공동의 위협이 지속되고

---

12 김열수, 전게서, pp. 220-222 직접 및 재인용.

있다고 하더라도 동맹은 붕괴하기 쉽다.

셋째, 국내정치 요인이다. 이는 동맹국 간의 동맹의 기반이었던 공통된 민족 또는 문화적 배경, 그리고 역사적 경험 같은 결속요인이 변화를 겪게 될 때 발생한다. 이데올로기를 포함한 사회적 성향이 변화되거나 정치지도자가 정치적 목적을 위해 동맹관계를 약화시킴으로써 그들의 위상을 제고시키려고 할 경우 동맹은 붕괴될 수 있다.

한편, 월트의 동맹 지속 요인을 살펴보면 첫째, 동맹국의 강력한 패권적 리더십의 존재 여부다. 동맹 내부의 강대국은 동맹을 유지하기 위해 동맹을 파기하거나 이탈하려는 국가를 설득하거나 위협하는 방법을 활용할 수 있다. 이에 따라 동맹 리더들은 비용부담의 불균형을 감수하거나 동맹이 보다 매력적일 수 있도록 물질적 원조를 제공하거나 불복하는 정권을 위협함으로써 동맹 해체를 막을 수 있다.

둘째, 신뢰성 보존 요인이다. 동맹 참가국들은 동맹을 해체할 경우 기존의 다른 동맹의 신뢰성을 약화시킬 우려가 있기 때문에 동맹을 유지하려는 노력을 하게 된다. 동맹국은 파트너에 대한 신뢰성에 의문을 가질 경우 동맹을 포기하는 경향이 있다. 따라서 많은 국가들과 여러 종류의 동맹을 맺고 있는 국가는 어느 하나의 동맹도 포기하려 하지 않는다. 이는 동맹 참가국이 하나의 동맹을 포기하게 되면 다른 동맹국들이 그 국가에 대한 신뢰를 의심하게 되고, 적대세력도 그 국가의 타국에 대한 개입 의지가 약화된 것으로 해석할 가능성이 높아지기 때문이다.

셋째, 국내정치와 엘리트에 의한 조작 요인이다. 동맹에는 하나 이상의 이익단체가 포함되어 있으며 이러한 이익단체들은 그들의 개별적인 이익을 위해 동맹을 필요로 하기 때문에 비록 동맹에 전체적인 국가 이익이 존재하지 않더라도 이익단체들의 개별적인 이익이 존재한다면 동맹은 지속될 수 있다.

넷째, 제도화의 영향 요인이다. 동맹은 제도화 수준이 높을수록 외부 위협이 변하더라도 지속될 가능성이 높다. 제도화는 군사계획, 무기구입, 위기관리 등 동맹에 관련된 특정임무를 수행하는 공식적 기구의 설치와 동맹국들이 집단적 결정을 하는 공식 또는 비공식 규정의 존재를 의미한다.

다섯째, 동맹 참여국들의 이념적 결속 요인이다. 두 국가가 공통된 정치적 가치와 목적을 공유할 때 동맹은 지속될 수 있다. 국가들은 정치적 견해가 유사한 국가와 동맹을 형성하는 것을 선호하고, 유사한 체제를 가진 국가들은 그들이 서로 지원함으로써 고유의 이념을 지킬 수 있다고 생각한다. 따라서 이념적 결속은 동맹 내부의 갈등을 줄이고, 기본적으로 유사한 목적을 향하게 되어 동맹을 지속 유지시킬 수 있다.

6. 동맹의 딜레마[13]

1) 자율성-안보 교환의 딜레마

국력이 비슷하지 않은 국가들 간의 동맹은 '자율성-안보 교환(autonomy-security trade-off) 동맹'이라고 하는 비대칭적 동맹이다. 자율성-안보 교환 동맹이란 강대국이 약소국에게 안보를 지원해주는 것을 교환조건으로 약소국은 강대국에게 그 자율성을 제약당하는 동맹을 말한다. 자율성-안보 교환 동맹에서 강대국은 약소국에게 유·무상 군사원조, 무기 이전, 군사기술 이전 등을 제공해줄 뿐만 아니라 군대를 주둔시켜 그들의 안보 공약을 현실화시켜주기도 하고 적국으로부터 침략을 당할 경우에는 동맹국으로서 이를 격퇴하기도 한다. 이 부분만 본다면, 강대국은 약소국에게 일방적인 시혜만 베풀고 약소국은 강대국과의 동맹에 편승하여 일방적인 이익만을 향유하는 것으로 볼 수 있다.

비대칭적 동맹에서 강대국은 일방적 시혜만 베푸는 것은 아니다. 강대국은 약소국과의 동맹을 통해 그 속에서 이익을 창출하려고 한다. 강대국은 약소국과 비대칭 동맹관계를 형성함으로써 자신의 이익을 약소국의 제 정책

13 김열수, 전게서, pp. 223-228 직접 인용.

결정에 투영시킬 수도 있다. 약소국은 군사, 외교정책 결정뿐만 아니라 경제 정책 결정 등의 경우에도 강대국의 눈치를 보거나 강대국 의사를 정책에 반영해야 하고, 강대국이 원할 경우 군사기지 및 시설 등을 제공해야 한다. 이렇게 되면 약소국에 대한 강대국의 영향력은 확대되고, 약소국 스스로의 자율성은 제한받게 된다. 결과적으로 약소국은 강대국으로부터 안보지원을 제공받지만, 자국의 정책 결정 및 수행에 있어서 충분한 자율성을 확보할 수 없게 된다. 이것이 약소국이 가지는 동맹관계의 딜레마다.

2) 포기-연루의 딜레마

동맹을 맺은 국가가 상대방에게 두려움을 갖게 되는 경우 상대방이 동맹을 포기(abandonment)하거나, 또는 자신이 원하지 않음에도 불구하고 상대방의 이익 때문에 갈등에 연루(entrapment)될 때다. 동맹의 한 당사자가 동맹의 정신을 포기할 때 다른 당사자는 두려움을 가지게 된다. 포기는 동맹 파트너에 대한 배반을 의미하며, 동맹국에 대한 명시적 공약의 철회, 동맹 계약의 파기, 동맹으로부터 탈퇴, 적과의 새로운 동맹 결성, 명백한 책임 불이행, 또는 동맹국이 지원을 필요로 할 때 이를 제공하지 않는 등의 다양한 형태로 나타난다.

동맹의 한 당사자가 다른 당사자의 결정에 연루되고 싶지 않은데 동맹의 정신 때문에 연루될 때 그 당사자는 두려움을 가진다. 연루는 자국의 국가이익과 무관하거나 중요성이 크지 않음에도 불구하고 동맹국의 이익을 위해 분쟁에 끌려들어가는 것을 말한다. 물론, 연루는 동맹국의 이익을 위해 분쟁에 참여하는 희생이 있다고 하더라도 동맹으로 남아 있을 가치가 더 클 경우에 발생한다. 연루는 위협국가에 대해 동맹국이 전격적이고 예상치 못한 공격을 한다든지, 위협국가의 공격을 직접적으로 유발한다든지, 또는 위기협상에서 전쟁을 발발시킬 수 있는 강경한 입장을 견지하는 등의 다양한 형태로 나타난다.

비대칭적 동맹에서 약소국은 강대국이 자신을 포기하지 않을까 두려워한다. 강대국의 포기는 곧 자국의 안보와 직결되기 때문이다. 그러나 강대국은 약소국이 자신을 포기한다고 해서 두려워할 필요는 없다. 약소국이 강대국을 포기한다고 해서 강대국의 안보가 흔들릴 정도는 아니기 때문이다. 결국 비대칭적 동맹에서 약소국은 강대국이 자신을 포기하지 않도록 노력하게 되는데, 이 과정에서 약소국의 자율성은 줄어들게 되고 강대국의 정책 결정에 연루될 가능성은 높아지게 된다.

비대칭적 동맹에서 강대국의 포기-연루 딜레마는 적지만 약소국의 포기-연루 딜레마는 클 수밖에 없다. 포기되지 않으려고 노력하다 보니 연루될 수밖에 없고, 연루되자니 입을 수 있는 손실이 너무 크다. 연루되지 않으려고 노력하면 포기의 위험성이 증가한다. 결국 약소국은 이러한 포기-연루의 악순환을 겪게 되는데, 이것이 약소국이 가지는 동맹관계의 딜레마다.

3) 동맹의 딜레마 관리[14]

동맹의 딜레마는 동맹이 유지되는 데 위협으로 작용한다. 포기 또는 연루 어느 한쪽의 위협이 지나치게 커질 경우 동맹은 와해될 수 있기 때문이다. 따라서 이를 관리하기 위한 전략이 필요한데, 포기와 연루의 위협은 동맹국에 대한 공약(committment)과 지원(assistance)을 통해 조정될 수 있다.

여기서 공약이란 동맹의무 이행에 대한 약속을 의미하며, 외교적 선언이나 국가 지도자의 발언 등이 포함된다. 그리고 지원이란 동맹 파트너에 대한 물적 자원의 제공을 의미한다. 무기체계의 지원이나 주둔군 증강 등이 예가 될 수 있다.

어느 동맹국이 포기의 위협을 강하게 느낄 경우, 다른 동맹 파트너가 강한 지원과 공약을 통해 그러한 위협을 줄여줄 수 있다. 그러나 공약과 지원을 지나치게 증가시킬 경우 그 동맹 파트너에게는 연루에 의한 위협의 가능성이 커진다.

---

14 황진환 외 공저, 전게서, p. 95 직접 인용.

한편, 어느 동맹국이 연루의 위협을 심하게 느낄 경우, 그 동맹국이 약속한 공약과 지원을 축소시킬 수 있도록 하여 그 위협을 줄여줄 수 있다.

이처럼 공약과 지원 중에 한쪽에만 치우치면 포기와 연루의 위협 중 어느 하나를 줄여주는 동시에 다른 하나를 증가시키게 되는 딜레마에 빠지게 된다. 따라서 포기와 연루의 딜레마뿐만 아니라, 자율성-안보 교환의 딜레마로부터 벗어나고, 딜레마의 위협을 극복하고 관리하기 위해서는 균형 잡힌 동맹관계 정책과 전략이 요구된다.

제10장

집단안보와 안보협력

안보협력에 관한 개념들은 다양하게 정의되고 구분방식도 관점에 따라 차이를 보이고 있다. 여기에서는 집단안보, 집단방위, 공동안보 그리고 협력안보의 네 가지 개념으로 구분하고 각각의 기능 및 한계에 대해 설명하기로 한다.

류연욱(柳然旭)

육사 43기로 임관하여 전후방에서 주요 지휘관과 참모를 역임했다. 육군사관학교 교수, 한미연합사령부 방공 및 유도탄방어담당, 육군방공학교 전술 및 일반학처장 임무를 수행하였으며, 그동안 한국군의 방공작전 및 각종 방위력개선사업에 기여하였다. 한국과학기술원에서 경영공학 석사 학위, 고려대학교에서 경영학 박사 학위를 취득하고, 현재 충청대학교 군사학부 교수로 재직 중이다. 주요 논문으로는 "전작권 전환에 대비한 한국군 방공의 발전방향", "국방무기 시험평가시스템 효율화 방안 연구", "절충교역의 발전방안에 관한 고찰", "The Procurement Strategy of Concurrent Spare Parts According to Buyer-Supplier Relationship" 등이 있으며, 주요 정책 연구로는 "최적화된 군 만족도 조사방법 연구", "자주도하장비 선행연구", "30밀리 차륜형 대공포사업 운용 요구서(ORD) 선행연구" 등이 있다. 관심 분야는 무기체계 획득관리, 국방물류, 군사학과 운영 등이 있다.

제1절
집단안보체계

1. 집단안보의 개념

집단안보(collective security)는 제1차 세계대전 후 새로운 세계질서를 만들고자 하는 자들에 의해 세력균형(balance of power)의 대용물로서 붙여진 이름으로, 국제연맹(LN)과 국제연합(UN)을 통해 비로소 실천적 형태로 등장한 안보 개념이다.[15] 고대 그리스로부터 중세의 교회에 걸쳐 유사한 개념을 담은 조약 형태가 있었으나, 집단안보 개념의 실질적인 발전은 20세기에 들어와서라고 할 수 있다.

집단안보 개념은 침략행위 발생 시까지 가상적(假想敵)을 상정하지 않는 것으로, "어떠한 침략행위 또는 체제 내 회원국의 불법적 무력 사용에 대항하기 위해 공동으로 체결한 조약을 가진, 범세계적 또는 지역적 수준에서 제도화된 체제(institutionalized universal or regional system)"를 의미한다.

집단안보를 다시 정의하면 "집단 내의 한 국가가 침략을 감행할 경우 다른 모든 회원국이 집단적으로 이를 응징한다는 집단적 행동을 규정한 협약에 의해 국제 공동체가 평화를 유지하는 제도"라고 할 수 있다. 즉, 집단안보란 한 국가가 평화를 파괴하거나 전쟁을 일으키면, 나머지 모든 국가들이 단결하여 필요 시 군사력으로 그 국가를 응징하는 것(one for all, all for one)이다.[16]

---

15 이철기, "집단안보 · 집단방위 · 협력안보의 성격에 관한 이론적 비교 고찰", 「개발논총」 제5호 (1996), p. 165.

16 김열수, 『국가안보: 위협과 취약성의 딜레마』(경기: 법문사, 2013), p. 276.

1) 집단안보 개념의 특징

국제사회에서 집단안보 개념은 이전에 나타난 다른 안보 개념들과 큰 차이점을 지니고 있다.

첫째, 이해관계를 같이하는 소수의 몇몇 국가들이 안보적 위기에 대처하기 위해 일시적으로 협력하는 '집단행동(collective action)'과는 다른 개념이다. '집단행동'이 임의성과 비자발성에 기초한 일부 국가들의 제한적 협력을 의미하는 데 비해, 집단안보는 의무성과 자발성에 기초한 거의 모든 국가의 보편적 협력을 의미한다.

둘째, 힘의 평형 원리에 바탕을 둔 '세력균형(balance of power)'과도 다른 개념이다. '세력균형'은 개별 국가들이 각각의 이익에 근거하여 이익에 합치하는 국가와 개별적인 협력을 이루는 데 비해, 집단안보는 어떤 한 국가에 대한 침략을 체제 내 모든 국가에 대한 침략으로 간주하는 국제공동체의 창설을 의미한다. 또한 '세력균형'이 갈등관계의 조종을 통해 질서를 달성하려 함으로써 대항세력의 조종(manipulation of rivalry)을 강조하는 데 비해, 집단안보는 갈등을 억제하는 일반적 협력구조의 발전을 중시함으로써 협력적 잠재성을 강조한다.[17]

셋째, 흔히 동맹과 집단안보를 같은 개념인 것처럼 사용하지만, 두 개념은 서로 모순된다. 동맹은 일련의 국가들이 특정 영토 혹은 특수한 이익을 지키기로 결정했을 때 등장한다. 동맹은 금지선을, 그리고 전쟁의 동기가 되는 위반 사례를 규정한다.

반면, 집단안보는 방어해야 할 영토도 이를 위한 방법도 규정하지 않는다. 이는 본질적으로 사법적 개념이다.

북대서양조약기구, 즉 나토가 동맹이라면 국제연합, 즉 UN은 집단안보체제다. 동맹은 분명한 목표가 있고, 위협을 정의하고, 위협에 대처하기 위한 방법을 규정한다. 반면, 집단안보체제는 사법적으로 중립이다. 절대로 누가 위협인지 정의하지 않고, 위협이 발생해서 행동이 고려될 수 있을 때까지 기

17 이철기, 상게서, p. 167.

다려야 한다. 집단안보체제인 UN에서는, 공격자가 사전에 규정될 수 없고, 공격자는 행동을 결정하는 토론에 참여할 권리가 있다. 만약 이를 준수하지 않는 집단안보라면, 이는 체제의 중립성을 침해하는 것이다. 위협이 발생했을 때, 집단안보체제의 참가자들은 그 위협의 성격에 대해 합의해야 하고, 합의에 이른 후에야 그들은 위협에 대처하기 위한 집단군을 모집할 수 있다.

동맹에는 동맹국들 간에 특수한 의무가 존재하지만, 집단안보체제 속의 국가들은 서로 동동한 의무를 가지며, 특수한 의무를 가지지 않는다.

2) 집단안보 개념의 변화

집단안보 개념은 민주주의, 인권, 법의 지배(rule of law) 등과 같이 매우 규정하기 어렵고 모호한 성격의 용어다. 혹자는 집단방위를 집단안보에 포함시키기도 하고 협력안보를 이와 연장된 개념으로 인식한다. 이는 경제 및 군사제재 등 강제력을 활용하는 것에 찬반논란이 있음에도 불구하고 "집단의 힘으로 위반자를 응징한다"는 핵심조치의 유사성 때문에 나타나는 현상이다.

집단안보 개념은 공동영역 내외로부터 회원국들의 안보이익을 공약한다. 그러나 안보리에서 합의가 어렵고, 어렵게 통과된 결의나 성명서의 이행도 개별 국가들의 이익과 충돌할 경우에는 한계를 나타내며, PKO(Peace Keeping Operation) 역시 '문제 해결'보다 '문제 완화'가 주목적이다. 반면에, 지역수준의 집단안보기구들은 (초)강대국의 주도나 집단방위체의 지원을 받을 경우, 보다 결속력 있는 형태로 발전하고 있는데, EU와 CSTO[18]는 신속대응군을 창설하여 테러리즘, 초국가적 위협 등 사태에 대비하고 있다. 이는 지구적 차원의 UN의 역할이 약화되는 반면, 지역 집단안보기구들은 문제 해결 능력이 보다 증진되고, NATO와 OSCE[19]의 협력에서처럼 포괄 · 공동 · 협력안

---

18 CSTO(Collective Security Treaty Organization: 집단안전조약기구)는 2002년 10월 7일에 창설된 구소련 체제하의 6개 공화국의 집단안전보장 조직이다.

19 OSCE(Organization for Security and Cooperation in Europe, OSCE: 유럽안보협력기구)는 안보협력을 위해 유럽과 중앙아시아, 북아메리카 등의 57개 국가가 가입되어 있는 정부 간

보 기능들이 보완 작동되고 있다.

2. 집단안보의 기능 및 한계

평화를 수호하고 회복하기 위해서는 '집단안보'에 대한 보장이 필요하다. 즉, 평화와 국제적 안정을 위협하는 행위에 대항해 공동의 대응을 펼치기 위한 강제적이거나 비강제적인 법적 · 외교적 · 제도적 메커니즘이 필요하다. UN 헌장 6장은 분쟁의 평화적 해결에 관한 내용을 담고 있다. 안전보장이사회의 무력개입 허용에 관한 규정을 담고 있는 7장에 앞서 6장 33조는 다음과 같이 규정한다. "어떠한 분쟁도 그것의 계속이 국제평화와 안전의 유지를 위태롭게 할 우려가 있는 경우, 그 분쟁의 당사자는 우선 교섭, 심사, 중개, 조정, 중재재판, 사법적 해결, 지역적 기관 또는 지역적 약정의 이용 또는 당사자가 선택하는 다른 평화적 수단에 의한 해결을 구한다."

'협력'과 '우호관계'를 통해 국제사회의 토론과 협상의 장을 마련하여 모두가 수용할 수 있는 게임의 룰을 정의하자는 것이다. 가령, 외교적 면책특권으로 외교관과 평화사절들이 주재국 수반의 분노에 희생당하는 사태를 방지함으로써 원활한 국가 간 대화를 보장할 수 있다. 물론 이것만으로 국가 지도자의 범죄행위를 막을 수는 없겠지만, 최소한 오해의 소지를 줄이고 대화의 가능성을 높일 수는 있다. '집단안보' 보장이 실패한 예는 많다. 1930년대 일본과 독일은 국제연맹에서 탈퇴한 후 제2차 세계대전을 일으켰다. 또한 1945년 이후에도 지구 상에는 전쟁이 끊이지 않았다. 대신 국제기구에서 탈퇴하려는 국가는 정당한 이유를 제시해야 한다는 규범이 자리를 잡았다.

동티모르 자결권 인정과 나미비아의 독립 등 UN이 거둔 성공 사례들도 존재한다. 평화가 최우선의 가치라고 해서 국제적 개입 여부 결정 시 인권

협력기구다. 1975년 8월 1일 헬싱키 협정에 의해 유럽안보협력회의(Conference on Security and Co-operation in Europe, CSCE)로 설립되었으며, 지금과 같은 이름으로 변경된 시기는 1995년 1월 1일이다.

보호를 소홀히 해도 좋다는 것은 아니다. 집단안보체제의 발전은 1859년 솔페리노 전투의 참상 이후 모습을 드러낸 인도적 권리의 발전과 궤를 같이했다. 1915년 4월 벨기에의 소도시 이프르(Ypres)에서 독일군이 자행한 학살은 10년 후 화학무기 사용금지 협정으로 이어졌다. 화학전에 사용되는 머스터드(mustard) 가스를 '이페리트 가스'라고 부르게 된 이유다.[20] 집단안보의 관점에서 보면 인권에 대한 언급은 냉소적인 반응을 불러일으키기 쉽다. 인권 개념이 제국주의 전략의 구실이 되기 때문이다. 19세기 유럽 열강은 식민화를 목적으로 타국의 내정에 간섭하면서 인권 보호를 핑계로 댔다. 이상적으로는 평화 보장이 민간인의 생명 보호라는 결과로 이어져야 한다. 그리고 자유가 위협받았을 때는 모든 평화적 해결 가능성이 가로막혔을 때에만 무력에 호소해야 한다. 집단안보 구상은 다음과 같은 문제점 때문에 국가 간 서로에 대한 공포감 극복과 상호 신뢰 형성이 어렵다.[21]

① 국제분쟁에서 침략자와 희생자를 구분하기 어렵다.
② 집단안보는 모든 침략이 항상 옳지 않다고 가정하지만, 위협적 이웃을 정복하는 것이 허용되는 상황도 존재할 수 있다.
③ 어떤 국가들은 역사적 혹은 이데올로기적인 이유로 자국의 우방국에 대항하려는 집단안보체제에 참여하려 하지 않을 것이다.
④ 국가들 간의 역사적 적대감은 집단안보의 작동을 방해한다.
⑤ 국가 간 집단안보 구상에서 국가들은 침략대응 비용을 치를 때 서로 책임을 전가하는 경향이 있기 때문에 책임과 부담을 적절히 분담하기가 힘들다.
⑥ 집단안보체제로는 침략자에 대한 신속한 대응이 힘들다.

---

20 제1차 세계대전 중 100만 명 정도의 병사들이 독가스 공격을 받았으며, 그중 9만 명이 목숨을 잃었다.

21 신범식, "다자간 안보협력체제의 개념과 현실: 집단안보, 공동안보, 협력안보를 중심으로", 「JPI 정책포럼」(2015. 2. 16) 발표자료 참조.

⑦ 집단안보는 국지적 분쟁을 국제분쟁으로 확산시킬 우려가 있기 때문에 집단안보에 참여하기를 꺼려하는 국가들이 있을 수 있다.

⑧ 민주국가들은 주권침해 가능성이 있는 집단안보 참여를 꺼려하는 경향이 있다.

⑨ 군사력의 사용을 지양함과 동시에 침략자에 대한 공동의 군사력 사용을 주장하는 집단안보 구상은 그 자체가 모순적 성격을 지니기에 원활한 기능이 힘들다.

제2절
집단방위체계

1. 집단방위의 개념

1) 집단방위의 의미

집단안보(collective security)와 유사한 개념으로 집단방위(collective defense)가 있는데, 둘 사이에는 분명한 차이가 존재한다. 집단방위는 결국 자조(self-help)의 원칙을 다자에게로 확장한 것으로, 사전에 적과 동지를 구분하고 어느 한 집단과 그 외부의 '특정한' 적을 상정하여 공동의 방어체제를 구축하는 것을 의미한다. 이에 비해 집단안보는 안보체제 결성에 앞서 미리 특정한 적을 상정하지 않고 한 국가에 대한 적을 자동으로 모든 국가에 대한 적으로 규정함으로써 보다 보편적인 안보체제의 성격을 지닌다. 즉 간단히 말해 집단방위가 '저들에 대항하는 우리(us against them)'라면, 집단안보는 '모두는 하나를, 하나는 모두를(all for one, one for all)'이라는 어구로 비교될 수 있을 것이다.[22]

집단방위는 개별방위(individual defense)의 상대적인 개념으로서, 외부로부터의 무력공격 및 침략에 대해 안보적 이해관계를 같이하는 다수의 국가들이 공동으로 대처한다는 안보 개념이다. 이러한 집단방위는 혼용해 사용되는 '집단자위(collective self-defense)'와 밀접한 관계가 있다. 즉, UN 헌장 51조

---

22 A. Butfoy, *Common Security and Strategic Reform: A Critical Analysis* (New York: St. Martin' Press, 1997), p. 91을 신범식, "다자 안보협력 체제의 이해: 집단안보, 공동안보, 협력안보의 개념과 현실", 「국제관계연구」15권 제1호(2010. 3), p. 9에서 재인용.

에서 새로이 등장한 국제법적 용어인 집단자위는 집단방위의 법적 근거구실을 하고 있다.

집단자위는 모든 법 체제에서 고유한 권리로 인식되어온 '정당방위 또는 자위' 개념을 확대 해석한 것이라 할 수 있다. 집단자위는 그 존립근거 및 존재양식과 관련해 학자들 간에 많은 논란을 빚어온 개념이기도 한다.[23] 그럼에도 불구하고 집단자위권의 근거는 학자들에 따라 다음 세 가지 측면에서 제기되어 왔다. 첫째는 개인의 정당방위를 인정하고 있는 사법(private law)에서 유추된 것이라는 주장이다. 둘째는 국제법 위반을 시정하고 국제평화를 유지해야 하는 국제적 의무에 근거한다는 것이다. 셋째는 개별 자위권(the right of individual self-defense)을 여러 국가들이 집단적으로(collectively) 행사하는 데 근거한다는 주장으로서, 현재 가장 설득력 있는 이론으로 인식되고 있다. 그런데 현재 이러한 집단자위는 국제관계에 있어서 실제로는 동맹(alliance)의 형태로 나타난다. 좀 더 정확하게 표현하면, 집단방위와 그 법적 형태로서의 집단자위는 세력균형과 억지력에 의존하고 있는 방어적 목적의 '방어동맹(defensive alliance)'을 통한 안보 형태를 의미한다.

2) 집단방위 개념의 확대

집단방위는 여러 나라가 공동으로 방위기구를 만들어 서로의 안전을 보장하는 정책으로, 대표적으로 제2차 세계대전 후에 미국과 소련을 중심으로 하여 만들어진 북대서양조약기구와 바르샤바조약기구를 꼽을 수 있다.

냉전의 심화와 함께 가속화된 집단방위는 '전통적 집단방위'로부터 '집단안보적 집단방위(광역화/세계화된 집단방위)'로 진전되고 있다.

집단방위체제는 '침략군을 공동영역 내에서 응징하는 것'을 목적으로 해왔으나, 냉전종식 후 집단방위 실천에 있어서 집단안보 개념으로 의미가 확장되고, 관할 지역 역시 동맹국가 영역을 넘어 타 지역 또는 세계로 광역화

---

23 Hanse Kelsen, *The Law of the United Nations* (New York: frederick A. Praeger Inc., 1950), pp. 792-797을 이철기(1996)에서 재인용.

되는 특징을 보인다. NATO가 1999년 코소보 전쟁 개입으로 세르비아를 굴복시켰고, 2001년 아프가니스탄 전쟁, 2003년 이라크 전쟁, 2010년 3월 이래 한 · 미 · 일의 안보협력관계 등이 UN의 집단안보 기능을 대행하는 형태다. 집단방위 개념의 지구적 확대는 9.11사태 시 UN 안보리가 결의안 1368과 1373을 통과시켜 UN 헌장 7장 51조(개별 및 집단자위권)를 테러분자들에게 적용하고, 모든 국가가 테러범들과 지원 · 조직한 자들을 색출할 것을 촉구함에서도 발견된다. 즉, 국가에만 적용되던 51조를 알카에다(al Qaeda)를 비롯한 비국가 행위자(non-state actor)에 적용한 최초 사례로, 이 조항을 집단안보 개념으로 확대 해석한 중요한 단서가 된다.

〈표 10-1〉 집단안보 · 집단방위 개념의 분화[24]

구분	출현 시기	목적/원칙	관할 영역	활용제도	의미 분화(개념/역할)
집단안보	1945년 ~	• 세계평화유지/관리 – 가상적 불상정 – 공동대응 ※ 전통적 안보위협 대응	– 세계 – 지역	UN, EU, UNSC, OAS, CSTO 등	• 전통적·비전통적 안보위협 대처 – 지구적 집단안보체제(UN)의 상대적 약화 – 집단안보체제의 지역화 경향 ⇒ 집단방위체제 성격으로 변화
집단방위	1949년 ~	• 지역평화 및 안정 – 평시 가상적을 상정한 대비/응징 ※ 전통적 안보위협 대응 ※ 의도된 전쟁 방지 및 승리	지역	동맹체, NATO, 한미동맹, 미일동맹 등	• 전통적·비전통적 안보위협 대처 – 관할영역 광역화 (지역 ⇒ 지구화) * 타 영역 또는 세계로 전력투사 – 응징대상 개념변화(개별 국가 ⇒ 비정부 행위자까지 확대) • 정보전/네트워크전 군사전략 개념 및 가용수단의 확대 (재래무기 ⇒핵무기) • 동맹 형태의 변혁(전략적 유연성) • 비공인 핵보유국 대비 첨단무기와 수단 강구 * 양자 ⇒ 지역 집단방위체로 확대 추세

24 이원우, "안보협력 개념들의 의미 분화와 적용: 안보연구와 정책에 주는 함의", 「국제정치논총」 제51집 1호(2011), p. 44에서 변형.

집단안보, 집단방위와 관련된 개념의 차이를 요약하면 〈표 10-1〉과 같다.

미국은 제2차 세계대전 이후 집단방위를 위해 유럽에서는 NATO(1949. 8)를, 동남아에서는 SEATO(1955. 2)를, 오세아니아에서는 ANZUS(1951. 9)를 창설했다. 영국은 중동에서 CENTO(METO에서 개칭, 1955. 2)를 창설했으며, 구소련은 WTO(1955. 5)를 각각 창설했다. 이러한 '전통적 집단방위'는 '집단안보적 집단방위(광역화/세계화된 집단방위)'로 진전되고 있다.

집단방위의 관할영역 확대는 핵전략 변화와 핵확산으로부터 영향을 받고 있는데, 동구 비핵국들이 NATO에 참여하고, 동북아에서 '확장 억지력(extended deterrence)'이 강화되며, 동남아 국가들도 미국 · 일본 · 호주와의 연대로 기여하고 있다. 동시에 다양한 비전통적 · 초국가적 안보위협에 대응하기 위해 포괄 · 공동 · 협력안보 개념은 불가피한 선택이 되고 있다.

2. 집단방위의 기능 및 한계

집단방위는 집단안보의 부속기능으로 UN 헌장에 명시되었지만, 강제력 활용이 용이하다는 점에서 그 역할이 보다 강화되고 있다. UN 헌장 7장 51조는 회원국이 군사공격을 받을 경우, 안보리가 조치를 취할 때까지 고유한 개별 또는 집단자위권(the inherent right of individual or collective self-defence)을 행사할 수 있다. 1949년 설립된 NATO를 비롯하여 군사적 위협에 취약한 국가들이 강대국들과 동맹을 체결했으며 미 · 일 상호협력 및 안전보장조약, 한 · 미 상호방위조약, 미국 · 필리핀 간 방위조약, 호주 · 뉴질랜드 · 미국 간 안보조약(ANZUS), 5개국 방위협정(FPDA) 등 소위 민주평화론에 입각한 안보규범이 적용된 사례들이다.

이러한 동맹을 기초로 한 집단방위 개념은 부잔(Barry Buzan)이 지역안보복합체이론에서 "안보위협은 주로 인접국에서 온다"고 지적한 것처럼 지역 내 의도된 전쟁(intended war)을 예방하는 데 기여한다. 아울러 집단방위체는 적이 침공할 경우 자국이 공격을 받은 것으로 간주하기 때문에 평시에 적대국이나 가상적국을 상대로 연합작전계획을 수립하고 훈련을 하는 등 전쟁에 대비한다.

NATO는 1991년에 수립한 신전략 개념(A New Strategic Concept)을 1999년 개정하고, 2010년 11월 리스본(Lisbon) 정상회의에서 향후 10년간 이행방향을 재수립했다. NATO 전략 개념 변화의 특징은 집단방위체체를 유지함과 동시에 위기관리(crisis management)와 협력안보(cooperative security) 개념을 도입하여 집단안보 기능을 보강하는 것이었다.

의도된 전쟁 예방을 위한 집단방위는 한 · 미 연합방위체제와 미 · 일 안보체제에서도 부각된다. 한국은 2006년 주한미군의 전략적 유연성(strategic flexibility)을 수용하고, 전시작전통제권 전환과 한미연합사 해체를 2012년 4월 단행하기로 했으나, 2010년 3월 천안함사태를 계기로 전작권 전환이 연기되고, 2010년 11월 연평도 포격사태로 한 · 미동맹 관계의 중요성이 더욱 부각되었다.

2009년 9월 이래 일본 민주당 정부는 '동아시아 공동체론'을 내세우고 경제적 · 외교안보적 역할 강화를 추진했으나, 후텐마(普天間)해병기지 이전과 관련하여 미국과 불화를 겪었고, 2010년 9월 센카쿠 열도(釣魚島)에서 중국 어선과 일본 순시선의 충돌사건으로 한 · 미 · 일 안보협력 등 주변 국가들과 연대강화 입장으로 돌아섰다. 따라서 오늘날 집단방위는 ① 고유한 전통적 집단방위 기능, ② 범세계적 집단안보 기능으로 확대된 집단방위라는 두 가지 의미를 지닌다. 다음의 표는 집단안보와 집단방위의 적용상 차이를 보여주고 있다.

〈표 10-2〉 집단안보 · 집단방위의 적용[25]

<table>
<tr><th rowspan="2">구분</th><th rowspan="2">주도국
(협력대상)</th><th colspan="2">가용수단</th><th rowspan="2">적용</th></tr>
<tr><th>평화수단</th><th>강제수단</th></tr>
<tr><td>집단
안보</td><td>안보리
상임이사국
공동관리
(세계)</td><td>PKO
(PKF)</td><td>- UN군
- 신속
대응군
(RRF)</td><td>• UN: PKO로 국한
• 테러리즘, WMD 확산 등 초국가적 위협 대응 강화
• 군사기능은 집단방위체로 위임
• 포괄안보, 공동안보, 협력안보로 보완 역할 부여</td></tr>
<tr><td>집단
방위</td><td>강대국
동맹국
공동관리
(지역)</td><td>PKF</td><td>동맹군
연합군
다국적군</td><td>• 방어, 억지, 강압외교, 강제력 동원 능력 강화
• 동맹군의 기동성, 경량화, 정밀성, 정보전 능력 강화에 입각한 전력 투사 및 대응태세
• 현상유지로부터 적극적 방어/공세로 확대 (NATO의 동진, 한·미·일 안보협력)
• 선제공격/예방전쟁 개념 발전
※ 집단방위 및 집단안보 기능 복합적 수행</td></tr>
</table>

25 이원우, 전게서, p. 44에서 변형.

제3절 공동안보체계

1. 공동안보의 개념

1) 공동안보의 주요 개념

공동안보 역시 한 국가의 안보를 자조(self-help)나 타국과의 동맹이 아니라 다른 국가들과의 다자적 협력을 통해 전체 국가의 안보를 증진시키는 맥락 속에서 추구한다는 점에서 상당 부분 집단안보와 공통점을 지닌다. 하지만 공동안보는 집단안보보다 더욱 근본적 형태의 레짐이라고 할 수 있다.

공동안보(common security)의 기본 개념은 적대국과의 공존을 통해 안보를 달성하는 것이다. 소극적인 의미의 공동안보는 대화 및 제한적인 협력을 통해 상대방의 안보를 보장하고 자국의 안보를 달성하려는 방식이다. 적극적으로는 지속적이고 과다한 군비 지출로 인한 안보 딜레마를 해결하기 위해 적대국과의 협력을 통해 안보를 달성하는 것이다. 이는 기본적으로 어떤 개별 국가도 군사력 증강에 의한 억지(deterrence)만으로 안보와 평화를 달성할 수 없고, 적대국과의 공존을 통해서만 진정한 안보를 달성할 수 있다는 비영합게임(non-zero sum game)적 사고를 기반으로 한다.[26]

공동안보의 역사적 사례는 1970년대로 거슬러 올라가지만, 그 개념이 등장하고 정립된 것은 1980년대였다. 미 · 소 양극의 대립이 심화되면서 주변

26 신범식, "다자 안보협력체제의 이해: 집단안보, 공동안보, 협력안보의 개념과 현실", 「국제관계연구」 제15권 제1호(통권 제28호), pp. 5-43.

국들의 긴장과 핵 및 화학무기 군비경쟁 역시 격화되는 때였다. 한편으로는 환경오염, 국가 간 경제 갈등 등 비군사적인 안보 문제들이 대두되면서 냉전적 사고로는 국가들의 안보를 제대로 지킬 수 없다는 의식이 생겨나기 시작했다. 이에 따라 UN은 스웨덴의 올로프 팔메(Olof Palme) 전 총리를 책임자로 하는 팔메위원회를 구성해 연구를 진행시켰다. 위원회는 1989년 「평화로운 세계: 21세기의 공동안보」라는 최종 보고서를 제출하면서 공동안보의 개념을 정립했다. 이에 따른 공동안보의 골자는 다음의 두 가지다.

첫째, 냉전의 심화 속에서 커지는 군비경쟁과 핵전쟁의 위협 문제를 해결하기 위해 전통적인 억지(deterrence) 개념이나 냉전적 사고에 의지하지 않고 국가 간 새로운 대화의 장이나 제도를 창출해 전쟁의 위험을 줄이고 평화를 추구하는 것이다.

둘째, 공동안보는 군사적 차원만이 아니라 비군사적 차원의 안보 문제에도 주목하며 안보 이슈의 다양성을 인정하는 '포괄(적)안보(comprehensive security)'를 지향한다. 팔메위원회 보고서는 기아, 실업, 인플레이션, 세계 불황의 위협 등과 같은 세계적인 경제 문제나 남북 간 경제적 · 사회적 격차 등 제3세계의 문제에도 주목하고 있다. 이 부분이 이전의 집단안보체제와 가장 큰 차이점이다.

공동안보는 1982년 팔메보고서에 기반을 둔 '적과 함께하는 공동안보'와 21세기형 '친구와 함께하는 공동안보'로 구분된다.

오늘날 '공동안보'에는 위의 두 가지 의미가 혼용되고 있다.

첫째는 1982년 6월 '군축에 관한 UN 특별회의'에 제출된 팔메위원회 보고서에서 유래하는 것으로, 적대하는 국가들과의 상호 공존을 위한 전쟁방지 활동을 의미한다.

비도발적 · 비공세적 특성을 지닌 공동안보는 '무력사용 없는 집단안보'를 지향하며, 대화와 협상으로 군사적 오해와 오산을 방지하고자 한다. 이러한 결과는 1986년 고르바초프(Mikhail Gorbachev)의 '아태 지역에 헬싱키 프로세스 도입', 1990년 에반스(Gareth Evans)[27]의 '아시아안보협력체(CSCA)' 제안

등 성공한 CSBM과 군축, 군비통제를 아태 지역에 적용하고자 했는데, 이는 1994년 아세안지역안보포럼(ARF) 발족에 기여하는 계기가 되었다. 이 점에서 팔메보고서의 공동안보는 정치 · 군사 · 경제 · 사회 분야를 포괄하지만, '강제력을 사용하지 않는 포괄안보' 그리고 뒤에 언급할 '협의의 협력안보'와 동류다.

둘째로, 냉전 후 적(敵)이 사라진 환경에서 지역적 또는 지구적 수준에서 두 나라 또는 여러 나라가 전통적 · 비전통적 위협에 공동보조를 취하는 안보활동을 의미한다.

동북아에서 유사한 예는 한 · 미관계, 미 · 일관계 나아가 아태 지역의 우방국들 간 협력도 공동안보로 불리기 시작했는데, 전시작전통제권을 환수한 이후 한 · 미 양국 간 안보협력을 공동안보 또는 공동방위로 언급하고 있으며 연합방위와 맥을 같이한다. 이로써 21세기의 새로운 공동안보 개념은 집단방위나 최후수단으로 '군사력 사용을 허용하는 포괄안보', 나아가 뒤에서 설명할 '광의의 협력안보'와 유사한 의미를 지닌다.

2. 공동안보의 기능 및 한계

공동안보의 개념을 성공적으로 적용한 첫 번째 사례는 탈냉전 과정에서 동서 간 긴장을 완화하려 했던 노력에서 발견된다. 1975년 헬싱키회의 이후 새로운 안보 개념을 찾기 위한 노력이 이어지면서 1980년대 초반 이후 등장한 공동안보 개념은 현실에서는 그리 환영받지 못했다. 그러나 미국의 '군축 및 안보문제위원회(The Independent Commission on Disarmament and Security Issues)'가 공동안보 개념에 대한 보고서를 낸 후 조금씩 주목을 받았다. 이후 1986년 소련의 고르바초프가 '신사고(New Thinking)' 외교를 주창하면서 큰 주목을 받게 된다. '신사고' 외교가 안보뿐만 아니라 환경이나 경제 문제

---

27 전 호주 외무장관.

에서도 국가들이 상호 의존적 관계에 있음을 강조했고, 전통적인 억지 개념이 안보 수단으로는 한계가 있다는 점을 강조하는 등 공동안보와 비슷한 개념이었기 때문이다. 이렇게 유럽, 미국, 소련 등에서 안보에 대한 인식 변화가 공히 나타나면서 유럽에서 공동안보 개념의 결실로 유럽안보협력회의(CSCE)를 강화시키는 방향으로 나아갔다. CSCE는 핀란드 헬싱키에서 소련과 동구권을 포함한 모든 유럽 국가가 모여 발족한 것으로, 유럽의 평화와 안전을 확보하기 위해 결성됐다.

그러나 유럽형 공동안보 개념을 아시아에 적용하기 위한 시도는 성공하지 못했다. 1986년 고르바초프의 헬싱키 프로세스를 모델로 한 '아태 안보회의(Pacific Ocean Conference along the lines of the Helsinki Conference)' 제안이나 1990년 7월 호주 외무장관 에반스의 아시아안보협력체(CSCA: Security Cooperation in Asia) 제안 등은 성과를 거두지 못했다.

공동안보는 '적대국들과 함께하는 안보'라는 의미와 '친구들과 함께하는 안보'라는 의미가 공존한다. 전자의 경우 비도발적이고 비공세적인 가치를 존중함으로써 CSBM, 군축, 군비통제가 발전하고 NPT, CWC, CTBT 등 군축레짐 발전과 다자안보협력체 설립에 기여하고 있다. 후자의 의미는 1991년 적(敵) 개념이 상실되고, 2001년 9.11사태 후 적(敵) 개념이 다시 등장하는 가운데 우방국들과의 협력으로 테러리즘 등 근원적 악을 퇴치하자는 데 중점을 두며 집단방위 개념의 연장선에 있다.

제4절
협력안보체계

1. 협력안보의 개념

1) 개념의 발전

탈냉전 이후 발전된 안보 개념으로는 협력안보가 있다. 협력안보란 각 국가의 군사체계 간의 대립관계를 청산하고 나아가 협력적 관계의 설정을 추구함으로써 근본적으로 상호 양립 가능한 안보 목적을 달성하는 것으로 이해된다.

이러한 협력안보 개념이 발전한 것은 탈냉전 이후 국가들이 이전 냉전기보다 더 복잡한 안보환경에 맞닥뜨리면서 이에 대응하기 위해 새로운 안보 레짐을 구축할 필요성을 느끼게 되었기 때문이다. 특히 냉전 종식 이후 대량살상무기를 비롯한 각급 무기의 처리 문제, 고도 군사기술의 보급, 가속화되는 경제의 세계화, 탈소비에트 신생독립국들의 출현 등의 새로운 안보환경은 국가들로 하여금 안보 문제에 대해 보다 적극적인 협력을 통해 새로운 도전에 대처하도록 만들었다.[28]

물론 협력안보는 '안보협력(security cooperation)'과는 구분되는 개념으로 주의를 기울일 필요가 있다. 안보협력이란 협력의 행위자로서 양자 및 다자를 모두 포괄하며 협력의 양태로서 양자동맹(bilateral alliance), 집단자위동맹

---

28 김연수, "협력안보의 개념과 그 국제적 적용: 북미관계에의 시사점", 「한국정치학회보」 제38집 제5호(2004), pp. 277-298.

(col-lective self-defense alliance), 집단안보, 협력안보 등을 아우르는 포괄적인 용어로 사용된다.

협력안보는 제한적인 강제력 활용을 두고 '협의의 협력안보'와 '광의의 협력안보'로 구분되며, 특히 강제력을 허용하는 '광의의 협력안보' 개념은 집단방위 · 집단안보 · 포괄안보 · 공동안보 개념을 폭넓게 수용하는 입장이다. 이들의 차이를 요약하면 다음 표와 같다.

〈표 10-3〉 포괄안보 · 공동안보 · 협력안보 개념의 분화[29]

구분	출현 시기	목적/원칙	관할 영역	활용제도	의미 분화(개념/역할)
포괄 안보	1970 년대	• 전통적·비전통적 안보 위협 대처 • 안보의 포괄적 의미 강조(안보 개념 확대)	국가, 지역, 범세계	다자 안보기구, ASEAN, ARF, OSCE	• 일본·미국·유럽: 동맹(집단방위), 집단안보와 연계 (실질적 인식) • 동남아: 공동안보, 협력안보를 포용하는 개념(모호한 인식) * CSCAP: 다양한 위협에 비군사적 대응 한계 지적
공동 안보	1982년 ~	• 핵전쟁 방지, 긴장 완화/평화공존 • 전통적 안보위협 해소	지역, 범세계	핵군축 체제, MBFR, CSCE	• 강제력 불사용 집단안보 기능 - CSBM/군축 - 군비통제 • 敵 개념 상실: '적과 함께하는 안보'로부터 '친구와 함께하는 안보'로 변화 - 집단방위(동맹)와 연계발전 경향 - 비전통 위협에도 대응

29 이원우, 전게서. pp. 52-53.

구분	출현 시기	목적/원칙	관할 영역	활용제도	의미 분화(개념/역할)
협력 안보	1992년	• 전통적·비전통적 안보 위협 해소 ※ 우발분쟁 예방	지역, 범세계	다자안보 협력체	• 강제력 활용 관련 입장 분화 • 서방: 강제수단 활용(廣義) * 집단방위, 집단안보와 연계 • 중국/ASEAN: 강제력 반대(狹義) * 공동안보와 동일 개념으로 인식

2) 기존 안보 개념과의 비교

협력안보란 국가들이 안보 분야에서 대화와 협력을 통해 발생할 수 있는 안보위협과 불안을 제거함으로써 안보를 이루는 다자적 안보협력을 말한다. 협력안보의 개념이 앞에서 설명한 집단안보나 공동안보의 개념과 유사하게 들릴 수도 있다. 하지만 협력안보와 집단안보의 차이점을 살펴보면, 집단안보는 이미 침략이 발생한 후에 사후적으로 이에 대처하는 소극적 수단을 상정하는 데 비해 협력안보는 침략이 발생하기 전에 그러한 침략국의 출현을 미연에 방지하는 예방적 수단을 강조한다는 것이다. 즉, 협력안보는 전쟁의 예방을 적극적으로 추구하기에 양자 간 혹은 다자간 합의된 조치들을 적극적으로 적용하여 특정국가가 침략수단을 총동원하기 어렵게 만드는 조치들을 모색해나간다는 특징을 지닌다. 따라서 협력안보는 '예방외교(preventive diplomacy)'의 중요성을 강조하며, 포괄적인 안보영역 및 다층적인 안보수준에 대해 고려한다.

그런데 이러한 협력안보의 특징은 상대국의 군사체계를 인정하고 안보이익과 동기를 존중하는 가운데 상호 공존을 모색해나간다는 차원에서 공동안보의 그것과 유사하다. 특히 억지(deterrence) 대신 상호 확신(reassurance)을 강조한다든지 안보의 상호 의존적 속성 및 협력의 중요성을 강조하는 데서는 거의 유사하여 공동안보와 협력안보는 혼용되어 쓰이기도 한다. 그러므로 공동안보와 협력안보를 기계적으로 구분할 경우 양 개념이 지니는 공통성을 인위적으로 나누는 위험성이 있다는 지적은 어느 정도 타당하다. 하지만 협력안보와 공동안보 사이에는 다음과 같은 일정 정도의 차이점이 있음은 분명해 보인다.

첫째, 협력안보는 현실에 이미 존재하는 양자관계와 세력균형을 인정하되 이들을 다자적 제도에 함께 엮어보려는 노력을 한다는 점이다. 특히 협력안보는 다자 안보레짐 창출을 위해 공동안보보다 좀 더 '점진적'인 접근 방법을 강조한다. 즉, 협력안보는 어떤 결과물이나 새로운 틀로서 안보레짐을 상정하기보다는 기존의 국가이익과 정책을 존중하면서 국가 간의 공포를 극복하기 위한 대화의 장을 마련하고 관행화함으로써 상호 불신을 불식하고 상호 이해를 증진하며, 나아가 각국의 이익과 정책상의 차이를 조정해나가는 과정을 중시한다.

둘째, 공동안보는 이웃 국가의 안보를 위협하지 않고 자국의 안보를 지키는 '비공격적 방어(NOD: non-offensive defence)' 수단을 주로 채택하지만, 협력안보는 타 국가에 대한 위협으로 여겨지지 않을 방식으로 안보를 지키는 '비위협적 방어(NTD: non-threatening defense)'를 수단으로 택함으로써 NOD보다는 방어의 수단을 덜 제한받는 것으로 이해된다. 이러한 점에서 협력안보체제는 공동안보의 다양한 형태 중 보다 현실적 · 보수적 · 실용적인 형태를 지닌 공동안보체제의 하나로, '현상유지(status quo)'를 위한 안보레짐이라는 설명도 존재한다. 공동안보와 협력안보 개념의 적용상 차이점은 다음과 같이 요약할 수 있다.

〈표 10-4〉 공동안보와 협력안보의 적용상 차이[30]

구분	주도국 (협력대상)	가용수단		적용
		평화수단	강제수단	
공동안보	강대국 (지역·세계)	대화, 협력, 협상, CBM, 군축, 군비통제, 공동방위 정책	비동맹 국가들: 불허용 동맹/연합 국가들: 허용	• 전략/전술핵무기 감축 및 제거 협정 (1990년대) • 미·러 新전략무기감축 협정(2010년) • 방어적 군비태세정책 발전 ※ 군축/군비통제 레짐 발전 - NPT, CWC, CTBT 등 • MD 구축과 동맹국 안보협력 강화 - 적극방어태세 - 테러리즘 등 대처
협력안보	참가국 (지역)	대화, 협상, 예방외교, 정보공개, CBM, CSBM	비동맹 국가들: 불허용 동맹/연합 국가들: 허용	• 상호 의존, 현상유지 중시 • 공동안보 개념 수용, 포괄안보 개념에 실천력 제공, 기능통합, 다국적군 활용 • CBM, CSBM, 예방외교, 위기관리, 분쟁예방, 분쟁관리/해결에 기여 ※ 지역다자안보협력체 설립/운영 기제로 발전 - OSCE, ARF, SCO, CICA - 북핵 6자회담

2. 협력안보의 적용과 한계

협력안보의 특징을 그대로 적용하게 되는 사례[31]가 바로 유럽안보협력기구(OSCE: Organization for Security and Cooperation in Europe)[32]다. OSCE가 유럽

30 이원우, 전게서, pp. 52-53에서 변형.

31 협력안보의 사례는 신범식, "다자 안보협력 체제의 이해: 집단안보, 공동안보, 협력안보의 개념과 현실", 「국제관계연구: IRI review」 제15권 제1호 통권 제28호(2010), pp. 5-43의 내용과 신범식, "다자 안보협력 체제의 개념과 현실: 집단안보, 공동안보, 협력안보를 중심으로", 「JPI 정책포럼」 발표자료(2015. 9)의 내용을 참조.

32 유럽안보협력회의(CSCE: Conference on Security and Cooperation in Europe) 회원국들

에서의 안보협력기구라고 한다면 아세안지역안보포럼(ARF: ASEAN Regional Forum)은 아시아에서의 안보협력레짐이다. 이에 상하이협력기구(SCO)의 사례를 추가하여 협력안보의 적용과 한계에 대해 상호 비교를 통해 알아보자.

1) 유럽안보협력기구(OSCE)

미국과 캐나다를 포함하여 동구권 공산주의 국가들과 서구의 자유주의 진영국가 35개국은 1972~1975년에 헬싱키에서 처음으로 동·서구가 모두 참여한 안보협력회의를 개최했다. 이 헬싱키회의에서 1975년 '헬싱키 최종의정서(Helsinki Final Act)'가 도출되었고, 그 이후로도 동·서구 국가들은 지속적이며 정기적으로 다자간 안보협력회의를 개최하게 되었는데, 오늘날 북미-유럽-러시아-중앙아시아의 56개국이 회원국으로 참여하는 거대한 안보레짐으로 성장했다. OSCE는 정치·군사 차원, 경제·환경 차원, 인간 차원 등 모든 안보영역에서 회원국 간의 대화의 장을 마련하고, 공동규범을 마련하고자 하는 안보레짐이다.[33]

공동안보레짐으로서의 유럽안보협력회는 군사 차원의 안보뿐만 아니라 환경 문제, 경제 문제 등을 아우르는 포괄안보를 다루면서 회원국 간 공동의 가치와 규범 창출을 추구한다. 유럽안보협력회의의 태동은 사실 냉전시기 각 국가들의 치열한 이해관계에 기초를 둔 것이었다. 소련은 1954년부터 몇 차례에 걸쳐 '범유럽안보회의'를 제안했는데, 이것은 회원국들 간의 협력보다는 NATO를 통해 유럽에서 영향력을 행사하고 있는 미국을 견제하기 위한 의도에서 출발한 것이었다. 이러한 소련의 제안은 번번이 거부되었으

은 1995년 1월에 기존의 CSCE를 제도화하여 유럽안보협력기구(OSCE: Organization for Security and Cooperation in Europe)로 개칭.

33 CSCE/OSCE를 공동안보(common security)레짐의 사례로 여기고 있지만, 이를 협력안보레짐으로 보는 연구도 존재한다. CSCE/OSCE를 공동안보로 보는 연구로는 Dewitt (1994) 참조. CSCE/OSCE를 협력안보로 보는 연구로는 홍기준(1998), 이인배(2005) 참조. 이렇게 다른 입장이 존재하는 것은 두 개념을 구분하는 기준이 애매하며, 두 개념이 공유하는 내용이 넓다는 것을 보여준다.

나, 소련의 온건화를 유도하면서 상호 군축과 미 · 소 양국 간 전략무기 경쟁의 완화를 이루고자 했던 미국의 입장 변화와 서유럽의 경제 · 기술 지원을 얻으려는 동유럽 국가들의 입장 등 유럽 제국(諸國)의 이해관계가 점차 수렴하는 가운데 1960년대의 데탕트 무드가 힘을 더하여 1972년 CSCE가 개최될 수 있었다. 1975년의 헬싱키회의 이후, 1984년 1월 스톡홀름회의, 1986년 11월~1989년 1월의 비엔나회의 등을 거치면서 CSCE 회원국들은 안보협력에서 큰 진전을 이루게 되었다. 이러한 CSCE/OSCE의 역사적 전개 과정은 바로 이 조직이 지향하는 공동안보의 포괄적이며 근본적인 안보 지향성을 보여주고 있다. CSCE/OSCE가 지향한 안보 개념의 변화는 크게 세 단계 정도로 나누어 살펴볼 수 있을 것이다.

첫째, CSCE/OSCE는 역내 국가들 간의 집단방어나 집단안보의 구축이 아닌, 회원국 간에 대화의 장을 마련함과 동시에 구체적이고 효과적인 신뢰 · 안보구축조치(CSBMs: Confidence and Security Building Measures)를 실시함으로써 냉전기 당시 국가 간 분쟁과 전쟁의 가능성을 줄이는 데 초점을 맞추는 공동안보 개념의 적용 단계다. CSCE는 1975년 8월의 헬싱키 최종의정서와 1990년의 파리회담에서 단순한 군비감축뿐만 아니라 군사정보에 투명성을 부여하고 신뢰를 구축함으로써 위협 요소와 전쟁 가능성을 줄이고자 하는 공동안보레짐의 특성을 잘 보여주었다.

둘째, 탈냉전기 CSCE/OSCE는 공동안보 개념을 단순히 적용하는 안보협력체가 아니라 공동의 가치를 강조하고 이에 기반을 둔 일종의 공동체를 지향하고 있다는 점을 강화하는 단계다. 1990년 11월 19일 파리에서 CSCE 34개국 정상회담이 개최되었는데, 여기에서 회원국들은 '새 유럽을 위한 파리헌장(The Charter of Paris for a New Europe)'에 합의한다. 이와 같이 인류 공동의 가치 구현을 강조하는 점은 공동안보 개념의 근본주의적 성격을 드러내주는 대목임과 동시에 공동안보 개념의 새로운 영역을 개척해나가려는 시도로도 이해될 수 있다. 하지만 탈냉전기 유럽 안보의 중심적 기제로서의 역할은 점차 나토가 감당하게 되었고, 새로운 유럽공동체를 지지할 안보적 실천

과정에서 OSCE는 점차 나토와의 중첩성으로 인한 도전에 직면하게 된다. 러시아 같은 나라는 1990년대에 계속하여 NATO가 아니라 OSCE가 유럽 공동안보의 중심기구로 자리매김되어야 한다는 주장을 굽히지 않았다. OSCE는 아직까지도 유럽 전체의 공동체에 대한 지향을 포기하고 있지 않다는 점에서 비록 미미하긴 하지만 공동안보의 전향적이며 근본적인 안보레짐으로서의 특징을 유지해가고 있는 것으로 보는 것이 타당해 보인다.

셋째, CSCE/OSCE가 다양한 안보 이슈, 즉 '포괄안보(comprehensive security)' 영역에서의 다양한 협력을 강조하면서 탈냉전기에 점차 협력안보의 개념을 수용하고 강화해가는 단계다. CSCE의 근간이 된 1975년 8월의 헬싱키 최종의정서는 당시 다양한 회원국들의 목소리를 반영하여 안보 분야 협력뿐만 아니라 인권, 경제, 과학, 환경 분야 등 다양한 차원에서의 협력을 꾀했다. 그리고 CSCE는 1989년부터 1992년까지 환경 문제, 문화유산보존, 인권 문제 등 다양한 의제를 놓고 10여 차례나 전문가 회담을 개최했다.[34] 또한 CSCE는 안보 분야 협력을 위해 단순히 한 국가 차원의 안보뿐만 아니라, 나아가 분쟁방지와 위기관리에도 역점을 두었다. 이러한 협력안보의 기조 속에서 2001년에는 테러리즘에 관한 전략, 2003년에는 경제와 환경 차원에 대한 안보 전략, 인신매매 문제에 대한 대응전략의 도출 등에 합의하기도 했다.

이처럼 CSCE/OSCE는 앞서 언급한 1982년의 팔메보고서의 공동안보 개념으로부터 시작하여 냉전기 및 탈냉전기의 환경적 변화에 적응하면서 훨씬 더 근본적인 안보에 대한 지향을 포기하지 않는 가운데 공동안보의 변용을 시도해나가다가 유럽안보 지형에서의 나토와의 중첩성 논쟁 및 나토의 강화에 따른 그 추동력의 약화로 인해 점차 포괄적인 안보이슈와 관련된 협력안보 개념을 수용해나가는 변화를 겪고 있는 것으로 이해할 수 있다.

---

34 구춘권, "냉전체제의 극복과 집단 안보의 잃어버린 10년: 평화연구의 시각에서의 비판적 재구성", 「국제정치논총」 제43집 2호(한국국제정치학회, 2003), p. 39.

2) 아세안지역안보포럼(ARF)

아세안지역안보포럼(ARF: ASEAN Regional Forum)은 1994년 출범한 이후 아태 지역의 최초이자 유일한 공식적 다자안보 대화체로서의 특별한 위상을 갖는다. 또한 2000년 7월부터 북한이 ARF에 참여하게 되면서 ARF는 남한과 북한이 모두 참여하는 안보레짐이라는 점에서 특별하다. 그리고 ARF는 탈냉전 이후 등장한 협력안보 개념이 아시아에서 적용된 대표적 사례이기도 하다.

1993년 7월 싱가포르에서 열린 26차 ASEAN 각료회의(Ministerial Meeting and Post Ministerial Conference)에서 ASEAN 국가들과 역외 국가들은 아세안지역안보포럼(ARF)의 창설을 결정했고, 1994년 7월 방콕에서 ASEAN 국가들과 역외 국가들이 참여한 가운데 첫 ARF 회담을 개최했다. 현재 ARF는 '기구(organization)'가 아니라 '포럼(forum)'이기 때문에 '회원(member)'이 아니라 '참가국(participant)'이라는 표현을 쓰고 있다.[35] 이는 ARF가 다른 안보레짐과 비교했을 때, 제도화의 정도가 낮음을 보여준다.

ARF의 설립은 탈냉전의 등장과 깊은 관련이 있다. 냉전의 종식과 더불어 아시아 · 태평양 지역에서 과거에는 양극으로 군림하던 소련과 미국의 영향력이 이전에 비해 감소함과 동시에 역내에서 중국, 일본, 인도 등 지역 강대국들이 부상하기 시작했다. 동시에 남중국해 영토 문제를 비롯한 다양한 역내 영토분쟁, 북핵 문제, 경제와 정치 및 사회 제(諸) 분야를 포함하는 포괄적이면서도 다양한 안보 문제가 이슈로 등장했으며, 아시아 · 태평양 국가들이 양자관계 이상의 다자적 안보협력체제에 대한 필요성을 절감하기 시작했다. 결국 ASEAN과 역내 국가들은 1994년에 아태 지역 최초의 다자적 안보협력레짐을 창설하게 되었다.[36]

---

35 변창구, "아 · 태지역 안보와 ARF: 가능성과 한계", 「대한정치학회보」 11집 1호(대한정치학회, 2003), p. 253.

36 한평석, "동북아 협력안보레짐의 구축 전망: ARF의 특성을 중심으로", 「統一問題硏究」 통권 제39호(평화문제연구소, 2003), p. 269.

이러한 배경하에 탄생한 ARF의 공식적인 목적은 "공동의 이익과 관심이 달린 정치와 안보 이슈에서 건설적인 대화와 협의를 증진하는 것"과 "아태 지역에서 상호 신뢰구축과 예방외교(preventive diplomacy)를 위해 공헌하는 것"으로, 결국 이는 역내 국가들의 안보를 확보하고 평화를 증진하는 것이라 할 수 있다. 중요한 사실은 ARF의 목적은 국가 간 대화의 장을 마련해서 문제를 협의하는 것이지, 문제 해결 자체에 있는 것은 아니라는 점이다. 즉 ARF는 아태 지역 안보 문제를 위한 자유로운 대화의 장을 마련하고, 불간섭의 원칙에 기초한 점진적 수단을 이용하자는 것이다. 다양한 안보 이슈에 대해 논의하고 합의를 도출하며, 정치와 안보 이슈에서 국가 간 대화와 협의라는 습관을 만드는 것을 추구하는 포럼이다.

설립 배경, 목적, 활동에 대한 간략한 개괄을 통해 드러난 ARF의 특징을 정리해보자.

첫째, ARF는 아시아 최초의 다자간 안보협의체라는 사실이다. 이는 냉전 시기보다 더욱 복잡해진 탈냉전기의 변화된 국제정치 환경을 인식함과 동시에 제대로 대처하기 위해서는 양자관계 중심의 안보협력이 한계를 가질 수밖에 없음을 발견한 ARF 참여국들의 획기적인 시도였다.

둘째, ARF는 안보 문제에서 단순히 군사적 문제에만 집중하는 것이 아니라 '포괄안보(comprehensive security)'에 관심을 가진다. ARF 설립 초기, 참여국들은 아태 지역에서의 경제 · 사회 · 정치 이슈를 모두 포함하는 포괄안보 개념을 천명하고 이에 관심을 표명했다. 셋째, ARF는 아태 지역 국가의 안보협력을 위한 수단으로 우선 대화의 장을 마련하고 국가들 간에 이러한 습관을 유지하는 '점진적' 안보협력을 도모했다.

이처럼 탈냉전기 국제정치에서 협력안보레짐의 대표적 사례로서 ARF는 현재 아태 지역의 유일한 국가 간 공식적 안보협력체로 기능하면서 소기의 역할을 감당하고 있다. 하지만 ARF의 한계를 지적하는 목소리 또한 존재한다. 이러한 비판들은 무엇보다도 ARF는 그 이름이 가리키듯이 '포럼', 즉 역내 국가들 간의 일종의 대화와 소통의 장을 제공하는 데 그칠 뿐이며 결국 국가 간의 대화가 목표로 삼고 있는 구체적이고 실질적인 안보협력을 이끌어내는 데는 큰 성과가 없다는 사실에서 연유한다.

비판의 주요 논점을 정리해보면, 우선 ARF가 점진적 안보협력을 위해 설정한 1단계 신뢰구축조치(CBMs)는 별 성과도 없었고, 그 자체로도 중요한 의미를 지니고 있지 않다는 것이다. ARF 신뢰구축조치의 일환인 재래식무기 등록과 연례안보평가서(Annual Security Outlook) 제출은 초보적인 신뢰구축 단계에 불과하며, 참여국들의 자발적인 선택에 기초한 것으로서 제대로 수행될 확률도 적고, 설령 이루어지더라도 냉전기 치열한 군비 대치 상황 속에서 이루어진 CSCE/OSCE 회원국들의 신뢰구축조치와는 다른 의미를 지닐 수밖에 없다. 또 다른 예로 ARF 내에서 2000년을 전후로 반(反)테러, 해양안보, 재난 구조 분야에서의 국가 간 협력이 늘었지만, 이 경우에도 ARF 참여국가들은 여전히 양자관계 차원 혹은 APEC 같은 다른 상 · 하위 지역협력기제에 더 의존하고 있다는 사실이다. 또한 ARF 협력의 분야와 심도를 설정하는 문제에 있어서도 참여국들 간에 의견이 분분하다. 그 결과 실제로 ARF 참여국들 간에 강도 높은 안보협력은 부재인 상황이다.

또한 '대화의 장'으로서 ARF의 한계도 비판의 대상이 된다. 대만 문제, 한반도 문제, 남중국해 영토분쟁 등과 같이 정작 민감한 안보사안에 대해서는 참여국들이 논의를 꺼리며 회피하기 때문에 결국 ARF는 지역의 가장 중요한 안보 문제를 해결하는 데 도움을 주는 대화채널로서의 기능을 거의 제대로 하고 있지 못하며, 적당한 수준의 협력만을 가볍게 논의하고 넘어가는 심각한 한계를 노정하고 있다는 지적이다.

이처럼 안보협력레짐으로서 ARF가 분명한 한계를 가지고 있는 것은 어느 정도 사실이다. 하지만 참여국들이 원래 ARF를 '기구'나 '제도'가 아닌 '포럼'으로 명명했다는 점에서, 그리고 기본문서에서도 ARF가 대화의 장으로서 기능하는 데 목적이 있다고 합의했다는 점에서 앞서 언급한 ARF에 대한 비판이 전적으로 타당하다고 할 수만은 없다. 그리고 ARF는 이 지역에서 협력안보 개념을 구현해나가는 안보레짐으로서 일정한 역할을 감당하고 있으며, 앞으로 더 발전할 가능성도 분명히 존재한다. 결국 ARF는 국가 간 대화의 장을 마련함으로써 국가들 사이에 장기적으로 신뢰를 형성하고 공동규범의 창출을 가능하게 할 기반을 마련해나간다는 점에서 일종의 '규범지향 프레임워크(norm-oriented framework)'로서 의미를 지니는 안보레짐으로 평가하는 것이 온당해 보인다.

3) 상하이협력기구(SCO)

상하이협력기구(SCO: Shanghai Cooperation Organization)는 탈냉전기 이후 가장 전형적인 협력안보의 특징을 보이고 있다. 2001년 6월 15일에 출범한 SCO는 중국, 러시아, 카자흐스탄, 키르기스스탄, 타지키스탄, 우즈베키스탄 등 6개국을 회원국으로 하는 안보협력체다. 협력안보의 특징을 보이는 다른 안보협력기구와는 다음 표와 같이 비교할 수 있다.

2001년 출범 이후 SCO의 가장 중요한 역할은 안보 분야 협력이었다. 회원국들은 국경 안정 같은 전통 안보뿐 아니라 앞서 언급한 상하이 공약에서 등장한 '테러리즘, 분리주의, 원리주의' 같은 비전통 안보의 거의 모든 영역에서의 협력을 도모했다.

SCO는 안보영역뿐만 아니라 경제 영역의 협력도 도모한다. 이미 2002년 SCO 헌장에서도 경제협력에 대한 언급이 등장했는데, 초기 SCO 내의 경제협력에 관한 논의는 중국의 주도로 진행되었다. 2005년과 2007년의 합동 군사 훈련의 경우는 서방 국가들의 많은 관심을 끌었다. 하지만 SCO 회원국들은 2002년 조인된 헌장에서 SCO가 "다른 국가나 국제기구를 겨냥한 것이 아님(not directed against other States and international organizations)"을 분명히 밝혔고, 이후로도 SCO가 다른 국가에 대항하는 것이 아님을 강조하고 있다.

SCO는 일반적인 협력안보레짐의 성격과는 다른 특징을 보이기도 하는데, 그것은 바로 이 기구가 가지는 반미 혹은 반서구적 성격이다. SCO가 정말 반미 혹은 반서구 안보레짐인지에 대해서는 논란이 있지만, 이러한 논란이 존재한다는 사실 자체가 SCO의 특수성을 보여준다고 할 수 있다. 러시아

〈표 10-5〉 NATO, CSCE/OSCE, ARF, SCO의 비교[37]

구분	출현 시기	기본 안보 개념	안보협력 주요 내용	한계 및 변화의 방향
NATO	제2차 세계대전 이후	집단방위 집단안보 (협력안보)	• 바르샤바조약기구와 대립 • 코소보 전쟁 개입, 테러와의 전쟁 참여	• 탈냉전 후 집단방어의 정당성 상실 • NATO의 지리적 및 기능적 확대를 향한 변환 추진
CECE/OSCE	냉전 말기	공동안보 (협력안보)	• 헬싱키체제와 탈냉전 • CFE조약 체결. 평화유지활동, 유럽안보헌장, 유럽안보 포럼 가동	• 급진적 안보 개념의 실천적 한계와 유럽 외 지역에서의 실천 가능성의 한계 • '안보 공동체' 개념의 개발 • 협력안보 접근의 수용
ARF	탈냉전기	[느슨한] 협력안보	• 포괄적 의제에 대한 정기대화 개최 • 재난구조, 해양안보, 반테러협력	• 느슨한 안보협력의 한계와 양자관계/타(他) 기구에 의존 • 의무적 실천의 안보협력의 영역을 개발하려 함
SCO	탈냉전기 (신냉전기)	협력안보 (집단방위)	• 포괄안보협력(경제, 테러, 마약, 환경, 에너지 등) • 정기합동군사훈련 '평화의 사명' 개최	• 대미/대서방 성격에 대한 중-러 전략협력의 한계, • 포괄적 협력안보의 복합화 • 지리적 확장과 집단방위 기구화 가능성 타진

의 회복과 중국의 부상이라는 두 계기가 결합되면서 세력전이 및 새로운 지구적 다중심주의적 세력균형에 대한 지향은 분명히 미국에 대한, 또는 미국의 정책에 대한 반응적인 안보협력이 추구되고 있음을 보여주는 대목이다.

만약 이 기구가 반미 또는 반서구적 기구로서의 성격이 증명될 수 있다면 이는 곧 SCO가 공동방위체적 성격을 지니고 있음을 뜻하게 되는 것이며, 이는 곧 유라시아에서의 새로운 거대 대결구도의 출현을 의미하게 될 것이다. SCO가 과연 그 내부에 존재하는 각국 간의 의견 차이, 특히 러시아와 중국

37 신범식, "다자 안보협력 체제의 개념과 현실: 집단안보, 공동안보, 협력안보를 중심으로", 「JPI 정책포럼」 세미나 발표자료(2015. 9) 참조.

사이에 이견 등과 같은 한계를 잘 넘어설 수 있을지에 대한 부정적인 전망도 만만치 않다. 그루지야와 러시아 사이의 분쟁 시기였던 2008년 8월에 두샨베에서 열린 SCO 정상회담에서 중국을 비롯한 SCO 회원국들이 남오세티야와 압하지야의 독립을 인정하는 러시아의 입장에 반대하다가 결국 마지못해 받아들이게 되었다. 이는 SCO가 잘 조율된 다자적 안보협력체제가 아니라는 한계뿐만 아니라 이 레짐에 대한 양두(兩頭) 체제적 리더십의 한계를 동시에 보여주는 대목이기도 하다 .

하지만 SCO는 짧은 역사에 비해 SCO는 비교적 빠른 시간 내에 제도화에 성공했다고 할 수 있다. 그뿐만 아니라 협력안보의 기제를 발전시킴과 동시에 유연한 군사적 원조도 가능한 체제를 구축하여 유라시아의 안보적 요청에 부응하는 대표적 지역안보기구로 자리 잡아가고 있다. SCO는 지역 내 21세기적 협력안보 요청에 부응하는 동시에 미국의 유라시아 공략에 대한 균형화(balancing)를 위한 느슨한 집단방어적 협력의 가능성이 엿보이는 군사협력을 진행하고 있는 것도 사실이다.

따라서 이 안보협력체가 21세기 유라시아라는 시공의 무대에서 어떤 안보협력 개념을 결합하여 안보레짐을 창조해나갈지 확언하기는 아직 어려워 보인다.

3. 안보협력 개념들이 안보정책에 주는 함의

제2차 세계대전 후 UN 헌장을 통해 집단안보(collective security) 개념이 정착한 이후로 안보협력 개념들은 시대적 요구를 반영하여 끊임없이 변화하고 발전한다. 최근 이러한 개념들이 분화되는 원인은 안보환경의 불확실성, 세계적 수준의 안보와 군사전략의 변혁, 그리고 미국과 유럽의 안보정책 변화에서 기인한다.

예를 들면 냉전의 시작과 더불어 집단방위(collective defense) 개념이 출현했고, 1980년대 동서진영 간의 핵전쟁 예방을 위해 등장한 것이 공동안보

(common security)이며, 1990년대 냉전 종식 후 협력안보(cooperative security) 개념이 등장한 것이다. 이에 9.11사태를 비롯하여 다양한 전통적 안보(정치 · 군사 부문)와 비전통적 안보(경제 · 사회 · 환경 부문) 위협들은 안보협력 개념들의 분화에 주요 원인과 배경을 제공한다. 지금까지 논의된 안보협력에 관한 개념들의 의미 분화와 적용상 특징을 다음과 같이 종합할 수 있다.[38]

〈표 10-6〉 안보협력 개념들의 의미 분화와 적용(종합)

구분		목적	협력대상			관할영역(적용범위)			강제력	
			세계	지역	우호국	세계	지역	국가	허용	불허
집단안보	범세계적 집단안보	세계평화	▲			□			■	
	지역적 집단안보	지역평화		▲			□		■	
집단방위	전통적 집단방위	동맹국 방위		▲	▲		□	□	■	
	집단안보적 집단방위	동맹국 방위 세계안정		▲	▲	□	□		■	
공동안보	적과 함께하는 공동안보	핵전쟁 예방	▲	▲		□	□			■
	친구와 함께하는 공동안보	위협대응	▲	▲	▲	□	□	□	■	
협력안보	협의의 협력안보	신뢰·협력 평화구축		▲			□			■
	광의의 협력안보	협력·강제력 평화구축	▲	▲	▲	□	□		■	

38 이원우, 전게서, pp. 33-62.

제V부

한국의 안보

제11장

한국의 국가안보전략

국가안보(national security)라는 용어가 사용되고 개념이 체계적으로 정립되기 시작한 것은 20세기 중반 이후지만, 고대로부터 현대에 이르기까지 대부분 국가들은 자국의 생존과 번영을 위해 안보를 최상의 가치로 여겨왔으며, 이를 위한 전략이 나름대로 존재했다. 특히 근대국가가 형성되기 시작한 이후부터 국가는 안보의 주체로서 자국의 영토와 국민, 주권을 보호하고 경제적 번영을 이루기 위한 국가 차원의 전략을 체계화시키기 시작했다.

현대에 이르러서 전쟁양상은 더 이상 군사적 수준에만 머물지 않고 국가의 모든 역량을 투입하는 총력전으로 발전되었으며, 전쟁을 수행하는 것보다 억제하고 대비하는 것이 긴요해짐에 따라 전략은 전시뿐만 아니라 평시에도 그 중요성을 인정받게 되었다. 이와 같이 전략의 개념이 외연 확대됨에 따라 오늘날 전략의 체계는 수직적·수평적으로 분화되어 국가 차원으로부터 그 하부조직에 이르기까지 각자의 수준에 부합된 전략을 수행하고 있다.

이러한 현대 전략체계 가운데 국가안보전략(national security strategy)은 "국가의 안전보장을 달성하기 위해 가용자원과 수단을 종합적이고 체계적으로 활용하기 위한 국가의 행동계획"으로서 전쟁과 관련된 국가의 최상위 전략이다. 즉, 국가안보전략은 전쟁의 승리를 포함하여 국가의 생존을 위해 국가안보목표를 설정하고, 설정된 목표를 달성하기 위해 군사력을 중심으로 정치, 외교, 경제 등 국가 제 분야의 노력을 통합 및 조정하는 총체전략(total strategy)이라 할 수 있다.

오늘날 한반도는 북한의 핵실험을 비롯한 잇따른 도발로 인해 평화가 위협받는 엄중한 상황이 지속되고 있다. 세계 및 동북아 안보정세도 불확실성이 심화되고 갈등과 분쟁의 조짐이 도처에 나타나고 있다. 이러한 상황에서 대한민국은 안보환경을 슬기롭게 극복하고 일류국가로 번영·발전하면서 평화통일을 달성해야 한다. 이 장에서는 한반도 안보정세를 평가하여 위협을 인식하고, 우리의 국가안보목표와 기조를 살펴본 다음 국가안보전략의 핵심과제를 논하고자 한다.

김재철(金在澈)

육군사관학교를 31기로 졸업하고, 조선대학교에서 정치학 박사 학위를 받았다. 2005년부터 조선대학교 군사학과 교수로 재직하면서 군사학연구소장을 맡고 있으며, 대외적으로는 통일교육위원과 한국동북아학회 부회장으로 활동하고 있다. 통일안보, 군사전략, 군비통제 분야를 연구하고 있으며, 저서로는 『무기체계의 이해』, 『군사학개론』(공저), 『전쟁론』(공저) 등이 있다.

제1절
한반도 안보정세 평가와 위협인식

1. 한반도 안보정세

한반도는 분단이라는 특수환경 속에서 남북한 간 첨예한 군사적 대결과 대치가 지속되고 있다. 그동안 북한은 수시로 한반도의 위기상황을 조성해 왔으며, 남한으로부터 실리를 획득하기 위한 화전양면전술과 위장평화공세를 지속하고 있다.

김정은 권력승계 이후 북한은 수령독재체제를 공고히 함은 물론 체제안정에 주력하고 있으나 불확실성이 지속되고 있다. 북한의 독재정권은 인민의 삶을 보장하지 못하고 있으며, 자유를 구속하고 인권을 탄압하고 있어 국제사회의 주목을 받고 있다. 또한 최고 지도자의 권위가 확립되지 못한 가운데 고위층을 대상으로 잦은 인사교체와 잔인한 처형 그리고 심한 주민통제 등으로 사회 저변에 불안현상이 나타나고 있다. 이러한 불안정성이 지속될 경우 북한은 여러 가지 형태의 위기사태가 발생할 가능성을 배제할 수 없다.[1]

북한의 경제는 고도의 중앙집권적 계획경제체제의 구조적 한계를 가지고 있으며, 근본적인 개혁을 추진하기 어려운 상황이다. 특히 지도부의 과시성 위락시설 건설과 핵 · 미사일 개발 등에 많은 자원을 투입함으로써 경제성장을 위한 투자재원이 부족하며, 국제사회의 대북제재로 인해 대외경제 여건

1 하정열, 『대한민국 안보전략론』(서울: 황금알, 2012), p. 34.

을 개선하기도 어려운 상황이다. 북한은 1990년대 중반 이후 겪어온 최악의 식량난이 아직도 지속되고 있는 가운데 김정은 시대에 들어서서 특권층 위주의 정책에 더욱 치중함에 따라 계층 간 양극화가 심화되고 있으며, 장마당을 중심으로 사경제가 확산되고 있다.[2]

인구 대비 북한군 병력 보유율은 정규군 120만 명과 인구의 30%에 달하는 예비병력을 보유하는 등 세계 최고를 기록하고 있다. 또한 만성적인 경제난에도 불구하고 핵 · 미사일을 비롯한 대량살상무기(WMD)를 지속적으로 개발하고 있으며, 2013년 3월에는 핵무력 건설과 경제발전을 병행하겠다는 소위 '핵 · 경제발전 병진노선'을 채택했다. 북한은 핵 · 미사일 개발을 대내적으로는 세습정권의 업적 선전을 통해 체제유지에 활용하는 한편, 대외적으로는 국제적 입지를 강화하고 협상력을 높이기 위한 수단으로 삼고 있으며, 대남전략 차원에서는 정치적 협박과 군사적 우위를 확보하는 수단으로 활용하고 있다.[3]

남북관계는 세계적 탈냉전을 수용하지 못한 채 적대적 공존관계를 유지하고 있다. 남북 구성원들의 의식 측면에서 적대의식과 동포의식이 공존하고 있고, 남북한 당국의 행태적 측면에서는 적대적 대결관계와 화해 · 협력적 관계가 동시에 작동하고 있다. 2000년 6.15남북공동선언 이후 남북 간 교류협력이 괄목할 만한 진전을 보여왔으나 군사적 대치 상태는 크게 변화되지 않고 있다. 북한은 김대중-노무현 정부 10년간 대북포용정책에도 불구하고 1차 핵실험과 두 차례에 걸친 서해대전을 발발시키는 등 남북관계를 정치 · 경제적 실리획득의 수단으로 이용하면서 필요에 따라 긴장조성과 평화공세를 반복해왔다. 특히 이명박 정부 출범 이후, 북한은 2009년 6월 제2차 핵실험에 이어 2010년 3월 26일에 천안함 피폭과 동년 11월 23일에는 연평도 포격도발을 자행했다. 이러한 북한의 군사적 도발은 김정일 사망(2011.

---

2 국가안보실, 『희망의 새시대 국가안보전략』(서울: 국가안보실, 2014), p. 28.

3 국가안보실, 상게서, pp. 28-29.

12. 17)으로 3대 세습을 이행한 김정은 체제에서도 계속되고 있다. 김정은 체제는 박근혜 정부 출범 직전인 2012년 12월 12일에 장거리 미사일 발사와 2013년 2월 12일에 제3차 핵실험을 강행했다. 또한 2015년 8월 4일 우리 군의 수색정찰 요원 2명이 북한군이 남측 비무장지대에 침투하여 설치해놓은 목함지뢰에 의해 중상을 입었다. 북한의 목함지뢰 도발로 인해 남북한은 고도의 군사적 긴장 상태가 유지되었으나,[4] 북한의 제의로 시작된 남북고위급회담 결과 8.25합의를 도출함으로써 일촉즉발의 위기상황은 모면했다.[5] 그러나 김정은 정권은 진정한 남북관계 발전의 기대를 저버리고 2016년 1월 6일 제4차 핵실험을 기습적으로 실시한 데 이어 2월 7일에는 장거리 미사일(광명성 4호)을 발사했다. 이에 한국 정부는 2월 10일부로 남북교류협력의 상징인 개성공단에 입주하고 있던 모든 업체(124개)들을 철수시켰다. 또한 UN 안보리에서는 강력한 대북제재 결의안 2270호가 채택되었다.[6]

이와 같이 김정은 정권은 과거와는 달리 협상에 연연하지 않고 핵능력을 고도화시키는 데 진력하고 있다. 이는 국제사회에서 핵보유국으로서 지위를

---

4 북한의 목함지뢰 도발로 우리 군이 11년 만에 확성기 방송을 재개하자, 북한은 방송장비 원점타격을 경고하면서 주변에 14.5밀리 고사기관총과 76.2밀리 고사포 사격을 감행했으며, 이에 우리 군도 155밀리 자주포에 의한 대응사격을 실시했다. 또한 김정은은 북한 지역에 준전시 상태를 선포했고, 한국 정부 역시 도발에 대한 강력한 응징을 표명하면서 한·미 대응체제를 유지했다.

5 북한의 목함지뢰 도발 이후 무박 4일 동안 개최된 남북고위급회담에는 남측은 김관진 국가안보실장과 홍용표 통일부장관이, 북측에서는 황병서 총정치국장과 김양건 통일전선부장이 참석했다. 1차 회담은 8월 22일 18시부터 23일 새벽 4시 15분까지 약 10시간 동안, 2차 회담은 23일 15시부터 25일 00시 55분까지 33시간 동안 진행되었다. 이 회담에서 합의한 내용은 ① 남북관계 개선을 위한 당국회담 개최, ② 지뢰폭발로 남측 군인들이 부상당한 것에 대한 북측의 유감표명, ③ 남측의 확성기 방송중단, ④ 북측의 준전시 상태 해제, ⑤ 이산가족 상봉 추진, ⑥ 다양한 분야에서 민간교류 활성화 등이다.

6 UN 안보리 결의안 2270호는 UN의 역사상 비군사적 제재 가운데 가장 강력하다는 평가를 받고 있다. 대북제재 결의안 2270호가 과거 다른 결의안보다 강화된 부분은 ① 제재대상 확대, ② 화물검색 의무화, ③ 대외교역 통제 강화, ④ 의심물품 적재항공기 영공통과 불허, ⑤ 전면적인 무기금수 조치, ⑥ 불법은행 거래 시 외교관 추방, ⑦ 회원국 내 북한은행 철수 등이며, 모든 조항을 의무화 한 점이다. 이승열, "UN 안보리 대북제재 결의안 채택과 대응방안", 『이슈와 논점』 제1133호(국회입법조사처, 2016), p. 2.

확보함으로써 정권안보를 유지함은 물론 대외협상력 제고와 대남전략의 주도권을 확보하려는 것이다.[7]

2. 세계 및 동북아 안보정세

냉전 종식 이후 지속되어온 미국 우위의 국제질서는 당장은 급격한 변화가 없을 것으로 보이나 적지 않은 도전요인들이 나타나고 있다. 특히 유럽연합(EU)의 통합과 외연 확대 모색, 러시아의 영향력 회복 시도, 인도와 브라질의 지역 강국화 등으로 미국 중심의 국제질서는 갈수록 복잡해질 것으로 전망된다.[8] 또한 세계 각지에서 영토, 종교, 인종 문제 등 뿌리 깊은 갈등요인으로 국지분쟁이 계속되고 있다. 우크라이나 사태를 둘러싼 지정학적 분쟁으로 미국 · 유럽과 러시아 간 긴장이 고조되고 있고, 이라크 내전 재발과 이슬람 수니파 극단주의 무장 세력인 '이슬람국가(IS: Islamic State)'의 등장으로 미국의 중동정책은 기로에 서 있다.[9] 유럽 및 중동 지역에서의 갈등에도 불구하고 미국은 '아시아 재균형' 정책을 지속적으로 추진하고 있으며, 아태 지역의 안보질서를 안정적으로 유지하기 위해 한국 · 일본 · 호주 등과 동맹체제를 견고히 유지하고 있다. 반면에 중국과 러시아를 비롯한 여타의 국가들은 미국의 패권을 견제하기 위한 전략적 제휴를 강화하고 있다.[10]

동북아는 역내 국가 간 무역 · 투자 · 교류 규모를 지속적으로 증가시키는 등 높은 수준의 경제협력에도 불구하고 정치 · 안보 분야의 협력수준은 높지 않은 패러독스 현상이 지속되고 있다.[11] 동북아는 북핵 문제, 한반도 사드배

---

7 통일연구원, "4차 북핵실험 이후 정세전개와 향후 전망", 『통일나침반』 16-04(2016), pp. 2-6.

8 국방부, 『국방백서 2014』(서울: 국방부, 2013), p. 8.

9 2015년 11월 13일 프랑스 파리 시내 한 복판에서 IS의 동시다발 테러로 120여 명이 사망하고, 200여 명의 부상자가 발생했다. 이후 유럽과 중동지역을 비롯한 세계 도처에서 IS 테러가 계속되고 있다.

10 백재옥 외, 『국방예산 분석 · 평가 및 중기정책 방향(2014/2015)』(서울: 한국국방연구원, 2015), p. 3.

11 국가안보실, 전게서, p. 31.

치 문제, 양안 문제, 역사 문제, 영토분쟁, 해양경계선 획정 문제 등 대립적인 갈등요인들이 해결의 조짐을 보이지 않은 채 잠재되어 있다. 북핵 문제는 동북아는 물론 세계안보의 중대한 사안이다. 국제사회의 대북제재에도 불구하고 북한은 핵 · 미사일 개발을 지속하고 있다. 중국과 대만 간 양안 문제도 동북아의 중요한 안보위협 요인 중 하나다. 2008년 7월 이후 우호적인 분위기가 형성되어가고 있으나 분쟁의 가능성이 완전히 해소된 것은 아니다. 이외에도 역사의 인식과 교과서 왜곡 문제, 도서 영유권을 둘러싼 영토 문제, 해양 공간의 경제적 활용을 위한 배타적 경제수역(EEZ) 설정 등 자국의 이익을 위한 유리한 입장만을 고수하고 있다.[12]

무엇보다 중국의 부상은 미국의 우월적 지위를 유지하는 데 가장 큰 위협이 아닐 수 없다. 미국은 중국의 도전에 대응하여 아태 지역에서 재균형(re-balancing) 정책을 추진하고 있으며, 중국은 미국과 신형대국관계(新型大國關係)를 내세우고 있다. 중국은 동북아에서 미국의 영향력을 저지시키고자 남중국해 · 동중국해에서 '반접근 및 지역거부(A2/AD: Anti-Access/Area Denial)' 능력을 강화하고 있다. 미국은 재정적자에 따른 국방예산 감축에도 불구하고 압도적인 군사력 우위를 유지하기 위해 첨단전력을 강화하고 있으며, 중국의 위협을 견제하기 위해 일본의 역할을 적극 활용하고 있다.[13] 일본은 미일동맹을 기반으로 '적극적 평화주의' 명분하에 보통국가화 및 집단적 자위권 허용 추진과 자국의 무기 수출을 금지해온 '무기수출 3원칙'을 폐기하는 등 군사적 지위를 강화하고 있다. 또한 2013년 '방위계획대강'에서 채택한 '통합기동방위력' 개념에 기초하여 자위대의 전력을 증강하고 도서방어능력을 강화하고 있다.[14] 센카쿠 열도 영유권을 둘러싸고 중 · 일 간 군사적 긴장

---

12 김재철, "동북아평화를 위한 군비통제 접근방향", 「한국동북아논총」 제17집 제2호(한국동북아학회, 2012), p. 50.

13 일본의 중국에 대한 견제 역할을 '대미 종속형'이라고 단정할 수는 없지만, 미 · 일 양국의 공동이익에 부합된다는 점에서 중 · 일 경쟁은 미 · 중 경쟁의 큰 틀 속에서 이해할 수 있다. 김재철 · 양충식, "중일의 대립과 무력충돌 가능성 요인 분석", 「한국동북아논총」 제19집 제4호(한국동북아학회, 2014), p. 130.

14 국가안보실, 전게서, pp. 32-33.

이 고조되고 있는 가운데 중국은 2013년 11월 23일에 센카쿠 열도(댜오위다오)와 이어도를 포함한 광범위한 해역에 일방적으로 방공식별구역을 선포한 바 있다.[15]

앞에서 살펴본 바와 같이 협력과 갈등이 교차하는 동북아 안보질서는 매우 유동적이며, 중층적(重層的) 성격을 지니고 있다. 역내 국가들은 자국의 이익에 기준을 두고 국가정책을 결정하는 이른바 '각자도생(各自圖生)'의 형국을 보이기도 한다. 즉, 기존의 동맹 및 협력관계의 틀 속에서 역사 문제로 인한 한·일 및 중·일관계의 악화, 북한의 핵실험 강행에 따른 북·중관계 소원, 납치자 문제 해결을 위한 북·일의 협력 등이 혼재되어 나타나고 있다.[16] 그러나 동북아 안보질서는 미·중 간의 협력과 경쟁관계가 어떻게 정립되는가의 여부와 중·일 관계가 핵심변수로 작용할 것이다. 미국과 중국은 직접적인 충돌은 회피하면서 국익을 바탕으로 사안에 따라 협력과 경쟁하는 관계를 유지할 것으로 전망된다. 다만, 양국관계의 전반적인 협력 기조하에서도 사안에 따라 갈등요인이 발생할 수 있다. 또한 미·중의 패권경쟁이 심화될 경우, 중·러의 전략적 연대가 더욱 강화될 것이며, 결국 동북아에서 신냉전 구도가 가시화될 가능성을 배제할 수 없을 것이다.

3. 한국의 안보위협 인식

현대 안보위협은 군사적 위협뿐만 아니라 정치·외교 및 경제 등 포괄적 안보위협이 복합적으로 발생하고 있다. 한반도는 북한에 의해 조성되는 군사·정치적 위협과 더불어 세계 및 동북아 안보환경의 변화, 그리고 주변 강

---

15 중국이 방공식별구역을 선포한 배경은 센카쿠 열도를 무력화하여 동중국해의 지배권을 강화하고, 장기적으로는 서태평양으로 해양출구를 확보하기 위한 것으로 보고 있다. 박창권, "방공식별구역 문제와 지역해양 분쟁의 안보적 시사점", 「주간국방논단」 제1496호(한국국방연구원, 2014), pp. 1-4.

16 김근식, "각자도생의 동북아와 남북관계 변화 필요성", 「한반도 포커스」 제28호(경남대학교 극동문제연구소, 2014), pp. 39-41.

대국 간에 국익신장 과정에서 발생할 수 있는 마찰과 충돌 등으로 다양한 유형의 위협이 발생할 수 있다.

1) 북한의 위협

북한은 무력도발과 협박, 합의, 합의 파기 등 강압적 행위(coercive behavior)를 통해 우리의 안보를 끊임없이 위협해왔으며, 그 근본원인은 체제생존전략 및 대남적화통일전략과 무관하지 않다. 북한은 공산화 통일을 달성하기 위한 수단으로 '비평화적 방도'와 '평화적 방도'라는 두 가지 방법을 병행하고 있다.[17] '비평화적 방도'는 '무력적화통일전략'과 '위기조성전략' 등으로 군사적 위협에 해당되며, '평화적 방도'는 북한의 대남전략 기조인 '3대 혁명역량 강화' 노선과 '위장평화전술' 및 '화전양면전술' 등으로 이는 정치적 안보위협의 성격을 띠고 있다.

첫째, 북한의 핵 · 미사일 개발과 북한이 갖추고 있는 현존 무장력 및 전투준비태세는 우리의 국가방위와 직결된 최대의 위협이다. 주지하는 바와 같이 북한은 핵 · 미사일을 비롯한 대량살상무기와 장사정포, 수중전력, 특수전부대, 사이버부대 등 비대칭 전력을 집중 증강시키고 있는 가운데 대남 우위의 대규모 재래식 전력을 강화하고 있다. 북한군은 지상전력의 70% 이상을 평양-원산 이남 지역에 집중 배치하고 있어 상시 기습공격을 감행할 태세를 갖추고 있으며, 이로 인해 수도권을 포함한 남한 지역 대부분이 북한의 집중포화에 노출되어 있는 실정이다. 특히 북한의 핵 · 미사일 개발은 전 · 평시를 막론하고 국제사회의 평화는 물론 한국의 안보에 대한 심각한 위협이 아닐 수 없다. 북한은 소형화, 경량화, 다종화, 정밀화를 통한 핵능력 고도화에 진력하고 있다. 4차 핵실험 시 북한이 주장했던 수소폭탄이 아니더라도 증폭핵분열탄(boosted fission bomb) 개발에 성공했을 가능성이 크다. 또한 북한은 미사일 사거리 면에서 ICBM 보유능력을 갖추게 되었으며, SLBM 보유

---

17 하정열, 전게서, p. 32.

를 위한 노력은 우리에게 또 다른 새로운 위협을 주고 있다. 만일 북한이 핵무기를 실전배치하여 핵보유국이 된다면 정치 · 외교적 차원뿐만 아니라 군사적 차원에서도 심각한 도전을 받게 될 것이다. 최악의 위협은 북한의 핵무기 사용이다. 물론 북한이 정권의 종말을 감수하지 않고는 핵무기를 사용할 가능성은 낮지만, 위기 시 또는 전면전 상황에서 자신의 패배가 확실하거나, 모든 핵무기가 강제로 제거당하거나 무력화될 수밖에 없는 상황이 도래할 경우에는 핵무기를 사용할 수도 있을 것이다.[18] 결국, 북한 핵무장은 한국의 재래식전력과 기존 방어체계를 무용지물로 만듦으로써 남북 간 안보적 균형을 와해시킬 수도 있다.

둘째, 북한은 정치 · 군사적 목적달성을 위해 앞으로도 천안함 피폭 및 연평도 포격도발과 같이 전혀 예측하지 못한 수단과 방법으로 다양한 형태의 국지도발을 시도할 수 있다.[19] 즉 수단 면에서 비대칭전력을, 방법 면에서 비대칭전략을 구사함으로써 한국군의 대비와 즉각 응징을 어렵게 하고, 자신의 도발행위를 은폐하려 할 것이다. 또한 핵전쟁 위협은 물론 핵을 배경으로 '벼랑끝전술(brinkmanship)' 식의 과감한 국지도발을 시도할 가능성도 있다.

셋째, 북한의 전면전 도발위협이다. 북한은 2010년 9월 28일 개정한 노동당 규약에서 "최종목적은 온 사회 김일성 · 김정일주의를 실현하는 것"이라고 밝힌 바와 같이 한반도 공산화 통일이라는 기본목표는 변함이 없다는 점과 기습전, 배합전, 속전속결을 통해 무력적화통일을 추구하는 군사전략 기조 역시 지속적으로 유지하고 있다는 점에서 전면전 도발위협은 결코 간과할 수 없다. 특히 핵 · 경제건설 병진노선을 채택한 김정은은 군부대의 현장지도를 강화하는 한편 '2015년을 통일대전의 해'로 선포하고, '총공격 준비'를 강조하고 있다. 북한의 전면전 도발 가능성에 대해 동북아 협력적 구도와

18 문장렬, "북한 핵 및 미사일 위협분석 평가", 『북핵 대응: 진단과 보완』, 제24회 국방 · 군사세미나(한국군사학회 · 합동참모대학 공동주체, 2016. 6. 24), p. 24.

19 예상할 수 있는 북한의 국지도발 양상은 서해 NLL 무력화, 화력도발, 특수전부대에 의한 특정지역 공격 및 점령, 사이버테러 및 전자전, 화학 · 생물무기를 활용한 남한 내 혼란 조성 등이 있다. 정경영, 『한반도의 도전과 통일비전』(서울: 지성과감성, 2015), pp. 35-37.

공고한 한미동맹 그리고 북한의 전쟁지속능력 등을 고려할 때 당장은 제한될 것이나, 남한 내부에 혼란이 조성되고 이를 수습할 수 없는 상황에 이르렀다고 판단될 경우 북한은 전면전도 불사할 것이다.

넷째, 북한은 적화통일을 위한 유리한 여건을 조성하기 위해 남한 내부에서 간접전략(indirect strategy)[20]을 구사하고 있다는 점이다. 북한은 "……전국적 범위에서 민족해방민주주의 혁명과업을 수행하며……"라는 노동당 규약 전문에서 알 수 있듯이 남한 지역에서 혁명을 통해 유리한 여건이 조성되면 무력으로 공산화통일을 이룩하고자 할 것이다. 지금까지 북한은 무력통일의 여건을 조성하기 위해 3대 혁명역량사업을 강화해왔지만 '북한 지역에서 사회주의 역량 강화' 이외에는 뚜렷한 성과를 거두지 못한 채 한국의 국력신장과 북한의 경제난 가중으로 오히려 심각한 힘의 역균형 상태에 봉착하게 되었다.[21] 그럼에도 불구하고 북한의 '남조선 혁명역량' 강화 노력은 여전히 지속되고 있다. 그 대표적 방안으로 정치 · 심리전 활동을 통한 용공의식화, 종북세력화, 간첩에 의한 대남 교란활동과 지하당 구축 공작, 남북대화를 빙자한 합작전술과 통일전선책략 등을 들 수 있다. 이러한 북한의 '남조선 혁명역량 강화'사업은 군사력을 사용하지 않고 남한 정부를 붕괴시키기 위한 간접전략의 형태로 수행되고 있다고 할 수 있으며, 전쟁양상 측면에서 "한반도는 현재 제4세대 전쟁이 진행되고 있다"는 주장이 대두되고 있다.[22]

2) 대외적 안보위협

한반도 안보위협은 한반도 수준에서 북한의 위협뿐만 아니라 세계 및 동

---

20 간접전략이란 군사력을 직접 사용하는 직접전략과는 달리 전략수행 주체가 다양한 형태와 수준의 힘을 다양한 방식으로 운용하여 목적을 달성하는 전략으로서 폭력적 · 비폭력적 수단의 간접적 · 간헐적 운용은 물론 평화적 몸짓과 행위까지 동원하여 잠식(蠶食, piecemeal), 마모(磨耗, erosion), 변색(變色, discoloration) 등의 방법을 통해 목표를 달성한다. 온창일, 『전략론』(파주: 집문당, 2007), pp. 85-95.

21 육군사관학교, 『북한학』(서울: 황금알, 2006), p. 490.

22 오광세 · 황태섭, "북한의 4세대 전쟁 수행전략과 대응방안", 「한국동북아논총」 제20집 제1호(한국동북아학회, 2015), pp. 118-124.

북아 수준으로 점차 확대되어가고 있다. 이는 글로벌시대를 맞이하여 한국의 국가이익이 지속적으로 해외로 확대되어가고 있기 때문이라고 할 수 있다. 세계 및 동북아 차원에서 발생할 수 있는 한국의 안보위협들은 비록 규모와 강도가 적을지라도 외교적으로 민감한 사안이 될 수 있다.[23] 특히 동북아 지역의 지정학적 중심에 한반도가 자리 잡고 있어 한반도의 위기는 주변 4강의 이익에 영향을 미치게 되며, 역으로 동북아 안보정세는 한반도 안보와 직결되고 있다. 따라서 한국은 동북아 지역의 안보질서가 어떻게 전개될 것인가에 대해 방관자 입장에서 지켜볼 수만은 없는 입장이다. 또한 해외자원과 해외무역에 의존하고 있는 한국의 입장에서는 세계정세의 사소한 변화에도 민감할 수밖에 없다. 세계 및 동북아 차원에서 한국의 안보위협은 다음과 같이 요약할 수 있다.

첫째, 동북아에서 진행되고 있는 미중, 중일 간 패권경쟁과 군비경쟁은 정치 · 외교, 군사, 경제 등 제 분야에서 한국의 안보위협을 야기할 수 있다. 21세기 초까지 지속된 '미국 중심 단극체제'는 2008년 경제위기 이후 '미국이 선도하는 다극질서'로 전환되고 있다. 특히, 군사력 면에서 아직은 미국이 우위를 차지하고 있지만 중국은 미국의 전략에 대응하기 위한 군사력 현대화에 박차를 가하고 있다.[24] 경제 분야에서 중국의 도전은 더욱 가시화되고 있다. 미국은 140여 년 동안 세계 경제규모 1위를 지켜오고 있으나, 2014년 말부터 구매력지수(PPP: Purchasing Power Parity) 면에서 중국이 앞서기 시작했다. GDP 측면에서도 미중 간 격차가 점점 좁혀지고 있으며, 2025년을 전후로 역전될 수 있을 것이라는 예측도 있다. 또한 중국은 미국이 주도하는 환태평양동반자협정(TPP: Trans-Pacific Partnership)에 맞서 지역포괄적경제동반자협정(RCEP: Regional Comprehensive Economic Partnership)으로, 미국 주도 IMF 및 일본 주도 ADB에 맞서 아시아인프라투자은행(AIID: Asia Infra Investment

---

23 이민룡, 『한반도 안보전략론』(서울: 봉명, 2001), p. 50.

24 2014년도 미국의 국방비는 5,750억 달러인 데 비해 중국은 1,292억 달러였다. 그러나 중국의 실제 국방비는 중국 정부의 공식발표보다 1.5~2배 정도 높게 평가되고 있다.

Bank)을 설립함으로써 경제 및 금융기구의 제도화를 가속화시키고 있다.[25] 유럽과는 달리 다자안보협력체제를 구축하지 못하고 있는 동북아 지역에서 잠재되어 있는 갈등요인을 해결하기란 쉽지 않을 것으로 보인다. 특히 기존 동맹 및 협력관계를 중심으로 신냉전 구도가 가시화될 것이며, 어느 한 분야에서의 마찰은 다른 분야로 전이될 수 있다는 점에서 미중 간 패권경쟁 전개과정과 결과는 한미동맹 관계와 한중협력 관계 등 한국 안보의 향방을 가름하는 중요한 변수라 아니할 수 없다.

둘째, 동중국해의 예상되는 영토분쟁과 한 · 중 · 일의 방공식별구역(KADIZ) 중첩으로 해역과 공역에서 군사적 긴장이 고조되고 있다. 일본은 독도영유권 문제뿐만 아니라 한일어업협정과 대륙붕 경제 문제 등 한일 간 각종 안보현안에 대해 첨단무기로 증강된 군사력을 토대로 강압외교를 펼칠 수 있다. 또한 센카쿠 열도(댜오위다오)에서 중국과 일본 간 대립이 격화될 경우, 한국은 해상교통로를 포함한 경제 및 안보이익에 심각한 위협을 받을 수 있다. 아울러 중국과 이어도 관할권 분쟁과 이어도 일대의 방공식별구역 중첩으로 무력충돌 가능성이 잠재되어 있다.

셋째, 역사 문제와 기승을 부리고 있는 배타적 민족주의는 동북아 평화협력에 큰 걸림돌로 작용해왔으며, 한국의 국가위상은 물론 일본 및 중국과의 갈등요인으로 남아 있다. 특히 국수주의에 의해 희생되었던 한국과 중국에 대해 침략주의를 부정하는 일본의 몰역사성과 고구려사를 왜곡하고 있는 중국의 동북공정 등은 반드시 해결해야 할 안보적 과업이다.

넷째, 북한에서 급변사태가 발생할 경우 주변 강대국의 개입에 따라 한반도는 여러 가지 형태의 위기에 봉착할 수 있다. 특히, 김정은 체제가 출범한 이후 다수의 안보전문가들이 북한의 급변사태 발생 시 중국과 미국을 중심으로 하는 주변국의 개입유형을 전망하고 있다. 북한 정권이 불안정한 근본 원인은 수령독재체제에 있다. 3대 세습체제가 출범했지만 김정은 체제가 계

---

25 정경영, 전게서, pp. 119-120.

속 안정적으로 유지될 것이라고 예단할 수 없다. 김정은은 약관에 불과한데다가 연령, 경력, 업적 부분의 결함은 체제를 안정적으로 유지해나가는 데 가시밭길이 아닐 수 없다.[26]

다섯째, 세계적 차원에서 테러, 자연재해, 국제범죄, 전염성 질병 등은 어느 특정국가 단독으로 해결할 수 없고, 관련국 모두가 공동으로 대처해야 해결할 수 있는 초국가적 위협이 있다. 최근 발생한 초국가적 위협으로는 2011년 3월 11일에 발생한 일본 동북부 지진 및 쓰나미를 비롯해서 후쿠시마 원전 파괴로 인한 방사능 누출, 2014년 11월 필리핀 하이얀 태풍, 2015년에 5월에 발생한 중동호흡기증후군(MERS) 등으로 이러한 초국가적 위협에 한국도 예외일 수 없다.[27]

앞에서 살펴본 바와 같이 한국은 세계 및 동북아 차원에서도 다양한 안보위협이 잠재되어 있다. 특히, 미중관계가 동북아 안보질서의 핵심 변수로 작용할 것이며, 다자간 안보협력체제가 부재한 동북아 지역에서는 상황에 따라 고강도 분쟁의 가능성도 배제할 수 없다.

26 하정열, 전게서, pp. 34-35.

27 정경영, 전게서, p. 123.

제2절
한국의 국가안보목표와 기조

국가안보전략을 수립하기 위해서는 무엇보다 '목표'와 '기조'가 올바르게 정립되어야 한다. 그러나 한국은 건국 이후 오랫동안 체계적으로 수립된 국가안보전략 바탕 위에 국가를 경영하지 못했다. 그 주요 원인은 일제 식민지배와 한국전쟁 등으로 국력이 미약했고, 냉전시대 양극체제 하에서 공산주의의 침략위협에 직면했던 약소국으로서 미국에 의존함으로써 대외적 자주성이 제약을 받아왔기 때문이다. 2004년 3월에 노무현 정부는 「평화번영과 국가안보」라는 국가안보전략 구상을 발간하여 국가 차원의 안보전략을 제시했다. 이는 1970년대 자주국방을 표방한 박정희 대통령 시절 「국가안전보장 기본정책서」를 발간한 이후 34년 만에 공식적인 국가안보전략이 제시된 것이다. 그동안 한국은 눈부신 경제발전에도 불구하고 명문화된 국가안보전략 없이 지내왔다.[28]

이후 국가안보전략은 통일 · 외교 · 국방에 대한 군통수권자의 지침으로 대통령실 안보수석비서관이 작성해왔다. 이 문서에는 국가이익과 국가안보목표 및 국가안보전략기조를 설정하고 분야별 발전과제와 추진방향 등 국가적 과업을 제시해왔다.[29] 또한 박근혜 정부는 국가안보의 컨트롤 타워 역할을 수행하는 '국가안보실'에서 「희망의 새 시대, 국가안보전략」이라는 책자를 발간하여 국가안보전략 지침을 구체적으로 밝히고 있다.

---

28 강진석, 『전환기, 한국가치 구현을 위한 한국의 안보전략과 국방개혁』(서울: 평단문화사, 2005), pp. 364-365.

29 황성칠, 『군사전략론』(파주: 한국학술정보, 2013), p. 257.

국가안보목표와 기조는 시대적 안보환경, 정치지도자나 정권의 철학과 비전, 의지에 따라 변화될 수 있다. 그러나 급변상황이 발생하지 않는 한 국가 차원에서 결정하는 안보전략을 어느 한순간에 전면적으로 급선회하는 경우는 드물다. 한국의 국가안보목표는 국가이익을 구현하고 국가목표를 달성할 수 있는 미래지향적이고 중 · 장기적 차원에서 설정되어야 하고, 안보전략의 기조는 21세기 세계 및 동북아 안보환경과 분단된 이후 한반도 위기의 구조적 특성을 고려하되 변화하는 안보정세를 예측하고 대응할 수 있어야 할 것이다.

1. 국가이익과 국가목표

국가안보전략은 국가이익을 수호하고 국가목표를 안보적 차원에서 달성하는 전략이다.[30] 국가이익이란 "헌법에 반영된 기본정신에 따라 어떠한 상황에서도 최우선적으로 추구해야 할 기본적인 가치"로서 국가목표 설정을 위한 기초가 된다. 일반적으로 국가이익 중 국가의 존립, 영토보전, 국민의 안전, 국가의 번영 및 복지, 문화적 가치 보존 등은 영속적이나, 국가 간의 이해관계나 동맹관계와 관련된 국가이익은 국제적 상황에 따라 현실적으로 변화될 수도 있다.[31] 참여정부는 헌법에 근거해 한국의 국가이익을 다음과 같이 다섯 가지로 정의했다.[32] 첫째, '국가안전보장'이다. 이는 국민의 안전과 영토의 보존 그리고 주권수호를 통해 국가존립을 보장하는 것이다. 둘째, '자유민주주의와 인권신장'이다. 이는 자유와 평등, 인간존엄성 등 기본적인 가치와 민주주의를 발전 · 유지시키는 것이다. 셋째, '경제발전과 복리증진'이다. 이는 국민경제의 번영과 국민의 복지를 향상시키는 것이다. 넷째, '한

---

30 하정열, 전게서, p. 41. p. 44.

31 합동참모본부, 『군사기본교리』(서울: 합동참모본부, 2002), p. 3.

32 참여정부에서 제시한 다섯 가지의 국가이익은 정부 차원에서 공식적으로 결정된 최초의 정의이며, 현재까지도 유지되고 있다.

반도의 평화적 통일'이다. 이는 평화공존의 남북관계 정립과 통일국가를 건설하는 것이다. 다섯째, '세계평화와 인류공영에 기여'다. 이는 한국의 국제역할 확대와 인류의 보편적 가치를 추구하는 것이다.[33]

국가목표는 "국가이익을 추구하기 위해 국가정책이 지향되고 국가적 노력과 자원이 집중되어야 할 목표"로서 국가이익의 대상과 범위를 개념화한 것으로서 국가정책 및 전략수립의 기본이 되며, 비교적 장기적인 성격을 가진다. 1973년 2월 16일 국무회의에서 결정된 한국의 국가목표는 다음과 같다.[34]

한국의 국가목표

- 자유민주주의 이념하에 국가를 보위하고, 조국을 평화적으로 통일하며, 영구적인 독립을 보존한다.
- 국민의 자유와 권리를 보장하고, 국민생활의 균등한 향상을 기하며, 복지사회를 실현한다.
- 국제적인 지위를 향상시켜 국위를 선양하고, 항구적인 세계평화에 이바지한다.

국가목표는 국가이익을 추구하기 위해 설정된 목표라는 점에서 국가이익과 국가목표는 내용상으로 유사하다. 국가이익 다섯 가지와 세 문장으로 표현된 국가목표의 내용을 살펴보면 '생존', '번영', '민주', '통일', '국가위신' 등이 국가의 핵심적 사명임을 발견할 수 있다.

건국 이후 역사전개과정을 살펴보면, 1980년대 이전 냉전기까지는 '생존'과 '번영'을 절대적 국가이익이자 목표로 추구해왔다. 1980년대 이전까지 민주화 가치를 추구했던 정치집단은 안보와 경제적 번영의 논리하에 희생당했다. '민주'는 1990년대 초에 이르러서 국가의 최고 가치로 인정되고 추구되었으며, 국력신장에 따라 국제적 역량과 위상이 향상되어가고 있다. '통일'은 아직도 북한이라는 위협적인 존재로 인해 미래의 일로 간주되고 있는 실

---

33 국가안전보장회의, 『평화번영과 국가안보』(서울: 안전보장회의사무처, 2004), pp. 20-27.

34 합동참모본부, 전게서, p. 4.

정이다.[35] 그러나 '통일'은 결코 포기할 수 없는 국가이익이며, 평화적으로 달성해야 할 소중한 국가목표다.

2. 국가안보목표

국가안보목표는 당면한 안보환경과 가용한 국력에 대한 평가를 기초로 국가의 안전보장을 위해 우선적으로 실현해야 할 목표다. 한국의 국가안보목표는 정부가 설정한 국가비전 및 국정기조와 연계하여 수립되어왔으며, 역대 정부에서 설정한 국가안보목표는 〈표 11-1〉과 같다.

〈표 11-1〉 역대 정부의 국가안보목표

역대 정부	국가안보목표
김대중 정부	• 한반도 안정과 평화 유지 • 남북관계 개선 및 평화공존관계 구축 • 국제공조체제와 협력을 강화하여 국가안정과 번영, 발전
노무현 정부	• 한반도 평화와 안정 • 남북한과 동북아의 공동번영 • 국민생활의 안전 확보
이명박 정부	• 한반도의 안정과 평화 유지 • 국민안전 보장 및 국가번영 기반 구축 • 국제적 역량 및 위상 제고
박근혜 정부	• 영토·주권수호와 국민안전 행복 • 한반도 평화정착과 통일시대 준비 • 동북아 협력증진과 세계평화·발전에 기여

출처: 국가안전보장회의, 『평화번영과 국가안보』(서울: 안전보장회의사무처, 2004), pp. 21-22; 국방부, 『국방백서1998』(서울: 국방부, 1997), p. 51; 『국방백서 2010』(서울: 국방부, 2009), pp. 32-33; 국가안보실, 『희망의 새시대 국가안보전략』(서울: 국가안보실, 2014), pp. 15-16.

35 한용섭, 『국방정책론』(서울: 박영사, 2013), p. 5.

국가안보전략과 직결되는 국가이익과 국가목표, 안보환경 등에 관한 제반 요소들은 동일한 정도의 중요성과 비중으로 고려되는 것은 아니며, 당시 국가 최고지도자의 통치철학 및 국정 우선순위에 따라 차별이 생길 수 있다. 그러나 〈표 11-1〉에서 각 정부에서 설정한 국가안보목표는 국가이익과 국가목표를 근간으로 국가의 생존과 국민의 안전, 번영 · 발전, 평화적 통일, 국가 위상 제고 등에 중점을 두고 있다는 공통점을 발견할 수 있다. 따라서 한국의 국가안보목표를 ① 영토 · 주권수호와 국민 안전보장, ② 한반도 평화정착과 통일시대 준비, ③ 일류국가 건설을 위한 번영 · 발전기반 구축, ④ 동북아 협력증진과 세계평화 · 발전에 기여로 구분하여 고찰하고자 한다.

1) 영토 · 주권수호와 국민 안전보장

외부의 위협으로부터 국가의 영토와 주권을 지키고 국민의 안전을 확보하는 것은 사활적 이익에 속하며, 최우선 목표다. 헌법 제2조에는 대한민국 국민의 요건과 국가의 재외 국민에 대한 보호 의무를 부여하고 있고, 헌법 제3조에는 "대한민국 영토는 한반도와 그 부속도서로 한다"고 명시함으로써 우리 영토의 범위를 명확히 규정하고 있다. 또한 국민과 영토가 존재하고 있더라도 국가가 주권을 수호할 수 없거나 정치적 자주권을 행사하지 못할 경우 그 국가의 기능은 상실되었음을 의미한다. 따라서 정부는 북한의 무력도발, 잠재적 미래 위협, 초국가적 위협 등 복합적인 위협으로부터 영토와 주권, 그리고 국민의 생명과 재산을 수호함은 물론 국민의 안전을 보장하는 데 총력을 기울여야 한다.

2) 한반도 평화정착과 통일시대 준비

한국은 세계화 · 국제화라는 환경 속에서 한반도 평화를 정착시키고, 평화통일의 기반을 확충해야 하는 역사적 시점에 서 있다. 전쟁의 위험이 상존하는 한반도에서 안정된 평화를 창출하는 일은 매우 중요한 과업이다. 전쟁을 방지하기 위해서는 평시 철저한 대비와 평화를 정착시키기 위한 노력이 병행되어야 한다.

분단국가인 한국의 국가안보는 남북관계의 변화에 큰 영향을 받을 수밖에 없다. 한반도 평화정착을 가로막는 직접적인 요인은 북한의 군사적 위협이다. 앞에서 고찰한 바와 같이 북한이 군사적 위협을 가하는 이유는 체제생존과 대남적화통일전략 때문이다. 결국 북한의 체제생존과 대남적화통일전략이 변해야 군사적 위협이 사라지고 한반도 평화는 정착될 것이다. 북한을 변화시키기 위해서는 남북 간 진정한 신뢰가 구축되어야 한다. 박근혜 정부가 '한반도 신뢰프로세스'를 바탕으로 대북정책을 추진한 배경은 남북 간 신뢰구축을 통해 한반도 평화를 정착시키고, 이를 바탕으로 통일시대를 준비하기 위해서다.

또한 북핵 문제를 평화적으로 해결해야 한다. 북한의 핵이 존재하는 한 한반도 평화 정착과 평화통일은 불가능하다. 북핵 문제를 해결하기 위해서는 주변국 및 국제사회와의 긴밀한 공조와 한국의 적극적인 역할이 필요하다. 아울러 평화적 방법으로 남북통일을 이룩하기 위해서는 남북관계의 정상화와 안정적 발전을 위해 노력하고, 통일에 대한 국내외의 의지와 역량을 결집하여 실질적인 통일기반을 구축해나가야 한다.

3) 일류국가 건설을 위한 번영 · 발전기반 구축

국가의 생존을 보장받기 위해서는 나라가 부강해야 한다. 부강한 일류국가를 건설한다는 것은 모든 나라가 추구하는 목표이자 비전이 될 수 있다. 따라서 부강한 인류국가 건설은 국가목표이자 국가안보목표라 할 수 있다.[36]

강력한 국방력을 유지할 수 있는 경제적 뒷받침과 초정밀 첨단무기를 제조할 수 있는 과학기술과 산업발전, 안정된 전략물자 수급능력 등은 국가안보전략을 수행하는 데 매우 긴요한 요소다. 그러나 한국은 협소한 국토와 부존자원이 제한되어 있어 경제적으로 대외의존도가 크다. 그뿐만 아니라 급격한 인구 감소와 남북한 대치상황이 지속되고 있고, 무한경쟁시대에 대

36 하정열, 전게서, pp. 117-118.

처하기 위한 국내적 여건도 미흡한 실정이다.

부존자원이 부족한 우리나라가 경제성장을 바탕으로 일류국가로 도약하기 위해서는 현재 보유하고 있는 국가역량을 효율적으로 활용하여 시장경제체제 강화와 교역량 신장, 전략자원의 수급능력 및 과학기술력 향상을 통해 국가경쟁력을 제고해나가야 한다.

4) 동북아 협력증진과 세계평화 · 발전에 기여

오늘날 한국은 국력과 위상이 크게 향상됨에 따라 세계평화를 위해 더 많은 역할을 해야 한다는 국내외의 기대도 커졌다. 헌법 제5조에 "대한민국은 국제평화의 유지에 노력하고 침략적 전쟁을 부인한다"라고 명기되어 있는 바와 같이 우리는 한반도뿐만 아니라 동북아 협력증진과 세계평화와 발전에 기여해야 한다. 특히 한국의 안보는 지정학적 중요성으로 인해 동북아 안정과 평화와 밀접한 관계를 유지하고 있다. 역내 국가들은 한반도 문제에 있어서 이해를 달리하며, 남북한을 자국의 목적과 이익을 위한 지렛대로 이용하려 하고 있다.

남북관계 진전 여부는 동북아 정세를 가름하는 중요한 요인으로 작용할 것이다. 남북한 간의 군사적 긴장은 동북아의 협력과 발전을 저해하고 정치 · 군사적 경쟁과 대립을 심화시킬 것이다. 반면에 남북한의 화해와 협력은 동북아 지역의 경제통합과 경제발전을 촉진하고 역내 국가 간 협력을 증진시켜줄 것이다.

한국은 해양과 반도의 결집 지역인 한반도의 이점을 적극 활용하여 동북아 협력을 증진하고 세계평화와 발전에 기여함으로써 국가안보를 더욱 증진시킬 수 있다. 우선 역내 국가들과 대화와 협력을 통해 신뢰를 구축하고 동북아 갈등구조를 협력의 틀로 전환시키는 데 적극적 역할을 해야 한다. 아울러 유라시아 국가들과 협력을 도모하고, 아시아와 유럽을 연계한 광범위한 지역에서 평화와 안정 그리고 공동번영을 실현해나가는 데 중심적 역할을 수행해야 한다.[37]

3. 국가안보전략 기조

국가안보전략 기조는 국가안보목표를 달성하기 위해 일관되게 견지해야 할 안보전략의 개념으로, 안보와 관련된 국정기조를 구체화시킨 것이다. 역대 정부의 국가안보전략 기조는 〈표 11-2〉와 같다.

〈표 11-2〉 역대 정부의 국가안보전략 기조

역대 정부	국가안보전략 기조
김대중 정부	• 확고한 안보태세유지로 전쟁억제 및 냉전적 대결구조 해체 • 화해와 협력의 증진을 통해 남북관계 개선 및 평화공존 관계 구축 • 양자간 · 다자간 국제협력을 강화하여 대 · 내외적 위협으로부터 국가 안전보장 및 번영 · 발전
노무현 정부	• 평화번영 정책 추진 • 협력적 자주국방 추진 • 균형적 실용외교 추진 • 포괄적 안보 지향
이명박 정부	• 새로운 평화구조 창출 • 실용적 외교 및 능동적 개방 추진 • 세계로 나아가는 선진안보 추구
박근혜 정부	• 튼튼한 안보태세 구축 • 신뢰외교 전개 • 한반도 신뢰프로세스 추진

출처: 국가안전보장회의, 『평화번영과 국가안보』(서울: 안전보장회의사무처, 2004), pp. 23–27; 국방부, 『국방백서1998』(서울: 국방부, 1997), p. 51; 『국방백서2010』(서울: 국방부, 2009), p. 33; 국가안보실, 『희망의 새시대 국가안보전략』(서울: 국가안보실, 2014), pp. 17–22.

21세기에 접어든 이후 김대중 정부와 노무현 정부는 대북포용정책을 추진하여 북한의 위협을 감소시킴으로써 국가안보를 지키고자 했다. 김대중 정부의 안보전략 기조는 남북관계 개선을 목표로 하는 '화해협력정책'에 주안을 두었다. 노무현 정부는 한반도의 평화증진과 남북 공동번영을 추구함으로써 평화통일의 기반을 조성하고 나아가 동북아 공존 · 공영의 토대를 마련한다는 기조하에 '평화번영정책'을 내세웠다. 이명박 정부는 지난 10년

37 국가안보실, 전게서, p. 16.

간 대북포용정책의 문제점을 지적하면서 엄격한 상호주의 원칙을 유지하고, 한미 간 '21세기 전략동맹'을 추진하는 등 '새로운 평화구조 창출'과 경제 살리기에 기여하는 '실용적 외교 및 능동적 개방 추진' 그리고 안보환경 변화와 미래전에 능동적으로 대응할 수 있도록 '세계로 나가는 선진안보 추구'를 안보전략 기조로 설정했다. 박근혜 정부는 '튼튼한 안보태세 구축', '한반도 신뢰프로세스 추진' 그리고 '신뢰외교 전개'를 국가안보전략 기조로 선정했다. 이러한 3대 전략기조는 4대 국정기조 중 하나인 '평화통일 기반구축'을 실현하기 위해 각각 국방, 통일, 외교 분야에서 실행해야 할 추진전략이다.[38] 즉 튼튼한 안보를 토대로 한반도 신뢰프로세스 추진과 신뢰외교를 전개함으로써 국권을 수호하고 국가의 번영과 국민의 안전을 지키며, 나아가 평화를 정착시키고 통일시대를 준비한다는 것이다.

이상과 같이 각 정부의 국가안보전략 기조는 당시의 안보상황과 국정철학 등에 부합되게 선정되었다. 우리가 처해 있는 안보환경과 여건을 고려할 때 국가안보전략 기조는 무엇보다 튼튼한 안보태세를 구축해야 하며, 국가안보를 뒷받침해주는 국가역량을 확충시켜나가야 한다. 또한 신뢰를 바탕으로 남북관계를 발전시킴으로써 지속 가능한 평화를 추구하고, 신뢰외교를 통해 동북아 평화와 협력을 증진함으로써 국익을 실현하고 세계평화와 번영에 기여토록 해야 한다. 따라서 바람직한 국가안보전략 기조는 ① 튼튼한 안보태세 구축, ② 국가 기본역량 확충, ③ 신뢰를 바탕으로 하는 대북·통일정책 추진, ④ 신뢰외교를 통한 국제협력 강화 등으로 요약할 수 있다.[39]

1) 튼튼한 안보태세 구축

튼튼한 안보는 국가존립의 기반이자 평화를 지키는 수단이다. 안보가 튼

38 박근혜 정부의 4대 국정기조는 '경제부흥', '국민행복', '평화통일 기반구축', '문화융성'이다. 여기서 '평화통일 기반 구축'은 국방·통일·외교를 아우르는 국가안보 분야의 핵심 기조다.

39 이하 '국가안보전략 기조'에 대한 내용은 국가안보실, 『희망의 시대 국가안보전략』(2014), pp. 17-22; 하정열, 『대한민국 안보전략론』(서울: 황금알, 2012), pp. 122-135; 이민룡, 『한반도 안보전략론』(서울: 봉명, 2001), pp. 34-35를 참조함.

튼할 때 남북관계가 발전하고 진정한 평화를 추구할 수 있으며, 나아가 통일기반 구축은 물론 동북아 안정 및 세계평화에도 기여할 수 있다.

첫째, 북한의 군사적 위협에 대비하여 굳건한 국방력을 갖추어야 한다. 튼튼한 국방력을 유지할 때 북한도 무력적화통일전략과 군사적 도발을 포기할 것이다. 특히 북한의 핵 · 미사일 등 비대칭 위협에 대비해서 선제타격이 가능한 첨단전력을 구비하고, 한미연합작전태세를 한층 강화해야 한다.

둘째, 북한의 위협 이외에도 테러리즘, 사이버 공격, 자연재해 · 재난 등 초국가적 위협과 주변국에 의한 미래의 잠재적 위협 등 다양한 형태의 위협에도 능동적이고 선제적으로 대응해나가야 한다.

셋째, 국제협력을 통해 대외적으로 안보역량을 증대시켜야 한다. 우선 한미연합방위체제를 더욱 강화시켜나가야 하며, 주변 강대국들과의 전략적 협력을 통해 북핵 문제를 해결하고 역내 불안을 해소해나가야 한다. 아울러 세계적 차원에서 양자 및 다자 협력을 강화함으로써 안보협력의 외연확대를 위해 노력해야 한다.

2) 국가 기본역량 확충

국가안보를 지속적으로 유지하기 위해서는 국가의 기본역량이 이를 뒷받침해주어야 한다. 안보를 지키기 위해 긴요한 기본역량은 국가의 경제력과 전략자원의 수급능력 그리고 과학기술력 강화 등이다.

첫째, 경제는 안보의 기반이다. 튼튼한 국방력을 뒷받침해주기 위해서는 활기찬 경제발전이 지속되어야 한다. 지속적인 경제발전을 위해서는 경제의 성장동력을 유지해야 한다. 지식정보화 시대에 탄력적으로 대응하기 위해서는 산업구조조정 및 사회발전 내실화를 도모해야 한다. 또한 경제의 성장잠재력을 저해하는 내적 요인과 세계경제 위기, 수출여건 악화 등 외적 요인을 현명하게 극복해나가야 한다.

둘째, 군사력 유지와 운용에 긴요한 전략자원 수급능력을 갖추어야 한다. 전략자원이 부족한 한국은 에너지, 비연료 광물자원 등 전략자원의 세계적 분포를 감안하여 우호관계를 강화해나가야 한다.

셋째, 첨단기술의 혁신과 하이테크 전쟁양상의 변화에 대응하기 위해서는 국가의 과학기술력을 강화해나가야 한다. 오늘날 국가 과학기술은 군사적으로 첨단무기 제조를, 경제적으로 교역량 증가 및 첨단산업 발전을 도모할 뿐만 아니라 국제관계에서 중요한 기능을 발휘하고 있어 핵심적 국가이익으로 간주되고 있다.

3) 신뢰를 바탕으로 하는 대북 · 통일정책 추진

한반도의 안정과 평화를 유지하고 평화통일의 기반을 구축해나가기 위해 무엇보다 중요한 것은 남북한 간 '진정한 신뢰'를 쌓아나가는 일이다. 신뢰는 평화를 적극적으로 만들어가는 가장 훌륭한 방법이다. 이러한 시각에서 박근혜 정부는 대북정책으로 '한반도 신뢰프로세스'를 추진하고 있다.

첫째, 남북한 간 대화를 통해 실천 가능한 문제부터 합의 · 이행을 제도화하고 그 과정에서 점진적으로 신뢰를 쌓아나가야 한다. 작은 것일지라도 신뢰를 쌓으면 남북관계 개선과 평화통일 기반을 도모하는 데 밑거름이 될 수 있다. 적극적 남북교류협력과 인도적 지원을 정치상황과 무관하게 추진하여 남북 간 신뢰가 쌓이면 북한도 변화의 길을 선택할 것이다. 특히 북한의 비핵화가 진전될 경우 정부가 구상하고 있는 '비전코리아 프로젝트' 같은 대북 경제협력과 지원을 적극 추진해야 한다.

둘째, 국민적 지지와 합의를 토대로 국민이 동참하는 대북 · 통일정책을 추진해야 한다. 국민의 지지가 미약한 정책은 추진동력이 약할 뿐만 아니라 북한이나 국제사회에 믿음을 주기도 어렵다. 대북 · 통일정책을 둘러싼 사회적 갈등을 해소하고 국론의 통합을 실현함으로써 민족 대통합을 이룰 수 있는 토대를 구축할 수 있다.

셋째, 대북 · 통일정책에 대한 국제사회의 협력과 신뢰도 중요하다. 특히 북핵 문제를 평화적으로 해결하고 북한으로 하여금 개혁 · 개방의 길을 선택할 수 있도록 하기 위해서는 주변 강대국의 적극적 역할이 필요하다.

4) 신뢰외교를 통한 국제협력 강화

신뢰외교는 신뢰를 동력으로 국가 간 협력을 증진하고 제도화함으로써 더 높은 수준의 협력을 이끌어내기 위한 노력이다. 경제적 협력에도 불구하고 안보적 갈등이 더 심화되어가고 있는 '아시아 패러독스' 현상을 해소하기 위해서는 신뢰외교를 더욱 적극적으로 전개해나가야 한다. '동북아평화협력 구상'은 박근혜 정부가 동북아 차원에서 신뢰외교를 구현하려는 핵심정책이라 할 수 있다. 그러나 남북 간 신뢰구축이 쉽지 않듯이 신뢰외교의 성과를 단기간에 이룩하기란 어렵다. 그럼에도 불구하고 세계 · 동북아 차원의 안보위협을 극복하기 위해서는 신뢰외교를 꾸준히 전개해나가야 한다.

첫째, 동북아 평화협력을 통해 기후변화, 테러, 마약, 원자력 안전, 환경, 재난구조 등 협력이 용이한 공동이익 분야에서부터 다자협력의 관행을 만들어나가야 한다. 여기에는 국가 간 신뢰가 필요하다. 동북아에서 신뢰의 인프라가 형성되면 동북아에서 새로운 협력문화의 탄생과 평화의 질서를 정착시키게 될 것인바, 이는 한반도 평화정착과 평화통일에도 크게 도움이 될 것이다.

둘째, 한국은 중견국으로서 국제사회에 대한 책임과 역할을 다함으로써 세계무대에서 더 많은 신뢰를 얻고 협력의 폭을 확대해나가야 한다. 특히 도덕적 우월성과 신장된 국력은 신뢰를 만드는 원천이다. 한국은 국제적 신뢰를 자산으로 북한의 변화의 변화에 대한 국제사회의 공감대를 확산시키고, 북한의 핵 포기와 인권증진을 위한 국제협력을 강화해나가야 한다.

셋째, 신뢰외교를 통해 통일기반을 확충해나가야 한다. 특히 국제사회에 통일의 당위성을 인식시키고 한반도 통일이 가져다줄 수 있는 세계적 편익에 대해 공감대를 형성함으로써 대북 · 통일정책에 대한 국제사회의 지지를 확보해야 한다.

제3절
국가안보전략의 핵심과제

21세기 한반도의 안보상황은 핵실험을 비롯한 북한의 잇따른 도발로 인해 불안한 정세가 지속되고 있다. 또한 세계 및 동북아 안보정세 역시 갈등과 분쟁 조짐이 도처에서 나타나고 있다. 한국은 이러한 대내외적인 안보위협을 극복하고 국가안보목표를 달성하기 위해 다음과 같은 전략과제를 지속적으로 추진해나가야 한다.[40]

1. 확고한 국방태세 확립과 미래지향적 방위역량 강화

1) 전방위 대북 군사대비태세 완비

한국이 직면한 일차적 안보위협은 북한의 군사적 위협과 도발이며, 특히 WMD, 사이버전, 심리전, 테러전 등 북한의 비대칭전 수행능력이 큰 위협이 되고 있다. 북한의 군사위협과 도발로부터 영토와 주권을 수호하고 국민의 안전을 보장하기 위해서는 전방위 대북 군사대비태세를 완비해나가야 한다.

특히, 강력한 한미연합방위태세와 긴밀한 정치 · 외교적 공조를 통해 북한의 군사적 도발을 사전에 억제시켜야 한다. 이를 위해 국지도발로부터 전면전에 이르기까지 한미 간 공동 작전계획을 발전시키고, 다양한 연합연습을

---

40 이하 '국가안보전략의 핵심과제'에 대한 내용은 국가안보실, 『희망의 시대 국가안보전략』(서울: 국가안보실, 2014), pp. 43-114; 하정열, 『대한민국 안보전략론』(서울: 황금알, 2012), pp. 149-335를 참조하여 정리함.

통해 포괄적이고 상호 운용이 가능한 연합방위력을 지속적으로 강화시켜 나가야 한다. 또한 북한은 테러, 사이버 공격, GPS 교란, 수형무인기 침투 등 새로운 수단과 방법으로 도발을 지속할 것인바, 다양한 도발양상에 대한 효과적인으로 대응체계를 구축할 수 있도록 해야 한다.

2) 북한의 WMD 위협 대응능력 강화

핵무기를 포함한 북한의 WMD는 한반도는 물론 동북아 안보에 심각한 위협이 되고 있다. 따라서 북한의 WMD 사용을 억제하고 만일 사용할 경우 강력하게 응징할 수 있도록 범정부 차원과 한미동맹 및 동북아 안보협력 차원에서 다각적인 대응책을 마련해야 한다.

북한의 핵 · 미사일 위협에 대응해서 한미 양국은 '확장억제정책위원회(EDPC)'를 통해 '맞춤형 억제전략'을 발전시켜나가야 한다. 아울러 독자적인 대응능력 강화 차원에서 능동적 억제전략을 발전시켜 핵 · 미사일을 포함한 북한의 다양한 위협을 효과적으로 억제하고 도발 시에는 자위권 차원에서 단호하게 대처할 수 있는 킬 체인(Kill Chain)과 한국형 미사일방어(KAMD) 체계를 조기에 구축함은 물론 북한의 SLBM 개발에 대비할 수 있도록 새로운 대비책을 마련해야 한다. 아울러 한미 양국은 국익 차원에서 고심 끝에 결정한 사드배치 문제를 추진하되, 이로 인한 정치 · 외교 · 사회적 갈등과 마찰을 최소화할 수 있도록 균형 있는 외교적 지혜를 발휘해야 할 것이다.

또한 북한의 생화학 테러위협 가능성에 대비해서 범정부 차원의 대응체계를 구축하고, 국제사회의 WMD 확산방지 노력과 공조에 능동적으로 참여해야 한다.

3) 전략환경에 부합하는 자위적 방위역량 향상

역사는 스스로 지킬 힘이 없는 나라는 영원한 생존을 보장할 수 없다는 냉혹한 사실을 가르쳐주고 있다. 자주국방의 근간은 스스로 나라를 지킬 수 있는 힘, 즉 '자위적 방위력'을 확보하는 것이다. 따라서 '자위적 방위력'은 국가안보전략의 주 수단이며, 자위적 방위역량의 향상은 안보전략의 주 과제라 할 수 있다.

북한군의 대규모 재래식 전력에 대해서는 첨단전력 운용으로 대북 우위를 유지해야 한다. 특히 전시작전통제권(이하 전작권이라 한다) 전환 이전에 핵심전력을 확보할 수 있도록 해야 한다. 아울러 북한군의 비대칭전력에 대응하여 북한의 취약점을 공략할 수 있는 우리의 비대칭전략을 개발해나가야 한다. 또한 가용 병력자원이 감소하는 현실을 고려하여 첨단기술 집약형 군대로 발전시키고, 예비전력을 상비전력 수준으로 정예화 할 수 있도록 국방개혁을 안정적으로 추진해야 한다.

한국군은 북한의 위협뿐만 아니라 불확실한 동북아 안보환경에 따른 잠재적 미래위협에도 대비할 수 있는 원거리 감시 · 정찰 · 타격능력과 우주 전력도 갖추어나가야 한다. 또한 테러, 마약, 인신매매, 해적 등 초국가적 위협과 대규모 자연재해, 신종 전염병 확산 등 비군사적 위협에 대처하기 위한 국제사회의 공동 노력에도 적극 동참해야 한다.

2. 한미동맹 발전과 국제적 안보협력 증진

1) 한미동맹 발전

한미동맹은 과거 군사동맹 성격에서 포괄적 전략동맹으로 협력분야를 확대해나가고 있다. 그럼에도 불구하고 한반도 평화와 안정을 유지하기 위해 한미군사동맹은 매우 중요한 역할을 하고 있다.

전작권 전환 문제는 한반도 안보에 적지 않은 영향을 미치는 국가 차원의 안보정책으로 심중히 다루어져야 한다. 전작권 전환은 노무현 정부에서 2012년 4월 17일로 결정한 이후 이명박 정부에서 2015년 12월 1일로, 박근혜 정부에서 '조건에 기초한 전작권 전환'으로 변경되어왔다. '조건에 기초한 전작권 전환'은 북한의 위협과 역내 안보환경의 변화 그리고 한국군의 능력을 고려할 때, 시기보다는 여건 중심으로 전환해야 한다는 점을 중시한 것이다. 그러나 여건이 마련되지 않았다고 해서 전환일정을 마냥 연기한 채 방치하는 것은 바람직하지 않다. 따라서 전환을 위한 목표시기를 결정해놓고, 한국군의 능력을 체계적으로 준비해야 한다. 또한 전작권 전환 이후에도 한미연합작전체제가 지속적으로 유지될 수 있도록 동맹군의 지휘구조를 발전시켜나가야 한다.

아울러 한미동맹을 포괄적 전략동맹으로 발전시켜나가야 한다. 자유민주주의, 시장경제, 인권보호 등 양국이 지향하는 공동가치와 호혜적 이익을 기반으로 동맹의 폭을 확대해나가야 하며, 한반도 방위를 넘어 지역과 범세계적 안보 문제에 공동으로 대처하는 방향으로 그 역할을 확대해나가야 한다.

2) 주변국과 전략적 안보협력 강화

북한의 안보위협에 대처하고 역내 불안요인을 안정적으로 관리하기 위해서는 국가별 특성을 고려하여 주변국들과 맞춤형 안보협력을 강화함은 물론 역내 다자안보협력을 증진시킬 필요가 있다.

무엇보다도 중국과 '전략적 협력동반자 관계'를 강화시켜나감으로써 북핵과 통일 문제 등 한반도 핵심 사안들에 대한 전략적 소통과 FTA 추진 등 경제협력 및 인적 유대를 강화시켜나가야 한다. 일본과는 북한의 위협에 공동 대처하는 안보분야에서의 협력은 지속해나가되, 독도 영유권 주장과 역사왜곡 문제 등 부당한 행위에 대해서는 단호하게 대처해야 한다. 러시아와는 '전략적 협력동반자 관계'의 실용적 발전을 모색해나가면서 남 · 북 · 러 3각 협력을 계기로 동북아와 유라시아에서 경제협력을 강화해나가야 한다.

또한 한 · 미 · 일 안보협력과 한 · 중 · 일 3국 협력체제 및 FTA 체결, 한 · 미 · 중 전략대화 등 역내 주변국들과 다자협력을 능동적으로 추진함으로써 양자관계 발전과 시너지 효과를 창출해나갈 수 있을 것이다.

3) 국제사회와의 포괄적 안보협력 증진

아태 지역의 전략적 중요성을 고려할 때, 한국은 호주, 인도 ASEAN 국가들과 안보협력을 우선적으로 추진해야 한다. 아울러 유럽, 북미, 중동, 중남미, 아프리카 등에서도 지역별 거점국가와 교류협력을 확대함으로써 대외적 지지를 확보해나가야 한다.

또한 '동아시아정상회의(EAS)', ASEAN+3, ARF 등 주요 다자협의체에 적극 참여하여 우리의 입장에 대한 지지를 획득해나가고, 'UN평화유지활동(PKO)', 핵안보정상회의, PSI 등 글로벌 안보 문제 해결에 능동적으로 참여함으로써 세계평화에 기여하고, 한국의 위상과 역할을 확대할 수 있을 것이다.

3. 범국가적 역량 통합 및 총력안보태세 확립

1) 자유민주주의 체제 수호

한반도는 남북한이 아직도 해묵은 체제경쟁을 하고 있다. 세계적 탈냉전으로 자유민주주의 우월성이 입증되었지만, 북한은 이미 역사에서 폐기처분된 이념을 붙들고 있다. 북한은 소위 '남조선 혁명역량'을 강화하여 대한민국 정부를 전복시키려는 간접전략을 펼치고 있다. 이에 더하여 비록 극소수 일부이지만 국내 일부 세력이 북한에 동조하면서 자유민주주의 체제를 부정하고 있고, 이른바 '종북세력'이라는 용어가 탄생하게 되었다.

오늘날 대두되고 있는 다양한 사회 · 경제적인 문제는 국가의 힘만으로는 해결하기 어려운 실정이다. 세계화와 지방화 추세 속에서 정부의 권한과 기능은 크게 약화되고 있는 반면 국민적 요구사항은 다양해지고 복잡해졌다. 이러한 상황에서 우리의 자유민주주의 체제를 수호하는 것은 모든 국민의 의무다. 따라서 대한민국 국민으로서 성숙된 민주시민의식으로 북한의 간접전략을 차단하고, 국가적 난제들을 해결해나가는 데 동참하는 사회를 건설해나가야 한다.

2) 국익을 위한 화합과 통합된 사회 정착

세계화시대에도 한반도의 정치 · 사회는 대결과 갈등이 심화되고 있다. 가장 심각한 것은 남북갈등이며, 이는 위협과 도발을 야기한다. 남북갈등 못지않게 남남갈등도 심해지고 있다. 그뿐만 아니라 계층 간, 보혁(保革) 간, 노사 간, 지역 간 갈등도 심각하다. 심화되고 있는 갈등 문제는 민주주의 발전을 지연시키고 국민적 화합을 저해한다. 오늘날 다양한 유형의 위협들에 효과적으로 대응하기 위해서는 이러한 갈등을 적절히 치유하고, 모든 안보역량을 통합한 전방위 총력안보태세를 확립해나가야 할 것이다.

이러한 갈등 문제를 해결하기 위해서는 민주주의를 정착시키고, 필요한 분야에 대한 개혁을 추진하여 화합과 관용의 정신을 바탕으로 통합된 사회를 정착시켜나가야 한다. 특히 갈등 당사자 간에 자율적으로 분쟁을 해결하는 환경을 조성하기 위해서는 무엇보다 국민이 정부와 정치권을 신뢰해야 한다. 아울러 정부 차원에서는 계층 간 이익갈등을 합리적으로 해결할 수 있는 합의된 경쟁규칙을 제정하고 공정한 집행이 되도록 해야 한다.

3) 국가안보에 기여하는 활력 있는 경제발전

21세기의 현대전 양상은 정보혁명에 힘입어 네트워크중심전(NCW)을 비롯해 정보전, 사이버전, 효과중심정밀타격전(EBO) 등 다양한 형태로 발전하고 있다.[41] 경제가 국가안보에 기여하기 위해서는 정보화시대의 혁신기술을 흡수하여 신기술을 창출하고, 이를 국방기술과 방위산업의 발전에 연계해야 한다. 우리나라는 지식정보 분야에서 세계 최첨단을 달리고 있다. 이러한 국가잠재력은 국방기술의 발전과 안보 분야에 직간접적으로 기여하게 된다.

또한 방위산업의 효율성을 극대화하고 국방기술을 발전시키기 위해서는 경제가 활기차야 한다. 경제가 활력이 있으면 사회분위기와 기업의 활성화를 기대할 수 있으며, 적정 국방비 지출이 가능하다. 또한 비상사태 발생 시 국가자원을 적재적소에 활용할 수 있도록 민·관·군·경 통합방위태세를

41 군사학연구회, 『전쟁론』(서울: 플래닛미디어, 2015), p. 226.

발전시켜야 한다.

4. 남북관계 발전과 한반도 평화정착

1) 북핵 문제 해결과 남북관계 발전

북한은 그동안 '한반도 비핵화 공동선언', '9.19공동선언' 등 수차례에 걸친 합의를 했음에도 불구하고 핵실험을 통해 핵능력을 지속적으로 향상시키고 있으며, 핵보유국임을 헌법에 명시하고 대외적으로 선언하는 등 상황을 악화시키고 있다. 이러한 북한의 핵개발은 남북관계 발전은 물론 한반도 평화와 통일에 대한 가장 큰 걸림돌이다.

북핵 문제 해결을 추진함에 있어 가장 중요한 것은 첫째, '북핵 불용' 원칙을 견지해나가는 것이다. 북핵 문제를 평화적으로 해결하고자 추진했던 6자회담이 가동되지 않는 상황에서도 북한은 간헐적으로 미국과 협상을 제기하기도 한다. 어떠한 형태의 협상이 진행되더라도 북한의 핵은 결코 용납될 수 없다는 한국의 입장이 전제되어야 한다. 즉, 목표가 비핵화에서 비확산으로 전환되지 않도록 해야 한다. 또한 북한이 은밀히 우라늄 농축 프로그램을 진행하거나 무기급 농축우라늄탄의 분산 은닉 가능성에도 대비해야 한다. 둘째, 북한이 핵을 포기할 수 있도록 국제사회와 함께 압박과 대화를 병행하는 강압외교를 전개해나가야 한다. 한국은 국제사회와 공조를 바탕으로 실효적인 대북제재를 강화하고 비핵화 대화를 병행함으로써 북한이 '핵포기'라는 전략적 결단을 할 수 있는 환경을 조성해야 한다.

남북관계의 발전은 북한의 비핵화 진전과 상호 보완적으로 이뤄져야 한다. 북핵 문제의 진전 없이 남북관계의 발전만을 추구하거나 남북관계의 모든 사안을 핵 문제와 연계시켜 처리하는 것은 바람직하지 않다. 이산가족·국군포로·납북자 문제 등 인도적 지원이나 순수 사회문화 교류는 핵 문제 해결 이전이라도 적극 추진해나가야 한다. 아울러 북한의 비핵화에 진전이 있을 경우 국제사회와 함께 정치·경제·외교적으로 다양한 지원을 해나가는 대형 프로젝트를 마련해두어야 한다.

2) 원칙과 신뢰에 입각한 남북대화 및 교류협력 추진

70여 년이 넘도록 대립관계를 유지해온 남북관계를 한순간 개선하기란 쉽지 않을 것이다. 수많은 저해요인이 복잡하게 얽혀 있기 때문이다. 남북관계를 정상화하고 호혜적으로 발전시켜나가기 위해서는 원칙과 신뢰에 입각한 대화를 통해 대립되어 있는 제반 문제들을 해결해나가고, 합의사항은 철저히 이행하는 문화를 정착시켜나가야 한다. 남북 간 대화의 문은 항상 열어놓는 것이 바람직하나 지금까지 경험에 비추어볼 때, '대화를 위한 대화' 또는 '북한을 달래기 위한 지원' 등은 북한으로 하여금 새로운 도발을 반복하게 만드는 요인이 되어왔다. 따라서 북한의 잘못된 행동을 수용해서는 안 되며, 오히려 상응한 대가를 치르게 함으로써 올바른 선택을 하도록 유도해야 한다.

남북 간 남북교류협력사업은 남북관계의 상황과 비핵화 진전 여부에 따라 점진적 · 단계적인 추진전략을 마련해야 한다. 즉, 비핵화 이전에도 남북관계 개선상황의 진전에 따라 기존의 교류협력사업을 복원하고,[42] 남북 간 신뢰가 구축되고 북핵 문제 해결이 가시화되면 남북 경제공동체 건설은 물론 나진 · 하산 물류사업 등 남 · 북 · 러 협력사업과 신의주 등을 중심으로 하는 남 · 북 · 중 협력사업도 탄력을 받을 것이다. 또한 이러한 남북교류협력사업을 통해 북한을 정상국가로 유도하고, 북한의 개혁 · 개방을 촉진시킴으로써 평화통일의 기반을 구축하는 데도 기여할 수 있다.

3) 남북한 군사적 긴장완화 및 평화정착

한반도가 분단된 이후 남북한 간 군사적 긴장은 대부분 북한의 도발에서

---

42 김재철, "박근혜 정부의 한반도 신뢰프로세스 추진전략", 「평화학연구」 제14권 제3호(한국평화연구학회, 2013), pp. 188-189.

비롯되어왔다.[43] 북한은 아직도 남한을 '미제의 식민지'로 파악하면서 자신의 폭력행위를 정당화하고 있으며, 핵개발은 미국의 적대시 정책 때문이라고 주장하고 있다. 또한 북방한계선(NLL) 침범으로 서해상에서 잦은 충돌이 발생하고 있고, 한미연합훈련을 북침훈련으로 규정하면서 비방공세와 도발이 이어지고 있다. 특히 북한은 민간단체의 대북전단살포는 '최고 존엄'을 모독하는 행위라고 주장하면서 연천 지역의 대북전단살포 시에는 물리적 타격수단(14.5밀리 고사기관총 10여 발 발사)을 선택한 바 있다.

북한의 군사적 긴장조성은 군사적 마찰요인만 제거한다고 해서 해결되는 것은 아니다. 동북아의 냉전구도와 북한의 체제위기 등 국제적 · 국가적 차원의 근본요인이 해결되지 않는 한 언제든지 재발될 수 있다. 먼저, 군사적 차원에서는 한미 공동의 강력한 억제전략이 필요하다. 특히 북한의 핵 · 미사일에 대한 맞춤형 억제전략 수행능력을 확보하기 위해 킬 체인과 KAMD 시스템을 조기에 전력화해야 한다. 아울러 해상 NLL 및 DMZ 일대의 국지도발에 대해서는 강력한 응징을 할 수 있어야 한다. 북한은 도발의 실체를 은폐하기 위해 공격 실체를 즉각 판별하기 어려운 테러 도발을 감행할 가능성도 있다. 이에 대비해서 정보 및 감시수단과 대테러작전 준비에 만전을 기해야 한다. 또한 국제적 차원에서는 역내 국가들의 협력으로 북한으로 하여금 핵개발과 군사적 도발을 포기하도록 유인하고, 한반도의 냉전적 갈등 구도를 타파해나가야 하며, 국가적 차원에서도 남북한 간 대화를 통해 진정한 신뢰를 구축하여 경색되어 있는 남북관계를 개선함으로써 한반도 군사적 긴장을 완화시켜나가야 한다.

또한 남북한이 협력하여 군비통제를 추진한다면 군사적 긴장을 획기적으로 완화시킬 수 있을 것이다. 군비통제는 남북 간 합의가 가능한 '군사적 신

---

43 북한은 한국전쟁을 시작으로 1960년대 청와대 기습사건과 울진 · 삼척 무장공비 침투, 1970년대 8.18 판문점 도끼만행, 1980년대 미얀마 아웅산 묘소 폭파 및 KAL기 폭파사건, 1990년대 이후에도 강릉 잠수함 침투사건을 비롯하여 세 차례에 걸친 서해교전과 미사일 발사와 핵실험, 천안함 폭침, 연평도 포격도발사건 등을 비롯하여 무려 3,040회에 이르는 크고 작은 대남 군사도발을 감행했다. 국방부, 『2014 국방백서』(서울: 국방부, 2013), p. 251.

뢰구축' 방안 및 '운용적 군비통제(operational arms control)' 방안을 발굴하여 적극 추진할 필요가 있다.

남북한 군사적 긴장완화의 필요성은 적대적 공존관계를 평화적 공존관계로 개선함으로써 평화통일 기반을 구축하는 데 있다. 군사적 긴장을 완화시키기 위해서는 동북아 강대국과 북한의 협력이 전제되어야 한다는 점에서 단기간에 달성하기란 쉽지 않은 과업이다. 따라서 협상을 유도하기 위한 도발을 반복해온 북한의 행동을 차단할 수 있도록 군사적 차원에서 철저한 대비와 억제력을 갖춘 가운데 국가적 차원에서 전략적 유연성을 발휘하여 남북관계 개선에 노력해야 할 것이다.

5. 통일시대 대비 실질적인 통일기반 구축

1) 범국민적 통일 역량 강화

실질적 통일 준비를 위해서는 범국민적 통일의지를 하나로 결집시켜 통일역량을 키워나가는 것이 중요하다. 이를 위해 범국가적 통일준비기구인 '통일준비위원회'를 가동하여 통일정책 추진에 대한 국민적 공감대를 형성하고, 남북한 주민의 원활한 통합을 위해 분야별 준비사항을 구체화시켜나가야 한다.

먼저, 단순한 하나의 영토, 하나의 체제를 실현하는 분단극복 차원을 넘어 한반도의 새로운 미래를 창조하고 진정한 통합을 실현할 수 있도록 '범국가적 통일준비체계'를 마련해야 한다. 특히, 국민과 함께 지혜를 모아 평화통일에 대한 공감대를 형성하면서 다양한 연구기관을 활용하여 통일과정의 청사진, 통일의 편익, 통일국가의 미래상 등에 관한 정립과 각 분야별 통일 준비사항을 체계적으로 진행해나가야 한다. 아울러 국제사회와 긴밀한 소통을 통해 국제적 신뢰와 지지를 확보해야 한다.

또한 오랜 분단 기간을 거치면서 이질화된 남북한 사회를 하나의 공동체로 만들어가기 위해 분야별 통합방안을 마련해야 한다. 이를 위해 전문연구

기관을 활용하여 통일과정에서 발생할 수 있는 남북한 주민의 사회 · 심리 · 문화적인 격차를 해소하는 문제를 포함하여 통일과 통합과정에 대한 심도 깊은 연구를 추진해야 한다. 이러한 통일준비를 위해 공공부문과 민간부문에서 전문인력을 육성하는 프로그램을 추진해나가야 한다.

2) 통일교육 활성화

통일교육은 통일에 대한 올바른 인식과 의지 결집을 위한 기본적 과제다. 국민에 대한 통일교육을 활성화하기 위해서는 먼저 통일교육 추진체계를 정비한 후 맞춤형 통일교육이 되도록 확대해나가야 한다.

우리 사회에 만연해 있는 통일에 대한 무관심과 회의론을 차단하고, 실질적인 통일 준비를 위해서는 시대상황에 부합된 통일교육이 가능하도록 통일교육 추진체계를 재정비해야 한다. 특히 통일미래 세대인 초 · 중 · 고교생들의 관심과 이해를 높일 수 있는 교육내용 및 기법을 적용하고 일반 국민을 대상으로 지역통일교육센터 운용을 활성화해나가야 한다. 또한 열린 통일교육을 실현하기 위해 정부 유관기관, 국책연구소, 민간 전문가, 일선교사 등과 통일교육 민관 거버넌스 운용은 물론 민간의 통일교육 기반도 확충해나가야 한다.

이러한 통일교육 추진체계를 바탕으로 맞춤형 통일교육을 확대해나가야 한다. 특히 통일교육 내용을 대상별로 다변화하여 전문지식과 정보는 물론 흥미와 감동을 줄 수 있는 교육을 실현해야 한다. 특히 통일교육과정에 체험 프로그램을 확충하여 흥미증진을 통해 관심을 촉진시킬 수 있는 대국민 교육서비스를 마련해야 한다.

3) 평화통일을 위한 유리한 국제환경 조성

통일에 대한 국제사회의 지지와 협력을 확보하는 것은 평화통일의 기반 조성을 위해 매우 중차대한 과제다. 먼저, 남북통일의 비전을 국제사회와 공유하고, 우리의 통일정책인 민족공동체통일방안에 대한 이해를 높이고 지지를 이끌어내야 한다. 아울러 한반도의 현상유지보다는 통일된 한반도가 동북아는 물론 세계 평화에 기여하게 될 것이라는 점을 적극적으로 홍보해나가야 한다. 이를 위해 한국은 세계 주요 국가들을 대상으로 양자 및 다자 외교활동과 UN, 각종 다자협의체, 국제적 네트워크 등을 활용하여 국제무대에서 통일외교를 적극 전개해나가야 한다.

아울러 해외의 한반도 전문가, 유관기관, 재외동포 등 민간 차원의 협력을 강화하고, 이들이 함께 참여하는 학술회의 및 세미나 등을 활성화함으로써 한반도 평화통일 문제에 대한 관심을 촉진시켜나가야 한다.

6. 세계평화와 인류공영에 기여

1) 세계평화에 기여하는 중견국 외교 전개

오늘날 세계는 강대국에 의해 제반 어려운 문제들을 해결했던 것과는 대조적으로 중견국의 역할이 점차 중시되고 있다. 대한민국이 중견국 외교를 통해 해결할 수 있는 영역으로는 '세계평화와 인권증진' 및 '개발협력 외교'를 들 수 있다.

세계평화와 인권증진을 위해 한국은 UN 및 국제기구에서 활동을 내실화하고, 주요 국제분쟁의 해결과 국제 인권증진 노력에 적극 동참해야 한다. 아울러 핵안보, 사이버안보, 테러리즘 등 새로운 안보위협에 대한 국제적 대응책을 마련하는 데도 주도적 역할을 수행해야 한다.

또한 개발협력외교를 적극 추진하여 개발도상국가들의 지속 가능한 발전에 기여해야 한다. 특히 개발도상국가들에게 우리의 경제발전 노하우를 전수하는 등 우리의 개발경험을 활용할 필요가 있다. 아울러 이해를 같이하는 국가들과 네트워크를 강화하여 협력외교를 강화해나감으로써 한국의 국제적 위상을 제고함은 물론 평화통일 기반구축과 동북아 평화와 안정에 기여할 수 있을 것이다.

2) 지역별 맞춤형 외교 전개

맞춤형 외교란 세계 각 지역별로 그 특성에 맞는 외교를 전개함으로써 상대국과 신뢰를 구축하고 상생과 호혜의 관계를 발전시켜나가는 신뢰외교의 일환으로, 경제부흥과 평화를 만들어가는 보다 적극적이고 능동적인 전략이라 할 수 있다. 따라서 한국은 유럽 · 중앙아 지역을 비롯하여 동남아 · 서남아 지역, 아프리카 · 중동 지역, 중남미 지역 등으로 구분하여 다층적이고 전방위적 맞춤형 외교를 전개해나가야 한다.

세계 최대 경제규모인 EU를 형성하고 있는 유럽은 우리나라와 정치 · 경제적 협력의 잠재력이 매우 큰 파트너다. 한국은 유럽 주요 국가들과 협력해 신성장 동력을 발굴하고, 특히 EU와 2013년에 합의한 '미래형 파트너십'을 발전시켜나가야 한다. 또한 유라시아 대륙의 중심에 위치한 중앙아시아 지역은 유라시아 이니셔티브 실현을 위한 핵심 지역으로서 석유, 가스, 석탄 등 풍부한 자원을 보유하고 있다. 따라서 중앙아시아 국가들과 건설 · 인프라, 신재생에너지, 정보통신 등 다양한 분야에서 협력외교를 추진해야 한다.

동아시아의 경제협력을 주도하고 있는 ASEAN 국가들과 전략적 동반자 관계를 수립하고, FTA를 기반으로 협력의 범위를 다양한 분야로 넓혀가야 한다. 16억의 거대한 인구와 경제성장 잠재력이 큰 서남아 지역과도 전략적 동반자 관계를 내실화하고 다방면으로 협력을 강화해야 한다. 특히 호주와 뉴질랜드는 우리와 가치를 공유하는 우방국이자 자원개발과 경제 분야에서 유망한 협력국가들이다. 또한 한국은 풍부한 자원으로 향후 성장 잠재력이 큰 아프리카 국가들과 최대의 원유 공급원인 중동 국가들과도 에너지 · 자원개발 협력을 확대해나가야 한다. 특히 정치적 민주화와 경제발전을 동시에 이룩한 한국의 경험을 이 지역 국가들과 공유함으로써 세계평화와 발전에 기여할 수 있을 것이다.

풍부한 자원을 바탕으로 경제성장을 지속하고 있는 신흥시장인 중남미 지역과는 기존의 에너지 · 자원 협력을 비롯하여 인프라, 농업, 보건, 정보통신, 전자정보, 환경 등 다양한 분야에서 협력을 추진하면서 지역협력체들과 대화

채널을 강화하고 구체적인 협력사업을 확대해나가야 한다.

3) 해외국민 안전 · 권익 증진과 공공외교 강화

대한민국 헌법 제2조에 "국가는 법률이 정하는 바에 의해 재외국민을 보호할 의무를 진다"라고 명시되어 있다. 이러한 헌법정신에 입각하여 해외에 체류하는 국민의 안전과 권익 보호를 위해 다양한 영사서비스를 제공해야 하며, 재외동포와 연대를 강화해야 한다.

또한 가치, 문화, 제도 등 소프트 파워를 활용한 국민참여형 공공외교를 통해 국가 위상과 이미지를 제고해나가야 한다. 특히 현지사정에 밝은 재외공관이 그 지역의 관습과 문화 그리고 외교관계를 고려하여 주도적으로 공공외교를 추진함으로써 외교활동의 효과를 극대화시킬 수 있을 것이다.

지금까지 살펴본 바와 같이 한반도 안보환경은 북한의 잇따른 핵실험과 군사적 도발로 인해 불안한 평화를 유지하고 있는 가운데 동북아와 세계 안보정세 역시 불확실성이 심화되고 갈등과 분쟁의 조짐이 도처에서 나타나고 있다. 한국의 국가안보전략 과업은 가중되어가고 있는 대외위협으로부터 국민과 영토 그리고 주권을 보호하고, 대내적으로 국민생활의 안전을 지키면서 정치, 경제, 사회, 문화 등 제 분야에서 번영과 발전을 이룩함으로써 국력향상과 국민의 삶의 질을 향상시키는 것이다. 그뿐만 아니라 분단된 한반도를 평화적으로 통일해야 하는 민족적 과업을 추가적으로 수행해야 한다. 따라서 한국의 국가안보전략은 여타의 국가보다도 복잡하고 많은 어려움이 따르고 있다. 이러한 어려운 여건을 극복하고 국가의 생존과 번영발전을 위해서는 협력안보 차원의 안보전략을 수립 · 시행해야 하며, 평시 대비와 유사시 선택해야 할 전략을 조화롭게 통합하고 연결할 수 있어야 한다.

최우선 과업은 전쟁을 억제하는 것이지만 억제는 실패할 수 있기 때문에 항상 전쟁에 대비하지 않을 수 없다. 따라서 한국의 국가안보전략은 북한의 위협을 관리하고 억제할 수 있도록 튼튼한 안보를 바탕으로 평화를 유지한 가운데 추진되어야 할 것이다.

제12장

한국안보의 미래: 한미동맹과 다자협력방안

한국은 한 치의 실수도 용납되지 않는 지정학적 환경에 놓여있다. 미 · 중 간의 패권경쟁은 점차 격화되는 양상을 보이며 그 진동을 한반도에 여실히 전하고 있고, 한반도 주변은 경제분야 상호 협력과 의존성이 증가하는 것에 비해 정치, 안보분야의 갈등과 불안정성은 오히려 확대되는 이른바 아시아 패러독스 현상이 심화되고 있다. 여기에 북한체제의 불확실성과 북핵의 위협은 우리의 안보를 심각하게 위협하고 있다. 한국은 국가안보를 견고히 지키는 한편 궁극적 목표인 평화통일을 이룩하기 위해 보다 포괄적인 안보전략을 모색해야 한다. 한국과 한반도 주변국 간의 협력적 안보관계, 특히 한미동맹과 다자협력에 관한 새로운 구상과 발전전략이 필요하다.

최병욱(崔秉旭, Choi, Byungook)

육군사관학교를 졸업하고 미국 해군대학원(NPGS)에서 경영학 석사 학위를, 서울대학교에서 교육학 박사 학위를 받았다. 육군 대령으로 전역 후 2014년부터 상명대학교 군사학과 학과장으로 재직하고 있다. 펜실베니아대학교(U-Penn)와 오하이오주립대학교(OSU)에서 방문연구원, 한국국방연구원 연구위원, 중앙대학교 겸임교수, 부총리 사회정책자문위원 등을 역임하였고 현재 국방부 정책자문위원, 국회예산정책처 자문위원, 한국국방정책학회 및 군사학교육학회 상임이사, 군 인성교육진흥원 상임이사 등으로 활동 중에 있다. 연구 관심 분야는 인적자원개발, 인력 및 인사관리, 리더십, 병영문화, 교육훈련 등이다.

제1절
안보환경의 변화와 도전

1. 세계 안보정세

1) 미국 우위 국제질서에서의 지역강국의 부상

미국은 두 차례의 세계대전을 통해 유일한 초강대국가로 성장했다. 제1차 세계대전 당시 미국은 채무국에서 채권국으로 발돋움하였으며, 그리고 제2차 세계대전을 치르고 난 후에는 전쟁기간 중의 급속한 생산력 확대를 바탕으로 전후 전 세계에 식량 및 공산품을 공급하면서 더욱 급격한 경제 발전을 이룩했다.

이후 미국은 비약적인 경제성장을 바탕으로 자본주의 세계의 지도국으로 자리매김하면서 동서로 양극화된 냉전구조하에서 선(민주주의)과 악(공산주의)의 선택을 강요하며, 제3세계에 대한 영향력 확대를 위한 공세를 이어나갔다. 그 가운데 미국은 1970년대 초 소련 견제라는 공동 목표를 가진 중국과 화해한 후, 1970년대 말에 정식 수교했다. 미중 관계의 정상화가 이루어지던 이 시기, 미국은 전략적 각축 대상이었던 소련의 팽창을 억지하기 위한 수단으로 중국을 선택한 것이다.[44]

그러나 20세기 후반 국제질서의 큰 축을 이뤘던 동서냉전체제가 붕괴되고 탈냉전 시대가 도래하면서 국제질서는 이념과 체제, 제도의 대립보다는

44 헨리 키신저, 권기대 역, 『헨리 키신저의 중국이야기』(서울: 민음사, 2012), pp. 270-272; 박병광, "국제질서 변환과 전략적 각축기의 미중관계: 중국의 전략적 입장과 정책을 중심으로", 『EAI 국가안보패널 연구보고서』(2014), p. 1에서 재인용.

경제발전과 평화체제 구축을 중심으로 재편되었다. 세계는 양극화에서 다극화로 변화되었으며, 중국, 인도 등과 같은 신흥국들이 급속한 경제성장을 바탕으로 국제정치 무대에서 중요한 행위자로 부상하기 시작했다.

특히, 중국은 21세기 들어 국제정치 측면에서 미국과 전략적 각축을 벌이는 위치에 올라서게 되었다. 중국은 자국의 부상이 국제사회와 주변국에 위협을 가하지 않는 평화로운 방식으로 이루어질 것이며, '조화로운 세계(和諧世界)'를 건설하기 위해 노력할 것임을 공표한 바 있으나,[45] 오늘날 중국은 대국굴기를 표방하며, 미국과의 패권경쟁을 추구하는 방향으로 나아가고 있다. 미국과 중국 간의 패권경쟁은 국제정세에 큰 파장을 일으키며, 그 진동을 한반도에 여실히 전하고 있다. 이뿐만 아니라 현재 국제정세는 제2차 세계대전 이후의 국제질서 재편에 비견될 만큼 큰 지각변동을 겪고 있다. 무역과 금융, 이민, 에너지 문제, 혁신의 확산과 기술의 이전 등을 통해 '지구적 통합(Global integration)'이 가속화되고 있다.[46]

지구적 통합의 가속화로 인해 국가 간 상호 의존도가 높아지면서 국제사회는 개별 국가의 외교 이익을 다변화하고 확대하기 위해 상대국의 범위를 확대시키고, 외교적 이슈를 다양화하고 있다. 전통적인 군사적 · 안보적 이슈를 벗어나 경제적 이익과 관련한 분야에서 주요 국가들 간의 협력과 경쟁관계가 나타나고 있는 것이다. 이와 같은 국제사회의 변화는 보편적인 가치를 반영하고 있는 실리외교와 방향성을 같이하고 있다.

이러한 맥락에서 한국을 비롯한 호주 및 캐나다, 터키 등과 같은 중견국의 비중과 역할은 더욱 커지고 있다. 21세기 국제정치 환경 속에서 중견국은

---

45 중국은 2004년부터 공식적으로 '화평굴기(和平崛起, peaceful rising)' 대신 '화평발전(平和發展, peaceful development)'으로 대외정책을 설명하기 시작했다. 화평발전론의 구체적인 내용은 중국 정부가 2005년 12월 12일에 발표한 외교백서 『중국의 평화적 발전의 길』을 통해 확인할 수 있다.

46 Pier Carlo Padoan, A 21st Century OECD Vision for Europe and the World, 2008; 국제개발전략센터, "중점협력국 선정기준 및 국별협력전략 개선방안 – 외교적 관점에서", 『중점협력국 관련 정책연구용역보고서』(2013), pp. 5-6.

기후변화, 개발협력 등 글로벌 이슈에 대한 규범을 창출하며 새로운 글로벌 질서를 구축해 나가고 있다. 네트워크권력과 연성권력(soft power)이 문제 해결에 더욱 효과적인 글로벌 이슈에서 기획가(entrepreneurship)적인 역할을 할 수 있는 기회가 열리고 있다.[47]

2) 국지분쟁 발생 가능성 상존

일반적으로 국제분쟁은 국가 간 추구하는 목적 혹은 정책의 차이에 기인한다. 국제사회에서 상대적 지위 혹은 영향력을 증진시키기 위한 개별 국가들의 다양한 활동은 필연적으로 다른 국가의 핵심 이익이나 가치를 감소하거나 훼손하게 된다. 이러한 이유에서 국가 간 분쟁, 즉 국제분쟁은 반복적으로 발생한다.

〈표 12-1〉 국제분쟁의 유형

- 영토·국경: 특정한 지역에 대한 영토권 및 국경 획정에 대한 당사국들의 견해 불일치
- 자원·시장: 자원이나 경제력의 통제권, 대륙붕의 배타적 개발권 등을 둘러싼 대립
- 정치이념·체제: 특정한 정치적 이념이나 체제의 신봉을 둘러싼 대결
- 종교·문화: 특정 종교와 문화에 대한 특권, 옹호, 신봉 및 확산 등에 따른 대립
- 민족·인종·종족: 민족·인종·종족 간의 정치적 권리와 자유의 불균형에 대한 대립
- 역사: 지배·피지배로부터 연유된 국가·민족 간 반감
- 분리·독립·자치: 예속 탈피 및 주권 확보를 위한 대결
- 개입: 적대적 국가·정부의 등장을 억제하기 위한 인접국의 간섭이나 참여
- 패권추구: 영향력 확대, 군비경쟁 등에 대한 관련국의 대응
- 식민유산·전후처리: 식민 상태로부터의 해방이나 제1·2차 세계대전 결과처리로 인한 대립

세계 역사를 보면, 국제분쟁은 영토와 국경, 자원과 시장, 정치이념 및 체제 등을 이유로 끊임없이 반복되어 왔다.[48]

---

47 강선주, "중견국 외교전략: MIKTA의 외연(外緣) 확장을 중심으로", 『2014-14 정책연구과제 보고서』(국립외교원 외교안보연구소, 2014), pp. 23-29.

48 원승억, "한반도 분쟁관리기구 운영방안에 관한 연구", 전남대학교 박사학위 논문(2002), p. 15.

전국시대의 중국이나 로마 등의 경우에는 영토의 확장을 목적으로 분쟁이 발생했고, 16세기 및 17세기 전반의 유럽에 있어서는 종교적 복음전도를 목적으로 분쟁이 발생했다. 또 17세기 후반부터는 자원을 둘러싼 해외식민지 개척과 영토의 확장을 목적으로, 20세기에 들어서서는 영향력 행사를 위한 패권추구와 자신의 정치이념이나 체제를 강요하기 위한 목적으로 분쟁이 발생했다. 그리고 20세기 후반 탈냉전기에 들어와서는 민족이나 인종의 정체성을 회복하고 자신의 주권과 자치권을 확보할 목적으로 분쟁이 발생했다.[49]

최근에는 여기에 더하여 에너지 및 환경, 식량, 수자원, 질병 등과 같은 새로운 이슈로 인한 분쟁 또한 발생하고 있어 국제분쟁의 요인은 더욱 다양해지고 있는 실정이다. 국제분쟁은 각각의 개별요인에 의해 촉발되는 경우도 많지만, 대개의 경우 2~3개 이상의 요인이 복합적으로 얽혀 발생한다. 그 때문에 국제사회에는 전통적 · 비전통적 분쟁 요인이 뒤얽혀 다양한 국지분쟁을 촉발시킬 가능성이 상존한다.

3) 초국가적 위협 확산으로 인한 안보 불확실성 증대

국제분쟁 요인의 다양화에 따른 다발적 국지분쟁과 더불어 초국가적인 위협의 전 세계적 확산은 세계안보환경의 불확실성을 높이고 세계안보정세를 급격하게 변화시키고 있다. 위협의 주체와 수단은 날이 갈수록 다양해지고 있으며, 위협의 영역도 그 범위가 확장되고 있다. 이러한 안보환경의 변화는 세계화 및 정보화로 인해 더욱 심화되고 있다. 지금도 국제분쟁은 끊임없이 발생하고 있으며, 무엇보다 초국가적이고 비군사적인 위협, 즉 비전통적 위협이 증대되는 양상을 띠고 있다.

초국가적 안보위협들은 개인, 국가 내 다양한 이익집단, 다국적 기업, 국제조직, 테러리스트 등 주로 비국가행위자들(non-state actors)에 의해 주도되

49 원승억, 상게서, p. 14.

고 있다. 이러한 비국가행위자들이 국경을 초월하여 활동함에 따라 안보의 논의 대상이 국가 중심적인 사고를 벗어나게 되었으며, 안보 위협의 영역 또한 국가의 영토에 한정되는 것이 아니라 지구적 차원으로 확대되었다. 무엇보다 각종 국제기구, 인종 및 문화에 근거한 집단, 테러집단, 심지어 범죄조직에 이르기까지 비국가적 행위자들은 때때로 국가를 능가하는 수준의 무력을 갖추고 있어 국제사회에서 국가 이상의 심각한 안보위협 요인으로 부상하고 있다.[50]

세계화로 인해 대량살상무기, 사이버테러, 인종 간 분쟁, 테러, 마약 밀매, 환경 파괴, 전염병 확산 등의 초국가적 위협이 증대되고 있으며,[51] 정보화를 기반으로 개인이나 시민사회, 기업, 국가, 초국가적 기구 등 다양한 행위자들이 서로 직접 연결되어 국제사회의 정치 · 경제는 물론 안보영역에 엄청난 영향을 미치고 있다.[52]

이와 같이 과거와는 완전히 다른 성격과 규모의 비군사적이고 초국가적인 위협이 확산되는 경향은 향후에도 지속될 것으로 전망된다. 최근의 초국가적 위협은 그 성격과 양상 자체가 변화되어 전통적인 사고의 틀과 개념으로는 실체를 파악하기조차 쉽지 않고 결과를 예측하는 것은 더욱 어려운 상황으로 전개되고 있다. 가장 큰 문제는 이러한 초국가적 · 비군사적 위협들이 상호 연계되어 개별 국가의 대응만으로는 해결되기 어렵다는 것이다. 21세기 들어 전 세계 곳곳에서는 환경오염이나 질병의 확산, 대량 난민 발생, 국제적 범죄조직들의 범죄행위 등 개별 국가가 나서 독자적으로 해결하기 어려운 다양한 문제들이 빈번하게 발생하고 있다. 이러한 문제들은 강대국

---

50 이상현, "정보화시대의 국가안보: 개념의 변화와 정책대응", 국제관계연구회 편, 『동아시아의 국제관계와 한국』(서울: 을유문화사, 2003), p. 6.

51 Lynn E. Davis, "Globalization's Security Implications," 『Rand Issue paper』(2003), pp. 1-2.

52 초국가적 안보위협의 확산으로 인해 1980년에서 2007년 사이에 총 1,200건의 자살 테러가 발생하여 1만 5,000명이 사망했고, 세계적으로 연 평균 300건 이상의 해적행 위가 발생하고 있다. 또한 쓰나미, 대형 사이클론, 대지진 등과 같은 자연재 해들로 인해 수백만 명의 인명피해와 이재민이 발생하는 등 막대한 피해를 입은 것으로 추산되고 있다. (국방부, "불확실성 시대 국방정책: 한국의 시각", 제7차 IISS 아시아 안보회의 제3세션 주제발표문(2008).)

의 개입으로도 쉽게 해결되지 않으며, 국제사회의 공동 노력이 있어야 해결이 가능하다. 따라서 설령 이해당사국 혹은 관계국이 정치적으로 적대적이고 경쟁적인 관계에 있다 하더라도 구성 국가 간에 상호 의존성을 인정하고 공조체제를 구축해나가는 것이 필요하다.

2. 동북아 안보정세

1) 아시아 패러독스 현상 심화

동아시아 지역은 전 세계 GDP의 20% 이상을 차지하고 있으며, 세계 경제의 중심이 대서양에서 아시아로 옮겨오고 있다고 평가할 정도로 활발한 경제교류가 이뤄지고 있다. 그런데 이러한 조류와는 반대로 군비경쟁, 핵개발, 영토와 역사 갈등 등 쉽게 해결할 수 없는 갈등들 또한 점점 더 심각해지고 있다. 1990년대까지만 해도 동아시아의 안보, 대화와 협력에서 가장 큰 장애물은 북한이었다. 그러나 2000년대 들어 일본사회가 급격히 우경화 경향을 보이며 계속되어온 역사 논쟁에 영토 문제와 교과서 문제, 야스쿠니 참배 문제 등이 더해지면서 한 · 중 · 일 3국 사이에 역사 · 영토를 둘러싼 대립이 격화되기 시작했다. 2010년을 전후하여 한 · 일 간 독도 문제와 센카쿠 영유권을 둘러싼 중 · 일의 대립이 격화되면서 3국 간 대립은 역사, 영유권 문제 전반으로 확산되고 있다.[53]

동북아 국가들은 발전된 상호 간의 경제관계에 맞는 정치 · 안보관계를 발전시켜나가야 한다는 것에는 동의하고 있다. 특히, 한 · 미, 미 · 일, 북 · 중 관계 등 양자관계뿐 아니라 다자협력관계를 구축해야 한다는 공감대를 갖고 있다. 하지만 일본 정치권과 시민사회의 우경화와 중국의 급격한 부상, 역내의 패권 경쟁 등 복잡한 정치적 고려사항들로 인해 3국은 정치 · 안보적 차원에서 지속적인 갈등을 빚으며, 이른바 '아시아 패러독스(asia paradox)'[54]

---

53 최운도, "아시아 패러독스란?", 『동북아역사재단 뉴스』(2015년 2월호).

54 '아시아 패러독스'는 박근혜 대통령이 2012년 10월 한 · 중 · 일 협력 사무국이 주최한 국제포

현상을 나타내고 있다. 더욱이 미국이 국내 정치 상황과 재정 악화로 인해 동아시아 지역에서의 독보적 지도력을 점차 잃어가면서 동아시아의 안보지형이 더욱 요동치고 있다. 따라서 동북아국가들은 역내 평화를 달성하기 위해 경제뿐 아니라 정치 · 안보 분야에서도 양자관계를 발전시켜나가기 위해 노력하는 한편 다자간 협력체계를 구축하기 위한 공동의 노력을 기울일 필요가 있다.

2) 미 · 중 간 패권 경쟁 심화

미국은 경제적으로는 하락 추세에 있지만, 정치 · 군사적 차원에서 여전히 세계에서 패권적 지위를 유지하고 있다. 반면, 중국은 세계 2위의 경제 및 군사 대국으로 부상하면서 현재 미국과 동북아 지역의 패권을 두고 갈등을 빚고 있다. 미국과 중국의 새 지도부가 각각 신동북아 정책을 추진함에 따라 양국은 신형 대국관계의 설정을 둘러싼 협력과 갈등관계를 교차하며 오가고 있는 상황이다. 미국의 오바마 제2기 행정부는 세계의 전략적 중심이 중국의 부상과 함께 동아태 지역으로 옮겨왔다고 간주하고, 미국의 국익을 보전하고 동맹국들의 이익을 보호하기 위해 아시아 재균형 전략을 추진하고 있다. 반면, 중국의 시진핑 정부는 국제정세의 변화에 대응을 위주로 하던 과거의 수동적인 외교정책에서 벗어나 책임 있는 대국으로서의 국제적 역할을 강조하며 적극적인 외교정책을 펼치고 있다.[55]

〈그림 12-1〉에서 볼 수 있듯이 미국과 중국은 동북아 역내에서 발생하는

럼에서 처음 사용했다. 박근혜 대통령이 2013년 6월 시진핑(習近平) 주석과 정상회담을 하기 위해 방중하기 전, 한 일간지와 서면 인터뷰를 하면서 "동북아에서 '아시아 패러독스'라고 부르는 현상이 나타나고 있다"고 이야기하여 주목받게 되었다. '아시아 패러독스'는 동아시아에서 경제 분야의 복합적 상호 의존이 심화되고 있는 상황과는 반대로 정치 · 안보 분야의 갈등이 증가하는 현상을 설명한 개념이다.

55 이는 중국의 대외정책기조의 변화를 통해 잘 나타난다. 1980년대 덩샤오핑이 추진한 '도강양회(韜光養晦)', 즉 숨어서 때를 기다린다는 의미의 정책노선은 2000년대 후진타오에 의해 '평화롭게 우뚝 선다'는 의미의 '화평굴기(和平崛起)'로 변화되었고, 최근 시진핑 시대에 이르러 '대국으로 우뚝 선다'는 의미의 '대국굴기(大國崛起)'가 강조되고 있다.

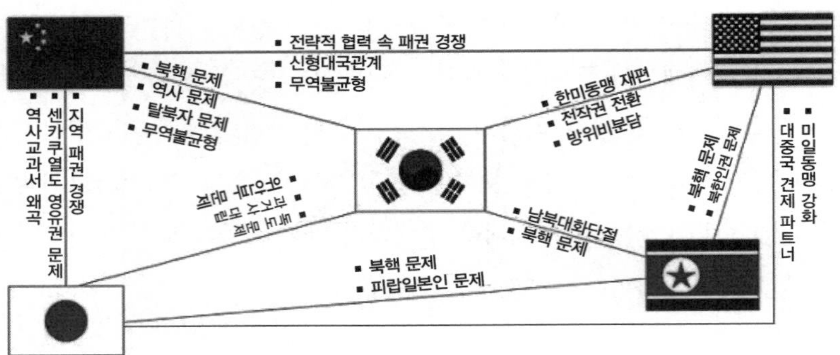

〈그림 12-1〉 동북아의 갈등구조

출처: 경기개발연구원, "동북아, 신 냉전 시대 진입: 미중 패권 경쟁 본격화", 『GRI시선』 제29호, 2013.

다양한 문제와 갈등구조 속에서 패권경쟁을 본격화하고 있다.

현재 미 · 중 양국은 동북아 지역의 패권을 추구하는 중국과 저지하려는 미국이 경쟁과 갈등관계를 이어가고 있다. 미국은 감소하는 국방비의 압박 속에서 아태 지역의 영향력 지속을 위해 일본, 호주, 한국, 태국, 필리핀 등과 양자 동맹관계를 강화해나가는 한편, 중국의 증가하는 국방비와 군사력에 대해 적극 대처하려는 움직임을 보이고 있다. 반면, 중국은 주권과 영토 등에서 핵심 이익을 보호하기 위해 더욱더 강하게 나올 가능성이 있기 때문에 미국과 중국 간 갈등은 깊어지고 있다.[56] 이에 따라 미국과 중국은 대화를 통해 이해관계를 조정하고 무력충돌을 회피하는 전략적 협력관계[57]를 유지할 것으로 전망된다.

56 물론, 미 · 중은 상호 존중과 협력을 바탕으로 국익이 일치되는 분야에서는 협력을 지속해나갈 것으로 보인다. 예를 들면, 양국은 북한의 핵무장에 대해 반대하고 있으며, 북한의 비핵화는 반드시 달성되어야 한다는 공통 의견을 표시하고, 북한의 비핵화를 위해 협력하고 한반도의 평화와 안정을 위해 상호 협력을 전개해나갈 것이다. 하지만 동북아 역내에서의 경제적 · 군사적 측면에서 패권을 장악하기 위해 협력보다는 갈등과 경쟁하고 있는 상황이다. 최진욱 외, 전게서, pp. 9-10.

57 김일수, "미중의 패권경쟁과 박근혜 정부의 대외정책", 『대한정치학회보』 22집 3호(2014), p. 85.

3) 미 · 중 · 일 · 러의 군비경쟁과 경제적 이익 추구 전략

동북아는 남북한의 분단 상황과 체제 경쟁으로 인해 세계 최대의 병력 집결지가 되었다. 동북아 역내 국가와 관련국의 병력을 모두 합치면 한국 63만 1천여 명, 북한 120만여 명, 중국 233만 3천여 명, 일본 24만 7천여 명, 미국 149만 2천여 명, 러시아 84만 5천여 명[58]으로 673만여 명 규모로 추산된다. 남북한 및 한반도 주변 4강이 한 해 동안 지출하는 국방비 규모도 다른 지역에 비해 매우 높은 수준이다. 한국 344억 달러, 중국 1,294억 달러, 일본 477억 달러, 미국 5,810억 달러, 러시아 700억 달러[59]로 5개국이 한 해 지출하는 국방 예산이 8,625억 달러 규모이며, 국방비 최대 지출국 10위권 안에 한국과 미국, 중국, 일본, 러시아 등 5개국이 모두 포함[60]되어 있어 동북아의 군비경쟁이 얼마나 치열한지 알 수 있다.

향후 동북아는 국방비 경쟁이 더욱 심화될 것으로 전망된다. 미국은 아시아태평양 지역의 재균형 상태를 위해 역내에서 한국과 일본 등 동맹국과 군사적 협력을 강화하는 '피벗 투 아시아(Pivot to Asia, 아시아로의 중심축 이동)' 정책을 적극적으로 추진하고 있다. 한편, 중국은 주변국과 영토 분쟁 때문에, 일본은 아베의 국방에 대한 포괄적인 개혁 정책으로, 러시아는 우크라이나 사태로 유럽과 갈등을 겪으면서 군비를 강화하고 있다. 더욱이 최근 일본의 아베 정권이 집단적 자위권 행사가 가능하도록 안보관련 법안을 강행 통과시키고 자위대의 역할 확대를 시도하면서 일본의 군사대국화가 본격화하고 있다. 동북아 지역에서 일본을 시작으로 본격적으로 군비 확장 경쟁이 벌어질 가능성이 높다.[61]

---

58 국방부, 『2014 국방백서』(서울: 국방부, 2013).

59 IISS, "2014 The military balance" (2014).

60 SIPRI의 국방비 지출 순위 10대국의 국방비 지출액을 GDP 대비 비중으로 산출해보면, 사우디아라비아가 7.98%로 가장 높고, 미국 4.35%, 러시아 3.49%, 한국 2.80%, 영국 2.49%, 인도 2.40%, 중국 1.99%, 프랑스 1.80%, 독일 1.35%, 일본 0.97% 순으로 나타난다. 스톡홀름 평화연구소(SIPRI), "Military expenditure database" (2014)

61 김인기, "현실화된 동북아 군비 경쟁", SBS 칼럼(2015.10.3., http://news.sbs.co.kr/news/

또한 미일동맹의 성격이 '방위협력지침(안보 가이드라인)' 개정으로 인해 근본적으로 바뀌게 된 것도 중요한 변수로 작용할 수 있다. 미국과 일본이 군비 증강과 동맹 강화를 통해 중국에 대한 군사적 · 전략적 우위를 확고히 점하겠다는 의지를 강력하게 나타냈기 때문에 중국 역시 군비 증강 속도를 높여 미일동맹과 격차를 줄이기 위해 노력할 것이다. 또한 동북아국가들은 세력균형의 변화와 영토분쟁으로 인해 양자 혹은 다자간 연대를 경쟁적으로 추구할 것으로 예상된다.

한편, 미국과 중국, 일본, 러시아는 역내에서 영향력을 확대하기 위한 군사적 차원의 경쟁은 지속하면서도 지역의 안정을 도모하고 각국의 경제적 이익을 추구할 수 있는 방안을 적극 모색하고 있다. 이에 따라 동북아 지역 전체를 포괄하는 경제협력체의 필요성이 제기되고 있으며, 경제협력체 모델을 적극적으로 구상하고 있다.[62]

현재 동북아에서는 적어도 경제 분야에 있어서만큼은 전통적인 한 · 미 · 일 대 북 · 중 · 러로 대변되는 대결적 양극화 현상이 파괴되고 있다. 이는 세계질서 안에서 국가 간의 상호 의존성이 심화됨에 따라 특정 개별 국가가 일방적으로 독점적인 우위 혹은 이익을 추구하기 어려운 구조적 상황에 직면했기 때문인 것으로 분석된다. 동북아국가 및 관련국들은 향후에도 반복적으로 전략적 선택을 강요당하는 상황에 직면하겠지만, 모든 문제를 정치 · 안보적 차원에서 분석하고 결정하려는 태도보다는 사안에 따라 자국의 핵심 이익에 부합하는 연합전략을 적극적으로 추구하는 것이 바람직할 것이다.

---

endPage.do?news_id=N1003198969&plink=ORI&cooper=NAVER)

62 동북아 국가들의 경제협력의 기능과 방향에 관한 기존의 논의는 대체로 두 갈래로 정리할 수 있다. 첫째, 동북아 경제협력에 대해 유럽연합(EU)이나 북미자유무역협정(NAFTA)처럼 동북아 지역 국가 간에도 경제협력체의 형성이라는 느슨하지만 배타적 지역주의 또는 경제통합이 가능하다는 것이다. 둘째, 동북아 경제협력에 대해 경제통합이나 제도적인 협력체를 창출해내는 것보다는 역내 국가 간 경제협력의 증진에 초점을 두는 보다 개방적이며 포괄적인 개념으로 경제협력을 추진해야 한다는 것이다. (장덕준, "동북아 경제협력과 러시아: 남북한-러시아 간 삼각협력을 중심으로", 『한국정치연구』 제12집 제1호(2003), pp. 302-303.)

3. 북한의 정세 및 군사위협

1) 북한체제의 불확실성 지속

분단 이후 북한은 수령을 중심으로 한 유일지배체제를 확립했다. 표면적으로는 김일성, 김정일, 김정은으로의 3대 세습이 성공적으로 이루어져 북한체제가 안정되어 있는 것처럼 보이지만, 여전히 북한체제는 경제난 및 주민통제 문제, 지배계층에 대한 숙청, 양극화 심화 등 다양한 원인에서 체제 불확실성이 지속되고 있다.

북한사회는 지배층의 폐쇄성을 수단으로 하여 안정적인 사회계층을 유지하고 주민을 효과적으로 통제할 수 있었다. 하지만 여러 차례의 핵실험 및 미사일 발사로 인한 국제사회의 고립 등으로 경제난이 지속되면서 북한 내의 배급제가 붕괴되고 장마당으로 대표되는 소규모 시장이 생겨나면서 상황이 변화하기 시작했다.

경제난 이후에는 개인별 소득의 격차가 크게 벌어지면서 정치적 기준에 의한 기존의 계층구조가 실질적으로는 경제적 기준에 의한 계층구조로 바뀌고 있다. 북한 주민의 일상생활 변화 양상을 살펴보면 시장 활동 여부와 장마당 물자 유통에 대한 접근 정도, 활용 가능한 사회적 관계망의 보유 여부, 초기 자본 등에 따라 개별 가구의 소득격차가 발생하여 개인의 경제적 능력을 기준으로 하는 계층의 재편이 이루어지고 있다. 새로운 계층화 현상을 대변하는 것은 시장 활성화 과정에서 등장한 '돈주' 등 신흥자본가 집단이다. 이와 더불어 시장의 발달은 계층의 분화를 초래하고 있는데 상업자본가, 산업자본가 등의 자본가 집단의 분화, 임금노동자의 출현, 시장 관리층 등이 형성되고 있다. 또한 제한적 배급체계 작동으로 기존의 집단별 차이도 확대되고 있다. 이와 같이 일부 사회계층 간에는 결합이 일어나고 있지만 시장에 적응하지 못한 집단의 사회적 배제는 심화되어 양극화 현상이 심화되고 있다.[63]

---

63 이우영, "김정은 체제 북한 사회의 과제와 변화 전망", 『통일정책연구』 제21권 1호(2012), pp.

〈그림 12-2〉 북한 김정은 체제 숙청사

출처: 김지훈·김외현, "김정은식 군부 길들이기…… '즉흥적 처분 체제불안 키울 수도'", 『한겨레신문』(2015. 5. 13).

이런 사회계층구조의 변화뿐 아니라 김정은으로의 3대 세습이 이루어진 후 나타난 북한 지배계층의 변화도 북한체제의 불확실성을 높이고 있다.

북한에서 김정은이 집권한 이래 처형된 간부만 70명이 넘는 것으로 알려지고 있다.[64] 김정은의 이 같은 숙청 작업은 북한체제의 안정을 위한 시도일 것으로 분석되지만, 역설적으로 체제 불안을 가중시키고 김정일 정권에 대한 쿠데타나 정변을 초래할 가능성[65]이 있어 북한체제의 불확실성은 오히려 높아지고 있다.

2) 북한의 핵·미사일 위협 증대

북한은 국제사회의 반대에도 불구하고 2006년과 2009년, 2013년 세 차례에 걸친 핵실험을 감행했으며, 그에 따라 국제사회는 UN 안전보장이사회에서 대북결의안을 채택하고 북한에 대한 제재조치를 단행하고 있다. 북한

73-74.

64 북한 권력체제 연구의 권위자인 켄 고스 미국 해군분석센터(CNA) 국제분석국장은 북한 내 이 같은 숙청 작업을 강경한 대남정책을 예고하는 신호로 분석했다. 또 김일성-김정은 시대에 비해 압축적이고 급속도로 이뤄지는 숙청 바람이 체제 불안정을 가중시킬 수 있다고 내다봤다. 백성원, "전문가 '북한의 잇단 숙청 바람, 강경 대남정책 예고'", VOA(2015. 8. 16).

65 자유아시아방송, "김정은 공포정치, 체제도전 부를 수도"(2015. 8. 4).

이 이와 같이 국제사회의 강도 높은 비난과 제재조치를 감수하면서까지 핵실험을 하는 이유는 바로 북한이 핵을 체제의 안전보장 전략에 유효한 카드로 활용해왔기 때문이다. 북한은 그동안 핵무기를 수단으로 체제 안전보장 전략과 대미 유인외교, 중국과 미국에 대한 이중적 외교를 구사해왔으며, 미국을 협상테이블로 유인하기 위한 시도를 해왔다. 또 미국과의 관계 개선 가능성을 중국에 보여줌으로써 중국의 대북지원을 확대시키기 위한 카드로도 활용해왔다.

이 같은 북한의 강온전술은 정책 실행상의 여러 문제점을 노출시키며 정권의 불안정성을 초래하고 있다. 그럼에도 불구하고 김정은 정권 역시 집권 후 장거리 미사일 발사, 3차 핵실험, 개성공단 폐쇄, 대남 군사도발 등의 대외정책을 변함없이 추진하고 있다. 이는 김정은 역시 핵무기, 미사일 등 대량살상무기 개발을 미국의 압박 저지를 위한 필수 요소로 판단했기 때문이다. 북한은 핵무기 개발과 핵위협 전략을 통해 미국을 압박하여 북미 평화협정과 북미 수교 등 미국의 양보를 획득하기 위한 시도를 지속하고 있다. 하지만 미국은 북한의 '핵실험 강행 및 대화시도'라는 전통적 방식의 이중적 대미협상 전략에 응하지 않고 북한의 핵무기 및 장거리 미사일 개발을 저지하기 위해 UN 안보리 상임이사국들과 협력하면서 이를 지속적으로 공론화하고 있다. 현재 미국은 UN을 통한 대북 제재를 고수하고 있어 북미 직접 협상을 통해 체제 안전보장을 확보하려는 북한의 시도는 답보상태를 면치 못하고 있다.[66]

집권 4년차로 접어든 김정은은 과감하고 파격적인 행보를 통해 영도체계를 강화하고 비대칭 군사력을 증강하고 있다. 북한은 대외정세의 획기적인 전환이 없는 한 핵과 미사일 개발 능력을 증대하는 데 많은 노력을 기울일 것이며, 제4차 핵실험 또는 미사일 도발을 감행할 가능성도 높다. 물론, 북한이 6자회담 재개 의사를 밝혔지만, 한쪽에서는 한 · 미 연합 군사훈련의 중

66 통일연구원, "김정은 정권의 대내외 정책평가와 우리의 대응방향", 『통일정세분석 보고서』(2013).

단을 요구하는 등 한국과 미국, 국제사회에 혼란을 가중시키는 양면 전술을 펴고 있어 한반도 비핵화 요구를 수용할 준비가 됐다고 해석하기 어렵다..

3) 남북관계 교착과 신뢰형성 가능성

국제적 수준에서의 냉전 종식이 이루어지고 20년이 지난 현재까지 북한은 '전 한반도의 공산화 통일'이라는 대남전략 목표를 유지하고 있다. 물론 시기별 정도의 차이는 있으나, 주체사상에 입각한 사회주의 혁명 국가건설이라는 대남전략 원칙은 지금까지 변함이 없으며, 동일한 패턴의 주기적이고 반복적인 대남전략전술을 이어오고 있다. 즉, ① 무력도발이나 군사위협 및 협박 · 비방 · 비난 등으로 대별되는 '대결전략', ② 대화 및 접촉 제의, 교류 · 협력 등으로 대별되는 '대화전략', ③ 군사도발과 평화공세를 동시에 취하는 '병행전략', ④ 여러 가지 이유로 별다른 행동 없이 잠깐의 소강 상태를 유지하는 '관망전략' 등이 그것이다.[67]

북한은 위의 네 가지 전략을 적절히 혼합하여 '도발-협상-보상요구-재도발'을 반복하는 전략을 취해왔다. 북한은 천안함 폭침과 연평도 포격, 반복적인 탄도미사일 발사, 목함지뢰 도발 사건 등 강도 높은 대남 군사적 도발을 실시하면서도 한국 정부에 대화 제의를 하는 등 양면적인 대남전술전략을 취했다. 하지만 한국 정부의 일관된 "북한의 나쁜 선택에 대해서는 보상하지 않는다"는 원칙에 따라 5.24조치 해제 및 금강산관광 재개 등과 같은 북한의 요구가 받아들여지지 않자, 북한은 국제적 고립 상황을 탈피하기 위해 대남 접근방식을 수시로 전환하는 모습을 보이고 있다.

하지만 한국 정부는 신뢰정책과 균형정책에 기초한 대북정책, 이른바 '한반도 신뢰프로세스'[68]를 바탕으로 '신뢰와 균형의 남북관계' 조성을 위해 노

67 이윤식, "북한의 대남전략 패턴과 대응방안", 『통일부 신진학자 정책과제 결과보고서』(2011).

68 '한반도 신뢰프로세스'는 박근혜 대통령의 대통령 선거공약에서 제시된 대북정책으로, 튼튼한 안보를 바탕으로 남북 간 신뢰를 형성함으로써 남북관계를 발전시키고 한반도에 평화를 정착시키며 나아가 통일기반을 구축하려는 정책이다. 한반도 신뢰프로세스는 남북 간의 신뢰 형성을 최우선적으로 추진하면서 신뢰 형성과 남북관계 발전, 한반도 평화정착, 통일기반 구축

력하고 있다. 한국은 남북한의 진정한 화해를 저해하는 근본 요인을 신뢰의 결여로 보고 있으며, 한반도의 지속 가능한 평화는 남북한 간의 협력 없이는 불가능하기 때문에 남북한 간 신뢰조성이 우선되어야 한다는 원칙을 견지하고 있다. 따라서 국제규범을 위반한 북한과 북한의 도발에 대해 강력하게 대응함과 동시에 남북관계 개선을 위한 새로운 기회를 계속 열어놓는다는 전략을 취하고 있다. 즉, 강력한 억지에 기반을 두되 신뢰를 쌓아 남북관계를 개선하고 지속 가능한 평화를 구축해나가자는 것이다. 한반도 신뢰프로세스는 기본적으로 강력한 억지에 토대를 둔 대북정책으로, 북핵 문제와 관련해서는 '북핵 불용'의 원칙 위에서 "신뢰할 수 있는 억지력과 부단한 설득 및 효율적인 협상전략의 결합을 통해 한국과 국제사회는 북한이 핵무기 없이도 생존할 수 있고 번영할 수 있다는 것을 깨닫도록 해야 한다"는 것이다.[69]

이렇듯 한국과 북한은 서로 다른 차원에서 상충되는 대북 · 대남 전략을 추진하고 있다. 남북관계를 개선하고 나아가 평화통일의 기반을 구축하기 위해 획기적 전환점 모색이 필요하다.

과의 선순환을 모색하는 정책이다.

69 박영호, "박근혜정부의 대북정책", 『통일정책연구』 제22권 1호(2013).

제2절
한미동맹의 변화와 발전

1. 한미동맹의 형성과 발전

한국과 미국은 제너럴셔먼호 사건(1866년)으로 비롯된 신미양요(1871년)로 인해 최초의 군사관계가 시작되었다. 이후 1882년 5월 「조미평화수호통상 및 항해에 관한 조약」의 체결을 계기로 공식적인 국교관계가 수립되었다. 현대적 관점에서 한미관계는 1945년 제2차 세계대전 이후 미군의 한국 주둔과 함께 시작한다. 그 후 1950년 한국전쟁의 발발과 미군의 참전, 1953년 한국전쟁의 휴전과 한미상호방위조약의 체결을 거치면서 한미관계는 그 틀을 갖추게 되었다.[70]

1953년 7월 정전이 성립되자 북한의 재침을 막기 위한 대책으로 한·미 간에 동맹체결의 필요성이 제기되었다. 이보다 앞서 6월에 로버트슨 미국 대통령특사가 방한했을 때 양국 간의 절충이 시작되었고, 두 달 후 이승만 대통령과 덜레스 미 국무장관의 회담이 「한미상호방위조약」 탄생의 결정적 계기가 되었다. 「한미상호방위조약」의 정식 명칭은 「대한민국과 미합중국 간의 상호방위조약」이다. 「한미상호방위조약」은 1953년 8월 8일 변영태 외무장관과 덜레스 미 국무장관 사이에 서울에서 가조인되고, 1953년 10월 1일 미국의 수도 워싱턴에서 정식으로 조인되었으며, 1954년 11월 18일부터 발

70 한국경제연구원, "한미 동맹의 형성 및 변화 결정요인 분석과 향후 전망", 『연구보고서 08-24』(2008), p. 39.

효되었다. 「한미상호방위조약」은 전문과 6조로 되어 있다. 「한미상호방위조약」에 따라 이루어진 미군의 한국 주둔과 미국의 핵우산정책은 지금까지 한반도의 안정과 평화 유지의 기틀을 마련하고 있다.[71] 한국전쟁 발발 직후 체결된 이 조약을 바탕으로 한국군에 대한 작전통제권은 UN군 사령관에게 이양되었으나, 1978년 한미연합사령부가 창설되면서 다시 한미연합군 사령관에 이양되었다. 1994년 평시 작전통제권은 환수되었고, 전시작전통제권 환수 문제는 2006년 합의 이후 지금까지 여러 단계를 거치면서 논의를 거듭하고 있다.[72]

한미동맹은 약 60여 년간 공동의 파트너십을 기본으로 공동의 목표와 가치를 가지고 지금까지 60여 년간 공고히 유지 · 발전되어 왔다. 보다 구체적으로 한미 동맹관계의 변천과정을 살펴보면 다음과 같다. 첫 번째 단계는 미국이 전후 복구 과정을 거쳐 근대화의 초석을 다지는 한국을 보호하는 관계(1953~1967)이다. 한미안보협의회가 설치되기 이전까지 미국은 한미 간 합의의사록의 체결과 함께 한국에 경제 및 군사 원조를 제공하기 시작했다. 이에 대해 한국은 토지 및 시설을 한국주둔 미군에 제공하고, 한국의 안보는 미군의 손에 의존하는 체제로 정착하게 되었다. 두 번째 단계는 상호 보완적인 동맹관계(1968~1977)이다. 한국의 안보를 미국의 보호에 전적으로 의존하던 것에서 탈피하여 한미 양국이 협의를 통해 결정하는 관계로 발전하였다. 세 번째 단계는 한미 군사동맹 재결속 관계(1978~1989)이다. 미국 레이건 대통령의 대소 강경정책으로 인해 한미 연합군의 대북 억지력이 더욱 강화되었으며, 방위비 분담금의 재조정이 논의되었다. 네 번째 단계는 안보 동반자관계(1990~2001)이다. 한반도 안보상황 변화에 능동적으로 대비하기 위한 한미

---

71 박기병, "국가기록원 주제별 집필", 국가기록원(2015.11.2., http://www.archives.go.kr/next/search/listSubjectDescrip tion.do?id=005139)

72 한미상호방위조약 이후 한국과 미국은 총 50여 건의 군사 및 안보관련 협정을 체결했다. 체결된 한미 간 군사 · 안보 관련 협정은 상호방위조약, SOFA, 군사비밀보호에 관한 보안 협정, 상호 군수 지원 협정, SOFA-방위비분담특별 협정, 주한미군합동군 사업 무단 설치에 관한 협정, SOFA 개정협정, 현합토지관리계획 협정, 상호 군수 지원 협정의 개정 협정 등이 있다.

동맹관계의 미래지향적 발전방향에 대한 공동협의가 진행됨으로써 통일 이후에도 한미 안보협력 관계를 지속하기 위한 다양한 정책들이 제시되었다.[73]

다섯 번째 단계는 2000년 이후 현재까지 포괄적 동맹관계로 발전하는 단계라고 할 수 있다.[74] 2008년 4월 이명박 대통령과 부시 대통령 간의 정상회담에서 합의한 '한미전략동맹'은 한미 양국의 반세기 동맹을 새로운 시대적 환경에 맞도록 변모 및 격상시킨다는 목표 아래 그 핵심 축으로 '가치동맹', '신뢰동맹', '평화구축동맹'을 제시하였다. 박근혜 정부는 미국의 한반도에 대한 방위공약을 재확인하고 한미관계를 '21세기형 포괄적 전략동맹'이라고 선언하였다. 양국관계를 정치 · 군사동맹과 FTA를 통한 경제협력은 물론이고 사회 · 문화 · 인적 교류까지 확대하기로 했으며, 동맹의 외연도 동북아는 물론이고 범세계적 파트너십까지 확장시키기로 합의하였다.[75]

이처럼 한미동맹은 국제정세의 변화와 국내 정치상황의 변동에 따라 많은 변화를 겪었지만, 60여 년 이상 공고한 동맹관계를 유지해오고 있다. 비록 주한 미군의 감축과 재배치, 전시작전통제권 환수 등 한국의 안보환경에 큰 변화를 가져온 이슈들에 대한 논의가 다양한 측면에서 이루어졌지만, 미국은 여전히 한국 외교 역사에 있어서 가장 긴밀한 우호 · 협력 관계를 맺어오고 있다.

2. 자주국방과 전시작전통제권 전환

1) 전시작전통제권 전환 문제의 태동과 변천 과정

한국전쟁 발발 직후인 1950년 7월 14일, 이승만 대통령이 맥아더 UN군

---

73 한국경제연구원, 전게서, pp. 48-56.

74 당시 미국은 9.11 이후 해외 주둔군재배치계획(Global Posture Review, GPR)을 포함한 새로운 안보패러다임으로 전환했다. 당시 미군은 주둔군 중심전략에서 신속 기동군으로의 재편이 진행되었는데, 독일 및 한국에 우선적으로 적용되었다. 주한미군의 기동화에 따른 감축과 다른 분쟁 지역에도 파견할 수 있는 전략적 유연성 확보가 중점적으로 강조되었다.

75 김준형, "한미동맹 60주년 평가", 『코리아컨센서스 이슈리포트』(2015).

사령관에게 "국군의 작전지휘권을 현재와 같이 적대 상태가 계속되는 동안 이양한다"는 내용의 서한을 보냈다. 이에 대해 같은 해 7월 16일, 맥아더 사령관은 "대한민국 육 · 해 · 공군의 작전지휘권 이양에 관한 이승만 대통령의 결정을 영광으로 생각한다"고 답신을 보냄으로써 한국군에 대한 전시작전통제권은 UN군 사령관에게 이양되었다. 정전 당시, 한국군 작전지휘권의 계속 이양 여부에 관한 협상 끝에 결국 양국 간에 계속 유지키로 합의가 이루어졌다. 이에 따라 1954년 한미 합의의사록('54. 11. 17)에서 "UN군 사령부가 대한민국의 방위를 위한 책임을 부담하는 동안 대한민국 국군을 UN군 사령부의 작전통제권 아래 둔다"고 규정함으로써 UN군 사령관이 지속적으로 한국군을 지휘할 수 있도록 했다.

이런 역사적 배경과 함께 태동한 작전통제권은 이후 여러 단계를 거치면서 작전통제의 대상과 시기를 달리하며 변화하여 왔다. 작전통제권 전환에 대한 본격적인 논의는 1980년대 말부터 시작되었다. 노태우 대통령은 1987년 대선 공약을 통해 민족 자존과 통일의 시대를 열기 위해 평시와 전시를 구분하지 않고 작전권 모두를 환수해 오겠다고 약속한 바 있다. 1991년에는 제13차 한미군사위원회회의(MCM)에서 정전 시 작전통제권, 이른바 평시작전통제권을 전환하기로 합의하였고, 이에 따라 1994년 12월 1일 평시작전통제권이 한국 합참의장에게 전환되었다.

2000년 이후 우리 군의 신장된 능력, 주한미군을 포함한 미국의 군사변혁 등 변화된 안보환경에 따라 전시작전통제권 전환논의가 본격화되었다. 한미 양국은 2006년 정상회담에서 전시작전통제권을 전환한다는 원칙에 합의하였고 전환일자를 2012년 4월 17일로 합의하였다. 그러나 2009년 북한의 2차 핵실험 및 미사일 발사, 2010년 천안함 피격 등 북한의 연속적인 도발로 한반도에 긴장이 고조됨에 따라 한반도의 변화된 안보상황을 고려하여 2010년 한미 정상회담에서 전시작전통제권 전환 시기를 2015년 12월 1일로 조정하였다.

이후 한미 양국은 한반도 안보상황에 대한 우려, 즉 전시작전권을 전환할 경우 북한의 김정은 정권이 오판할 가능성이 있다는 판단에 따라 2014년 10월 23일 워싱턴 DC에서 열린 제46차 한미안보협의회의에서 이른바 '조건에 기초한 전시작전통제권 전환'에 합의함으로써 전시작전권 전환 재연기를 결정하였다. 전작권의 전환 조건은 크게 한국군의 핵심 군사능력 구비와 안보상황으로 나눌 수 있다. 안보상황은 북한의 위협이 어떻게 관리되는가를 평가하고, 한국군의 핵심 군사능력 구비는 킬 체인(Kill Chain)과 한국형 미사일방어(KAMD) 체계 등 계획된 사업이 제대로 진전되고 있느냐를 평가하는 것이다. 한국과 미국은 조건을 평가하고 그 평가한 결과와 SCM의 건의에 기초하여 양국의 통수권자들이 전작권 전환 시기를 최종 결정하기로 했다.

〈표 12-2〉 작전통제권 전환 과정

일자	주요 내용
1950. 7. 14	이승만 대통령, 한국군 작전지휘권(command authority)을 UN군 사령관에게 이양
1954. 11. 17	UN군 사령관에게 작전통제권(operational control) 부여
1978. 11. 7	연합사 창설, 작전통제권을 연합사령관에게 이양
1994. 12. 1	한국 합참의장으로 정전 시 작전통제권 전환
2006. 9. 16	한미 정상, 전시작전통제권 전환 합의
2007. 2. 23	한미 국방장관, 전시작전통제권 전환 시기(2012. 4. 17) 합의
2007. 6. 28	한미, 「전략적 전환계획」 합의
2010. 6. 26	한미 정상, 전환 시기를 2015년 말로 조정하는 것에 합의
2010. 10. 8	한미 국방장관, 「전략동맹 2015」 합의
2014. 10. 23	한미 국방장관, '조건에 기초한 전시작전통제권 전환' 추진 합의

출처: 국방부, 『2014 국방백서』(서울: 국방부, 2013).

2) 전작권 전환의 쟁점과 과제

전작권 문제는 단순히 군사적 측면에서만 고려해서는 국가안보에 미치는 영향을 정확히 파악할 수 없다. 정치 · 경제 · 군사적인 측면에 미치는 영향을 복합적으로 고려해야 한다. 통상적으로 전쟁은 일국의 군이 단독으로 치르는 것이 아니기 때문에 종합적인 분석이 필요하다. 〈표 12-3〉은 전작권 전환 시와 전환하지 않을 때의 정치 · 경제 · 군사적 측면을 비교한 것이다.

〈표 12-3〉 전작권 전환의 정치·경제·군사적 측면

구분	전시작전통제권 전환할 시	전시작전통제권 전환하지 않을 시
정치 관점	자율성 ↑ 안보 부담 ↑	자율성 ↓ 안보 부담 ↓
경제 관점	국방비 부담 ↑	국방비 부담 ↓
군사 관점	자주적 군사력 사용·발전 ↑ 연합작전능력 ↓	자주적 군사력 사용·발전 ↓ 연합작전능력 ↑

출처: 한용섭 외, "전시작전통제권 전환 재연기의 정치, 경제, 군사적 조명: 이론, 평가, 대응", 『국제관계연구』 20(2015), p. 12.

위의 세 가지 영역은 서로 밀접하게 연관되어 있어 분리해서 생각한다면 잘못된 판단을 내릴 수 있다. 만약 정치적으로 자율성 확대라는 목표를 세웠다면 위협이나 환경 등을 고려하여 경제적으로 이를 뒷받침해야 할 것이다. 그러나 경제적으로 이를 뒷받침할 의지도 없이 정치적으로 자율성을 선택한다면 목표(ends)와 수단(means)은 불일치하게 된다. 또한, 목표와 수단이 일치하더라도 그것을 수행하는 방법(ways)상에서 실패한다면 결과적으로 목표달성은 실패하게 될 것이다. 즉, 군사적으로 연합작전을 주도할 능력과 한국군의 독자적 전략이 없다면 전쟁 발발 이후에 실질적으로 자율성을 행사하기는 불가능하다고 할 수 있다.[76]

전작권 전환과 관련하여 첨예한 대립을 낳고 있는 주요 이슈를 정리하면 다음과 같다.

첫째, 북핵 이슈다. 북한 핵이 완성단계에 이르렀으니 전환을 연기해야 한

76 한용섭 외, "전시작전통제권 전환 재연기의 정치, 경제, 군사적 조명: 이론, 평가, 대응", 『국제관계연구』 20(2015), p. 12.

다는 의견과 북핵 문제는 2010년 전환 연기 결정 때 이미 반영된 사안이라는 입장이 대립한다.

둘째, 전작권 전환은 한미 연합방위체제의 훼손을 가져오며 그로 인해 안보역량이 약화되므로 전환을 연기해야 한다는 입장과 이를 대미 의존적 사고방식이라고 비판하는 입장이다.

셋째, 전작권 문제를 주권국가의 자존심과 연관시키는 것의 저의가 의심스럽다는 입장과 이를 비판하는 입장이 대립한다.

넷째, 전작권 전환은 주한미군 철수와 동맹의 약화를 가져온다는 입장과 이에 대해 걱정할 이유가 없다는 시각이 대립한다.

다섯째, 전시 증원군 자동지원에 문제가 생길 수 있다는 주장과 그렇지 않다는 주장이 경합한다.

여섯째, 검증되지 않은 연합지휘부를 창설해야 하는가 하는 입장과 연합지휘부는 기본운용 능력구비, 완전운용능력 구비 등의 작업을 통해 검증할 수 있으므로 문제없다는 입장이 대립한다.[77]

한미 간 전작권 전환 문제의 경우, 정답이 존재하는 문제는 아니고 이미 전작권의 전환이 결정된 상황이기 때문에 전작권 전환 문제에 대한 원천적인 재고는 의미가 없다. 오히려 논쟁이 되고 있는 문제들, 예상 가능한 문제들을 어떻게 해결해 대한민국의 국가안보를 굳건히 지켜나갈 수 있는지가 중요하다. 한반도의 안보위협 요소를 통제하여 위기를 진정시키고 궁극적 목표인 평화통일을 이룩하기 위해서는 굳건한 한미동맹을 기반으로 한 한미 양국의 공동 노력이 필요하며, 한국과 미국이 굳건한 동맹관계를 유지하기 위해서는 한미연합사령부의 역할 또한 중요하다.

---

77 송대성, "북핵 문제와 전작권 전환 문제, 어떻게 할 것인가?", 〈한국선진화포럼 4월 특별토론회〉 발제문(2013); 부형욱, "전시작전통제권 전환: 이슈와 정책방향", 『정책연구』 가을호(2013) 재인용

3. 주한미군의 위상과 역할

1) 주한미군의 성격과 가치

한국전쟁 이후 60여 년간 한국에 주둔하고 있는 주한미군의 역할과 주한미군이 대한민국 안보 차원에서 갖는 의의를 정리하면 다음과 같다.[78]

첫째, 주한미군은 지난 50년 동안 북한의 남침 억제는 물론 동북아 지역의 평화와 안정에 지대한 기여를 해왔다. 현재도 주한미군은 유사시 세계 유일의 초강대국인 미국의 자동개입을 보장하는 인계철선 역할을 하고 있다. 실제적으로 주한미군 전력과 첨단 장비는 정보수집 및 조기경보 분야에서 우리의 군사력을 강력히 보완해주고 있다. 또한 막강한 미군의 증원전력과 핵우산 제공 등은 북한의 남침 야욕을 저지하는 결정적 억제력을 제공하고 있다. 이와 같이 주한미군은 한반도 유사시 압도적인 전력 우위를 보장함으로써 북한의 오판을 방지하는 역할을 수행하고 있다.

둘째, 주한미군은 평시 우리의 안보비용을 절감케 함으로써 지속적인 경제발전에도 기여하고 있다. 주한미군이 보유하고 있는 장비와 물자, 그리고 수십 억 달러의 운영 유지비 등을 감안하면 미군 주둔의 기회비용은 막대하다. 만일 주한미군 철수가 이루어진다면 이 전력을 대체하기 위해 추가적으로 천문학적인 국방예산이 소요된다.

셋째, 주한미군은 한 · 미 안보동맹의 상징으로서 동북아 지역의 안정을 보장하고 우리의 국가전략 위상을 유지하는 데 기여하고 있다. 우리의 지정학적 여건으로 볼 때 한 · 미 안보동맹은 주변 강대국들과의 관계를 원만하게 유지해나갈 수 있도록 하는 보장 장치이며, 통일에 이르는 과정을 안정적으로 관리하고, 통일 이후에도 우리의 국가적 생존과 번영에 큰 도움을 줄 것이다.

이렇듯 주한미군은 한국의 안보 차원에서 매우 중요한 의미를 갖는다. 현

---

78 김창수, "한미 전략적 공조와 주한미군의 역할", 〈평화연구소 한미포럼〉 발제자료(2000).

재는 한국의 최대 안보위협인 북한이라는 군사적 위협이 있기 때문에 한국과 미국이 공조하여 군사전략을 수립하고 연합작전을 수행하고 있다. 하지만 북한의 군사적 위협이 소멸된다면 주한미군은 주둔의 가장 큰 명분이 사라지게 되어 주둔 규모나 역할을 재조정해야 할 것이다.

북한의 군사적 위협이 소멸되는 상황을 상정해보면, 주한미군의 완전한 철수는 아니더라도 재조정은 가능성이 높아 보인다. 왜냐하면 완전한 미군의 철수는 전략적 공백을 남김으로써 동북아 지역의 안보환경을 매우 불안정하게 만들 것이다. 그리고 역내 국가들 간에 군비경쟁이 본격화되어 한반도에 대한 주도권 경쟁이 더욱 가시화될 가능성이 높고, 따라서 한국의 안보를 보장할 뚜렷한 대안이 없게 된다. 그러므로 한미동맹을 유지하고 일부 주한미군의 재조정을 통해 한국의 안보를 보장하고 동북아 지역의 안정과 질서를 유지할 수 있을 것이다. 이 경우 주한미군은 주일미군과 함께 재래식 전쟁의 억제보다는 재난 구조 활동, 비전투원의 소개 작전, 지뢰 제거, 평화유지 등 다양한 역할을 수행하게 될 것이다.[79]

2) 주한미군 지위협정(SOFA)[80]

일반 외국인이 한국에 체류하면서 생활하는 데 있어서 준수해야 할 법으로 한국의 법이 적용되는 것이 원칙이다. 이러한 원칙에 대해 한국과 다른 국가 간의 상호 필요와 합의에 의해 일부 예외를 주는 경우가 있는데, 공적인 임무수행을 위해 외교관, 군대 등 공적 신분을 지닌 사람을 파견하는 경우가 이에 해당한다. 외교관에 대해서는 전 세계 외교관에 공통으로 적용되는 「외교관계에 관한 비엔나협약」에 외교관 신분에 관한 사항이 규정되어 있다. 파견 군대에 대해서는 접수국과 파견국 간 합의에 의해 이러한 사항들

---

79 주한미군의 주둔 성격의 재조정을 주장하는 견해로는 헤리티지재단 아시아연구소장 래리 워츨(Larry Wortzel), "갈림길에 선 동북아미군", 『조선일보』 2000년 7월 31일자 기사 참고. 이외에도 미래 주한미군의 역할에 대해서는 William O. Odom, "The U. S. Military in Unified Korea," *Korean Journal of Defense Analysis*, Summer(2000) 참고.

80 국방부, "알기 쉬운 SOFA 해설", 비공개 내부자료(2002).

을 결정하는 것이 관례다.

특히 군대는 임무수행을 위해 엄격한 지휘체계에 의한 일사불란한 기율 유지가 특별히 요구되는 조직으로서 국내에서도 일반법과는 다른 군법에 의해 임무수행과 징계, 처벌 등 군기 유지에 관한 사항이 규정되어 있다. 따라서 한 나라의 군대가 외국에 파견되는 경우, 접수국과 파견국 간에 상호 합의에 의해 군기 유지와 국가기관으로서 임무수행에 필요한 지위 부여를 규정하는 협정이 "군대의 지위에 관한 협정(SOFA: Status of Forces Agreement)"이다.

SOFA는 한국과 미국 간의 국가 차원의 약속이며, 주한미군이 준수해야 할 한국의 법과 의무를 제시하는 동시에 주한미군의 임무수행에 필요한 제도적 틀을 마련한 협정이다. 예컨대 파견군대의 군인이 접수국에 출입국 시 소지해야 할 신분증과 비자와 관련된 사항, 접수국 내에서 파견군대가 사용하는 토지 · 시설 · 공공용역의 사용 조건, 파견 군대에 의해 사고 또는 범죄가 발생할 경우 보상과 처벌 절차 등이 일반적으로 SOFA를 통해 규정되는 사항들이다. 한국전쟁 후, 1953년 10월 1일 한미 양국 간 '상호방위조약'이 체결됨에 따라 미군이 주둔하게 되면서 SOFA의 조항 개정을 위한 협의가 꾸준히 진행되어 왔다. 1967년 7월 9일 현 SOFA의 모태인 주한미군지위협정이 제정되었다. 주한미군의 범죄로 한국 내 여론이 악화되면서 1991년 2월 1일 제1차 개정이 이루어졌다. 개정의 주요 내용은 논란의 대상이 되어온 형사재판권 자동포기조항 등의 독소조항을 담은 교환각서와 양해사상을 폐기하는 것이었다. 하지만 이후 연쇄적으로 발생한 미군 범죄로 인해 SOFA의 전면개정 요구가 다시 높아졌다. 한국 내 여론 악화로 '환경보호에 관한 특별양해각서'를 채택하고 2001년 1월 제2차 개정을 실시했다. 2차 개정에서는 미군기지의 환경 관리와 오염 치유를 국내 환경법 수준으로 적용, 정보 비공개 조항의 삭제 등이 이루어졌다. 향후 국내상황과 안보상황을 고려하여 호혜와 평등의 원칙 아래 SOFA 조항에 대한 지속적인 검토가 필요하다.

4. 미래지향적 한미동맹 발전방향

미국의 군사변환전략은 한미동맹의 미래에 중요한 변수로 작용한다. 미국의 변환전략은 필연적으로 기존의 동맹 유형이나 동맹관에도 지대한 영향을 미치게 되기 때문이다. 미국의 군사변환전략의 핵심은 위협 기반이 아닌 능력 기반이라는 인식을 바탕으로 기존 미군사력을 거점 방어 중심에서 유동 전력화하는 것으로 요약될 수 있다. 미국의 입장에서는 군사변환이라는 새로운 안보전략에 입각해 변화된 국제안보의 성격과 특성을 염두에 두고 기존의 동맹의 주목표였던 한반도 전쟁억지 이외에 동북아 지역의 안정적 관리와 국제안보에 대한 동맹의 기여에 적합한 미래 한미동맹의 역할 설정에 중점을 두었다. 반면, 한국의 입장에서는 협력적 자주국방이라는 전략기조에 바탕을 두고 평화 번영정책의 제반 목표들을 구현할 수 있는 바탕을 마련하는 차원에서 동맹재조정을 추진하는 것으로 한반도 전쟁억지를 동맹의 최우선적 목표로 삼으면서 궁극적으로 한반도 및 동북아 평화체제 구축에 기여할 수 있는 미래 한미동맹의 모습을 상정하고 있다. 동맹비전과 동맹의 역할에 대한 한미 양국의 입장을 보다 단순하고 직접적으로 표현한다면, 미국은 자신의 안보전략에 부합되도록 한미동맹의 지역 안보화를 바라고 있는 것이고, 한국은 한반도 방위의 한국화 차원에서 한미동맹의 비전과 역할을 그리고 있다.[81]

이제 한국은 미국의 아시아 재균형 전략과 한국의 안보전략을 고려하여 발전방안을 강구해야 한다.[82]

첫째, 국지도발, 핵 · 미사일 위협, 급변사태에 대한 공동대응 전략을 수립해야 한다. 한미동맹의 최우선 과제는 북한의 끊임없는 국지도발과 핵 · 미사일 위협, 그리고 체제의 불안정성으로부터의 급변사태 등에 어떻게 공동 대처할 것인가다. 북한은 강압행태(coercive behavior)를 통해 국가 존립의 기반

81 이수형, "한반도 평화체제와 한미동맹", 『통일과 평화』 2호(2009).

82 정경영, "한미동맹의 새로운 발전과제", 〈KAIS 2014 하계학술회의〉 발제자료(2014).

인 대한민국의 안전보장을 위협해왔다. 김정은 정권은 "당면목표로서 공화국 북반부에 사회주의 강성국가를 건설하고, 전국적 범위에서 민족해방민주주의 혁명과업을 수행하며, 최종목적은 온 사회 김일성 · 김정일주의화를 완성하는 것"으로 이를 위해 치밀하고도 조직적으로 준비하고 있다. 이는 핵 · 미사일 등 전략무기의 능력을 지속적으로 증가시키기 위한 수차례의 핵실험과 빈번한 미사일 발사, 정부의 행정 및 군의 지휘통제통신망은 물론, 방송 · 금융 · 교통망을 무력화시키기 위한 디도스(DDOS: Distributed Denial of Service Attack, 분산 서비스 거부 공격) 사이버 공격, 무인정찰기 침투, 전선 지역으로의 기계화 및 기갑부대와 특수전부대, 포병부대의 전진배치 등에서 잘 나타난다.

둘째, 전작권 전환과 미래사령부 창설을 바탕으로 한국 주도의 공동 방위체제를 구축해야 한다. 2007년 한미 양국은 2012년 4월 17일 전작권 전환계획에 서명하면서 한반도 방위에서 한국군이 주도적인 역할을 하고 미군이 지원 역할을 한다는 신연합방위체제 구축에 합의하였다. 한미 양국은 전작권 전환을 추진하는 데 있어서 안보협의회의와 군사위원회 같은 전략대화체제는 존속시키되, 한반도 방위에 있어서 한국군이 주도적 역할을, 주한미군이 지원적 역할을 수행한다는 합의하에 양국 간 원활한 협력을 보장하기 위한 핵심기구로 가칭 '동맹군사협조본부'를 설치해서 운영하는 방안을 추진했다. 군사협조본부는 한미 간 군사협력을 보장하는 총괄기구인 SCM과 MC의 통제를 받으며, 전쟁억제와 대비태세 유지에 필요한 대부분의 주요 기능을 수행하는 구상이었다.

각 작전사령부 간에는 한국군이 주도적 역할을 하고 미군 측이 지원적 역할을 수행하는 관계를 설정했다. 이들의 협조를 원활히 하기 위해 각 작전사별로 미국이 한국군에 작전 협조반을 파견하여 지원할 수 있도록 설계했다. 한미 양국이 자국군에 대해 전 · 평시 작전통제권을 행사하면서 현재 한미연합사가 행사하던 한반도 작전사령부의 기능과 역할을 한국 합참이 수행하도록 했다. 미국은 주도적 역할에서 한국군을 지원하는 역할로 바뀌며, 그 핵심은 정보 · 감시 · 정찰과 정밀타격 등 미국이 가지고 있는 첨단전력을 지원하는 개념이다. 새로운 동맹군사구조와 군사협력체계의 특징을 한마디로 요약하자면, 독자성과 상호 협력성이 동시에 확보되는 한국 주도의 '공동방위체제'라고 할 수 있다.

셋째, 한반도 평화 협정 및 평화통일을 위한 동맹의 역할론을 강조해야 한다. 한미동맹이 존재하는 것은 1차적으로 전쟁을 억제하는 데 있으며 나아가 한반도 통일에 기여하는 데 있다. 전쟁에서 승리를 통해 통일을 이루는 방안과 평화통일 방법이 있다. 피를 흘리지 않는 후자의 통일전략 추진을 소홀히 할 수 없는 이유다. 통일로 가기 위해서는 한반도 평화체제 창출이 선결되어야 하며, 남북한 군사적 신뢰구축과 군비통제와 군비축소가 이루어져야 한다. 남북관계와 북핵 문제의 연계전략이 아닌 병행전략, 즉 남북관계 발전을 통해 북핵 문제 해결과 미·북관계 정상화에 기여하는 전략이 요구된다.

북한의 비핵화를 위해서는 외교, 경제, 군사 등 포괄적 접근전략이 필요하다. 먼저 외교적으로 UN 안보리 결의안인 핵미사일 능력을 증가시키는 일체의 핵실험과 미사일 시험발사 중단이행을 약속하고 조기에 비핵화의 로드맵을 제시할 때 6자회담을 재개할 수 있으며, 핵 문제를 평화적으로 해결할 수 있다. 이란 핵의 외교적 합의에 의한 비핵화의 진전은 북한의 비핵화에도 시사점이 크다. 비핵화가 진전되면 국제사회와 함께 신 마셜플랜을 발전시켜 북한 경제를 소생시키는 전략을 실행할 수 있을 것이다. 동시에 북한의 핵미사일 공격 시, 재앙적 피해를 고려한다면 선제타격을 포함한 완벽한 군사대비태세를 구축하는 것은 이론(異論)의 여지가 없다. 이 과정에서 한미간에 긴밀한 협력은 필수적이다.

끝으로 한미동맹은 안보협력을 넘어 미래를 위한 포괄적이고 전략적인 동맹으로 발전하여야 한다. 한미 양국은 이미 '한미동맹 국방비전'과 '한미국방협력 지침', '한미동맹 60주년 공동선언' 등에서 포괄적 전략동맹으로의 발전을 선언하였다. 포괄적 전략동맹으로 발전하기 위해서는 동맹의 협력분야를 지속적으로 확대하는 것이 필요하다. 사이버, 우주, 기후 변화에 따른 재해 · 재난, 해적 퇴치를 포함한 해양안보, 대량살상무기 확산 방지, 유엔이 주도하는 평화유지활동 참여 등 다양한 분야에서 협력의 범위를 확대하여야 한다. 한미동맹의 지리적 협력범위의 확대 또한 필요하다. 앞으로 한미 양국은 동맹의 협력분야를 지속적으로 확대하여 한반도는 물론 동북아 및 세계 평화와 안정에 기여하도록 한미동맹을 성장 · 발전시켜야 한다.

제3절
한반도 평화와 다자안보협력 구상

1. 주변국과의 전략적 협력 강화의 의의

남북한이 분단된 지 70여 년이 지난 지금, 한반도는 냉전구조를 해체하고 평화체제를 구축하는 방향으로 나아갈 필요가 있다. 이와 관련하여 정부는 물론 학계, 시민사회계, 국제사회 역시 의견을 함께하고 있다. 하지만 남북한 냉전구조의 종식을 선언하고 한반도에 평화체제를 구축하는 것은 한국의 노력만으로는 달성하기 어려운 일이다. 이러한 논의가 성공적으로 진행되기 위해서는 직접 당사자인 북한의 적극적인 동의가 필요하며, 미국, 중국, 일본, 러시아 등 한반도 주변국가 및 국제사회의 승인과 도움이 절실하다. 이와 더불어 한국 내의 남남갈등을 최소화하고 평화적 합의를 이끌어내는 것도 하나의 큰 과제다.

당사국인 남북한을 제외하고 한반도에 평화를 정착시키는 데 중요한 역할을 수행할 수 있는 주요 행위자는 이해관계국인 미국과 중국, 일본, 러시아 등 한반도 주변국과 국제사회다. 특히, 한반도 주변국의 지지와 승인 없이는 한반도 평화체제는 요원한 꿈에 불과하다. 이를 달성하기 위해 한국 정부는 주변국들과의 전략적 협력을 강화할 필요가 있다.

한편, 한반도 냉전구조 해체 및 평화체제 구축 문제를 포괄적으로 이해해야 한다.

〈그림 12-3〉에 나타난 것과 같이 '한반도 비핵화', '남북 간 군비통제', '정전체제의 종료' 등과 같은 주제들은 개별적으로 다뤄지거나 아니면 다수로

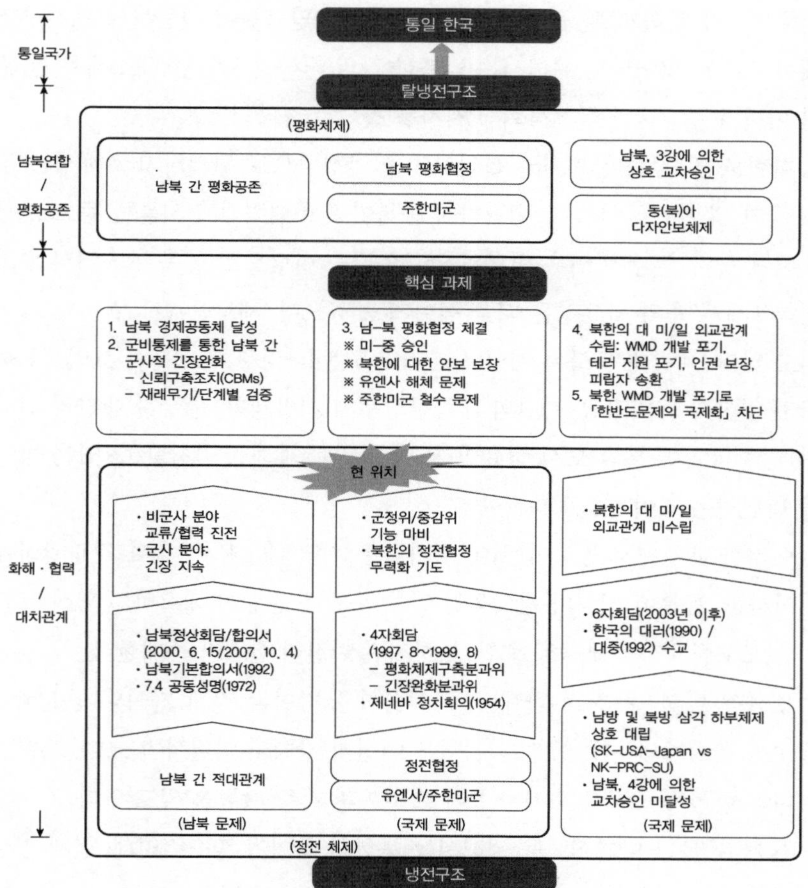

〈그림 12-3〉 한반도 냉전구조 해체 및 평화체제 구축

출처: 김동명, 『독일통일, 그리고 한반도의 선택』(서울: 한울아카데미, 2010), p. 549.

묶여 언급되고 있다. 하지만 이보다는 좀 더 포괄적이고 종합적인 차원에서 다룰 필요가 있다. 한반도 냉전구조의 특성이 한반도 문제가 본질적으로 남북 간의 문제임과 동시에 국제 문제라는 이중적인 구조를 띠고 있기 때문이다. 한국전쟁은 남북 간의 내전이었으나 16개국의 UN군과 중공군이 참전한 국제전 성격을 갖고 있다. 특히 미국과 중국이 깊숙이 개입되어 주도적으로 전쟁을 수행했고, 정전협정 서명자가 됨으로써 전후 한반도에 대한 양국의 이해관계가 얽히게 된 근원이 되었다. 따라서 남북한이 한반도의 냉전구조에서 스스로 벗어나기 위해서는 남북한 간의 군사적 갈등을 해소해야 할 뿐만 아니라 주변국과 국제사회의 지지를 필요로 한다.[83]

한반도 및 동북아 지역의 불안요인을 안정적으로 관리하기 위해서는 역내 국가 및 관련국이 상호 협력하여 동북아 평화협력의 질서를 공동으로 구축해야 한다. 탈냉전 이후 변화된 안보환경을 바탕으로 동북아 지역의 평화협력체제 구축의 필요성은 더욱 높아지고 있으며, 새로운 안보질서가 요구되고 있다. 예컨대 동북아 지역이 가지고 있는 다양한 안보불안 요인, 즉 중국과 일본의 군비경쟁, 북한의 대량살상무기 개발계획, 중국과 대만의 긴장관계, 중국과 일본의 도서 영유권 분쟁 등을 통제하고 억지할 수 있는 방안을 마련하는 것이 필요하다.

이러한 배경에서 동북아 역내 국가들은 지역 내 신뢰구축과 긴장완화에 기여하고, 동북아 지역의 광의적인 안보 문제를 원활히 해결하기 위해 포괄적 안보협력체계를 구축해야 한다. 하지만 여전히 한계가 존재한다.

첫째는 역사·문화적 한계다. 국제협력은 참여국 간에 가치의 동질성이 클수록 활성화되는데, 동북아 지역은 여전히 가치의 이질성이 크다. 그뿐만 아니라 한국과 중국은 과거사 문제로 일본과 자주 갈등을 빚고 있다.

둘째, 동북아 다자협력을 위해서는 북한의 참여가 필수적인데, 현재 형성되었거나 제안된 안보협력에 대해 북한은 대부분의 경우 거부하고 있는 실정이다.

셋째, 집단안보의 필요성이 다수 역내 국가들에 의해 절실히 인식되지 못하고 있다. 이는 동북아 지역 국가, 특히 북한뿐 아니라 주변국들의 적극적인 지지를 얻지 못하고 있으며, 강대국의 선도적 참여를 이끌어내지 못하고 있는 실정이다.[84] 동북아의 평화체제 구축을 위해 이러한 한계에 대한 공통

83 김동명, "한반도 평화체제 구상", 『통일과 평화』 3집 1호(2011).

84 고상두, "동북아 다자간 평화협력: 한국의 선택과 역할", 〈제2차 한국학술연구원 코리아 포럼 '한반도 평화체제 구축'을 위한 우리의 전략〉 발제자료(2003).

의 인식과 대책마련이 요구된다.

2. 역내 다자안보협력 증진

한반도 및 한반도 주변국들은 상호 간의 높은 경제의존도와 연관성 등을 이유로 역내 평화체제 구축의 필요성은 절감하고 있으나 제도화 단계로 쉽게 나아가지 못하고 있는 실정이다. 왜냐하면 동북아 지역은 전 세계적인 냉전체제의 종식에도 불구하고 여전히 체제 대립이 유지되고 있어 외부의 적 혹은 잠재적 위협을 무엇으로 상정하느냐에 대한 구성원들 간의 합의가 쉽지 않기 때문이다.

본래 다자안보협력은 3개국 이상의 국가가 외부의 적이나 잠재적 위협에 공동 대응하는 배타적이고 집단적인 안보협력을 지칭하는데, 이때 당사국은 물론 패권국가의 주도적 역할이 매우 중요하다. 남북한을 비롯하여 미국, 중국, 일본, 러시아 등 동북아 지역의 다자안보협력의 주축이 되는 중심 국가들은 미 · 중, 일 · 중, 미 · 북, 남북한 등 양자 간의 불신으로 인해 협력체제에 대한 논의 자체가 원활히 이루어지지 못하고 있다. 한국의 경우, 북한의 안보 위협과 미 · 중 간의 갈등 같은 다양한 문제에서 야기되는 위협을 축소하고 더 나아가 안정적인 안보환경을 바탕으로 한 경제성장을 추구하기 위해 동북아 다자안보협력에 적극적으로 나서고 있다. 하지만 북한은 물론이고 한반도 주변 국가들은 동북아 지역의 다자안보협력에 대해 각기 다른 해석을 내놓고 있어 단기간 안에 동북아 다자안보협력을 증진하기는 쉽지 않다.

미국은 동북아 다자안보협력에 대해 반대하는 입장[85]을 취하고 있으며, 동북아 다자주의가 러시아나 중국의 입지를 강화하는 계기가 될 수 있음을 우려[86]하고 있다. 또한 영유권 분쟁 문제, 북한의 안보위협 등 동북아 안보

---

85 Takashi Inoguchi, "Possibilities and Limits of Regional Cooperation in Northeast Asia," *Perspectives Asiatique*, Nos. 9-10, January 2001.

86 Paik, Jin-Hyun, "Security Multilateralism in the Asia-Pacific: Merits and Limitations,"

문제를 다자적 차원에서 해결하는 것이 비효율적이고 소모적인 외교전을 초래할 수도 있다는 우려를 갖고 있다.[87]

중국은 정치 · 안보 문제를 해결하기 위한 다자협력체제를 제안한 적이 한 번도 없는 매우 소극적인 자세를 보이고 있다. 티베트 문제, 대만 문제 등이 국제적으로 다루어지는 것을 내정간섭으로 간주하는 중국으로서는 다자간 안보협력의 틀이 마련되는 것에 찬성하지 않는다. 또한 중국은 주변국과의 분쟁과 갈등을 양자 간 방식에 의해 해결하는 것이 자국의 우월한 국력을 유리하게 활용할 수 있는 것이라고 생각하고 있다.

일본은 종종 지역 안보대화를 제안하는 등 다자간 안보협력에 적극성을 보이고 있다. 그 이유는 무엇보다 한반도 문제에 초연할 수 없는 입장이기 때문이다. 특히 북한의 미사일 발사 실험과 핵개발 이후 일본은 한반도 안보 문제에 대해 적극적인 관심을 보이고 있다. 하지만 안보관계에 있어서 일본은 미국을 경유하여 한국과 간접적인 동맹관계에 있기 때문에 다자적 안보협력을 통해 보다 적극적으로 한반도 안보 문제 해결에 참여하고자 하는 것이다. 또한 일본은 다자간 안보대화를 통해 일본의 군사대국화에 대한 의구심을 해소시키고 과거사 문제와 관련한 주변국의 불신을 불식시킬 수 있다고 보고 있다.[88] 하지만 일본은 중국이나 북한을 설득할 수 있는 외교채널이 빈약하고 선도적 지도력도 빈약하다는 문제점을 안고 있어 미국과의 양자적 관계를 우선적으로 고려할 것으로 예상된다.

러시아는 1960년대 이후 아태 지역에서의 다자안보협력체 결성을 주장해 온 구소련 외교정책의 연장선상에서 지역안보 대화를 적극 주장하고 있다. 1994년 1차 북한 핵 위기 때도 UN 안보리에서 동북아 6개국과 UN, IAEA가 참여하는 국제회의 소집을 제안한 바 있다. 최근 러시아가 제2차 북한 핵 위

Kwang, Il Baek(ed.), *Comprehensive Security and Multilateralism in Post-Cold War East Asia*, Seoul: KAIS, 1998, p. 300.

87 엄태암, "한반도 안보와 동북아 6자회담", 『국방정책연구』 여름호, 1999. p. 238.

88 엄태암, 앞의 논문, 1999, p. 242.

기 해결을 위한 6자회담을 성사시킨 것도 매우 가시적인 성과로 기록될 수 있다.[89]

〈표 12-4〉에서 알 수 있듯이 동북아 국가들 및 관련국들은 동상이몽 상태에 놓여 있다. 동북아 지역에 다자안보협력체계를 구축하기 위해서는 역내 국가들 간의 이해관계에 부합되는 공통의 목표를 설정하는 것이 중요하다. 어떠한 나라도 자국의 이익을 현저하게 침해하거나 침해당할 가능성이 있는 경우 다자안보협력에 참여하지 않으려 들 것이다. 따라서 동북아 다자안보협력체계를 형성하기 위해서는 한국은 물론이고 북한, 미국, 중국, 일본, 러시아가 공통된 이익, 즉 동북아 평화체제에 대한 필요성을 절실하게 느낄 수 있도록 해야 한다.

한국 정부는 이러한 문제의식하에 동북아 평화체제 구축을 위한 실제적인 추진 계획을 수립하고 관련국을 적극적으로 설득해나가야 한다. 미국과 중국 등 핵심 국가의 참여 동기를 유발하기 위해 노력하고, 관련국의 이해관계를 조정하는 조정자로서의 역할을 수행할 준비를 해나가야 한다. 현재 한국 정부는 '동북아 평화협력구상'을 바탕으로 동북아 다자협력 질서를 만들기 위해 적극적인 행보를 이어가고 있다. 기구의 설치 등과 같이 이해관계 충돌이 많은 분야보다는 작지만 의미 있는 협력을 지속적 · 반복적으로 만들어가는 과정에 초점을 맞추어 실행 계획을 수립하는 것이 중요하다. 즉, 역내 국가들의 점진적인 인식 변화를 바탕으로 다자안보협력에 대한 공감대를 형성하고 더 나아가 다자안보협력체계를 구축해야 한다.

---

89 고상두, 앞의 논문, 2003.

〈표 12-4〉 국가의 유형에 따른 취약성

구분	기본 입장	향후 예상 태도
한국	• 적극적 • 중일 군비경쟁 저지 및 외교 자율성 확대 모색 • 한미동맹 이완 및 한반도 문제 쟁점화 우려	• 주도적/적극적 추진 • 한미동맹 유지 전제하 추진 • 한반도 문제 쟁점화 회피
북한	• 소극적/부정적 • 북한 관련 문제가 주요 의제이기 때문에 대북 압박 수단으로 악용 우려 • 체제보존 및 경제지원 모색	• 당분간 불참 입장 표명 • 북한을 배제한 안보협력체 창설 반대 • 기존 다자안보협력 활동에 제한적으로 참여 • 참가 조건으로 미·북 수교, 주한미군 철수 등 요구 예상
미국	• 필요성 인정: 6자회담이 유용한 대화형식이라는 점 재확인 • 대테러전 및 WMD 확산방지를 위한 국제협력 수단으로 활용 의도 • 최근 동아시아정상회의(EAS)에서 배제된 이후 다자안보에 참가를 원하는 분위기 고조 • 그러나 양자주의 선호 경향	• 북핵 문제 해결 이전 소극적 참여: 역내 소외 방지 차원 • 북핵 문제 해결 이후 미국 주도하 적극 추진 가능성 • 책임/비용분담 모색 • 중국 견제 • 미국 위상 인정 요구
중국	• 적극적('00년 이후) • 미·일 및 한·미동맹 견제, 자국의 영향력 강화 수단으로 활용 의도 • 중국위협론에 대처 • 세계질서 다극화 모색	• 적극적 참여 입장 표명 • 북한 배제 또는 미국 주도 다자안보협력체 창설에는 반대 • 국제적 위상 강화 및 경제협력 강화 수단으로 사용
일본	• 적극적('98년 북한 대포동미사일 실험 발사 이후) • 미·일 양자동맹 보완수단으로 활용 • 자국의 대외 영향력 확대, 중국 견제, 북핵 문제 해결수단으로 활용 의도	• 적극적 참여 입장 표명 • 미국 주도 안보협력체 창설 지지 • 중국 견제, 북한 위협에 대처 • 국제위상 강화 모색
러시아	• 적극적 • 극동 지역 전략적 취약성 보완 및 경제협력 강화 수단 • 특정국가 주도 반대	• 적극적 참여 입장 표명 • 북한 배제 또는 미국 주도 다자안보협력체 창설에는 반대

출처: 이대우, "한미 전략동맹과 미래비전", 『시대정신』 여름호(2010), 별첨자료.

3. 다자안보협력의 발전방향

앞서 살펴보았다시피, 동북아 지역은 다양한 역사적 · 이념적 · 정치적 갈등요소가 혼재해 있기 때문에 다자간의 군사 · 안보협력을 추진하는 데 많은 어려움이 따른다. 그럼에도 불구하고 탈냉전 이후 동북아 지역의 안보환경이 변화됨에 따라 관련국들은 동북아 지역의 평화체제를 안착시키기 위해 다자안보협력체계를 구축해야 한다는 필요성은 인식하고 있다. 물론 여전히 다자간 협력보다는 양자 간의 협력에 의한 군사 · 안보 문제 해결이 더 많은 지지를 받고 있으며, 역내 국가들 간의 군비경쟁이 심화되는 등 다자안보협력체계를 구축하기 위한 환경이 좋지 않은 것도 사실이다. 그럼에도 불구하고 한국은 한반도의 평화체제 조기 구축을 위해 동북아 다자안보협력체계 구축에 적극적으로 나서야 한다.

한국의 다자군사안보협력의 방향은 동북아 지역 국가들 간의 다자간 군사협력· 확대가 한반도에서의 전쟁억제 및 역내 안정에 기여할 것이라는 데 인식을 같이하고 한미동맹을 기본 축으로 하여 역내 국가들 간 상호 이해증진 및 신뢰 구축을 위한 역내 다자간 군사협력 추진 방안을 강구해나가는 방향으로 추진되어야 할 것이다. 동북아의 평화와 안정은 양자관계에 다자간 군사협력이 수반되는 이른바 '양-다자 협력 틀'이 형성될 때만이 비로소 가능해질 것이다.[90]

이러한 차원에서 동북아 다자안보협력체를 구축하기 위해서는 다음과 같은 원칙을 고려하여야 한다.[91]

첫째, 기존의 안보태세 및 동맹체제를 지속한다는 전제하에 추진되어야 한다. 즉, 다자안보협력체가 기존의 동맹관계를 대체하는 것이 아니라 보완하는 것이기 때문에 다자안보협력체 구축과 병행하여 우리의 자주국방 노

---

90 이신화, "동북아 다자안보협력 현황과 군사적 방안모색", 『KRIS 국방정책연구보고서 04-08』 (2004), p. 66.

91 이대우, 전게서, pp. 20-24.

력 및 한 · 미동맹 관계를 지속 유지 및 발전시켜야 한다. 동시에 한 · 일, 한 · 중, 한 · 러 및 남북관계도 증진시켜 공감대를 확산시켜야 한다.

둘째, 북핵 문제 해결과 병행하여 추진해야 한다. 이는 가까운 장래에 북한 핵 문제가 완전히 해결되지 않는다는 예상을 전제한다. 따라서 6자회담 9.19 공동성명을 충실히 이행하는 방향에서 추진되어야 하고, 다자안보협력을 통해 북핵 문제의 조속한 해결을 유도해야 한다.

셋째, 기존의 다자안보협력 활동과 조화를 유지하는 가운데 추진되어야 한다. 현행 ARF, NEACD, CSCAP 등에 적극 참여함은 물론 역외 안보협력 활동에도 적극 참여해야 한다. 즉, 정부는 정부 차원의 다자안보협력에 주력해야 하지만, 비정부 차원의 다자안보협력 활동도 강화해야 한다.

넷째, 어젠다 설정에 있어 합의 및 이행이 용이한 분야부터 점진적 · 단계적으로 확대하면서 추진할 필요가 있다. 특히 관련국들의 양자 문제는 당분간 의제에 포함시키지 말아야 한다.

다섯째, 북한이 참여를 거부할 경우 북한을 제외한 나머지 국가들로 일단 시작하고 추후에 북한의 참여를 유도해야 한다. 이는 자칫 북한이 동북아 다자안보협력에 참여하는 것을 외교협상의 카드로 사용할 경우 구축에 오랜 시간이 소요될 가능성이 있기 때문이다.

서로 이해관계를 달리하고 있는 3국 이상이 다자협력 관계를 맺고 특정 이슈에 대해 공동의 노력을 기울이는 것은 쉽지 않은 일이다. 따라서 위에서 기술한 것과 같이 개별 국가 모두 동의할 수 있는 원칙하에서 상생할 수 있는 동북아 다자안보협력체를 구성해야 한다. 이를 위한 구체적인 실행 방안 및 발전 방향을 정리하면 다음과 같이 정리할 수 있다.

첫째, 세계화와 정보화로 인해 위협요소가 다변화되고 개별 국가가 해결할 수 없는 크고 작은 문제들이 빈번하게 발생하고 있는 세계안보환경을 고려하여 국제사회와 포괄적인 안보협력 방안을 마련해야 한다. 동북아 지역 혹은 아시아태평양 지역 등과 같은 지역별 안보협력을 강화하여 지역 안보체계가 유기적으로 작동될 수 있도록 해야 한다. 이를 위해서는 개별 국가들이 다자 안보협의체에 적극적으로 참여하여 국가 간의 협의가 원활히 진행될 수 있는 환경을 만들어야 한다. 또, 다자안보협의체계가 흔들림 없이 운영될 수 있도록 법적 · 제도적 차원의 정비도 함께 진행해야 한다. 이때 중요한 것은 시시각각 변화하는 세계안보환경에서 글로벌 안보 문제는 개별 국가의 노력만으로 억지할 수 없다는 것을 인지하고 지역적 혹은 국제적 차원의 다자협력체를 통한 적극적이고 선도적인 공동 노력을 기울여야 할 것이다.

둘째, 통일한국을 이룩하기 위한 한반도 평화체제를 구축하기 위해 노력을 기울여야 한다. 북한은 한국뿐 아니라 한반도 주변국과 국제사회의 안보를 위협하는 요소다. 한반도 및 동북아 지역, 전 세계의 평화를 유지하기 위해 상존하는 위협인 북한을 평화적인 안보협력체계의 틀 안으로 끌어들일 필요가 있다. 한국과 북한이 협의하에 안보위협을 감소시키고 국제사회에 인정받을 수 있는 안정적 안보환경을 구축하기 위한 방안을 적극적으로 제시할 필요가 있다. 만약 북한이 적극적으로 나서지 않는다 하더라도 한반도의 평화적 통일이 동북아는 물론 전 세계의 평화를 도모하고 안보위협을 획기적으로 낮추는 데 크게 기여할 수 있음을 적극적으로 알릴 필요가 있다. 이러한 목표를 달성하기 위해 한국은 정부 차원의 외교 전략과 소프트 파워 활용 방안 등 다양한 채널을 활용해야 한다.

마지막으로 한국은 세계 평화에 기여하는 중견국으로서 자리매김할 필요가 있다. 이는 궁극적으로는 한국의 국가 위상을 높이기 위함이지만, 더 나아가서는 한반도 통일을 달성하기 유리한 환경을 조성하는 데 도움을 줄 수 있을 것이다. 한국이 높아진 국가위상에 걸맞게 세계 평화 유지와 인권 증진, 저개발국가에 대한 개발협력(ODA) 등 다양한 활동을 한다면 결국 세계적 안보위협을 낮추는 효과를 거둘 수 있을 것이다. 이때에도 개별 국가의 활동이 가지는 한계를 인식하고 중견국들과의 네트워크를 확대 · 발전시켜 국제적 위상을 제고하고 외교력을 높일 수 있도록 해야 한다.

참고문헌

1. 국내문헌

가. 단행본

강진석, 『전환기, 한국가치 구현을 위한 한국의 안보전략과 국방개혁』(서울: 평단문화사, 2005).
국가안전보장회의, 『평화번영과 국가안보』(2004년 3월 1일).
국가안보실, 『희망의 새시대 국가안보전략』(서울: 국가안보실, 2014).
국방대학교, 『국가안보론』(서울: 국방대학교, 2009).
_________, 『안전보장이론』(서울: 국방대학교, 2002).
국방대학원, 『경제안보론』(서울: 국방대학원, 1995)
국방대학원 국가안보문제연구소, 『안보총서115: 안전보장학 입문』(서울: 국방대학원, 2013).
국가안전보장회의, 『평화번영과 국가안보』(서울: 안전보장회의사무처, 2004).
국방부, 『국방백서 2014』(서울: 국방부, 2014).
_____, 『2013 동아시아 전략평가』(서울: 국방부, 2013).
군사학연구회, 『전쟁론』(서울: 플래닛미디어, 2015).
김광렬 · 권문선, 『인간과 환경』(서울: 동화기술, 2009).
김석용, 『국가안보의 한국화』(서울: 오름, 2011).
김열수, 『국가안보, 위협과 취약성의 딜레마』(경기: 법문사, 2010).
_____, 『국가안보: 위협과 취약성의 딜레마』(경기: 법문사, 2013).
_____, 『新국가안보-위협과 취약성의 딜레마』(경기: 법문사, 2015).
김우태, 『정치학원론』(서울: 형설, 1992).
김재엽, 『자주국방론』(서울: 선학사, 2007).
김충열, 『중국철학사1: 중국철학의 원류』(서울: 예문서원, 1994).
김태준, 『테러리즘: 이론과 실제』(서울: 봉명, 2006).

김태현 역, 『세계화시대의 국가안보』(서울: 나남출판, 1995).

다케다 야스히로 · 기야마 마타게 지음, 김준선 · 정유경 역, 『안전보장학 입문』(서울: 국방대학교 국가안전보장문제연구소, 2013).

메리 캘도어, 유강은 역, 『새로운 전쟁과 낡은 전쟁』(서울: 그린비라이프, 2010).

민중서림, 『실용 국어사전』(파주: 민중서림, 2006).

로버트 라이시, 형선호 옮김, 「슈퍼자본주의」(서울: 김영사, 2008).

박재영, 『국제정치 파라다임』(경기: 법문사, 2010).

박창권 외, 『한국의 안보와 국방: 전략과 정책』(서울: 한국국방연구원, 2007).

배리 부잔, 김태현 역, 『세계화시대의 국가안보』(서울: 나남, 1995).

백재옥 외, 『국방예산 분석 · 평가 및 중기정책 방향(2014/2015)』(서울: 한국국방연구원, 2015).

변창구, 『세계화 시대의 국제관계』(서울: 대왕사, 2000).

성백효 역주, 『書經集典』(上)(서울: 전통문화연구회, 1999).

송대성, 『한반도 군비통제』(서울: 신태양사, 2005).

신정현, 『세계화와 국가안보』(서울: 한국학술정보, 2011).

오명호, 『현대정치학 이론』(서울: 박영사, 2003).

온만금, 『국가안보론』(서울: 박영사, 2001).

온창일, 『전략론』(파주: 집문당, 2007).

유낙근 · 이준, 『국가의 이해』(서울: 대영문화사, 2006).

유정파 · 유동원 외, 『21세기 중국 국가안보전략』(서울: 국방대학교, 2008).

육군사관학교, 『북한학』(서울: 황금알, 2006).

윤태영, 『동북아 안보와 위기관리』(고양: 인간사랑, 2005).

이극찬, 『정치학』(경기: 법문사, 2014).

이민룡, 『한반도 안보전략론』(서울: 봉명, 2001).

이백순, 『신세계질서와 한국』(서울: 21세기북스, 2009).

이상진 외, 『국내안보요소와 국가안보전략』(서울: 국방대학교, 2002).

李成珪, 『史記:중국 고대사회의 형성』(서울: 서울대학교 출판부, 1993)

이수윤, 『정치학개론』(경기: 법문사, 1998).

이춘근 역, 『강대국 국제정치의 비극』(자유기업원,2004).

이춘근, 『현실주의 국제정치학』(서울: 나남출판, 2007).

이한기, 『국제법강의』(서울: 박영사, 2009).

임혁백, 『세계화의 도전과 한국의 대응』(서울: 나남, 1995).

조영갑, 『국가안보론: 한국 안보를 중심으로』(경기: 선학사, 2014).
______, 『국가안보론』(경기: 선학사, 2015).
______, 『테러와 전쟁』(서울: 북코리아, 2004).
정경영, 『한반도의 도전과 통일비전』(서울: 지성과 감성, 2015).
정준호, 『안전보장이론』(서울: 국방대학교, 2002).
조순구, 『국제문제의 이해』(경기: 법문사, 2006).
조지 나이프 지음, 양준희 역, 『국제분쟁의 이해: 이론과 역사』 (서울: 한울 아카데미, 2000).
조지프 스티글리츠, 홍민경 옮김, 『인간의 얼굴을 한 세계화』(서울: 21세기북스, 2008).
존 로크, 『통치론: 시민정부의 참된 기원, 범위 및 그 목적에 관한 시론』강정인 · 문지영 역 (서울: 까치, 1996).
최경락 외, 『국가안전보장서론: 존립과 발전을 위한 대전략』(경기: 법문사, 1989).
최진태, 『테러리즘의 이론과 실제』(서울: 대영문화사, 2006).
토마스 홉스, 『리바이어던』, 최공웅 · 최진원 옮김(서울: 동서문화사, 2009).
투키디데스, 『펠로폰네소스 전쟁사』, 박광순 옮김(서울: 범우사, 1993).
하정열, 『대한민국 안보전략론』(서울: 황금알, 2012).
한비자, 『한비자(韓非子)』, 성동호 역(서울: 홍신문화사, 2007).
한용섭, 『국방정책론』(서울: 박영사, 2013).
합동참모본부, 『군사기본교리』(서울: 합동참모본부, 2002).
___________, 『합동 · 연합작전 군사용어사전』, 합동참고교범 10-2(서울: 합동참모본부, 2010).
하영선 · 민병원, "현대세계정치의 국제정치이론과 한국", 하영선 · 남궁곤 편, 『변환의 세계정치』(서울: 을유문화사, 2007).
함택영 · 박영준, 『안전보장의 국제정치학』(서울: 사회평론아카데미, 2015).
한국정치학회 편, 『국제정치학: 인간과 세계, 그리고 정치』(서울: 박영사, 2015).
헨리 키신저, 권기대 역, 『헨리 키신저의 중국이야기』(서울: 민음사, 2012).
환경부, 『2015년 주요업무추진계획』(2015.1.).
황병무, 『국가안보의 개념, 영역 및 방법: 정치, 외교, 군사영역을 중심으로』(서울: 국방대학교 교육학술연구과제, 2003).
______, 『전쟁과 평화의 이해』(서울: 오름, 2001).
______, 『한국안보의 영역 · 쟁점 · 정책』(서울: 봉명, 2004).
황성칠, 『군사전략론』(파주: 한국학술정보, 2013).
황진환 외, 『군사학개론』(서울: 양서각, 2011).

황진환 외, 『신국가안보론』(서울: 박영사, 2014).

J. J. 루소, 『사회계약론:정치적 권리의 원리』(서울: 박영사, 1982).

Ray S. Cline, 국방대학원 안보문제연구소 역, 『국력분석론』(서울: 국방대학원안보문제연구소, 1981).

나. 논문

강선주, "중견국 외교전략: MIKTA의 외연(外緣) 확장을 중심으로", 국립외교원 『외교안보연구소 2014-14 정책연구과제 보고서』(2014).

고상두, "동북아 다자간 평화협력: 한국의 선택과 역할", 〈제2차 한국학술연구원 「코리아 포럼 '한반도 평화체제 구축'을 위한 우리의 전략」〉 발제자료(2003).

구춘권, "냉전체제의 극복과 집단 안보의 잃어버린 10년: 평화연구의 시각에서의 비판적 재구성", 『국제정치논총』 제43집 2호(한국국제정치학회, 2003).

국민안전처 비상대비과, "안보위협과 재난위험에 동시 대비하는 을지연습 실시", 『국가 비상대비 민방위 저널』 통권 제40집(2015).

국방부, "불확실성 시대 국방정책: 한국의 시각", 〈제7차 IISS 아시아 안보회의〉 제3세션 주제발표문(2008).

김근식, "각자도생의 동북아와 남북관계 변화 필요성", 『한반도 포커스』 제28호, 경남대학교 극동문제연구소(2014).

김동명, "한반도 평화체제 구상", 『통일과 평화』 3집 1호(2011).

김수빈, "대한민국 국가 위기관리의 취약성", 『디펜스21 플러스』 통권 17호(2013).

김수진, "국가안보와 경제", 국방대학교, 『안전보장이론』(2002).

김영제, "북한의 테러유형 변화에 관한 연구", 한국외국어대학교 외교안보학과 석사학위논문(2014).

김영호, "비전통적 안보위협과 군의 역할", 『평화연구』(2009).

김용호, "북한 테러리즘과 대응전략에 관한 연구", 대진대학교 석사학위논문(2008).

김응수, "테러리즘의 초국가성 확산과 대응전략에 관한 연구", 경남대학교 대학원 박사학위논문(2008).

김인기, "현실화된 동북아 군비 경쟁", SBS 칼럼(2015. 10. 3.).

김일수, "미중의 패권경쟁과 박근혜 정부의 대외정책", 『대한정치학회보』 22집 3호(2014).

김주훈, "한국의 대테러 발전방향에 관한 연구", 연세대학교 석사학위논문(2007).

______, "세계화: 이론적 재조망", 『인문학연구』(2012).

김준형, "한미동맹 60주년 평가", 코리아컨센서스 이슈리포트(2015).

김진항, "포괄안보시대의 한국국가위기관리 시스템 구축에 관한 연구", 경기대학교 정치전문대학원 박사학위논문(2010).

김태규, "한국의 대테러리즘 실태 및 발전방안 연구", 국제문화대학원대학교 석사학위논문(2006).

김태정, "뉴테러리즘 시대의 한국 대테러정책 연구", 성균관대학교 석사학위논문(2013).

김연수, "협력안보의 개념과 그 국제적 적용: 북미관계에의 시사점", 『한국정치학회보』 제38집 제5호(한국정치학회, 2004).

김재철, "동북아평화를 위한 군비통제 접근방향", 『한국동북아논총』 제17집 제2호, 한국동북아학회(2012).

______, "박근혜 정부의 한반도 신뢰프로세스 추진전략", 『평화학연구』 제14권 제3호, 한국평화연구학회(2013).

김재철 · 양충식, "중일의 대립과 무력충돌 가능성 요인 분석", 『한국동북아논총』 제19집 제4호, 한국동북아학회(2014).

김창수, "한미 전략적 공조와 주한미군의 역할", 평화연구소 〈한미포럼〉 발제자료(2000).

문태훈, "새정부 환경정책의 과제와 환경정책의 발전방향", 『한국사회와 행정연구』 제24권 제2호.

박기병, "국가기록원 주제별 집필", 국가기록원 홈페이지(2015.11.2.).

박병광, "국제질서 변환과 전략적 각축기의 미중관계: 중국의 전략적 입장과 정책을 중심으로", EAI, 『국가안보패널 연구보고서』(2014).

박영호, "박근혜정부의 대북정책", 『통일정책연구』 제22권 1호(2013).

박정은, "한미동맹 재조정과 주한미군 재배치"(2009).

박종훈, "하이테크 테러위협 요인에 대한 고찰", 『대테러정책』 연구논총 제6호(2009).

박창권, "방공식별구역 문제와 지역해양 분쟁의 안보적 시사점", 『주간국방논단』 제1496호, 한국국방연구원(2014).

박휘락 · 김병기, "한미연합사령부 해체가 유엔군사령부에 미치는 영향과 정책제안", 『신아세아』 19권 3호(2012).

박현령, "북한의 대남테러리즘 위협분석과 전망", 한성대학교 석사학위논문(2012).

백신철, "한국의 대테러정책 발전방안 연구", 한국외국어대학교 석사학위논문(2014).

변창구, "아 · 태지역 안보와 ARF: 가능성과 한계", 『대한정치학회보』 11집 1호(대한정치학회, 2003).

송재형, "대량살상무기 테러리즘의 확산 가능성과 대응의 한계", 한남대학교 박사학위논문

(2007).

신범식, "다자 안보협력 체제의 이해: 집단안보, 공도안보, 협력안보의 개념과 현실", 『국제관계연구』 제15권 제1호(2010).

______, "다자간 안보협력 체제의 개념과 현실: 집단안보, 공동안보, 협력안보를 중심으로", 『JPI 정책포럼』(2015).

신진동, "국가기반체계 취약성 평가 및 안전관리 기술 개발", 한국방재협회, 『방재저널』 제15집 4권(2013).

백성원, "전문가 '북한의 잇단 숙청 바람, 강경 대남정책 예고'", VOA(2015. 8. 16).

부형욱, "전시작전통제권 전환: 이슈와 정책방향", 『정책연구』 가을호(2013).

국방부, "알기 쉬운 SOFA 해설", 비공개 내부자료(2002).

송대성, "북핵문제와 전작권 전환 문제, 어떻게 할 것인가?", 〈한국선진화포럼 4월 특별토론회〉 발제문(2013).

엄태암, "비군사적 위협에 대한 평가와 정책적 대응방향 연구", 국방부 정책용역과제 보고서(2002).

______, "한반도 안보와 동북아 6자회담", 『국방정책연구』 여름호(1999).

염형철, "환경정책의 정상화와 거버넌스의 복원", 『새정부 환경정책의 과제와 방향』(서울: 한국 환경정책평가연구원, 2013).

오광세 · 황태섭, "북한의 4세대 전쟁 수행전략과 대응방안", 『한국동북아논총』, 제20집 제1호, 한국동북아학회(2015).

원승억, "한반도 분쟁관리기구 운영방안에 관한 연구", 전남대학교 박사학위논문(2002).

이근욱, "국제냉전질서의 국제정치이론과 한국", 하영선 · 남궁곤 편, 『변환의 세계정치』(서울: 을유문화사, 2007).

이기환, "동아사아 안보에서의 초국가적 위협", 『국제정치연구』 제16집 2호(2013).

이동선, "현실주의 국제정치 패러다임과 안전보장" 함택영 · 박영준 편, 『안전보장의 국제정치학』(사회평론, 2010).

이래주, "현대 첨단무기와 미래전쟁", 『국방과 기술』 308권(2004).

이봉균, "한국 대테러정책의 문제점과 개선방안에 관한 연구", 동아대학교 석사학위논문(2012).

이삼기, "포괄적 안보시대의 뉴테러리즘에 대비한 한국의 대응전략", 용인대학교 박사학위논문(2014).

이상현, "정보화시대의 국가안보: 개념의 변화와 정책대응", 국제관계연구회 편, 『동아시아의 국제관계와 한국』(서울: 을유문화사, 2003).

이수형, “비전통적 안보 개념의 등장 배경과 유형 및 속성”, 『2009 한국국제정치학회 하계 학술회의 발표 논문집』(2009).

______, “한반도 평화체제와 한미동맹”, 『통일과 평화』 2호(2009).

이신화, “동북아 다자안보협력 현황과 군사적 방안모색”, 『KRIS 국방정책연구보고서』 04-08(2004).

이우영, “김정은 체제 북한 사회의 과제와 변화 전망”, 『통일정책연구』 제21권 1호(2012).

이윤식, “북한의 대남전략 패턴과 대응방안”, 통일부 『신진학자 정책과제 결과보고서』(2011).

이원우 “안보협력 개념들의 의미 분화와 적용: 안보연구와 정책에 주는 함의”, 『국제정치논총』 제51집 1호(2011).

이철기, “주한미군 재배치와 한미동맹의 개편방안”, 『통일정책연구』 제13권 2호(2004).

______, “집단안보 · 집단방위 · 협력안보의 성격에 관한 이론적 비교 고찰”, 『개발논업』 제5호(1996).

장덕준, “동북아 경제협력과 러시아: 남북한-러시아간 삼각협력을 중심으로”, 『한국정치연구』 제12집 제1호(2003).

장희동, “한국 대테러 정책의 제도적 발전방안 연구”, 가천대학교 박사학위논문(2013).

전 웅, “국가안보와 인간안보”, 『국제정치논총』 44권(2004).

______, “21세기와 한국의 안보: 국제환경변화에 따른 한국의 안보위협들”, 『국방연구』 48권(2005).

정정석, “국제테러리즘 전망과 대응방안에 관한 연구”, 경기대학교 석사학위논문(2005).

정경영, “한미동맹의 새로운 발전과제”, 〈KAIS 2014 하계학술회의〉 발제자료(2014).

정항석, “60년 한미동맹의 지속과 변화”, 『평화연구』 2013년 가을호(2013).

조한승, “미래전쟁양상에 대비한 해외파병부대 발전방안”, 『국방정책연구』 통권 제91호(2011).

지성배, “위협의 변화에 따른 국가재난관리 증대에 관한 연구(군의 역할 제고를 중심으로)”, 상지대학교 평화안보상담심리대학원(2014).

차설희, “테러리즘과 국가안보: 뉴테러리즘의 실태와 대응”, 고려대학교 정책대학원 석사학위논문(2012).

최병국, “북한의 예상되는 테러의 위협과 한국군 대응방안”, 상지대학교 석사학위논문(2013).

최운도, “아시아 패러독스란?”, 동북아역사재단 뉴스(2015.2월호).

최진욱 외, “박근혜정부의 통일외교안보 비전과 추진과제”, 통일연구원 『정책연구시리즈』

13-03(2013).

통일연구원, "김정은 정권의 대내외 정책평가와 우리의 대응방향", 『통일정세분석 보고서』 (2013).

한광기, "우리나라의 테러대응 政策實態分析과 發展方案에 관한 研究", 단국대학교 석사 학위논문(2007).

한국경제연구원, "한미 동맹의 형성 및 변화 결정요인 분석과 향후 전망", 『연구보고서』 08-24(2008).

한국치안학회, "비정통적 안보위협의 도전과 국가정보활동의 새로운 패러다임의 모색", 『한국치안행정논집』 제11권 2호(2014).

한용섭 외, "전시작전통제권 전환 재연기의 정치, 경제, 군사적 조명: 이론, 평가, 대응", 『국제관계연구』 20(2015).

한평석, "동북아 협력안보레짐의 구축 전망: ARF의 특성을 중심으로", 『統一問題研究』 통권 제39호(평화문제연구소, 2003).

홍규덕, "동북아 다자간 안보협력:관련국들의 전략과 대응책", 『동북아 다자간 안보협력체제』(한국전략문제연구소, 1994).

환경부, "미래를 준비하고 국민행복을 완성하는 환경복지 실현"(2013.4.).

다. 기타

아토미: 에너지 톡, "기후변화에 대한 국제적 대응, 어디까지 왔나"(2015). http://blog.naver.com/energyplanet.

연합뉴스, "지구 이산화탄소 농도 사상 최고치 기록…… 400ppm 돌파"(2015. 5. 7.). http://www.yonhapnews.co.kr/bulletin/2015/05/07.

국방일보, "전작권 전환 연기…… '핵 대응능력 등 갖춰야'"(2014. 10. 24).

뉴스타파, "주한미군, 국민 세금으로 이자놀이"(2014. 12. 9).

자유아시아방송, "김정은 공포정치, 체제도전 부를 수도"(2015. 8. 4).

조선일보, "갈림길에 선 동북아미군"(2000. 7. 31).

세계일보, "지구 6번째 동물 대멸종 시기 진입, 인간도 포함될 수 있어"(2015. 6. 21).

전의찬, "「EE칼럼」 '메르스 사태'에서 우리나라 '기후변화 대응'을 읽다.", 에너지경제 (2015).

2. 외국 문헌

A. Butfoy, Common Security and Strategic Reform: A Critical Analysis (New York: St. Martin' Press, 1997).

Baldwin, David, "The Concept of Security," Review of International Studies, 23-1 (January 197).

Berkowitz, Morton, and P. G. Bock, eds., American National Security (New York: Free Press, 1965).

________. Ole Wæver, and Jaap de Wilde, *Security: A New Framework for Analysis, 2nd edition* (London: Harvester Wheatsheaf, 1998).

Buzan, Barry, *People, States and Fear: An Agenda for International Security Studies in the Post-Cold War Era* (Boulder, Colorado: Lynne Rinner Publishers, 1991).

Baldwin, David, "The Concept of Security," *Review of International Studies* 23(1), 1997.

Cox, Robert W., "Towards a Post-Hegemonic Conceptualization of World Order," in James N. Rosenau & Enst-Otto Czempiel(eds.), *Governance without Government: Order and Change in World Politics* (Cambridge: Cambridge University Press, 1992).

Dougherty, James E. and Robert L. Pfaltzgraff, Jr., *Contending Theories of International Relations: A Comprehensive Survey* (New York: Harper & Row, 1981).

Drew, Dennis M. and Donald M. Snow, *Making Twenty-First-Century Strategy: An Introduction to Modern National Strategy Processes and Problems* (Maxwell AFB: Air University Press, 2006).

Durkheim, E. *Elementary Form of the Religious Life*. Trans. J. W. Swain (New York: Free Prsss, 1971).

Evera, Stephen Van, "Offense, Defense, and the Causes of War," International Security, Vol.22, No.4(Spring 1998), pp.5-43.

Friedberg, Aaron L., "Ripe for Fivalry: Prospects for Peace in a Multipolar Asia," International Security, vol.18, no. 3 (Winter, 1993-1994).

Giddens, A., *The Consequences of Modernity* (Stanford: Stanford University Press, 1990).

Grieco, Joseph M., "Anarchy and the limits of cooperaton: a realist critique of the newest liberal institutionalism," *International Organization*, vol.42, no.3 (Summer 1988).

Haftendorn, Helga, "The Security Puzzle: Theory-Building and Discipline-Building in International Security," International Studies Quarterly, 35-4 (1991).

Hagan, Kenneth J., *This People's Navy: The Making of American Sea Power* (New York: The Free Press, 1992).

Hanse Kelsen, The Law of the United Nations (New York: frederick A. Praeger Inc., 1950).

Held, David, Anthony McGrew, David Goldblatt and Jonathan Perraton, Global Transformation: Politics, Economics and Culture (Stanford: Stanford University Press, 1999).

Ikenberry, G. John, *After Victory:Institutions, Strategic Restraint, and the Rebuilding of Order after Major War* (Princeton: Princeton University Press, 2001).

Interview with William Choong, "China's Maritime Disputes: 'Fear, Honor and Interest'," *DW*, May 26, 2014.

ISS, "2014 The military balance," (2014).

Kegley, Jr. Charles, "An Introduction," in *International Terrorism: Characteristics, Causes, and Controls* (New York: St. Martin's, 1990).

Kiracofe, Clifford A., "US, China must avoid Thucydides Trap," *Global Times*, July 11, 2013.

Levy,Jack, "Alliance Formation and War Behavior," *Journal of Conflict Resolution*, Vol.25, No.4(1981).

Lynn E. Davis, "Globalization's Security Implications," Rand Issue paper(2003).

Mearsheimer, John J., "Back to the Future: Instability in Europe after the Cold War," International Security, Vol.15, No.1(Summer 1990).

________, *The Tragedy of Great Power Politics* (2001), 존 미어셰이머.

Modelski, George, *Long Cycles in World Politics* (Macmillan Press, 1987).

Morgenthau, Hans J., *Politics among Nations: The Struggle for power and Peace* (New York: McGraw Hill, 1948, 2006).

McGrew, Anthony G., "Conceptualizing Global Politics," in Anthony G. McGrew, Paul G. Lewis et. al., eds., Global Politics: Globalizlation and the Nation State (Cambridge, Massachusetts: Polity Press, 1992).

Morgenthau, Hans J., Politics in the Twentieth Centry (Chicago: University of Chicago Press, 1971).

Milner, Helen, "International Theories of Cooperation among Nations: Strength and Weakness," *World Politics*, vol.44, no.1 (October 1991).

National Intelligence council(NIC), "Global Trends 2025: A Transformed World," NIC 2008-003 (2008).

Nye, Joseph S., Jr., "The Changing Nature of World Power," Political Science Quarterly, vol.105, no.2 (1990).

________, *The Paradox of American Power* (New York: Oxford University Press, 2002).

Paik, Jin-Hyun, "Security Multilateralism in the Asia-Pacific: Merits and Limitations," Kwang, Il Baek(ed.), Comprehensive Security and Multilateralism in Post-Cold War East Asia, Seoul: KAIS (1998).

Pier Carlo Padoan, A 21st Century OECD Vision for Europe and the World, 2008: 국제개발전략센터, "중점협력국 선정기준 및 국별협력전략 개선방안—외교적 관점에서", 『중점협력국 관련 정책연구용역보고서』(2013).

Robertson, Ronald, *Globalization: Social Theory and Global Culture* (London: Sage Publishing Co., 1992).

Rosecrance, Richard N., *Action and Reaction in World Politics: International Systems in Perspective* (Boston: Little, Brown and Company, 1963).

Rosenau, James, *Turbulence in World Politics* (Bringtom: Harvester Wheatsheaf, 1990).

Strassler, Robert B., *The Landmark Thucydides: A Comprehensive Guide to the Peloponnesian War* (New York: The Free Press, 1996).

Takashi Inoguchi, "Possibilities and Limits of Regional Cooperation in Northeast Asia," Perspectives Asiatique, Nos. 9-10, January(2001).

Walt, Stephen M., "Why Alliances Endure or Collapse," *Survival*, Vol.39, No.1. (Spring 1997).

Waltz, Kenneth, *Theory of International Politics* (Addison-Wesley, 1979).

Waters, Malcolm, *Globalization* (London: Routledge, 1995).

William O. Odom, "The U. S. Military in Unified Korea," Korean Journal of Defense Analysis, Summer(2000).

Wolfers, Arnold, Discard and Collaboration: Essays on International Politics(Baltimore:

Johns Hopkins University Press, 1962).
________, "National Security as an Ambiguous Symbol," *Political Science Quarterly* 62(1952).

스톡홀롬 평화연구소(SIPRI), "Military expenditure database,"(2014).
猪口邦子, 『戦争と平和』(東京大學出版會, 1989).
神谷萬丈, 「安全保障の概念」, 防衛大學校安全保障學研究會 『安全保障學入門』(亞紀書房, 2003).
武田康裕, 「戦争と平和の理論」, 防衛大學校安全保障學研究會 『安全保障學入門』(亞紀書房, 2003).
西原正, 「アジア・太平洋地域と多國間安全保障協力の枠組み: ASEAN地域フォーラムを中心に」『國際問題』 415(1994).
ランドル・シュウェラー(Randall L. Schweller), 「同盟の概念」, 船橋洋一編, 『同盟の比較研究』(日本評論社, 2001).
山本吉宣, 「安全保障概念と傳統的安全保障の再檢討」, 『國際安全保障』, 第30卷第1-2合併號(國際安全保障學會, 2002年9月).
________, 「協調的安全保障とアジア太平洋」, 森本敏 編, 『アジア太平洋の多國間安全保障』(日本國際問題研究所, 2003).

찾아보기

ㄱ

ㄴ

ㄷ